Praktische Energiewirtschaftslehre

Von

Dr.-Ing. Ludwig Musil

a. o. Professor an der Technischen Hochschule Graz

Mit 111 Textabbildungen

Springer-Verlag Wien GmbH

1949

ISBN 978-3-211-80113-0   ISBN 978-3-7091-2417-8 (eBook)
DOI 10.1007/978-3-7091-2417-8
Alle Rechte, insbesondere das der Übersetzung
in fremde Sprachen, vorbehalten.

Vorwort

Die Energieversorgung ist in den letzten Jahrzehnten, beeinflußt durch eine fast stürmisch vorangetriebene technische Entwicklung, zu einem umfangreichen Fachgebiet geworden, das heute bereits eine Anzahl von Einzelzweigen umfaßt. Diese Unterteilung beschränkt sich nicht nur auf die technische Seite, den Bau und Betrieb der Anlagen und der Konstruktion der Einrichtungen, sondern auch auf die Bewirtschaftung der Energie. Wir sprechen von einer Wasserkraftwirtschaft, von Gaswirtschaft, Wärmewirtschaft, Elektrizitätswirtschaft, ohne daß wir uns dabei eigentlich so recht bewußt sind, daß wir dadurch ein geschlossenes Gebiet immer stärker in Spezialzweige auflösen und die bestehenden wichtigen Zusammenhänge zwischen ihnen mehr und mehr verwischen. Dies hatte zur Folge, daß sich unter den Energiewirtschaftlern in zunehmendem Maße ein Spezialistentum ausbildete, für das die im letzten Jahrzehnt erschienene Literatur beredtes Zeugnis ablegt. Auch die Vorlesungen an Technischen Hochschulen, soweit solche überhaupt energiewirtschaftliche Fragen berücksichtigen, behandeln überwiegend nur Einzelgebiete, vor allem Elektrizitätswirtschaft und Wärmewirtschaft und im Rahmen des Wasserbaues allgemeine Wasserwirtschaft.

Ich habe nun in meinen Vorlesungen, die an der Technischen Hochschule Graz zu halten ich die Ehre habe, versucht, die heute als gültig angesehenen energiewirtschaftlichen Erkenntnisse in einer Energiewirtschaftslehre zusammenzufassen, die von den Energiebedürfnissen eines geschlossenen Wirtschaftsgebietes ausgeht, diesen das Rohenergiedargebot gegenüberstellt und die wirtschaftlichste Deckung des Bedarfes untersucht. Die Erörterung der Spezialgebiete ist diesem Grundgedanken untergeordnet. Es ist klar, daß eine solche geschlossene Darstellung nicht auf Einzelheiten eingehen kann, sondern sich bewußt auf das Wesentliche beschränken muß. Auf die Herausarbeitung der gemeinsamen Grundlage kommt es vor allem an.

Seitens Fachkollegen wurde mir die Anregung gegeben, meine Vorlesungen als Buch zu veröffentlichen. Ich tue dies hiemit, allerdings nicht, ohne eine kleine Umarbeitung vorgenommen zu haben. Verschiedene Punkte wurden ergänzt, andere auf die Denkweise des bereits in der Praxis stehenden Ingenieurs zugeschnitten. Wenn das Buch dazu beiträgt, den Spezialisten wieder zum Nachdenken über die Gesamtzusammenhänge zurückzuführen und dem rein technisch konstruktiv beschäftigten Ingenieur die wirtschaftliche Seite nahezubringen, so ist sein wesentlicher Zweck erfüllt.

Es ist mir eine Pflicht, dem Springer-Verlag für seine große Mühewaltung, mit der er sich einer raschen Herausbringung der Arbeit angenommen hat, und für die gute Ausstattung des Buches meinen Dank auszusprechen.

Graz, im Juli 1949.   **L. Musil.**

Inhaltsverzeichnis

Inhaltsverzeichnis

I. Grundlagen.

1. Sinn und Aufgabe einer Energiewirtschaftslehre.

Wenn wir die Entwicklung der Energieversorgung rückschauend überblicken, so zeichnen sich zwei Epochen ab, die sich zwar bis zu einem gewissen Grade überschneiden, im großen und ganzen aber einander ablösen. Im ersten Zeitabschnitt liegt der Schwerpunkt auf der *technischen* Seite. Er ist gekennzeichnet durch die Erarbeitung der technischen Grundlagen, durch die Schaffung der erforderlichen Einrichtungen zur Umwandlung und Fortleitung der Energie sowie zu ihrer Nutzbarmachung in der seitens der Verbraucher benötigten Form. Die Frage der Wirtschaftlichkeit trat hinter der technischen Lösung zurück.

Die rasch zunehmende Gütererzeugung, die eine weitgehende Mechanisierung der Arbeitsvorgänge mit sich brachte, die gewaltigen Fortschritte auf dem Gebiete der Chemie, aber auch die damit verbundene Ausdehnung des Transportwesens hatten eine sprunghafte Steigerung der Energiebedürfnisse zur Folge. Sie machte sich vor allem in einer stark erhöhten Nachfrage nach festen und flüssigen Brennstoffen bemerkbar, die zu einer rascheren Erschöpfung der in Abbau befindlichen Rohenergievorkommen und zur frühzeitigeren Inangriffnahme von Neuaufschlüssen führte. Man wurde sich im Zuge dieser Entwicklung immer mehr bewußt, daß die Brennstoffvorräte nicht unerschöpflich sind und man mit ihnen haushalten muß. Sparsame Brennstoffverwendung und eine stärkere Heranziehung der sich ständig erneuernden Energiequellen, vor allem der Wasserkräfte, wurde immer mehr zur Richtschnur beim Ausbau der Energieversorgung.

Der steigende Energiebedarf von Industrie und Gewerbe, für die die Energie zu einem der wichtigsten Produktionsstoffe wurde, einerseits, die Begrenztheit der Energievorkommen und das Streben nach ihrer rationellen Ausnutzung anderseits, waren der Anstoß, die Energieversorgung in den Rahmen allgemein wirtschaftlicher Betrachtungen einzubeziehen und sich mit ihrer *volkswirtschaftlichen*

Bedeutung zu befassen. Man erkannte, welche Rolle der Energieversorgung für das reibungslose Funktionieren der Wirtschaft und das Leben des einzelnen zukommt.

Der zunehmende Anteil der Energie an den Produktionsprozessen — dies gilt vor allem für chemische oder metallurgische Betriebe — führte aber auch dazu, der *Kostenfrage* ein erhöhtes Augenmerk zu schenken. Man beschäftigte sich mit den Gestehungskosten der Energie und suchte diese zu senken. Große Energieversorgungsunternehmen, Kohlengruben und energieintensive Betriebe richteten neben ihren technischen Dienststellen energie- oder wärmewirtschaftliche Abteilungen ein, denen die Aufgabe zufiel, innerhalb des von ihnen betreuten Betriebes den zweckmäßigsten Einsatz der einzelnen Energiearten herbeizuführen und den Aufwand für die Energieumwandlung und -verteilung zu vermindern. Die Energieversorgung machte sich damit *betriebswirtschaftliche* Gedankengänge zu eigen. Sie trugen zu einer Klärung der Wettbewerbsfähigkeit der einzelnen Energiearten untereinander bei, die ihrerseits wieder die technische Entwicklung förderte und die Anregung zu so manchen wertvollen konstruktiven Neuschöpfungen gab.

Wir erkennen also, daß neben der technischen Seite der Energieversorgung die Frage ihrer wirtschaftlichen Gestaltung immer mehr an Bedeutung gewann. In diesem zweiten Zeitabschnitt, in dem wir jetzt stehen, hat sich also das Schwergewicht nach der *wirtschaftlichen* Seite hin verlagert. Volkswirtschaftliche und betriebswirtschaftliche Gesichtspunkte stehen im Vordergrund und bestimmen ihrerseits den Einsatz der Technik und die Wege ihrer Weiterentwicklung. Aus diesem Blickfeld heraus. hatten wir uns angewöhnt, von der Energie*wirtschaft* zu sprechen und meinen damit die wirtschaftliche Durchführung der Energieversorgung unter rationellster Ausnützung der zur Verfügung stehenden Energiequellen. Versuchte man zunächst, aus den praktischen Erfahrungen allgemeingültige energiewirtschaftliche Grundsätze aufzustellen, so wurde dieser Weg bald durch eine *wissenschaftliche* Behandlungsweise der interessierenden Probleme ersetzt. Sei es die analytische Untersuchung des Energiebedarfes, die mathematische Ableitung von Energietarifen, die optimale Lastverteilung zwischen zusammenarbeitenden Kraftwerken, die wirtschaftlichen Möglichkeiten des Energieexportes oder die Grenzen der Ferngasversorgung oder andere Probleme, wir finden überall das Bestreben hervortreten, sich durch exakte Untersuchungen Aufschlüsse über die wirtschaftlichen Zusammenhänge zu verschaffen, die Auswirkung einzelner veränderlicher Faktoren zu kennzeichnen und auf diese Weise allgemeiner gültige Richtlinien und Gesetzmäßigkeiten abzuleiten.

Es erscheint nun reizvoll, diese gewonnenen Einzelerkenntnisse zu ordnen, sie in ein geeignetes System einzugliedern und auf diese Weise eine *Lehre* zu schaffen, wie sie in anderen Disziplinen ihr Vorbild findet. Für den praktischen Nutzen einer solchen Energiewirtschaftslehre ist entscheidend, aus welchem Blickfeld und aus welcher Einstellung heraus sie betrachtet wird. Wir haben vorhin die volkswirtschaftliche Bedeutung der Energieversorgung hervorgehoben. Daraus folgert als Ausgangspunkt für eine Energiewirtschaftslehre, die Energieversorgung als Teil der Gesamtwirtschaft eines Staatswesens zu betrachten. Sie darf als solche nicht Selbstzweck sein; für ihre Beurteilung ist ihr volkswirtschaftlicher Nutzen maßgebend. Hieraus leitet sich nun ein weiterer grundsätzlicher Gesichtspunkt ab, und zwar die Notwendigkeit, die wirtschaftliche Seite der Energieversorgung als *Ganzes* zu behandeln. Es genügt nicht, Wasserwirtschaft, Wärmewirtschaft, Gaswirtschaft oder Elektrizitätswirtschaft zu betreiben. Ihre getrennte Behandlung mag wohl für betriebswirtschaftliche Erörterungen entsprechen, für den hier gesteckten Rahmen jedoch ist eine gemeinsame Betrachtungsweise dieser Spezialzweige erforderlich. Sie ergibt sich aus der *Aufgabenstellung*, die einer Energiewirtschaftslehre zugrunde zu legen ist. Sie kann im wesentlichen wie folgt umrissen werden:

1. Wirtschaftlichste Ausnützung und zweckmäßigster Einsatz der zur Verfügung stehenden Rohenergiequellen,

2. rationellste Umwandlung und Transport der Energie,

3. wirtschaftlichste Verwendung der einzelnen Energiearten beim Verbraucher.

Die meisten sind sich nicht bewußt, wenn sie von Energiewirtschaft sprechen, welch umfassendes Gebiet sie darstellt. Für ihre Bearbeitung ist ein Spezialistentum nicht am Platze, denn sie erfordert ein Eindringen in die grundsätzlichen Zusammenhänge. Sie greift einerseits in die Bereiche der Volks- und Betriebswirtschaft über, erfordert aber auch ein Wissen um die technischen Voraussetzungen und den letzten Entwicklungsstand der Energieumwandlung, Fortleitung und Anwendung. Es ist mit eine Aufgabe der Energiewirtschaftslehre, diese breite Grundlage zu vermitteln und die auf dem Gebiete der Energieversorgung tätigen

Fachleute dazu anzuregen, die von ihnen zu treffenden Maßnahmen von der höheren Warte der Gesamtversorgung eines Wirtschaftsraumes zu sehen.

2. Kennzeichnung der Energiebedürfnisse (Energiebedarf).

Wenn wir versuchen wollen, eine geschlossene Darstellung der energiewirtschaftlichen Zusammenhänge zu geben, so müssen wir von den Energie*bedürfnissen* ausgehen. Diese haben im Laufe der Zeit verschiedene Wandlungen erfahren. Das ursprünglichste Energiebedürfnis ist die Beschaffung von *Wärme.* Angefangen von der offenen Feuerstelle unserer Vorfahren über Ofenheizungen für Einzelräume, Zentralheizungsanlagen für einzelne Häuser bis zu den in neuerer Zeit verschiedentlich errichteten Fernheizwerken für ganze Siedlungen, dienen diese Einrichtungen als Wärmespender in den kalten Wintermonaten. Es ist der große Sektor der *Raumheizung,* der in der Energiebilanz eines geschlossenen Wirtschaftsgebietes mit unseren klimatologischen Verhältnissen eine erhebliche Rolle spielt. Ein weiterer wesentlicher Bedarf an Wärme ist durch die *Aufbereitung der Nahrung* für Mensch und Haustier bedingt und schließlich trat mit zunehmender Industrialisierung als weitere Verbrauchsgruppe der Bedarf an *Wärme für Produktionsprozesse* hinzu. Als wichtige Beispiele seien hier nur die Zellstofferzeugung, die Textilindustrie, Schmelz- und Glühöfen in der Eisen- und Metallindustrie, sowie chemische Betriebe, die Kochprozesse benötigen, herausgegriffen.

Neben dem Wärmebedarf steht das Bedürfnis an *mechanischer Energie.* Auch hier können wir einen langen Weg einer mit zunehmender Gütererzeugung rasch ansteigenden Entwicklung verfolgen. Er beginnt mit der Umsetzung menschlicher und tierischer Arbeitsleistung und führt über primitive Versuche der Ausnutzung der Wasser- und Windkraft (hauptsächlich für Mahlzwecke und für Bewässerung) in das eigentliche „Maschinenzeitalter“, das auf dem Energiesektor durch die Erfindung der Dampfmaschine, später des Verbrennungsmotors und durch die Schaffung des Elektromotors in Verbindung mit der elektrischen Kraftübertragung gekennzeichnet ist. Beim Bedarf an mechanischer Energie müssen wir zwei Verwendungszwecke unterscheiden, und zwar den ortsfesten Bedarf und den Bedarf für Transportzwecke. Der erstere umfaßt alle mechanischen Antriebe in der Haus- und Landwirtschaft, im Gewerbe und in der Industrie, der letztere alle Verkehrsmittel (Straßen-, Schienen-, Wasser- und Luftfahrzeuge). Der Bedarf für Transportzwecke steht mengenmäßig in einem gewissen Zusammenhang mit dem ortsfesten Bedarf, denn beide sind von dem Umfang der Güterproduktion abhängig.

Der Aufschwung der Chemie und Metallurgie erschloß der Energieanwendung ein neues Gebiet. Es ist durch den Einsatz der Energie bei chemischen Reaktionen umschrieben. Als Beispiele seien auf chemischem Gebiete die Erzeugung von Kalkstickstoff, Karbid, synthetischem Gummi, auf metallurgischem Gebiete die Roheisenerzeugung genannt. Es hat sich eingebürgert, diese Form des Energiebedarfes mit *chemisch-gebundener Energie* zu bezeichnen.

Schließlich ist als letzte, weil mengenmäßig unbedeutendste Verbrauchsform der Energie der Bedarf für *Beleuchtungszwecke* anzuführen. Hier hat die Elektrizität das Leuchtgas und das Brennöl immer mehr verdrängt. Fassen wir das hier Gesagte zusammen, so lassen sich die Energiebedürfnisse nach ihrer Verbrauchsform in folgendes Schema einordnen:

1. *Wärmebedarf,*
    a) für Heizzwecke,
    b) für Kochzwecke,
    c) für Produktionsprozesse;
2. *mechanische Energie,*
    a) ortsfester Bedarf,
    b) für Transportzwecke;
3. *chemisch gebundene Energie,*
4. *künstliche Beleuchtung.*

Neben dieser Kennzeichnung der verschiedenen Formen des Energiebedürfnisses interessiert dessen *zeitlicher Ablauf.* Er ist durch verschiedene Einflüsse und Voraussetzungen bedingt. Als solche sind zu nennen: Klimatologische Verhältnisse, Gepflogenheiten des täglichen Lebens, Eigenheiten von Produktionsprozessen. Ihr Zusammenwirken führt zu einer jahreszeitlichen, wöchentlichen und täglichen Veränderlichkeit des Energiebedarfes. Diesen im wesentlichen periodischen Schwankungen überlagern sich als Trend der Einfluß der allgemeinen Wirtschaftslage, von der der Umfang der industriellen und gewerblichen Produktion und damit der Energiebedarf abhängt, aber auch Abhängigkeiten des Energieverbrauches,

im wesentlichen des Wärmebedarfes, von dem wechselnden klimatologischen Grundcharakter der einzelnen Jahre. In Abb. 1

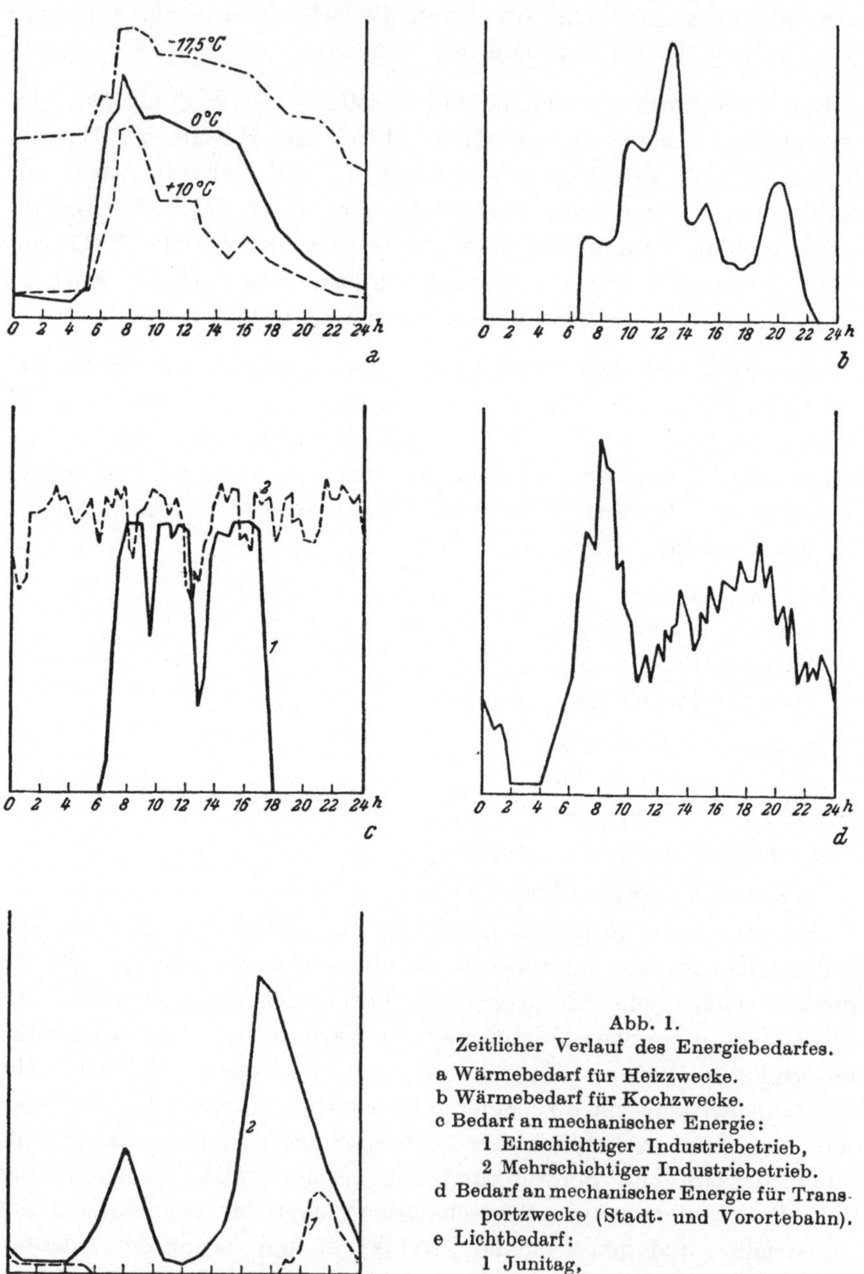

Abb. 1.
Zeitlicher Verlauf des Energiebedarfes.

a Wärmebedarf für Heizzwecke.
b Wärmebedarf für Kochzwecke.
c Bedarf an mechanischer Energie:
    1 Einschichtiger Industriebetrieb,
    2 Mehrschichtiger Industriebetrieb.
d Bedarf an mechanischer Energie für Trans-
    portzwecke (Stadt- und Vorortebahn).
e Lichtbedarf:
    1 Junitag,
    2 Dezembertag.

wurde der Versuch gemacht, den zeitlichen Verlauf des Energiebedarfes einiger charakteristischer Verbrauchertypen wiederzugeben. Die Figur a zeigt die Abhängigkeit des Wärmebedarfes für
Zwecke der *Raumheizung* von der Tageszeit und der Außentemperatur.
Man erkennt eine deutliche Morgenspitze zwischen etwa 7 und 8 Uhr,
deren Höhe von der Außentemperatur stark beeinflußt wird, mit
einem sehr steilen Anstieg der Kurve und einem langsamen Ab-
klingen auf die Nachtlast, die bei tiefen Außentemperaturen verhältnismäßig hohe Werte annimmt. Die Kurven geben sehr anschaulich die beiden wesentlichen Einflüsse wieder, nämlich des
Tagesgeschehens und der jahreszeitlichen Klimaänderung. Das Schaubild b gibt einen Anhalt über den Tagesverlauf des Wärmebedarfes
für *Kochzwecke*. Ein Höchstwert in der Mittagszeit und eine kleinere
Verbrauchsspitze in den Abendstunden sind das Charakteristische
dieses Diagramms. Der Verlauf des Tagesverbrauches für Kochzwecke ist weitgehend abhängig von den Lebensgewohnheiten.
Durchgehende oder geteilte Arbeitszeit, vorwiegend warmes oder
kaltes Abendessen, beeinflussen nicht unwesentlich die Form der
Verbrauchskurven. Die Jahreszeit dagegen drückt sich in der Kurven-
form kaum aus, sie hat nur für die *Höhe* des Verbrauches Bedeutung.
Er ist an kalten Tagen naturgemäß größer.

In der zweiten Reihe sind einige Beispiele für den Verlauf des
Bedarfes an *mechanischer Energie* dargestellt. In Figur c zeigt die
Kurve 1 die erforderliche Antriebsleistung eines einschichtig arbeitenden Industriebetriebes; Frühstücks- und Mittagspause sind
im Diagramm deutlich ausgeprägt. Die Kurve 2 dagegen gilt für
einen dreischichtig arbeitenden Industriebetrieb, und zwar für ein
Walzwerk. Ein während 24 Stunden ungefähr gleichbleibender
Durchschnittsverbrauch mit stärkeren Belastungsschwankungen, die
durch die Eigenheiten des Walzwerksbetriebes hervorgerufen werden,
sind für dieses Diagramm kennzeichnend. Das Verbrauchsdiagramm d,
das für eine Stadt- und Vorortebahn gilt, ist charakteristisch für
den *Großstadtverkehr*. Es zeigt eine sehr starke Benutzung der
Verkehrsmittel in den Morgenstunden, bei Arbeitsschluß eine Verteilung des Berufsverkehrs über eine größere Stundenzahl, ein
Minimum in den Nachtstunden. Ein ähnliches Diagramm ließe
sich auch für den Straßenverkehr ermitteln. Im Gegensatz dazu
ist der Fernverkehr viel gleichmäßiger über die gesamte Tageszeit
verteilt, dies gilt sowohl für den schienengebundenen als auch für
den Straßenverkehr.

In Figur e ist der *Lichtbedarf* einer Siedlung eingezeichnet. Während in den Sommermonaten nur eine verhältnismäßig kleine Verbrauchsspitze in den Abendstunden auftritt, beträgt der Bedarf in der Winterzeit ein Vielfaches davon. Außer einer stark vergrößerten Abendspitze ergibt sich auch ein großer Lichtbedarf in den Morgenstunden. An trüben Wintertagen wird zum Teil während des ganzen Tages künstliche Beleuchtung benötigt. Auch hier erkennt man deutlich die Überlagerung von tages- und jahreszeitlichen Einflüssen.

Der Bedarf an chemisch gebundener Energie ist wegen der im wesentlichen kontinuierlichen Arbeitsweise der in Frage kommenden Betriebe in seiner durchschnittlichen Höhe ziemlich gleichmäßig. Die Diagramme werden im großen und ganzen dem Beispiel 2 für den Bedarf an mechanischer Energie in Figur c der Abb. 1 ähneln.

Die hier gezeigten Fälle ließen sich noch durch eine ganze Reihe von Beispielen ergänzen. Es ist aber nicht Zweck dieser Darlegungen, alle möglichen Verbrauchsdiagramme zu studieren und zu beschreiben. Es kam lediglich darauf an, den zeitlichen Verlauf des Energiebedarfes mit seinen verhältnismäßig starken Verschiedenheiten in seinem Wesen zu kennzeichnen, da, wie wir später sehen werden, gerade diese Veränderlichkeit der Abnahme die wirtschaftliche Seite der Energieversorgung sehr stark beeinflußt.

3. Kennzeichnung der verfügbaren Rohenergiequellen (Energiedargebot).

Dem Energiebedarf steht das Dargebot an Energie gegenüber, und zwar in der Form, wie sie als Ausgangsprodukt zur Verfügung gestellt wird. Wir bezeichnen es als *Rohenergie*. Sie ist an gewisse Energieträger gebunden, die zum größten Teil in der Natur vorkommen, zum kleineren Teil aber auch bei irgend welchen Prozessen als überschüssig oder als Nebenprodukt anfallen. Wir müssen also zwischen natürlichen Energiequellen und Abfallenergie unterscheiden. Sehen wir von den heute *praktisch* kaum Bedeutung habenden Energiearten (Nutzbarmachung der Meereswärme usw.) ab, so sind als natürliche Energiequellen die in der Natur vorhandenen Brennstoffe, die Wasser- und Windkraft zu verstehen. Als typisches Beispiel für Abfallenergie ist das beim Hochofenprozeß anfallende Gichtgas zu nennen. Aber auch Abgase bei chemischen oder metallurgischen Prozessen, wenn sie z. B. zur

Befeuerung von Abhitzekesseln verwendet werden, sind als Abfallenergiequellen zu betrachten.

Eine Aufgliederung des Rohenergiedargebotes kann aber noch nach verschiedenen anderen Gesichtspunkten getroffen werden, auf die hier näher eingegangen werden muß, da sie für die Kennzeichnung des Energiedargebotes wesentlich sind. Ein solcher Gesichtspunkt ist die Unterscheidung nach sich erneuernden und sich aufbrauchenden Energiequellen. Zur ersten Gruppe gehören Wasser- und Windkraft, zur zweiten die Brennstoffe. Ein weiterer Gesichtspunkt ist die Anpassungsfähigkeit an den Bedarf. Es stehen hier einander ein anpassungsfähiges Energiedargebot (vorwiegend die in der Natur vorkommenden Brennstoffe) und ein zwangsläufig anfallendes Energiedargebot (Wasser- und Windkraft, Abfallenergie) gegenüber. Schließlich ist noch die Einteilung nach ortsgebundener und transportabler Rohenergie von Bedeutung. Zur ersteren gehören

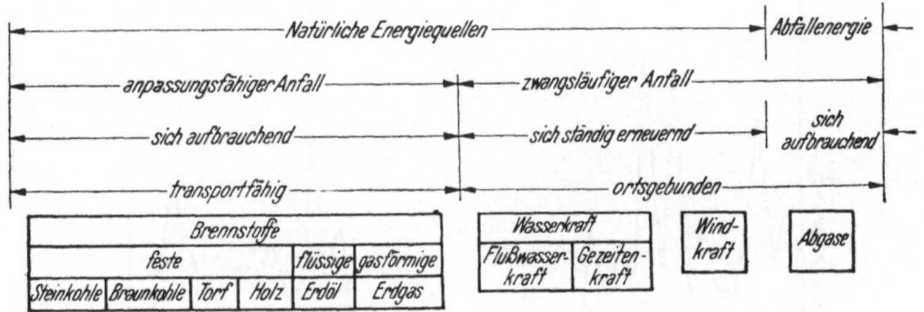

Abb. 2. Schematische Übersicht über die Rohenergiequellen.

Wasser- und Windkraft und das Erdgas, sowie überwiegend die Abfallenergie, zur zweiten die festen und flüssigen Brennstoffe. In Abb. 2 wurde versucht, den im vorstehenden gegebenen Überblick über die Rohenergiearten in einem Schema zusammenzufassen.

Es interessiert nun der zeitliche Verlauf des Anfalles der nicht anpassungsfähigen Energiearten, das sind innerhalb der Gruppe der natürlichen Energiequellen im wesentlichen die Wasserkraft und die Windkraft. Bei der hydraulischen Rohenergie stehen die Flußwasserkräfte im Vordergrund, ihnen gegenüber tritt die Bedeutung einer etwaigen Ausnutzung von Ebbe und Flut zurück. In letzterem Falle verläuft der Leistungsfall nach einer periodischen Kurve, deren Form durch die Dauer und das An- und Abschwellen der Gezeiten gegeben ist. Bei Flußwasserkräften ist das maßgebende Kriterium für ihren energiewirtschaftlichen Wert die Roharbeit je

Kilometer. Von den beiden die Roharbeit bestimmenden Faktoren
kann das Gefälle, wenn man von dem Einfluß der Geschiebeführung
absieht, als zeitlich konstant gelten. Die Wassermenge jedoch ist

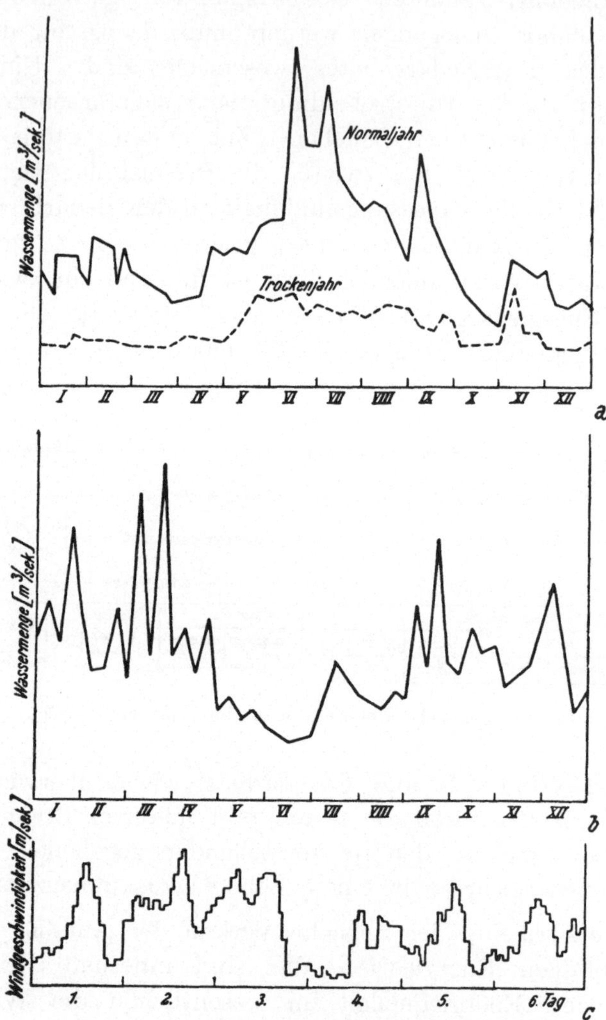

Abb. 3. Zeitlicher Verlauf des Rohenergieanfalles.
a Wasserführung eines Alpenflusses. b Wasserführung
eines Mittelgebirgsflusses. c Stundenmittel der Windgeschwindigkeit in Ostpreußen.

Schwankungen unterworfen, die mit einer gewissen Regelmäßigkeit
auftreten. Sie hängen vom Klima und der Bodenbeschaffenheit
des Einzugsgebietes ab. Ihnen überlagern sich noch die Änderungen

in der Wasserführung, als deren Periode das Jahr anzusehen ist. Sie ergeben sich aus dem klimatologischen Gesamtcharakter der betrachteten Jahre. Wir unterscheiden zwischen einem Regeljahr mit mittlerer Wasserführung, einem nassen bzw. trockenen Jahr. Da sich sowohl Klima als auch Bodenbeschaffenheit mit dem Orte ändern, weisen auch die Abflußkurven je nach Lage des Einzugsgebietes verschiedenen Verlauf auf. Wie der Vergleich einer größeren Anzahl von Abflußkurven zeigt, lassen sich zwei ganz typische Grundformen unterscheiden, von denen je ein Vertreter in der Abb. 3, Fig. a und b, wiedergegeben ist.

Figur a stellt die Abflußkurve eines Flusses dar, der ein ausgesprochen alpines Einzugsgebiet besitzt. In den Alpen wird der Niederschlag während längerer Zeit in Schnee verwandelt, so daß wir es mit einer Art klimatologischer Speicherung zu tun haben. Ihre Dauer wird durch die Höhenlage bestimmt, von welcher ja das Einsetzen der Schneeschmelze abhängt. Wir haben also folgendes Bild: Große Abflußmenge in den Sommermonaten, geringe Wasserführung während der Wintermonate. Die Höhe der Niederschläge bestimmt auch die Größe der Abflußmenge. Vergleichsweise ist strichliert das Energiedargebot derselben Wasserkraft in einem ausgesprochen trockenen Jahr eingezeichnet. Man erkennt die sehr starke Verschiedenheit der Abflußmengen, die eine der wesentlichsten Erschwernisse der Wasserkraftnutzung bedeuten und zu Maßnahmen zwingt, die ihre Wirtschaftlichkeit ungünstig beeinflussen.

Einen wesentlich anderen Verlauf zeigt die zweite Grundform, die in Figur b gezeichnete Abflußkurve eines sogenannten Mittelgebirgsflusses. Von einer klimatologischen Speicherung kann hier nicht mehr gesprochen werden. Es drücken vielmehr die Regengüsse im Frühjahr und Herbst der Wasserführung ein kennzeichnendes Gepräge auf und tragen auch gleichzeitig zu ihrer Belebung bei. Wir haben hier also Wasserreichtum am Anfang und Ende des Winterhalbjahres, dagegen Wassermangel im Sommerhalbjahr zu erwarten.

Einen ganz anderen Charakter zeigt der Anfall der *Windkraft*, für den die Figur c ein Beispiel gibt. Es sind hier die Aufzeichnungen von stündlichen Mittelwerten der Windgeschwindigkeit ausgewertet, die für die Höhe der Leistungsausbeute die gleiche Rolle spielt wie bei Wasserkraftnutzung die sekundliche Wassermenge. Während der ·Wasserabfluß innerhalb eines Tages nur geringfügigen Änderungen unterworfen ist und für energiewirtschaftliche Untersuchungen als tageskonstant angenommen werden kann, ist dies bei der Windkraft nicht der Fall. Die Windstärke weist innerhalb eines Tages sehr große Wechsel auf, wobei die Höchst- und Mindestwerte zeitlich ganz regellos fallen. Die gezeichnete Kurve erfaßt nicht die mehr oder weniger starken Schwankungen, die oft ganz kurzzeitig auftreten. Es bedarf keiner besonderen Erläuterungen, um zu erkennen, daß die Voraussetzungen für die Windkraftnutzung viel ungünstiger sind als die für die Wasserkraftnutzung.

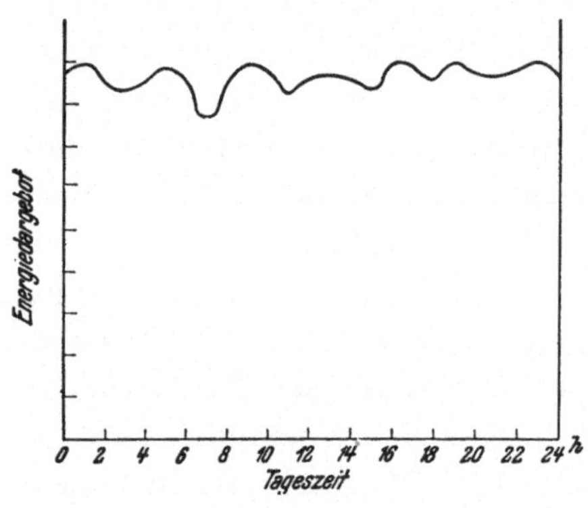

Abb. 4. Dargebot von Abfallenergie (Gichtgas und Abhitze) in einem Hüttenwerk.

Im Anschluß an diese Ausführungen über das Dargebot aus *natürlichen* Energiequellen wären noch einige Worte über die *Abfallenergie* zu sagen. Der zeitliche Verlauf des Dargebotes an Abfallenergie ist durch die Führung der Prozesse, bei denen sie anfällt, bedingt. Da es sich hiebei überwiegend um kontinuierlich verlaufende Prozesse handelt, so erhält man im großen und ganzen einen ziemlich konstanten Verlauf des Dargebotes an Abfallenergie.

Als Beispiel sei hier das Tagesdiagramm für den Energieanfall in Form von Gichtgas und Abhitze aus den Stahlöfen in einem größeren Hüttenwerk dargestellt. Wie Abb. 4 zeigt, ist das Tagesdargebot im großen und ganzen konstant und nur geringfügigen Schwankungen unterworfen.

4. Energieumwandlung und Energietransport.

Um die Rohenergie in die Verbrauchsform überzuführen, bedarf es eines Umwandlungsprozesses, der entweder direkt in einer Stufe (wie z. B. die Umwandlung der Brennstoffenergie im Zimmerofen in Wärme) oder auch über verschiedene Zwischenzustände mehrstufig (wie z. B. die Umwandlung der Brennstoffenergie über Dampf und Elektrizität in mechanische Energie) verlaufen kann. Diese Zwischenzustände stellen Energieformen dar, die den Transport der Energie zwischen der Gewinnungsstätte der Rohenergie und dem Verbrauchsort erleichtern, bzw. überhaupt ermöglichen, wie

z. B. die Elektrizität als Zwischenstufe der Umwandlung der hydraulischen Energie in die Verbrauchsform, oder die einen anpassungsfähigeren und saubereren Betrieb zulassen, wie z. B. die Verwendung der Gasfeuerung bei industriellen Öfen an Stelle einer Kohlen- oder Koksfeuerung.

Wir verfügen, wie im 3. Abschnitt dargelegt wurde, über verschiedenartige Rohenergiequellen, auf der anderen Seite benötigen wir aber auch, verbrauchsseitig gesehen, die Energie in verschiedenerlei Formen (siehe 2. Abschnitt). Die so entstehende große Zahl von Kombinationsmöglichkeiten zwischen Rohenergiearten und Verbrauchsformen hat eine Vielfalt von Variationen des Umwandlungsprozesses zur Folge. In der Abb. 5 wurde der Versuch gemacht, diese Möglichkeiten in einem Schema zu erfassen. In der obersten Reihe sind die heute praktische Bedeutung habenden Rohenergiearten nebeneinandergestellt, in der untersten Reihe die Verbrauchsformen der Energie. Die eingetragenen Verbindungslinien geben die Umwandlungsmöglichkeiten an. Die dabei durchlaufenen Zwischenzustände sind durch rechteckige Kästen, die erforderlichen Umwandlungsanlagen selbst durch Kreise gekennzeichnet. Um die Übersichtlichkeit soweit wie möglich zu wahren, wurden jene Umwandlungsprozesse, die praktisch nur von untergeordneter Bedeutung sind, wie z. B. die Dampferzeugung durch Verfeuerung von Holz oder die gelegentliche Verwendung von Gaskoks zur Kesselfeuerung, die Beleuchtung mittels Gas u. dgl., weggelassen. Gehen wir zunächst von den Brennstoffen aus, so kann die in ihnen gebundene Rohenergie in Öfen, Herden oder ähnlichen Einrichtungen zur Wärmeabgabe verwendet, Kohle aber auch in den entsprechenden Reaktionseinrichtungen in chemisch gebundene Energie übergeführt werden. Wir haben es bei diesen Prozessen mit einer *einstufigen* Umwandlung der Rohenergie in die Verbrauchsform zu tun.

Die Brennstoffenergie kann aber auch in Kesselanlagen zur Dampferzeugung dienen. Der Dampf als Zwischenzustand der Umwandlung hat eine vielseitige Verwendbarkeit. Die Erzeugung von Nutzwärme in Kochern (Zellstoffindustrie) oder über Wärmeaustauschern (Zentralheizungen), die Umwandlung in chemisch gebundene Energie, aber auch eine solche in mechanische Energie in Dampfmaschinen stellen im wesentlichen die Umwandlungsmöglichkeiten der Dampfenergie in die Verbrauchsform dar. Der Weg der Energieumwandlung über den Zwischenzustand Dampf ist als *zweistufiger Prozeß* zu bezeichnen. Dieselbe Rolle wie der Dampf spielen als Zwischenzustand der Um-

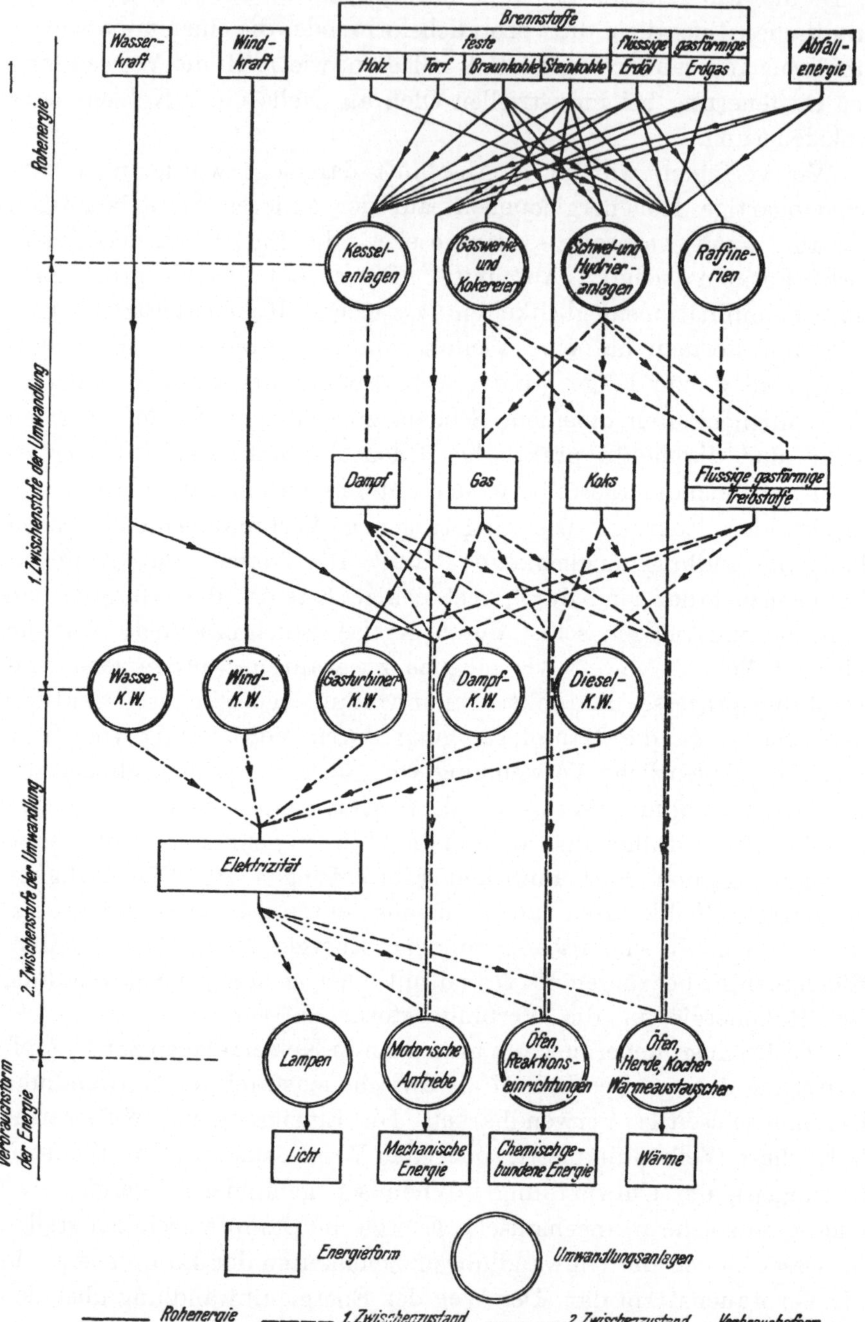

Abb. 5. Schematische Übersicht über die Möglichkeiten der Energieumwandlung.

wandlung Heizgas, Koks und Treibstoffe, die in Gasereien, Kokereien, Schwel- und Hydrieranlagen gewonnen werden, die flüssigen Treibstoffe außerdem in Raffinerien aus dem Erdöl. Die weiteren Umwandlungsmöglichkeiten dieser Zwischenenergiearten in die Verbrauchsform sind im Schema gleichfalls angedeutet.

Die Dampfenergie kann außerdem in Kolbenmaschinen oder Turbinen und mit diesen gekuppelten Stromerzeugern — die dazwischengeschaltete Umwandlung in die mechanische Energie ist für unsere Betrachtungen bedeutungslos und kann daher außer acht gelassen werden — in Elektrizität übergeführt und als solche den Verbrauchern zur Umwandlung in die benötigte Nutzenergie zugeleitet werden. Eine gleiche Aufgabe wie die Dampfkraftanlagen haben die Dieselkraftwerke, die flüssigen Treibstoff zur Elektrizitätserzeugung verwenden. Die Umwandlung der Brennstoffenergie über die Zwischenzustände Dampf bzw. flüssige Treibstoffe und Elektrizität und die Umwandlungseinrichtungen beim Verbraucher in Nutzenergie stellen demnach einen *dreistufigen Prozeß* dar.

Kehren wir wieder zu den Rohenergiearten zurück und betrachten die Umwandlungsmöglichkeiten der ortsgebundenen Energiearten Wasser- und Windkraft. Sie können entweder direkt an Ort und Stelle in mechanische Energie übergeführt werden — als typisches Beispiel für diesen Fall sind die Wasser- und Windmühlen zu nennen — die Rohenergie kann aber auch in Wasser- und Windkraftwerken in den Zwischenzustand Elektrizität umgewandelt und in dieser Form den Verbrauchern zur Verfügung gestellt werden. Es liegt hiebei also eine zweistufige Energieumwandlung vor.

Als letzte Rohenergieart ist im Schema die *Abfallenergie* verzeichnet. Sie kann ebenso wie die Brennstoffe einstufig in Verbrauchswärme oder auch in den Zwischenzustand Dampf umgewandelt werden; in Form von Gichtgas ist ihre Verwertung aber auch in Gasmaschinen zur Gewinnung von mechanischer Energie oder in Gaskraftwerken zur Erzeugung von Elektrizität durchführbar.

Vergleicht man die möglichen Wege der Umwandlung zwischen Rohenergie und Verbrauchsform, so erkennt man, daß einerseits für den Zwischenzustand Elektrizität alle Rohenergiearten als Ausgangspunkt verwendbar sind, anderseits die Elektrizität in alle Verbrauchsformen der Energie umgewandelt werden kann. Sie ist daher, abgesehen von ihren sonstigen Vorzügen, auch hinsichtlich ihres Anwendungsbereiches die hochwertigste Energieform, weshalb es berechtigt erscheint, sie, verglichen mit dem Zwischenzustand Dampf oder Gas, nicht nur als zweite, sondern auch als höhere Umwandlungsstufe zu betrachten. Je vielseitiger eine Energieform eingesetzt werden kann, um so wertvoller ist sie vom Gesichtspunkt der Gesamtwirtschaft aus. In dieser Manigfaltigkeit des Einsatzes der elektrischen Energie liegt ihre wesentliche Bedeutung, sie ermöglicht jene Freizügigkeit in der Heranziehung der zur Verfügung stehenden Energiequellen, die erst die Voraussetzung für eine rationelle Energieversorgung innerhalb einer Volkswirtschaft bildet.

Es ist für jeden, der sich mit energiewirtschaftlichen Fragen beschäftigen will, nützlich, sich dieses Schema einzuprägen und es gedanklich zu verarbeiten. Wie wir später sehen werden, bildet es nicht nur die Grundlage für die Aufstellung von Energieflußdiagrammen geschlossener Wirtschaftsgebiete, sondern auch den Ausgangspunkt für alle Betrachtungen, die die wirtschaftliche Gestaltung der Energieversorgung eines solchen Gebietes zum Ziele haben.

Da die Gewinnungsstätten der Rohenergie und die Orte des Energieverbrauches im allgemeinen nicht zusammenfallen, sondern mehr oder weniger weit voneinander entfernt sind, so ist neben der wirtschaftlichen Durchführung des Umwandlungsprozesses selbst auch die Frage des *wirtschaftlichen Transportes der Energie* zwischen Rohenergiequelle, Umwandlungsanlage und Verbrauchsort von grundsätzlicher Bedeutung. Es ist daher notwendig, sich im Zusammenhang mit den Betrachtungen über die Energieumwandlung mit der generellen Seite des Energietransportes zu befassen. Es sei auch hier wieder versucht, das Wesentliche aus einer schematischen Darstellung abzuleiten. In Abb. 6 sind verschiedene, praktische Bedeutung habende Fälle der Energiefortleitung einander gegenübergestellt. Gehen wir zunächst wieder von der kalorischen Rohenergie aus, so kann deren einstufige Umwandlung in die Verbrauchsform beim Abnehmer durchgeführt werden. Die Kohle (Schema a) oder das Erdöl sind mit Fahrzeugen (Bahn, Schiff oder Straßenfahrzeugen) zwischen der Gewinnungsstätte der Rohenergie und dem Verbrauchsort zu befördern. Erfolgt die Umwandlung dagegen mehrstufig über einen oder mehrere Zwischenzustände, so kommen für die Durchführung des Energietransportes die in den Schemen b—e angedeuteten grundsätzlichen Fälle in Betracht. Die Kohle wird von der Grube mittels Fahrzeuge zum Dampfkraftwerk transportiert, dort erfolgt die Umwandlung in elektrische Energie, die dem Verbraucher über elektrische Leitungen zugeführt wird (Schema b). Für die Lage des Dampfkraftwerkes ist neben den Gesichtspunkten der Kühlwasserbeschaffung, der Aschenunterbringung und anderen die Standortwahl beeinflussenden Faktoren die Forderung maßgebend, daß die Gesamtübertragungskosten ein Minimum werden. Die Entfernungen L_1 und L_2 sind dementsprechend zu wählen. Steht z. B. nur minderwertige Kohle zur Verfügung, deren Transport, auf die

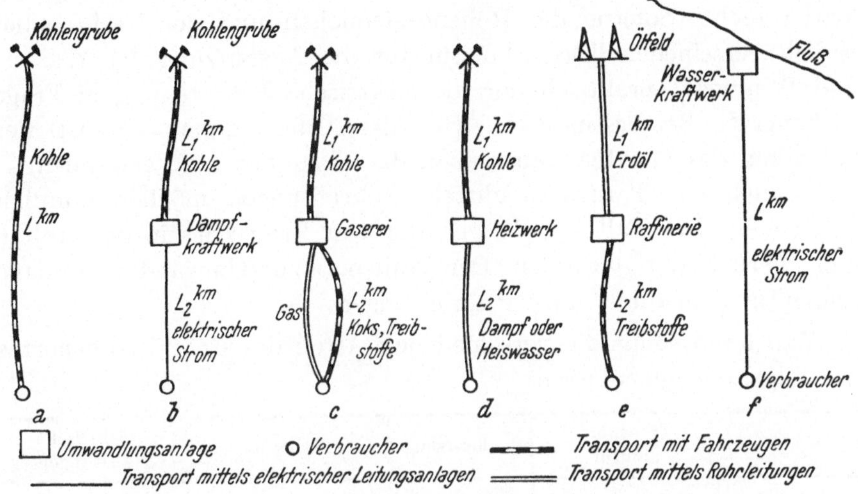

Abb. 6. Schematische Darstellung von Möglichkeiten für den Energietransport.

Energieeinheit bezogen, verhältnismäßig teuer ist, so wird L_1 möglichst klein gewählt werden, das Werk also möglichst nahe an die Grube gesetzt werden müssen. Handelt es sich dagegen um hochwertige Kohle und um eine Belastungsweise der elektrischen Anlagen, die nur eine geringe Ausnützung ergibt, so wird man das Dampfkraftwerk möglichst nahe an den Schwerpunkt des Verbrauches heranrücken. Die grundsätzliche Transportfähigkeit der kalorischen Rohenergie gestattet bei zwei- oder mehrstufiger Umwandlung eine ziemliche Freizügigkeit bei der Wahl des Standortes der Anlagen für die Zwischenumwandlung und ihre entscheidende Beeinflussung von der wirtschaftlichen Seite her.

Sinngemäß gilt das hier Gesagte auch für die weiteren Fälle c—e. Das Schema c bezieht sich auf die Zwischenumwandlung der Rohenergie in Gas, das über Rohrleitungen dem Verbraucher zugeführt wird, das Schema d auf die Umwandlung der Rohenergie in einem Heizwerk, wobei als Zwischenzustand Dampf oder Heißwasser in Frage kommt. Als Fortleitungsmittel für diese Zwischenenergieform dient gleichfalls eine Rohrleitungsanlage. Der Fall e endlich gilt für die auch praktisch ausgeführte Möglichkeit, das Erdöl mittels

Rohrleitungen zu den Raffinerien zu schaffen und den Treibstoff von dort mittels Fahrzeuge weiterzubefördern, es kann aber auch der Weitertransport von den Raffinerien über Rohrleitungen erfolgen.

Bei der Verwertung der ortsgebundenen Rohenergie (Wasser und Windkraft, Abfallenergie) bestehen diese Kombinationsmöglichkeiten nicht. Soferne die Rohenergiequellen und der Verbraucher örtlich verschieden liegen, kommt für die Ausnutzung der Wasser- und Windkraft praktisch nur die elektrische Übertragung in Frage (Schema f). Bei bestimmten Arten der Abfallenergie — es ist hier vor allem das Gichtgas, aber auch das Kokereigas, zu erwähnen — wäre auch der Transport mittels Rohrleitungen möglich (ähnlich Schema c). Der Fall der Verwertung von Erdgas ist in der Abb. 6 nicht berücksichtigt worden. Der Transport zur Umwandlungsanlage erfolgt hier ebenfalls über Rohrleitungen.

Man kann somit die verschiedenen Arten des Energietransportes wie folgt zusammenfassen:

	Transport- mittel	Fahrzeuge	Rohrleitungen	elektrische Leitungen
Energie- form	Rohenergie	Kohle Erdöl	Erdöl Erdgas Gichtgas (Ab- fallenergie)	
	Zwischen- zustand der Umwand- lung	Treibstoffe Koks	Treibstoffe Gas Dampf oder Heißwasser	elektrische Energie

Der Energietransport ist mit *Verlusten* verbunden. Sie entstehen bei Übertragung durch Rohrleitungen durch die Reibung, die einen entsprechenden Druckabfall bzw. Pumparbeit verursacht, bei elektrischen Leitungen durch den Ohmschen Widerstand, bei Höchstspannungsübertragungen noch zusätzlich durch Abstrahlung. Bei der Beförderung der Energie mittels Fahrzeuge entspricht ihnen sinngemäß der Energieaufwand für deren Antrieb. Die Verluste berühren die Wirtschaftlichkeit der Übertragung und müssen daher bei Vergleichen über die zweckmäßigste Transportweise neben dem Aufwand für die Erstellung der Anlagen und den Kosten für Bedienung und Unterhalt berücksichtigt werden.

Man erkennt aus diesen Betrachtungen, daß vom Standpunkt einer wirtschaftlichen Gesamtversorgung Energieumwandlung und

Transport nicht getrennt behandelt werden dürfen. Sie beeinflussen sich gegenseitig in ihren wirtschaftlichen Auswirkungen und sind daher aufeinander abzustimmen.

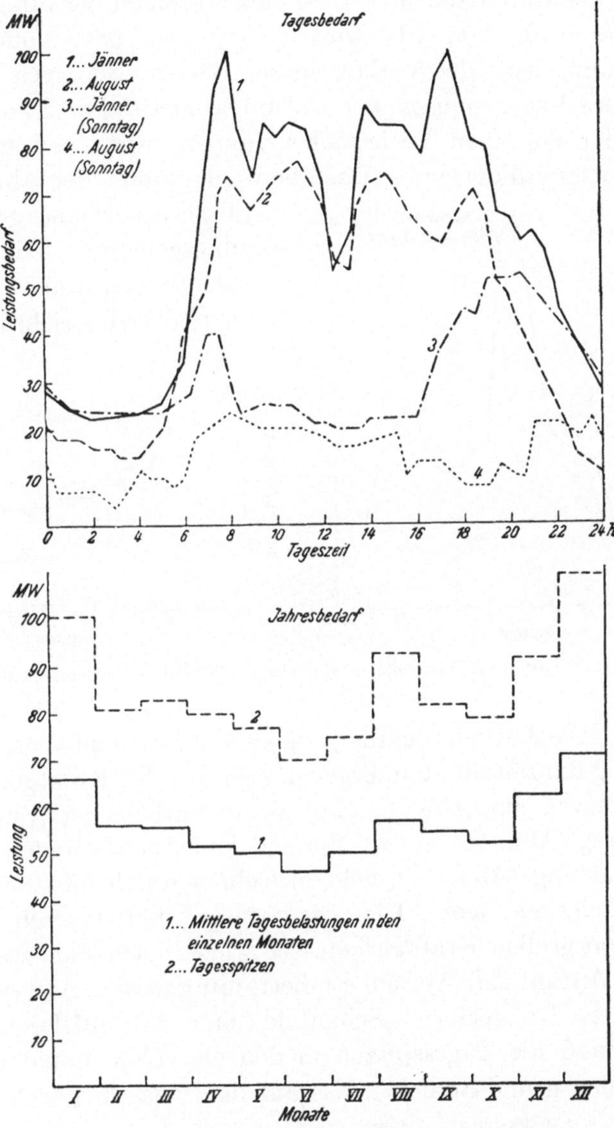

Abb. 7. Energiebedarf eines größeren Elektrizitätsversorgungsunternehmens (Provinzialversorgung).

Wie die Abb. 5 zeigte und auch oben hervorgehoben wurde, ist es ein Vorzug der elektrischen Energie, in alle Verbrauchsformen umgewandelt werden zu können. Es ergibt sich daher für die Umwandlungsanlage in die elektrische Energie und bis zu einem gewissen Grad auch für die Übertragungsanlagen ein zeitlicher Verlauf der Belastung, der durch die Mischung der einzelnen Verbraucherarten entsteht. Je nach dem Überwiegen der einen oder anderen Verbrauchergruppe wird der Verlauf dieser Belastungskurven variieren. Je größer das Versorgungsgebiet ist, um so merkbarer ist die Durchmischung der einzelnen Verbrauchergruppen, um so ausgeglichener ist das Belastungsdiagramm. Das obere Diagramm der Abb. 7 zeigt den Tagesbedarf eines großen Versorgungsgebietes, in dem neben Haushaltungen und Gewerbe, Bahn und Industriebetriebe Ab-

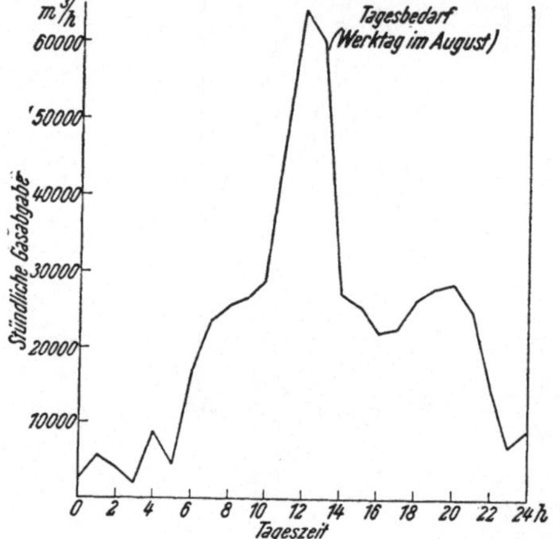

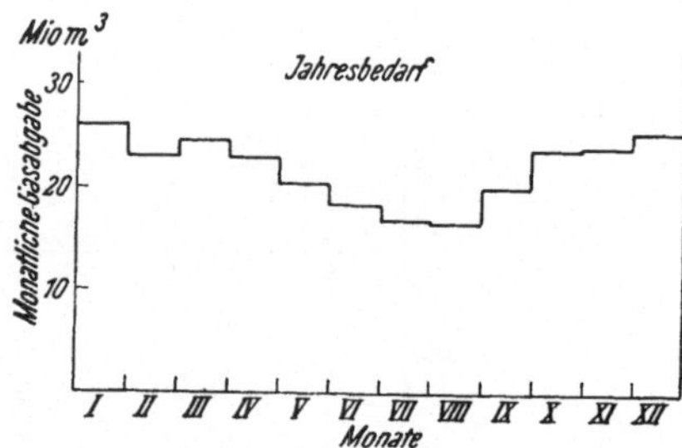

Abb. 8. Tages- und Jahresbelastung einer städtischen Gasversorgung.

nehmer sind. Die Kurven, die für je einen Sommer- und Winter-Werk- und -Sonntag dargestellt sind, ergeben sich aus der Kombination der Belastungskurven aus Abb. 1. Man sieht deutlich den Einfluß der Lichtbelastung (Abb. 1e) in den Morgen- und Abendstunden und der Industriebelastung (Abb. 1c), gekennzeichnet durch die Vormittags- und Mittagseinsenkungen. Die Diagramme sind typisch für die Belastung von großen Kraftwerken. Sie wiederholen sich, wenn man eine größere Anzahl von Werken studiert, mit gewissen Abweichungen immer wieder. Im rechten Schaubild sind die mittleren Tagesbelastungen und die Tagesspitzen in den einzelnen Monaten aufgetragen, um den grundsätzlichen Verlauf der Belastung während des ganzen Jahres zu kennzeichnen.

Diese Diagramme über die Belastung von Elektrizitätswerken seien noch ergänzt durch ein weiteres Beispiel, und zwar über die Belastung von Gaswerken, bei denen ja auch eine gewisse Verbrauchsmischung eintritt. In der Abb. 8 sind die Belastungsdiagramme einer großstädtischen Gasversorgung wiedergegeben. In den Tagesdiagrammen ist besonders der Einfluß des Kochens ausgeprägt (siehe auch Abb. 1b). Der Jahresverlauf ähnelt dem des Elektrizitätsverbrauches.

Die Verbrauchsmischung wirkt sich nicht nur auf die Belastung der Umwandlungsanlagen der Zwischenstufen, sondern auch auf die Bereitstellung der Rohenergie günstig aus. Sie trägt, wie später gezeigt wird, dazu bei, die Rohenergieanforderungen zu vergleichmäßigen und für deren Bereitstellung günstigere Verhältnisse zu schaffen.

5. Grundsätzliche wirtschaftliche Folgerungen.

Im Anschluß an die Ausführungen über die Energieumwandlung und Fortleitung erscheint es angebracht, zwei Eigenheiten der Energieversorgung kurz zu behandeln, die sich aus den bisherigen Erörterungen ergeben und in wirtschaftlicher Hinsicht fühlbar auswirken.

Der Idealfall für die Energieumwandlung wäre zweifellos ein zeitlich vollkommen gleichförmiger Verlauf, da hiebei die günstigste Ausnutzung der erforderlichen Einrichtungen erzielt würde und die Umwandlung bzw. Fortleitung mit dem geringsten Aufwand durchgeführt werden könnte. In Wirklichkeit ist der Prozeß von diesem Idealfall mehr oder weniger weit entfernt. Da, wie wir gesehen haben, der Energieverbrauch im allgemeinen sowohl während des Tages als auch jahreszeitlich stark veränderlich ist, wäre für die Umwandlungs-, Fortleitungs- und letzten Endes auch für die Anlagen zur Gewinnung der Rohenergie, soweit diese nicht zeitgebunden anfällt, eine einigermaßen gleichförmige Betriebsweise nur denkbar, wenn sich die Energie weitgehend *aufspeichern* ließe. Durch eine solche Speicherung könnte der Ausgleich zwischen dem Energieverbrauch und der angestrebten Betriebsweise der Energieversorgungsanlagen in ähnlicher Weise erreicht werden, wie in anderen Produktionszweigen die Anpassung an die zeitlich bedingte Nachfrage durch Füllung bzw. Räumung der Materiallager erfolgt. Ist nun eine solche Energiespeicherung überhaupt möglich, bzw. in welchem Umfange und in welcher Form ist sie durchführbar?

Befassen wir uns zunächst mit der Umwandlung der Energie in die Verbrauchform beim Abnehmer (Abb. 5, unten), so müssen wir feststellen, daß eigentlich nur bei der mechanischen und bei der Wärmeenergie solche direkte Speichermöglichkeiten bestehen. Im Falle der mechanischen Energie ist es im wesentlichen das *Schwung-*

rad, dessen Einsatz zwar zeitlich sehr begrenzt ist (Größenordnung Sekundenbereich), das jedoch in die Lage versetzt, kurzzeitige hohe Belastungsstöße abzufangen und von der speisenden Energieumwandlungsanlage fernzuhalten. Es wird daher mit Vorteil z. B. bei Walzenstraßenantrieb (Ilgner-Umformer) verwendet. Bei der Wärmeenergie dagegen ist ein Tagesausgleich durch *Heißwasserspeicherung* wirtschaftlich durchführbar. Ihr wesentlicher Vertreter sind die gas- und strombeheizten Gebrauchswasserbereiter. Letztere werden, über den Tagesausgleich hinausgehend, auch auf reine Nachtstromaufnahme geschaltet, um so in Mischung mit anderen Abnehmern zur Vergleichmäßigung der resultierenden Verbrauchskurve beizutragen. Auch der elektrische *Speicherherd* wurde bereits in hochelektrifizierten Wasserkraftländern, wie die Schweiz und Schweden, aus den gleichen Gesichtspunkten heraus entwickelt, die für die Einführung der Warmwasserspeicher maßgebend waren. Im Zusammenhang mit der Speicherung der Wärmeenergie in Verbrauchsform ist noch der sogenannte *Dampfgefällespeicher* (nach seinem Erfinder auch Ruths-Speicher bezeichnet)[1] zu nennen, der in der wärmeverbrauchenden Industrie mit hohen Dampfspitzen (z. B. Zellstoffkocher) Verwendung fand, jedoch mit der Vervollkommnung der Kesselanlagen infolge seiner verhältnismäßig hohen Kosten und der nicht zu vermeidenden Gefällsverluste an Bedeutung verlor.

Die der Verbrauchsform der Energie davorliegende Zwischenstufe der Umwandlung ist nach dem Schema Abb. 5 die *elektrische Energie.* Sie ist aus ihren physikalischen Eigenschaften heraus *nicht* speicherfähig. Verbrauch und Erzeugung muß mengenmäßig in kleinsten Zeiträumen übereinstimmen. Die Belastung der Umwandlungsanlagen entspricht jeweils dem zu deckenden Verbrauch, d. h. die Anlagen sind für den höchsten zu erwartenden Leistungsbedarf zuzüglich einer gewissen Sicherheitsspanne auszulegen. Diese Eigenheit der Elektrizitätsversorgung wirkt sich nich nur betrieblich, sondern auch in starkem Maße nach der wirtschaftlichen Seite hin aus. Sie führt zu einem sehr hohen leistungsabhängigen Aufwand und macht die Elektrizitätsversorguung zu einem der kapitalintensivsten Wirtschaftszweige. Wohl spricht man mitunter von der Speicherung elektrischer Energie. Dabei handelt es sich aber um die Umwandlung der elektrischen Energie in eine andere speicherfähige Energieform

---

[1] Durch Senkung des Behälterdruckes wird infolge Freiwerdens von Flüssigkeitswärme ein entsprechender Teil des auf Sättigungstemperatur befindlichen Wassers ausgedampft.

mit nachfolgender Rückwandlung. Als solche Verfahren wurden die nur bei Gleichstrom anwendbare elektrochemische Speicherung (Akkumulatoren) und die sogenannte Pumpspeicherung verwirklicht, bei der die elektrische Energie in die potentielle Energie von hochgepumptem Wasser umgewandelt wird. Diese Art der Speicherung ist mit nicht unerheblichen Energieverlusten beim Laden und Entladen und auch mit einem zusätzlichen Aufwand an Anlagekosten für die erforderlichen Umwandlungsanlagen belastet. Die Pumpspeicherung, die bis zu großen Leistungen ausgeführt wurde (es sind Anlagen mit über 200 MW Werksleistung in Betrieb) ist daher nur in besonders günstigen Fällen vertretbar und wird sich im allgemeinen auf die Schaffung eines Tagesausgleiches zwischen Nachtlast und Morgen- und Abendspitze beschränken.

Welche Speichermöglichkeiten bestehen nun auf der ersten Zwischenstufe der Umwandlung? Die Speicherung des Dampfes ist, wie schon oben erwähnt, nur im Dampfgefällespeicher mit verhältnismäßig großem Aufwand grundsätzlich möglich, wenn man von der natürlichen Speicherfähigkeit größerer Rohrleitungsnetze keinen Gebrauch machen kann. Dampfspeicher werden heute aus wirtschaftlichen Gründen nur in besonderen Fällen angewendet. Die Dampferzeugungsanlagen müssen also im allgemeinen, ebenso wie die Anlagen zur Elektrizitätserzeugung entsprechend dem höchsten auftretenden Dampfbedarf bemessen werden. Bei der Gaserzeugung ist die Einschaltung von Gasbehältern üblich, sie haben sich wirtschaftlich und betrieblich bewährt. Die Gasbehälter gestatten im allgemeinen einen Tagesausgleich und damit ein gleichmäßiges Arbeiten der Gaserzeugungsanlagen, unabhängig von dem augenblicklichen Verbrauch. Den jahreszeitlichen Verbrauchsschwankungen müssen jedoch die Gaserzeugungsanlagen nachkommen. Koks läßt sich, abgesehen von Schwelkoks, auf Lagerplätzen lange Zeit lagern, ebenso ist die Lagerhaltung von flüssigen und gasförmigen Treibstoffen mit ihrem hohen Heizwert in Zisternen bzw. Druckflaschen in wirtschaftlich tragbarer Form möglich.

Die Überlegungen wären nicht vollständig, würden wir nicht auch die Speichermöglichkeiten der *Rohenergie* erörtern. Sehen wir zunächst von den zwangsläufig anfallenden Rohenergiearten ab, so bleiben die Brennstoffe näher zu betrachten. Erdgas kann ebenso wie das aus Kohle erzeugte Gas in Gasbehältern gespeichert werden, auch das Erdöl läßt sich in Zisternen lagern. Die festen Brennstoffe sind im allgemeinen über verhältnismäßig lange Zeitperioden stapelfähig. Es bedarf nur der Errichtung ausreichender Lagerplätze. Eine Grenze ist bei gasreichen Kohlen (vor allem Braunkohle) durch Selbstentzündung und Verwitterung gegeben, die den Wert des Brennstoffes mindert und daher zu einem häufigen Wechsel der Lagerplatzkohle zwingt. Von den zwangsläufig anfallenden Rohenergiearten ist die hydraulische Energie, je nach den örtlichen Verhältnissen, mit mehr oder weniger hohem Kostenaufwand speicherfähig, wobei für die Wirtschaftlichkeit in erster Linie die für die Abarbeitung des Speicherinhaltes zur Verfügung stehende Fallhöhe von Bedeutung ist. Die Windkraft als Rohenergie ist nicht speicherfähig, Abfallenergie je nach Art des Energieträgers. So läßt sich Gichtgas in Gasbehältern speichern, die allerdings wegen des geringen Heizwertes im Vergleich zur Speicherung von Stadt- oder Generatorgas verhältnismäßig teuer werden.

Zusammenfassend kann demnach die Speicherfähigkeit der Energie folgendermaßen gekennzeichnet werden: Die Verbrauchsformen der Energie sind teilweise und zeitlich begrenzt, die wichtigste Zwischenform, die Elektrizität, ist überhaupt nicht, die Zwischenformen der ersten Umwandlungsstufe (Dampf, Gas, Treibstoffe) sind mit mehr oder weniger großem wirtschaftlichen Aufwand speicherbar. Von den Rohenergiearten sind die Brennstoffe im allgemeinen lagerfähig, gasreiche Kohlen wegen ihrer chemischen Zersetzung allerdings zeitlich begrenzt. Für Erdgas und Erdöl gilt dasselbe wie für die Zwischenformen der ersten Stufe. Die Windkraft ist nicht speicherfähig, die hydraulische Rohenergie dagegen wohl unter günstigen Voraussetzungen, bedingt jedoch die Errichtung von Staumauern oder Dämmen mit entsprechend hohen zusätzlichen Kosten. Grundsätzlich kann festgestellt werden, daß jedenfalls der Ausgleich zwischen Erzeugung und Bedarf auf dem Energiesektor nur unvollkommen und mit größerem Aufwand durchführbar ist als bei allen anderen Produktionszweigen.

Es wurde vorhin bereits erwähnt, daß die Elektrizitätsversorgung zu einem der kapitalintensivsten Wirtschaftszweige gehört. Die Ursache liegt nicht nur in der hervorgehobenen Notwendigkeit, die Anlagen infolge der fehlenden Speichermöglichkeit nach dem höchsten auftretenden kurzzeitigen Bedarf zu bemessen, sondern in den gegenüber den reinen Betriebsausgaben verhältnismäßig hohen Investitionskosten für die Kraftwerke — dies gilt besonders für Wasserkraftanlagen — und in der weiteren Notwendigkeit, umfangreiche Übertragungsanlagen zu errichten, um die erzeugte elektrische Energie von den Kraftwerken den Verbrauchern zuzuführen. Auch bei letzteren machen die laufenden Betriebsausgaben einen Bruchteil der anlageabhängigen Kosten aus. Ähnliches gilt grundsätzlich auch für die Gasversorgung, für die Fernheizung und bis zu einem gewissen Grad für solche zur Gewinnung der Rohenergie erforderlichen Anlagen, die im wesentlichen auf maschinelle Förderung abgestellt sind; dies ist z. B. bei der Gewinnung der Braunkohle im Tagbau der Fall.

Als Kennziffer für die Kapitalintensivität eines Betriebes hat sich der *Kapitalumschlagskoeffizient* eingebürgert. Er gibt das Verhältnis Jahresumsatz zum Gesamtanlagekapital an. In der Fertigungsindustrie liegt diese Ziffer nach *Mellerowicz* (1) im Durchschnitt bei 1,27, d. h. das Anlagekapital wird im Jahre 1,27mal umgesetzt. Demgegenüber liegt der Kapitalumschlagskoeffizient in der Elektrizitäts- und Gasversorgung der Größenordnung nach zwischen 0,15 und 0,5. Die Höhe des Kapitalumschlagskoeffizienten beeinflußt wesentlich die prozentuale Aufteilung der gesamten Einnahmen auf die einzelnen Kostenglieder. Um hierüber ein Bild zu gewinnen, sei eine kleine Rechnung durchgeführt. Das Gesamtkapital K (S) eines Betriebes teilt sich auf $\varkappa \cdot$ K (S) Eigenkapital und $(1 - \varkappa) \cdot$ K (S) Fremdkapital auf. Die Verzinsung des Eigenkapitals (Gewinn) sei $z_E \%$, die des Fremdkapitals $z_F \%$. Der Kapitalertrag läßt sich dann zu

$$[z_E \cdot \varkappa + z_F (1 - \varkappa)] \cdot \frac{K}{100} \text{ [S/Jahr]}$$

anschreiben.

Setzen wir nun für den Anteil des Zinsendienstes (bzw. Gewinnes) an dem Gesamterlös g % und für den Gesamterlös oder Umsatz U S/Jahr, so gilt die Beziehung

$$[\varkappa \cdot z_E + (1 - \varkappa) z_F] \cdot \frac{K}{100} = \frac{g \cdot U}{100} \text{ [S/Jahr]}$$

Der Quotient $\frac{U}{K}$ stellt den Kapitalumschlagskoeffizienten dar, den wir mit u bezeichnen wollen. Es errechnet sich somit die prozentuale Belastung des erzeugten Produktes durch den Zinsendienst zu

$$g = \frac{\varkappa \cdot z_E + (1 - \varkappa) \cdot z_F}{u} \text{ [\%]} \tag{1}$$

Schreibt man für den Ausdruck

$$\varkappa \cdot z_E + (1 - \varkappa) \cdot z_F = z_0 \text{ [\%]}$$

also einen mittleren Zinsenfaktor an, so vereinfacht sich die oben abgeleitete Beziehung wie folgt:

$$g = \frac{z_0}{u} \text{ [\%]} \tag{1a}$$

Diese Formel ist in Abb. 9 graphisch ausgewertet. Sie gestattet, in Abhängigkeit vom Kapitalumschlagskoeffizienten u und der mittleren Verzinsung z_0 die anteilige Belastung g % des erzeugten Produktes durch den Zinsendienst abzulesen. Im Schaubild sind verschiedene Beispiele eingetragen, deren Ausgangswerte aus der nachstehenden Zahlentafel ersichtlich sind:

	Art des Unternehmens		Kapitalumschlagskoeffizient u	Verhältnis: Eigenkapital zu Fremdkap. $\varkappa$	Zinssatz für Eigenkapital z_E %	Zinssatz für Fremdkapital z_F %	mittlerer Zinssatz z_0 %
I	Städtische Versorgung	Dampfkraft	0,21	0,54	5	6,4	5,65
II	Stadt- und Kreisversorgung	hauptsächl. Dampfkraft	0,39	0,42	5	5,5	5,3
III	Landesversorgung	Wasserkraft	0,18	0,33	5	3,3	3,85
IV	Stromverteilungsgesellschaft	hauptsächl. Wasserkraft	0,31	0,58	5	4,7	4,87
V	Fertigungsindustrie (Beispiel)		1,27	0,50	5	4,5	4,75

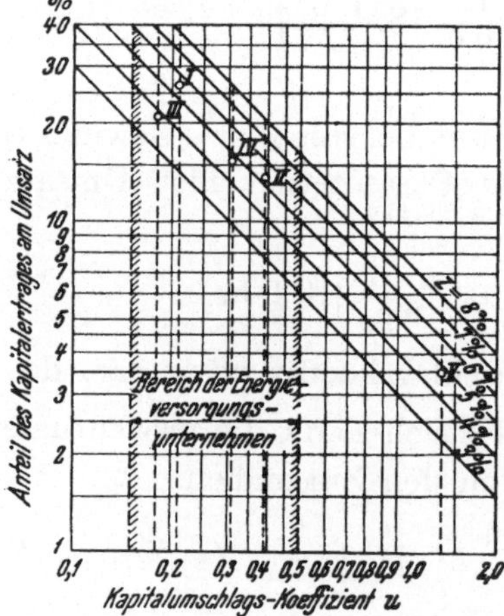

Abb. 9. Zusammenhang zwischen Ertragsanteil am Umsatz, Kapitalertrag z (%) und Kapitalumschlagskoeffizient u I . . . . . . V Beispiele (Ausgangswerte siehe Tabelle, S. 26.)

Man sieht, daß für die betrachteten Stromversorgungsunternehmen die Werte g zwischen 14 und 27 % liegen, für das Beispiel des Betriebes aus der Fertigungsindustrie dagegen sich ein g = 3,5 % ergibt. Dieser Vergleich zeigt, daß in den Erlösen der Energieversorgung der für die Deckung des Zinsendienstes enthaltene Anteil ein mehrfaches des für die Fertigungsindustrie ermittelten ausmacht. Betriebe der Energieversorgung sind daher wesentlich konjunkturempfindlicher als andere nicht so kapitalintensive Produktionszweige. Diese Erkenntnisse legen daher die Verpflichtung auf, umfangreichere Investitionen in der Energieversorgung mit größter Sorgfalt vorzubereiten, um Kapitalfehlleitungen zu vermeiden, darüber hinaus aber den Kapitalumschlagskoeffizienten nach Möglichkeit niedrig zu halten, um auf diese Weise eine Steigerung der Wirtschaftlichkeit der Energieversorgung zu erreichen.

6. Zeichnerische Darstellungsmethoden für Energiebedarf und Dargebot.

Die im zweiten und vierten Abschnitt dargestellten Belastungskurven einzelner ausgeprägter Tage und Diagramme der Monatsmittelwerte geben zwar eine allgemeine Charakteristik des Leistungsbedarfes, sie reichen aber nicht für exaktere energiewirtschaftliche Untersuchungen aus, wie z. B. die Ermittlung der Gestehungskosten oder der Einsatzweise von im Verbundbetrieb zusammenarbeitenden Kraftwerken oder der Auswirkung von Speichern und anderem. Dazu ist eine genauere Kenntnis des Belastungsverlaufes während des ganzen Jahres notwendig. Man könnte sich eine solche durch Aneinanderreihung sämtlicher 365 Tagesdiagramme verschaffen, jedoch wäre diese Darstellungsweise sehr unübersichtlich. Daher versuchte man eine dreidimensionale Wiedergabe des Belastungsverlaufes, und zwar derart, daß man als Basis eine Tageszeit- und eine Jahreszeitachse annimmt und über diese als Ordinaten die jeweiligen Leistungen aufträgt. Es entsteht auf diese Weise das sogenannte *„Belastungsgebirge"*, für das als Beispiel in Abb. 10 der Jahreselektrizitätsbedarf einer Großstadt wiedergegeben ist. Es wird praktisch so hergestellt, daß man die Belastungskurven eines jeden Tages auf starkem Karton aufzeichnet und diesen längs der Belastungslinie ausschneidet. Man reiht dann diese einzelnen ausgeschnittenen Karten, beginnend mit dem 1. Jänner und endigend mit dem 31. Dezember, wie aus der Abbildung ersichtlich, aneinander und erhält damit eine sehr plastische Darstellung des Jahresbedarfes.

Ein solches Belastungsgebirge ist sehr anschaulich und zweifellos ein geeignetes Mittel, sich über die Belastungsbedingungen einen genauen Überblick zu verschaffen. Man erkennt deutlich den Belastungsanstieg in den Morgenstunden, die während des ganzen Jahres ziemlich gleichbleibende Industrielast und die sich darüber aufbauenden, in ihrer Höhe von der Jahreszeit sehr stark abhängigen Morgen- und Abendlichtspitzen. Während die Morgenlichtspitzen in den Sommermonaten ganz verschwinden, verschieben sich die in der Sommerzeit wesentlich kleiner werdenden Abendspitzen in die späteren Tagesstunden. In gleicher Weise wie dieses Belastungsgebirge

über den elektrischen Energiebedarf ein Bild gibt, kann z. B. auch die
Jahresbelastung einer Gasversorgung oder einer Fernheizung dargestellt werden.

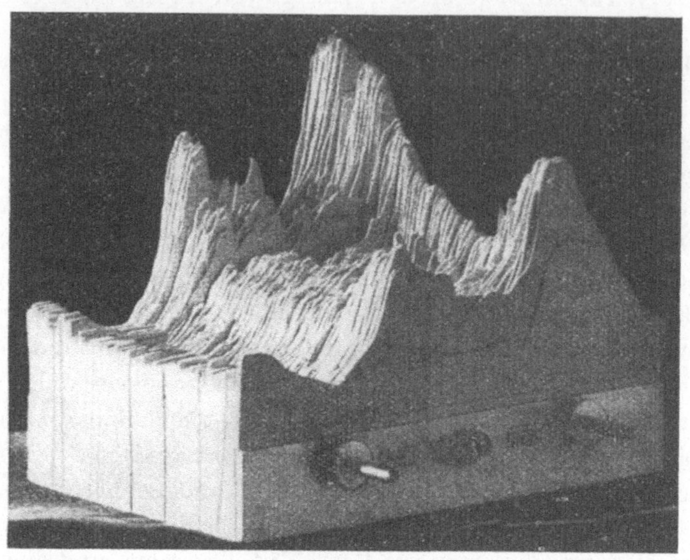

Abb. 10. Belastungsgebirge [nach *Schneider* (2)].

So anschaulich das Belastungsgebirge den Jahresbedarf wieder-
gibt, so wenig ist es geeignet, wenn man an eine zahlenmäßige Auswertung herangehen will. Dies liegt an den Schwierigkeiten, die
dreidimensionale Darstellungen im allgemeinen bieten. So kann z. B.
die Jahresarbeit nur durch Planimetrieren der einzelnen Tagesarbeiten
oder durch Wägung eines Gipsmodelles bestimmt werden, wobei im
letzteren Falle Ungenauigkeiten dadurch entstehen, daß die Samstage
und Sonntage im Modell nicht erfaßt werden können. Es ist daher
verständlich, daß man versuchte, ausgehend vom Belastungsgebirge,
zweidimensionale Darstellungen zu entwickeln, die eine Ermittlung
der interessierenden Zahlenwerte leichter zuläßt. Es sind hier verschiedene Wege möglich und vorgeschlagen worden (2), von denen
zwei kurz erörtert werden sollen.

Der eine Weg ist die sogenannte *Leistungstopographie* (3). Diese
zweidimensionale Darstellung der Belastung wird dadurch erhalten,
daß man die Tages- und Jahreszeitachse, also die Grundfläche des
Belastungsgebirges, beibehält und die Leistungen in Anlehnung an
die in der Kartographie üblichen Methoden der Geländedarstellung

durch Schichtenlinien ausdrückt. Diese Schichtenlinien gewinnt man durch Projektion der Tageskurven in ihre Zeitachse, wobei man zweckmäßig Leistungsintervalle von 5—10% der Spitze (2) wählt. Führt man diese für eine große Zahl von Tagen durch und verwendet man die Punkte gleicher Leistungen, so entsteht das in Abb. 11

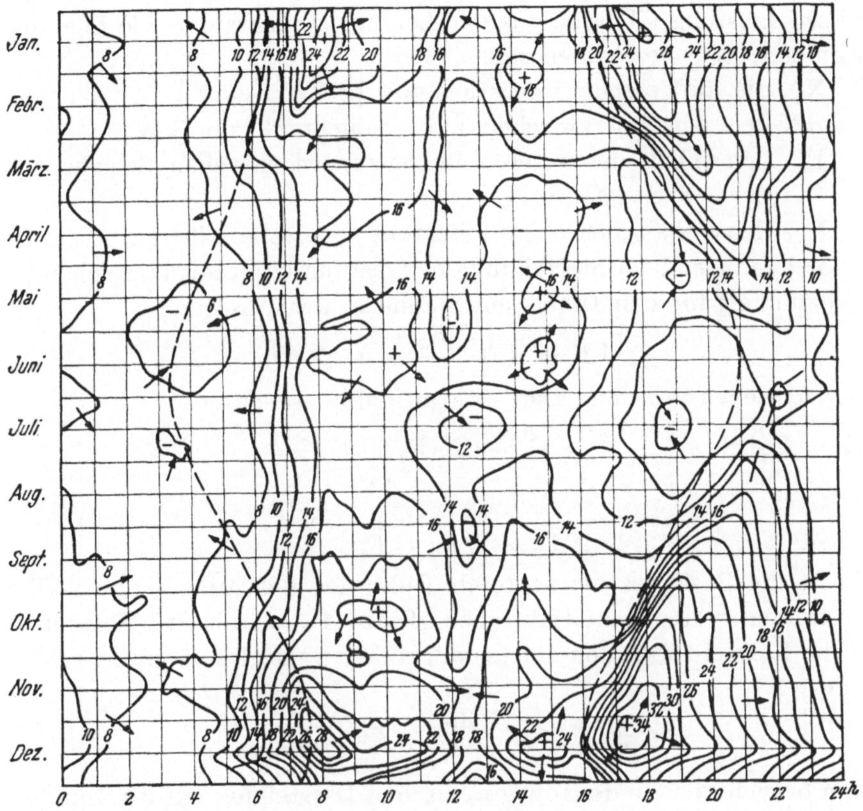

Abb. 11. Leistungstopographie [nach *Schneider* (2)].

wiedergegebene Diagramm. Es gilt wieder für eine Elektrizitätsversorgung. Die Leistungen sind durch die den einzelnen Schichtenlinien beigegebenen Zahlen festgelegt. Je enger die Schichtenlinien aneinander liegen, um so steiler ist die Leistungsänderung. Um die Übersicht zu erleichern, kann man, wie in der Abb. 11, die Richtung des Leistungsabfalles durch Pfeile, die Spitzen und Täler durch „+-" und „—"-Zeichen deutlicher erkenntlich machen. Addition und Subtraktion von Topographien lassen sich in der Weise leicht durchführen, daß man sie auf Pauspapier zeichnet und in den Schnittpunkten von deren Leistungslinien die Leistungskoten addiert oder ihre Differenz bildet. Man hat so z. B. die Möglichkeit, den von einer Laufwasserkraft zu deckenden Teil eines Belastungsgebirges, die verbleibende Wasserkraftüberschußenergie und -leistung sowie die Jahresabgabe des kalorischen Ergänzungswerkes zu ermitteln.

Der gesamte Energiebedarf oberhalb bzw. unterhalb einer gewissen Leistung läßt sich aus der Leistungstopographie wie folgt bestimmen: Wir bezeichnen mit

N_h die auftretende Höchstleistung [kW],

$\varDelta N$ den Abstand zwischen zwei Schichtenlinien [kW],

F_u den Inhalt der unteren Begrenzungsfläche einer Scheibe von der Höhe $\varDelta N$ [Std],

F_0 den Inhalt der oberen Begrenzungsfläche [Std.].

Bei genügender Unterteilung der Leistung kann mit hinreichender Genauigkeit für den Inhalt einer Scheibe der Ausdruck

$$\varDelta E = \varDelta N \cdot \frac{F_u + F_0}{2} \ [\text{kWh}]$$

angeschrieben werden. Der Gesamtinhalt ist dann

$$E = \varSigma \varDelta N \cdot \frac{F_u + F_0}{2} = \frac{\varDelta N}{2} \cdot \varSigma (F_u + F_0) =$$

$$= \frac{\varDelta N}{2} (\varSigma F_u + \varSigma F_0) \qquad [\text{kWh}]$$

$$\varSigma F_0 = \varSigma F_u - F_B \quad [\text{h}]$$

F_B ist die Basis des betrachteten Teiles des Belastungsgebirges. Bei Bestimmung des Gesamtjahresbedarfes ist $F_B = 8760$ Std. Setzt man in die Formel für E den zuletzt angeführten Ausdruck ein, so erhält man

$$E = \varDelta N \left(\sum_1^{N/\varDelta N} F_u - \frac{F_B}{2} \right) \ [\text{kWh}] \qquad (2)$$

Man braucht also in der topographischen Darstellung nur die von den einzelnen Schichtenlinien eingeschlossenen Flächen zu planimetrieren, die so erhaltenen Stundenzahlen zu addieren, hievon die halbe Basis des betrachteten Belastungsteiles abzuziehen und die errechnete Differenz mit dem Abstand der Schichtenlinien zu multiplizieren.

Aus der Zahl der anderen Darstellungsweisen, wie Benutzungsdauertopographie (4), Energieinhaltstopographie (5) und Niveauliniendiagramm (6), die alle gemeinsam haben, daß die Tageszeit fortfällt, sei die letztgenannte herausgegriffen. Das *Niveauliniendiagramm* entwickelt sich, wie Abb. 12 zeigt, in der Leistungs-Jahreszeitebene. Seine obere Begrenzung ist die Kurve der Tageshöchstleistungen. Die darunter angezeigten Schichtenlinien geben den

Energieinhalt der oberhalb liegenden Teile der Tagesbelastungs-
diagramme an und kennzeichnen auf diese Weise den Charakter der
Tagesbelastung. Im eingetragenen Beispiel beträgt an den betrachteten Tagen die Leistungsspitze 24.000 kW (Punkt C). Bis zu einer
Leistung von 10.000 kW herab (B) hat das betreffende Tagesdiagramm
einen Inhalt von 130 MWh.

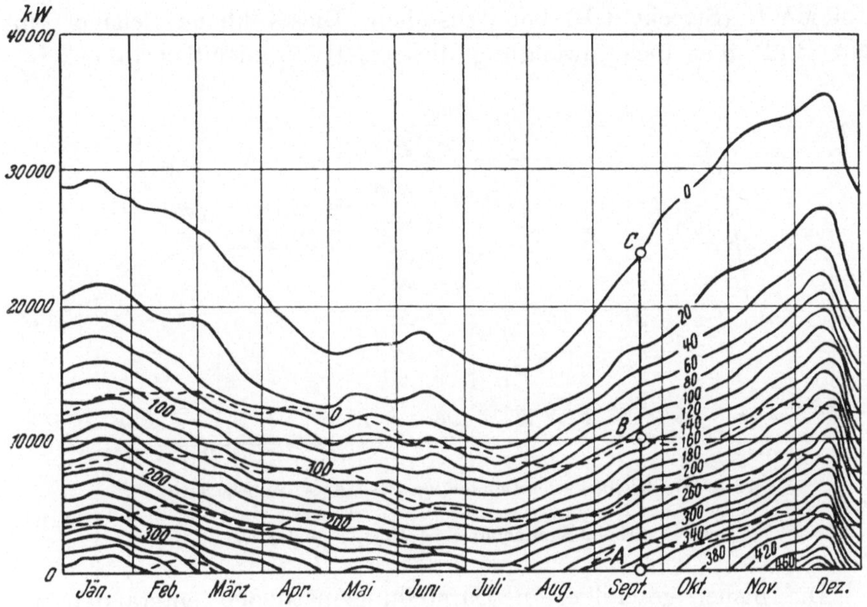

Abb. 12. Niveauliniendiagramm. Eingetragene Zahlen in MWh.

Mit dem Niveauliniendiagramm lassen sich ebenso wie mit den
anderen erwähnten Darstellungsmethoden Addition und Subtraktion
nur durchführen, wenn die eine Leistung tageskonstant ist, wie dies
bei Wasserkraftanlagen der Fall ist. Für diesen praktisch wichtigsten
Fall einer Kombination von zwei Diagrammen ist aber das Niveauliniendiagramm sehr einfach zu handhaben und gibt übersichtlich
und rasch Aufschluß über die Zuschuß- und Überschußenergiemengen
mit den zugehörigen Höchstleistungen. In der Abb. 12 ist auch
strichliert der Leistungsanfall aus einer Wasserkraft eingetragen.
Da er je Tag als konstant angenommen werden kann, so verlaufen
die hiefür geltenden Niveaulinien, die je 100 MWh eingetragen werden, parallel zur Leistungskurve (0 MWh). Greifen wir wieder auf
das vorhin erwähnte Beispiel zurück, so ersehen wir, daß an dem
betrachteten Tage eine Leistung von 10.000 kW (Strecke AB) durch

die Wasserkraft geliefert wird. Die Wasserkraft deckt somit
360 — 130 = 230 MWh (Strecke AB). Der hydraulische Energieanfall
beträgt $\dfrac{10.000 \cdot 24}{1000} = 240$ MWh. Somit sind 240 — 230 = 10 MWh
Wasserkraftenergie an diesem Tage überschüssig. Um die restliche
Belastung zu decken, sind auf diese Weise z. B. durch Dampfkraftanlagen 24.000 — 10.000 = 14.000 kW bei einer Arbeit von
130 MWh (Strecke CB) bereitzustellen. Dieses kleine Beispiel gibt
ein Bild über die Anwendung dieses Niveauliniendiagramms.

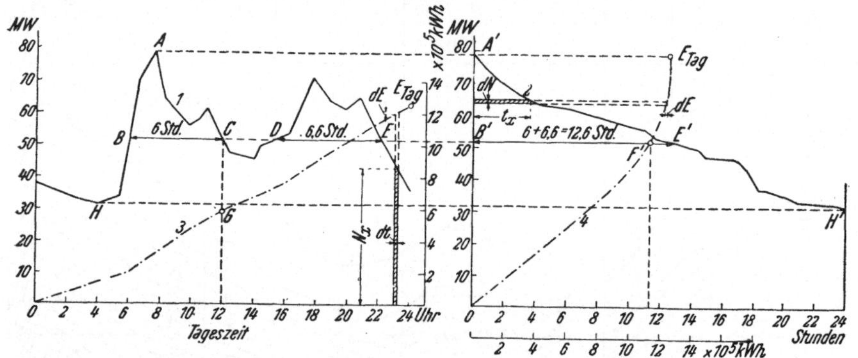

Abb. 13. Zeichnerische Darstellung des Tagesenergiebedarfes.
1 Zeitlicher Verlauf des Energieverbrauches in MW während eines Tages. 2 Tagesdauer-
linie. 3 Arbeits-Summenlinie. 4 Energieinhaltslinie.

Die bisher geschilderten Darstellungsmethoden entstanden aus
dem Bestreben, die Belastungsverhältnisse über das ganze Jahr in
ihrem Tages- und Jahresverlauf zu erfassen. Für eine ganze Reihe
von energiewirtschaftlichen Aufgaben genügen jedoch einfachere
Verfahren der Aufzeichnung und Auswertung, die dort, wo sie anwendbar sind, den Vorteil einer bequemeren und übersichtlicheren Handhabung aufweisen. In der Abb. 13 wurde versucht, die zeichnerische
Auswertung eines Tagesbelastungsdiagrammes (Linienzug 1 im
linken Schaubild) darzustellen. Das Beispiel ist wieder der Elektrizitätsversorgung entnommen. Es gilt jedoch auch hier grundsätzlich das vorhin Gesagte, daß dieselben Methoden auch für die
Gas- und Wärmeversorgung anwendbar sind. Faßt man die Tages-
stundenzahl, während der eine bestimmte Leistung benötigt wird,
zusammen und trägt sie in einem Diagramm auf, als dessen Abszisse
die Tagesstunden und als dessen Ordinate die Leistung gewählt wird,
so erhält man einen Linienzug, der im rechten Schaubild als Kurve
eingetragen ist und zwischen der Spitzenleistung bei der Stunden-

zahl 0 (Punkt A bzw. A') und dem Leistungsminimum bei der Stundenzahl 24 (Punkt H bzw. H') verläuft. Das eingetragene Beispiel für
eine Leistung von 52 MW ($\overline{BC} + \overline{DE} = \overline{B'E'}$) veranschaulicht die
Konstruktion dieser Kurve. Da sie die Dauer der einzelnen Belastungen angibt, hat sich der Name *„Dauerlinie“* eingebürgert.
Man findet aber auch die Bezeichnung *„geordnetes Belastungsdiagramm“*, da die Leistungen nach ihrer zeitlichen Inanspruchnahme geordnet werden. Die Fläche unter der Dauerlinie stellt ebenso wie die unter der Belastungskurve die benötigte Tagesarbeit dar.
Auf die Vor- und Nachteile der Belastungsdarstellung durch die
Dauerlinie wird weiter unten noch zurückgekommen.

Bei den meisten Anwendungen interessieren die Arbeitswerte,
die einer bestimmten Leistung oder Zeit zugeordnet sind, so daß es
praktisch ist, solche Kurven von vorneherein zu konstruieren, um auf
diese Weise die gewünschten Größen abgreifen zu können. Man benötigt dabei im allgemeinen für die Aufzeichnung dieser Kurven
wenige Punkte. In Abb. 13 sind zwei gebräuchliche Wege zur
Bildung der Arbeitswerte eingetragen. Im linken Diagramm wurde
über der Tageszeit vom Zeitnullpunkt ausgehend die bis zu einer
bestimmten Tageszeit t_1 durch das Belastungsdiagramm gegebene
Arbeit ermittelt (Kurve 3). Man erhält sie, indem man die Fläche
unter der Belastungskurve in schmale senkrechte Streifen aufteilt
und diese summiert. Der Arbeitswert von 0 bis zu einer gewissen
Tageszeit t_1 ist somit:

$$E_{t_1} = \int\limits_0^{t_1} N_x \cdot d\,t \quad [\mathrm{kWh}].$$

Bei dem als Beispiel gewählten Belastungsfall beträgt für die Zeit
von 0 bis 12 Uhr die abgegebene Arbeitsmenge $5{,}8 \cdot 10^5$ kWh
(Punkt G); die gesamte Tagesarbeit ($t_1 - 24^{\mathrm{h}}$) $E_{\mathrm{Tag}} = 12{,}5 \cdot 10^5$ kWh.
Diese Kurve wird als *Arbeitssummenlinie* bezeichnet. Man kann aus
dieser Kurve die Arbeit zwischen zwei beliebigen Tageszeiten als
Differenz der zugehörigen E-Werte herausgreifen.

Im Gegensatz zur Arbeitssummenlinie, die den aufgelaufenen
Arbeitswert als Funktion der Tageszeit angibt, ist die im rechten
Schaubild eingezeichnete Arbeitswertkurve über der Leistung aufgetragen (Kurve 4). Sie gibt an, welche Arbeit zwischen der Leistung 0
und einer beliebigen Leistung N_x benötigt wird. Man erhält diese
Kurve in einfacher Weise aus der Dauerlinie, indem man die unter
dieser liegende Fläche in schmale, horizontale Streifen zerschneidet

und sie summiert. Einer Leistung N_x entspricht der Arbeitswert:

$$E_x = \int_0^{N_x} t_x \cdot d\,N \quad [\text{kWh}].$$

Der Leistung von $N_x = 52$ MW z. B. ist eine Arbeit von 11,3 MWh entsprechend der Strecke $B' F'$ zugeordnet. Die Summierung bis zur Spitzenleistung A' ergibt wieder die gesamte Tagesarbeit E_{Tag}, die mit dem aus der Kurve 3 erhaltenen Wert übereinstimmen muß. Diese Arbeitskurve wird als *Energieinhaltslinie* bezeichnet.

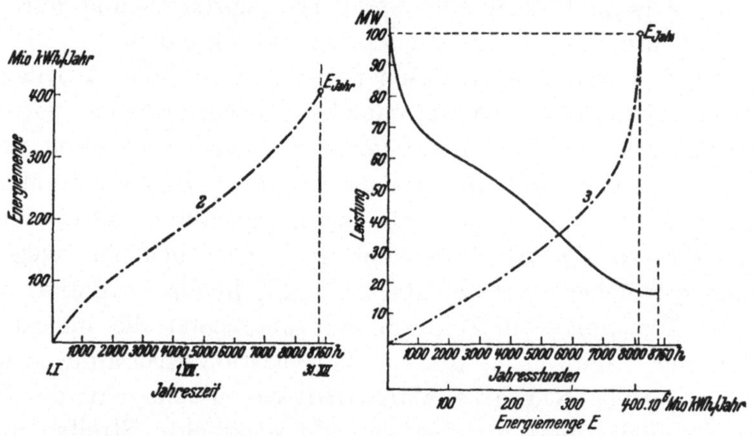

Abb. 14. Zeichnerische Darstellung des Jahres-Energiebedarfes.
1 Jahresdauerlinie. 2 Arbeitssummenlinie. 3 Energieinhaltslinie.

Dauerlinien, Arbeitssummen- und Energieinhaltslinien kann man in gleicher Weise für das ganze Jahr (Abb. 14), aber auch für einzelne Monate ermitteln. Die Jahresdauerlinien erhält man durch Auswertung der Leistungstopographie oder auch, wie die Erfahrung zeigt, mit hinreichender Genauigkeit durch Heranziehung einer Anzahl charakteristischer mittlerer Tagesdiagramme.

In gleicher Weise wie den Energiebedarf kann man auch das Energiedargebot bei nicht anpassungsfähigem Anfall darstellen. Abb. 15 zeigt die Ermittlung der Jahresdauerlinie, der Wassermengensummen- und Wassermengeninhaltslinie für eine Wasserkraft, ausgehend von der Jahresabflußkurve. Die eingetragenen Bezeichnungen haben sinngemäß dieselbe Bedeutung wie in Abb. 13, so daß sich eine nochmalige Erläuterung erübrigt.

Der Vorteil der Dauerlinie liegt vor allem in der übersichtlichen Zusammenfassung der Belastung über längere Zeiträume. Sie gestattet, wie wir gesehen haben, außerdem, den Arbeitswert in einfachster Weise zu ermitteln. Dem steht als Nachteil der Wegfall der Zeiten, zu denen die Leistungen auftreten, gegenüber. Durch Aufspaltung der Jahresdauerlinien auf die Dauerlinien für die einzelnen Monate kann dieser Nachteil, der besonders bei Unter-

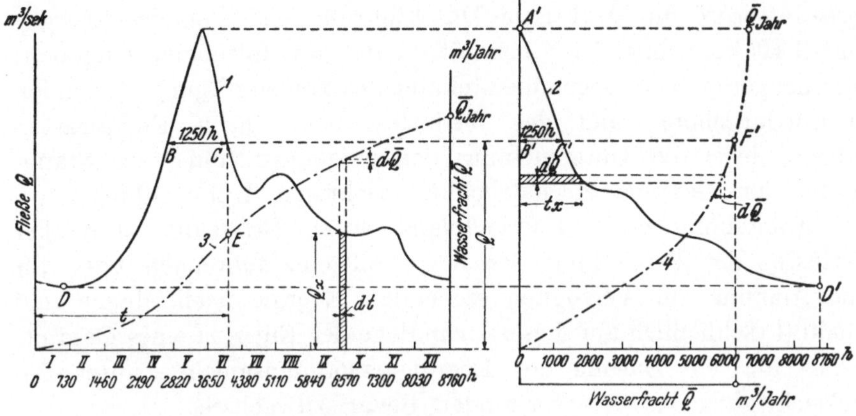

Abb. 15. Zeichnerische Darstellung des Rohenergiedargebotes bei nicht anpassungsfähigem Anfall.

1 Zeitlicher Verlauf der Abflußmenge je Zeiteinheit (Q m³/sek) während des Jahres. 2 Jahresdauerlinie. 3 Wassermengen-Summenlinie. 4 Wassermengen-Inhaltslinie.

suchungen über die Einsatzweise von unständigen Wasserkräften in Erscheinung tritt, gemildert werden. Die Dauerlinie findet zweckmäßig Verwendung bei allen Untersuchungen über Energieumwandlung und Fortleitung, die von anpassungsfähigen Rohenergiequellen ausgehen, aber auch bei der Ermittlung von Umwandlungs- und Übertragungsverlusten und bei der Errechnung der erzeugbaren Arbeit aus einer Wasserkraft. Die späteren Abschnitte werden noch verschiedene Beispiele für die praktische Anwendung dieser hier beschriebenen Kurven bringen.

7. Gliederung der Energiewirtschaftslehre.

Im 1. Abschnitt wurde dargelegt, daß beim Aufbau einer Energiewirtschaftslehre eine Betrachtungsweise angewendet werden muß, die die Energieversorgung einerseits als Teil der Gesamtwirtschaft eines Staatswesens ansieht, anderseits sie mit allen ihren Spezialgebieten als Ganzes behandelt. Sieht man von den in den vorhergehenden Abschnitten erörterten Grundlagen ab, so sind demnach an die Spitze einer Energiewirtschaftslehre die Gesichtspunkte zu stellen und abzuleiten, die für die zweckmäßigste Versorgung eines Staatswesens bzw. geschlossenen Wirtschaftsgebietes mit Energie maßgebend sein sollten. Wir wollen die Zusammenfassung dieser Gesichtspunkte und abzuleitenden Grundsätze als *allgemeine Energiewirtschaftslehre*, ihre praktische Durchführung als allgemeine Energiewirtschaft bezeichnen. Sie beschäftigt sich mit folgenden Aufgaben: Die mengenmäßige Gegenüberstellung des zur Verfügung stehenden Energiedargebotes und des -bedarfes, beide nach Energiearten aufgegliedert, die Untersuchung der möglichen und vom Standpunkt der Gesamtwirtschaftlichkeit richtigen Umwandlungswege, die Aufstellung einer Energiebilanz unter Erfassung sämtlicher Verluste, die Ermittlung der eventuell einzuführenden oder für eine Ausfuhr zur Verfügung stehenden Energie nach Menge und Qualität, schließlich auf dieser Grundlage der Entwurf eines Gesamtplanes für den Ausbau der Energieversorgungsanlagen unter Berücksichtigung des zu erwartenden Bedarfszuwachses.

Diese so gekennzeichnete allgemeine Energiewirtschaftslehre ist zu ergänzen durch eine Zusammenfassung der Gesichtspunkte für die wirtschaftlichste Art der Ausnutzung der einzelnen zur Verfügung stehenden Rohenergiequellen, wobei im Sinne einer geschlossenen, auf das Ganze gerichteten Betrachtungsweise die Forderung gelten muß, jene Wege und Maßnahmen als wirtschaftlich richtig anzusehen, die vom Standpunkte der Gesamtversorgung des betreffenden Wirtschaftsgebietes, also der allgemeinen Energiewirtschaft, am zweckmäßigsten sind. Wir wollen diese Aufgabe im Gegensatz zur allgemeinen Energiewirtschaftslehre als *spezielle Energiewirtschaftslehre*, ihre praktische Durchführung als spezielle Energiewirtschaft bezeichnen. Sie umfaßt:

1. Die wirtschaftliche Ausnutzung der Wasserkräfte, wobei, ausgehend vom Rohgefälle und Roharbeitsvermögen, anzustreben ist, einen bestimmten Flußlauf als Ganzes zu betrachten. Die wirtschaftliche Ausbauwassermenge bei verschiedenen Ausbauweisen, der Einfluß der Speicherung auf die Wirtschaftlichkeit der Wasserkraftnutzung, die Bewertung der erzeugbaren Energie und die Betriebswirtschaft einer am selben Flußlauf gelegenen Kraftwerksgruppe sind die wesentlichen Fragen, die im Rahmen der hier gesteckten Zielsetzung interessieren. Der hier zur Behandlung stehende Fragenkomplex wird üblicherweise unter dem Namen

Wasserkraftwirtschaft zusammengefaßt, zum Unterschied von der *Wasserwirtschaft*, die sich neben der Energiegewinnung mit Fragen der Schiffbarmachung, der Flurbewässerung, der Trinkwasserversorgung, des Hochwasserschutzes und des Fischereiwesens befaßt. Die Wasserkraftwirtschaft ist, so gesehen, gleichzeitig ein Teil der Wasserwirtschaft, deren Bedürfnisse bei energiewirtschaftlichen Maßnahmen im Interesse des allgemeinen Wohles nicht außer acht gelassen werden können.

2. Die wirtschaftliche Ausnutzung der Windkraft, wobei, ausgehend von der Kennzeichnung des Rohenergieanfalles, der wirtschaftliche Leistungsbereich von Windkraftanlagen, die wirtschaftliche Windgeschwindigkeit und damit ihr Anwendungsbereich zu erörtern und daraus die Folgerungen für die praktische Verwertbarkeit der Windenergie im Rahmen der Gesamtversorgung zu ziehen sind.

3. Die wirtschaftliche Ausnutzung der Brennstoffe, die zunächst deren zweckmäßigsten Einsatz (z. B. Verwertung der Anfallkohle und ihre wirtschaftlichen Voraussetzungen, chemische Aufschließung der Kohle), des weiteren aber auch die wirtschaftlichen Gesichtspunkte für die Umwandlung der Brennstoffenergie in die Verbrauchsform, bzw. in einen der Zwischenzustände umfaßt. Die Erzeugung von Nutzwärme, von elektrischer Energie, die Zusammenfassung dieser beiden Umwandlungsprozesse in der Heizkraftkupplung, die Anwendungsmöglichkeiten der Wärmepumpe und das Fachgebiet der Gaserzeugung und Fortleitung gehören zu diesem Fragenkomplex. Für ihn hat sich die Sammelbezeichnung *Wärmewirtschaft* eingebürgert.

Wenn auch die Umwandlung der verschiedenen Rohenergiearten in elektrische Energie bei Erörterung der wirtschaftlichen Ausnutzung der Rohenergiequellen bereits mitbehandelt wird, so stellt doch die Elektrizität eine Energieform dar, die mit der Entwicklung der Technik in allen Zweigen unserer Wirtschaft eine immer überragendere Bedeutung gewann. Es erscheint daher berechtigt, die wirtschaftliche Erzeugung, Fortleitung und Verteilung der elektrischen Energie besonders herauszustellen und als Teil der speziellen Energiewirtschaft zu behandeln.

Allgemeine und spezielle Energiewirtschaft bilden in gemeinsamer Zielsetzung die beiden Komponenten der Energiewirtschaftslehre, denen die folgenden Teile dieses Buches gewidmet sind.

II. Allgemeine Energiewirtschaft.

8. Schematische Darstellung der Energieversorgung eines geschlossenen Wirtschaftsgebietes.

Eine grundsätzliche Behandlung der wesentlichen, die Energieversorgung eines geschlossenen Wirtschaftsgebietes beeinflussenden Gesichtspunkte setzt die Kenntnis der energiewirtschaftlichen Struktur des betreffenden Gebietes voraus. Sie umfaßt die zur Verfügung stehenden Rohenergiequellen nach Art, Ergiebigkeit und Ausnutzung einerseits, den Verbrauch an Nutzenergie nach Energieart und Menge anderseits, dazu die beschrittenen und möglichen Wege der Energieumwandlung. Die Grundlage hiefür, auf der sich die erforderlichen zahlenmäßigen Überlegungen aufbauen können, bildet eine schematische Gegenüberstellung des Rohenergiedargebotes und des Bedarfes an Nutzenergie. Sie soll zunächst eine Charakteristik des betreffenden Versorgungssystems geben und damit den Ausgangspunkt für die weiteren Untersuchungen bieten.

Im 4. Abschnitt wurde darauf hingewiesen, daß das dort gezeigte Schema über die Möglichkeiten der Energieumwandlung (Abb. 5) als Grundlage für die allgemeine Betrachtung der Energieversorgung geschlossener Wirtschaftsgebiete angesehen werden könne. Wir wollen daher auf die Abb. 5 zurückgreifen und aus dieser das Schema der Energieversorgung ableiten. Die Abb. 16 zeigt ein solches Schema, das mit gewissen Vereinfachungen angenähert für die österreichischen Verhältnisse zutrifft. Die umrandete Fläche versinnbildlicht das betrachtete Wirtschaftsgebiet. Oben sind in Anlehnung an die Darstellung in Abb. 5 die heimischen Rohenergiequellen, unten die Arten der Nutzenergie als Kästchen eingezeichnet. Rechts sind außerhalb des umranndeten Feldes die eingeführten, links die ausgeführten Energiearten eingetragen. An Rohenergie wird in dem Beispiel Steinkohle eingeführt und Brennholz ausgeführt. Die Darstellung der Energieumwandlung lehnt sich an Abb. 5 an, ist jedoch gegenüber dieser vereinfacht worden. Nicht nur, daß verschiedene Zwischenumwandlungen in Wegfall kamen, wurden die Dampferzeugungsanlagen mit den Dampfkraftwerken zusammengelegt und die Dampfabgabe für Heizzwecke von diesen abgezweigt. Um den Bedarf zu decken, ist zusätzlich zur heimischen Energieaufbringung noch die Einfuhr von flüssigen Treibstoffen und Koks notwendig. Dagegen wird Elektrizität, erzeugt aus Wasser-

kräften, ausgeführt. Die Umwandlungswege sind ebenso wie in
Abb. 5 durch die eingezeichneten Verbindungslinien angedeutet,
wobei wieder die voll ausgezogenen Linien die Rohenergie, die

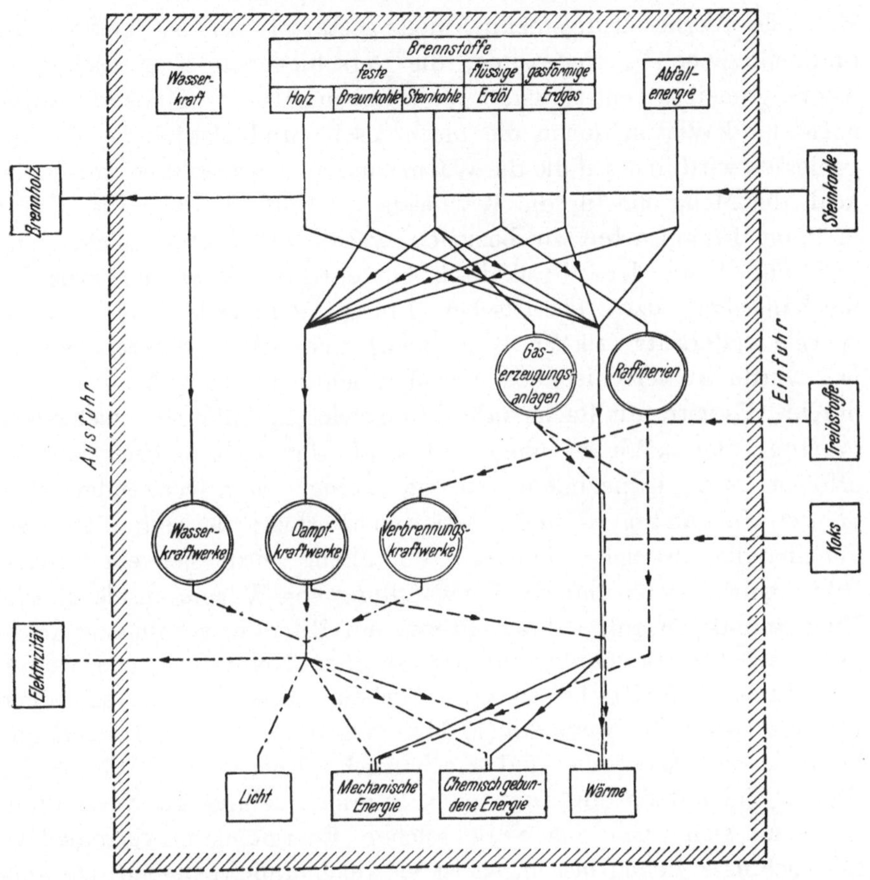

Abb. 16. Schematische Darstellung der Energieversorgung eines geschlossenen Wirtschaftsgebietes.

strichlierten die Energie im ersten und die strichpunktierten im
zweiten Zwischenzustand der Umwandlung andeuten.

Diese schematische Darstellung der Energieversorgung gibt
einen Überblick über die Energiearten und die angewandten Umwandlungsprozesse sowie über die Ein- und Ausfuhr in qualitativer
Hinsicht. Es bildet das Gerippe für den Entwurf des Energiefluß-
diagrammes, das den Aufbau der Energieversorgung auch mengenmäßig erfaßt.

9. Das Energieflußdiagramm.

Soll die analytische Untersuchung eines Energieversorgungssystems in mengenmäßiger Hinsicht ein vollständiges Bild geben, das Schlüsse auf dessen Wirtschaftlichkeit und auf eventuell zu treffende Verbesserungsmaßnahmen gestattet, so ist hiefür eine unumgängliche Voraussetzung, die verschiedenen Energiearten in einem gemeinsamen Maßstab zu erfassen. Dieser Maßstab wären entweder kWh, in denen die mechanische und elektrische Energie gemessen wird und auf die die Wärmeenergie umzurechnen wäre, oder kcal, die Meßgröße für die Wärmeenergie, auf die dann die beiden anderen Energiearten zu beziehen wären. Daß eine solche Umrechnung trotz der physikalisch eindeutigen Beziehung zwischen mechanischer bzw. elektrischer Energie einerseits und Wärmeenergie anderseits (1 kWh = 860 kcal) nicht ohne weiteres möglich ist, wurde in verschiedenen Veröffentlichungen zum Ausdruck gebracht. Es wird mit Recht darauf hingewiesen, daß eine verschiedene Wertung der kWh in einer auf kcal abgestellten Energiebilanz erfolgen muß, je nachdem, wie sie erzeugt bzw. verwendet wird, da die Umwandlungs- und Fortleitungsverluste in weiten Grenzen voneinander abweichen können. Vor allem würde sich ein falsches Bild ergeben, wenn man die Umwandlung von Wärme- in elektrische Energie und den umgekehrten Prozeß mit Hilfe der vorhin erwähnten physikalischen Beziehung auf den gleichen Nenner bringen wollte. Um diesen Schwierigkeiten zu entgehen, haben sich verschiedene Autoren, wie z. B. *Beermann* (7) dazu entschlossen, die Wärmeenergie in kcal, die elektrische und mechanische Energie in kWh in die Bilanz einzusetzen und auf eine Summenbildung zu verzichten.

Wenn sich auch aus einer solchen Energiebilanz verschiedene Rückschlüsse ziehen lassen, so ist sie doch unbefriedigend, sie entspricht nicht der oben gestellten Forderung. Wie kann man ihr gerecht werden und doch die geschilderten Schwierigkeiten in der Bewertung der kWh vermeiden? Hier weist uns das Schema der Energieumwandlung, Abb. 5, bzw. das im vorigen Abschnitt dargelegte Schema der Energieversorgung eines Wirtschaftsgebietes (Abb. 16) einen gangbaren Weg. Ihm liegt der Gedanke zugrunde, zwischen Rohenergie und Nutzenergie zu unterscheiden, die Umwandlung der Energie von dem einen in den anderen Zustand zu verfolgen und die dabei auftretenden Verluste zu erfassen. Es wird dann jede Energieform zwischen ihrer Gewinnungsstätte und dem Verbraucher mit den anteiligen Umwandlungs- und Transport-

verlusten belastet, so daß sich aus dem Vergleich der Verluste die
Bewertung der einzelnen Energiearten für die verschiedenen An-

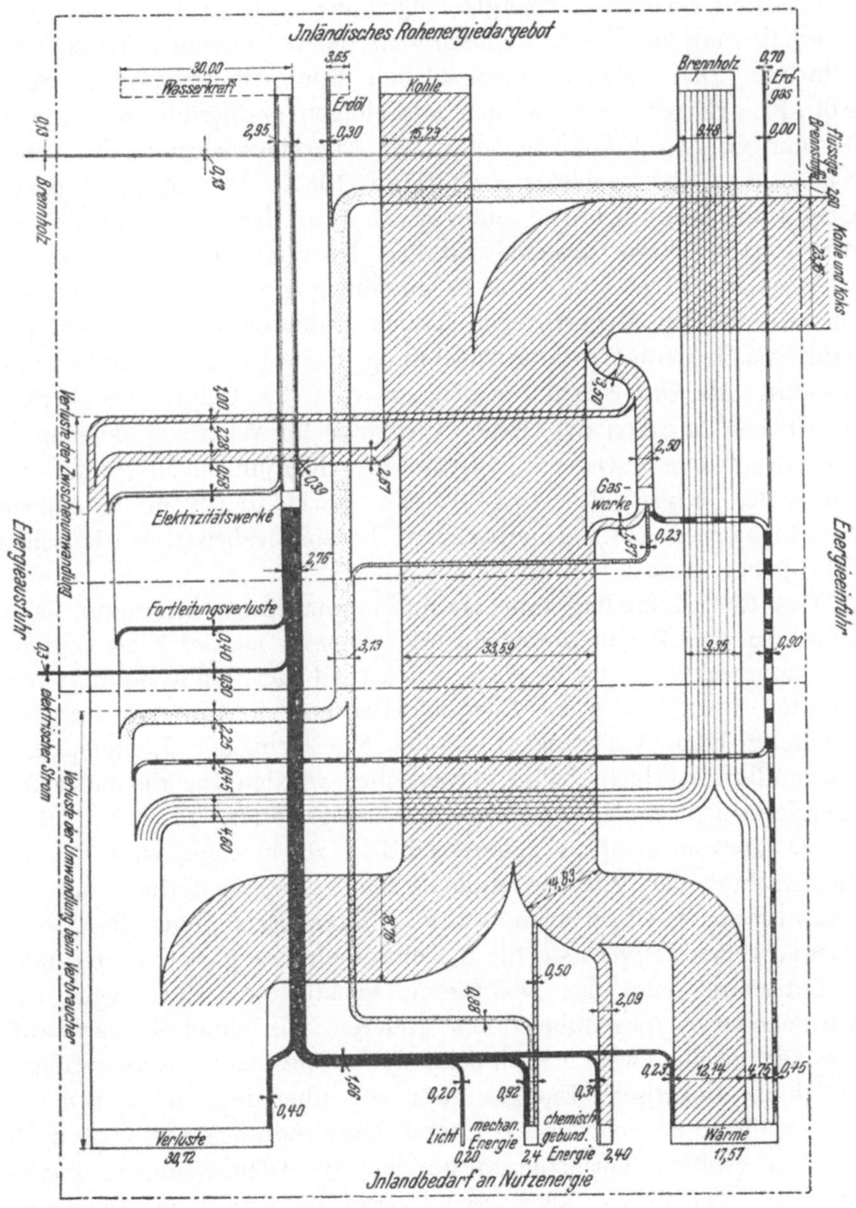

wendungsgebiete vom Gesichtspunkte des Nutzeffektes aus zwangsläufig ergibt.

Trägt man die zwischen Energiequellen und Verbraucher in einem Jahr fließenden Energiemengen maßstäblich als Bänder auf, so erhält man das *Energieflußdiagramm* des betreffenden Wirtschaftsgebietes. Das Beispiel eines solchen Energieflußdiagramms zeigt Abb. 17. Es entspricht wieder mit einigen geringfügigen Vernachlässigungen den Verhältnissen in der Energieversorgung des österreichischen Staatsgebietes im Jahre 1937. Der Aufbau dieses Diagramms lehnt sich, wie schon erwähnt, an das im vorhergehenden Abschnitt erörterte Schema für die Energieversorgung eines geschlossenen Gebietes an. Die Energiemengen sind in kcal pro Jahr ausgedrückt, die eingetragenen Zahlen bedeuten Billionen kcal pro Jahr. Als Maßstab für die Aufzeichnung wurde 10^{12} kcal/Jahr $= 2$ mm gewählt. Als Unterlagen für den Entwurf des Diagramms dienten statistische Angaben des Österr. Institutes für Wirtschaftsforschung, bzw. des früheren Österr. Institutes für Konjunkturforschung, des Verbandes österr. Elektrizitätswerke sowie die vom damaligen österreichischen Handelsministerium herausgegebenen statistischen Jahrbücher.

Das Energieflußdiagramm ist durch waagrechte strichpunktierte Linien in drei Zonen unterteilt. Die oberste ist der Umwandlung der Rohenergie in einen Zwischenzustand der Umwandlung vorbehalten, die mittlere der Energiefortleitung, die unterste der Umwandlung beim Verbraucher in die Nutzform der Energie. Die Umwandlungsverluste beim Verbraucher wurden für die einzelnen Energieformen nach mittleren Erfahrungswerten geschätzt. Um das Diagramm nicht zu unübersichtlich zu machen, sind für die Umwandlung der Wärmeenergie in die Verbrauchsformen nur die Gesamtverluste eingetragen worden, ihrer Ermittlung liegt eine Erfassung der Teilverluste für die einzelnen Energiearten zugrunde.

Betrachtet man das Diagramm, so fällt das Überwiegen des Wärmebedarfes gegenüber den anderen Verbrauchsformen auf. Der Wärmebedarf wird in dem behandelten Beispiel nur zum geringen Teil durch elektrische Energie, zum weit überwiegenderen Teil aus Brennstoffenergie gedeckt. Letzterer Umwandlungsprozeß ist auch mit den größten Verlusten verbunden, da Ofenheizungen, kohlegefeuerte Kochherde, aber auch veraltete Kessel in Industriebetrieben mit ihren sehr schlechten Wirkungsgraden einen sehr entscheidenden Einfluß ausüben. Aber auch die Umwandlung der in der Kohle gebundenen Energie in mechanische ist wegen des großen Anteiles des Bahnbetriebes durch den schlechten Nutzeffekt der Dampflokomotiven belastet, der im praktischen Betriebe unter 10% liegt, so daß die Verluste mehr als das 9—10fache der Nutzenergie ausmachen. Demgegenüber sind die Verluste bei der Umwandlung der elektrischen Energie in die Verbrauchsformen unvergleichlich geringer.

Im Diagramm kommen aber auch anschaulich die Verluste bei Überführung der Rohenergie in einen Zwischenzustand der Umwandlung zum Ausdruck. Die Verluste der kalorischen Stromerzeugung machen ein Mehrfaches derjenigen bei hydroelektrischen Anlagen aus. Bei Wasserkraft und Erdöl sind die im Jahre 1937 erzielten Ausbeuten eingetragen, aber auch die bei Ausbau dieser Rohenergiequellen wirtschaftlich erzielbaren strichliert angedeutet.

Das Energieflußdiagramm kennzeichnet nicht nur den Zustand der Energieversorgung eines bestimmten Gebietes, sondern zeigt auch die einzuschlagenden Wege auf, um wirtschaftliche Verbesserungen zu erzielen. In dem betrachteten Beispiel lassen sich diese wie folgt umreißen:

1. Verringerung der Umsetzungsverluste durch Wirkungsgradsteigerung der Wärmeanwendung. Hieher gehören die Verbesserung der Wärmewirtschaft von Industriebetrieben und die Vervollkommnung der Wohnungsbeheizung.

2. Die Errichtung von Heizkraftwerken in den großen Städten mit genügender Dichte des Wärmeverbrauches. Der Anfall von Gegendruckenergie bildet eine willkommene Ergänzung des gerade in den Wintermonaten stark zurückgehenden Wasserkraftdargebotes.

3. Die Umstellung des Bahnbetriebes auf elektrische Zugförderung auf Strecken mit hohem Energieverbrauch. Sie bringt nicht nur eine höhere Rohenergieausnutzung wegen des besseren Wirkungsgrades der Umwandlung der hydraulischen Energie über die elektrische Energieform in die mechanische, sondern bedeutet auch den Ersatz von Auslandkohle durch inländische Wasserkraft.

4. Weitgehender Ausbau der Wasserkräfte und dort, wo wirtschaftlich tragbar, Umstellung des Verbrauches auf elektrische Energie, um den Brennstoffbedarf herabzusetzen. Dies gilt vor allem für die Verwertung von hydraulischer Überschußenergie für elektrochemische Zwecke mit anpassungsfähiger Betriebsweise.

Diese Darlegungen dürften gezeigt haben, welche Bedeutung dem Energieflußdiagramm für die Beurteilung von Energieversorgungssystemen zukommt. Es gibt einen ziemlich erschöpfenden Überblick über die energiewirtschaftliche Lage eines bestimmten Gebietes. Man sollte das Energieflußdiagramm in gewissen, nicht zu sehr auseinanderliegenden Zeitabständen aufstellen, um die Auswirkungen von Bedarfsverschiebungen, die in der Zwischenzeit eingetreten sind oder von energiewirtschaftlichen Maßnahmen, die getroffen wurden, überprüfen zu können. Soll das Energieflußdiagramm Wirklichkeitswert haben, so müssen die statistischen Erhebungen diesem Zwecke angepaßt, besonders aber in Richtung der Erfassung des Nutzeffektes der Energieumwandlung in die Verbrauchsform, die Hauptverlustquelle, erweitert werden. Die sich vielleicht daraus ergebende zusätzliche Arbeit dürfte sich zweifellos lohnen, vermittelt sie doch einen Einblick in den Zustand der Umwandlungsanlagen und gibt damit die Handhabe, die Wirtschaftlichkeit der Gesamtenergieversorgung grundlegend zu verbessern.

10. Die Energiebilanz eines geschlossenen Wirtschaftsgebietes.

Aus dem Energieflußdiagramm läßt sich eine Energiebilanz für das untersuchte Wirtschaftsgebiet aufstellen, die die wichtigsten Zahlen des Energiedargebotes und -bedarfes für das betrachtete Jahr beinhaltet und in einer den üblichen Bilanzen ähnlichen Form aufgemacht ist. Sie umfaßt auf der Dargebotsseite die Rohenergieaufbringung im Inland und die Energieeinfuhr, auf der Bedarfsseite den Inlandsverbrauch an Nutzenergie, die Energieausfuhr und als Bilanzausgleichsposten die innerhalb des betrachteten Wirtschaftsgebietes entstehenden Energieverluste. Aus dem in Abb. 17 als Beispiel gebrachten Energieflußdiagramm läßt sich die auf S. 46 wiedergegebene Energiebilanz ableiten. Neben den absoluten Zahlen sind auch die einzelnen Werte in Prozent angegeben. Die gesamte Energieaufbringung beträgt $53{,}72 \cdot 10^{12}$ kcal/Jahr. Hievon entfallen 51% auf das Inlandsdargebot und 49% auf die Einfuhr. Den größten Anteil am Energiedargebot weisen die festen Brennstoffe (Kohle und Koks) mit insgesamt 71,55% auf. Demgegenüber tritt der Anteil der Wasserkräfte mit 5,5% trotz ihrer verhältnismäßig umfangreichen Vorkommen in den Hintergrund. Auf der Bedarfsseite bildet, wie schon aus dem Energieflußdiagramm augenfällig hervorging, der Wärmeverbrauch mit 32,5% den größten Posten. Der Bedarf an chemisch gebundener und an mechanischer Energie liegt mit je rund 4,5% in derselben Größenordnung, der Lichtbedarf und die Energieausfuhr sind im behandelten Beispiel von untergeordneter Bedeutung. Die Energieverluste innerhalb des Versorgungsgebietes stellen mit $30,72 \cdot 10^{12}$ kcal/Jahr 57,2% des Gesamtdargebotes dar. Mehr als die Hälfte der Energieaufbringung gehen somit verloren. Bei dieser Sachlage erscheint es als eine vordringliche Aufgabe, alle Möglichkeiten zu studieren, die eine wirtschaftlichere Energieumwandlung herbeiführen und deren Verwirklichung in die Wege zu leiten. Man kann als Kennziffer für die Wirtschaftlichkeit einer Energieversorgung den Quotienten

$$\frac{\text{Gesamtenergiedargebot} - \text{Energieverluste}}{\text{Gesamtenergiedargebot}}$$

bilden und ihn den energiewirtschaftlichen *Nutzungsgrad* für das betreffende Wirtschaftsgebiet nennen. Er beträgt im vorliegenden Fall

$$\frac{53,72 - 30,72}{53,72} \cdot 100 = 42,8\%.$$

Vergleichsweise sei noch die Energiebilanz der *Schweiz* aufgestellt. Als Grundlage diente eine Veröffentlichung von *Bauer* (8), die sich auf die Verhältnisse des Energiewirtschaftsjahres 1935/36 bezog. Die von *Bauer* angegebenen Zahlen mußten jedoch auf das hier verwendete Schema umgerechnet werden, da der Verfasser in seinem Diagramm die hydroelektrische Energie und nicht die hydraulische Rohenergie eingesetzt hat. Als mittlerer Wirkungsgrad für die Umwandlung der Wasserkraftenergie in elektrische Energie wurde ein Wert von 83% angenommen. Die so ermittelte Energiebilanz der Schweiz ist auf S. 46 dargestellt. Die gesamte Energieaufbringung liegt mit $36,62 \cdot 10^{12}$ kcal wesentlich niedriger als die Österreichs. Der Anteil der Einfuhr ist mit 70,4% höher als im vorher besprochenen Fall, da die Schweiz über keine nennenswerten Kohlenvorkommen verfügt. Dagegen ist der Anteil der Wasserkräfte mit 17,2% mehr als das Dreifache des österreichischen. Auf der Bedarfsseite ergibt sich grundsätzlich wieder dasselbe Bild: Überwiegender Anteil des Wärmeverbrauches, gleiche Größenordnung des Bedarfes an chemisch gebundener und mechanischer Energie, Zurücktreten des Energieaufwandes für Beleuchtungszwecke. Die Energieausfuhr der Schweiz ist wesentlich höher als die Österreichs. Dagegen liegen die Energieverluste mit 44% erheblich niedriger und damit der energiewirtschaftliche Nutzungsgrad für das schweizerische Wirtschaftsgebiet mit

$$\frac{36,62 - 20,54}{36,62} \cdot 100 = 56\%$$

entsprechend höher als für das österreichische. Die Hauptursache für

Energiebilanz nach dem
(Österreich für

Energiedargebot

	10^{12}kcal	%	10^{12}kcal	%
Inländ. Rohenergiedargebot				
Wasserkräfte	2,95	5,5		
Kohle	15,23	27,4		
Erdöl.	0,3	0,56		
Erdgas	0,00	0,00		
Brennholz.	9,48	17,54	27,96	51
Energieeinfuhr				
Kohle und Koks	23,16	44,15		
Flüssige Brennstoffe . . .	2,6	4,85	25,76	49
			53,72	100

Umgerechnete Energie-
(Schweiz für

Energiedargebot

	10^{12}kcal	%	10^{12}kcal	%
Inländ. Rohenergiedargebot				
Wasserkräfte	6,3	17,2		
Brennholz.	4,55	12,4	10,85	29,6
Energieeinfuhr				
Kohle und Koks	21,73	59,4		
Flüssige Brennstoffe . . .	4,04	11,0	25,77	70,4
			36,62	100

diesen Unterschied dürfte in der umfangreicheren Elektrifizierung
und dem damit verbundenen günstigeren Umwandlungswirkungsgrad
in die Verbrauchsform liegen.

Energieflußdiagramm, Abb. 17.
das Jahr 1937)

	10^{12}kcal	%	10^{12}kcal	%
			Energiebedarf	
Inlandsbedarf an Nutz-energie				
Wärme	17,57	32,5		
Chemisch-geb. Energie .	2,4	4,57		
Mechanische Energie ..	2,4	4,57		
Licht	0,2	0,36	22,57	42,0
Energieausfuhr				
Brennholz............	0,13	0,24		
Elektrische Energie	0,3	0,56	0,43	0,8
Energieverluste	30,72	57,2	30,72	57,2
			53,72	100

bilanz nach Bauer (8).
das Jahr 1935/36).

	10^{12}kcal	%	10^{12}kcal	%
			Energiebedarf	
Inlandsbedarf an Nutz-energie				
Wärme	16,13	43,93		
Chemisch-geb. Energie ..	1,48	4,05		
Mechanische Energie ..	1,46	4,0		
Licht	0,21	0,57	19,28	52,55
Energieausfuhr				
Elektrische Energie	1,26	3,45	1,26	3,45
Energieverluste	16,08	44,00	16,08	44
			36,62	100

In der Abb. 18 wurde versucht, die beiden Energiebilanzen graphisch darzustellen. Im linken Diagramm sind die Hauptposten inländisches Dargebot und Bedarf, Ein- und Ausfuhr, im rechten die

Verteilung auf die einzelnen Energiearten miteinander verglichen. Man erhält so ein anschauliches Bild über die energiewirtschaftliche Struktur der beiden Länder und erkennt, daß die energiewirtschaftliche Lage Österreichs mit seinen eigenen Brennstoffvorkommen bei einem zielbewußten Ausbau seiner Wasserkräfte (s. Abb. 17) zweifellos günstiger als die der Schweiz sein könnte.

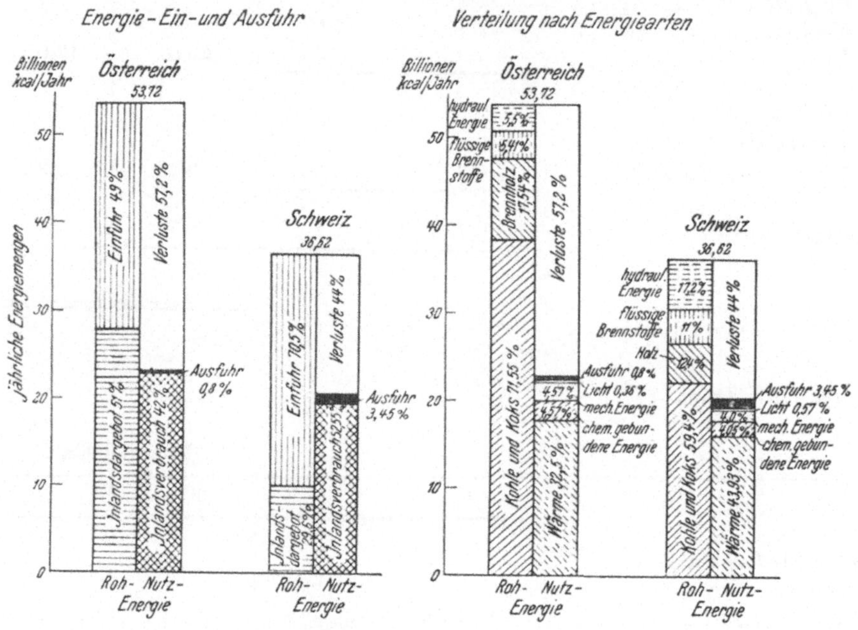

Abb. 18. Vergleich der Energiebilanzen von Österreich (Jahr 1937) und der Schweiz (Jahr 1935/36).

Neben dem Energieflußdiagramm und der Energiebilanz, die sich lediglich mit den Energiemengen befassen, interessiert noch der *geldliche Aufwand*, da ja der Wert der einzelnen Energiearten, in Kosten ausgedrückt, sehr verschieden ist. Ihre Berücksichtigung ist für die Beurteilung eines Energieversorgungssystems besonders dann wichtig, wenn, wie in beiden behandelten Beispielen, ein umfangreicherer Energieaustausch mit dem Auslande in Frage kommt, da erst die Erfassung der Kostenziffern ein Bild über die Belastung der Außenhandelsbilanz durch die Energieversorgung gibt. Es sei wieder auf die in der Veröffentlichung von *Bauer* enthaltenen Zahlen zurückgegriffen und für die Schweiz der geldliche Aufwand für die einzelnen

Arten der dem Verbrauch zugeleiteten Energie in der nachstehenden Tabelle zusammengestellt:

Geldlicher Aufwand der Energieverbraucher in der Schweiz im Jahre 1935/36.

Energieart	Gesamtaufwand		davon nach dem Ausland		davon aus dem Ausland	
	Mill Fr.	%	Mill. Fr.	%	Mill. Fr.	%
feste Brennstoffe (Kohle und Koks)	131	22,5	83	14,3		
flüssige Brennstoffe	100	17,2	34	5,8		
Brennholz	34	5,8				
Gas	57	9,8				
hydroelektrische Energie...	259,5	44,7			22,5	3,9
	581,5	100,0	117	20,1	22,5	3,9

Obwohl der Anteil der Wasserkräfte nur 17,2% ausmacht, beträgt der geldliche Aufwand für die Wasserkraftenergie 44,7%. Umgekehrt machen die festen Brennstoffe im Rohenergiedargebot 59,4% aus, der dafür notwendige geldliche Aufwand (feste Brennstoffe und Gas) 32,3%. *Bauer* weist besonders auf den Umstand hin, daß von den aufgewendeten Geldbeträgen für die eingeführte Rohenergie namhafte Teile für Zoll, Transport, Umschlag und Verteilung im Inland verbleiben. Für die eingeführten flüssigen Brennstoffe z. B. zahlten die Verbraucher 100 Mill. Fr.; hievon verblieben 66 Mill. Fr. der inländischen Wirtschaft. Nach dem Ausland waren für die eingeführten Brennstoffe 117 Mill. Fr. zu transferieren. Diesem Betrag steht ein Erlös von 22,5 Mill. Fr. für den Energieexport gegenüber, so daß die Handelsbilanz durch die Energieversorgung mit 94,5 Mill. Fr. belastet wird.

Aus den obigen Geldbeträgen und dem zugehörigen Energieflußdiagramm, aus dem die den Verbrauchern zugeführten Energiemengen hervorgehen, die jedoch hier für die Schweiz nicht wiedergegeben wurden, läßt sich die spezifische Wertigkeit der einzelnen Energiearten bestimmen. *Bauer* gibt für das Jahr 1935/36 folgenden spezifischen Geldaufwand für die Energie, die von schweizerischen Verbrauchern bezogen wurde, an:

hydroelektrische Energie . . 7,0 Rp/1000 kcal

Gas 4,6   „   „

flüssige Brennstoffe 2,5   „   „

Brennholz 0,8   „   „

Kohle und Koks 0,7   „   „

11. Die wirtschaftlichen Grenzen der gegenseitigen Ersetzbarkeit der Energiearten.

Das Energieflußdiagramm, Abb. 17, bildet, wie bereits erwähnt, die Grundlage für eine Umstellung des Energieverbrauches auf andere Energiearten bzw. andere Umwandlungswege mit dem Ziele, die Energiebilanz zu verbessern. Einem solchen Ersatz bestimmter Energiearten durch andere sind gewisse Grenzen gesetzt, für die zwei Gesichtspunkte maßgebend sind. Sie ergeben sich

1. aus dem vergleichsweisen Rohenergieaufwand, betrachtet vom Standpunkt des gesamten Energiehaushaltes des Wirtschaftsgebietes aus;

2. aus den tragbaren Kosten für den Verbraucher.

Geht man von der Energie in der Verbrauchsform aus, so ist für eine Nutzenergiemenge entsprechend 1000 kcal ein Rohenergieaufwand von

$$\frac{1000}{\eta_1 \cdot \eta_2 \ldots \ldots \eta_n} \text{ kcal}$$

erforderlich. Darin bedeuten η_1 bis η_n die Wirkungsgrade für die verschiedenen hintereinander geschalteten Energieumwandlungen und Transporte zwischen der Gewinnungsstätte der Rohenergie und dem Verbrauchsort und das Produkt

$$\eta_1 \cdot \eta_2 \ldots \ldots \eta_n$$

den gesamten Wirkungsgrad der Energieumwandlung. Betrachten wir beispielsweise die Bereitstellung von mechanischer Energie aus hydraulischer Rohenergie über den Zwischenzustand der Elektrizität, so können wir als Mittelwerte etwa folgende Wirkungsgrade annehmen:

für die Umwandlung der hydraulischen in elektrische Energie 84%

für die Übertragung der elektrischen Energie zum Verbraucher 85%

für die Umwandlung der elektrischen in die mechanische Energie . . . . 84%.

Der Gesamtwirkungsgrad der Umwandlung wäre für dieses Beispiel somit $0{,}84 \cdot 0{,}85 \cdot 0{,}84 \cdot 100 = 60\%$ und der Rohenergieaufwand entsprechend 1000 kcal Nutzenergie, d. h. für

$$\frac{1000}{860} = 1{,}16 \text{ kWh}$$

$$\frac{1000}{0{,}6} = 1660 \text{ kcal.}$$

In der Zahlentafel auf S. 52 wurde versucht, Richtwerte für die Teilwirkungsgrade und für den Rohenergieaufwand bei verschiedenen Umwandlungsprozessen zusammenzustellen. Es muß ausdrücklich betont werden, daß es sich nur um Richtwerte handelt, die die Größenordnung der Bedarfsziffern gegeneinander kennzeichnen sollen, denn die praktisch erreichten Werte können je nach dem technischen und wirtschaftlichen Zustand der Umwandlungsanlagen in einem ziemlich weiten Bereich streuen. Dies gilt vor allem für die Ofen- und Zentralheizung. Bei der Ofenheizung können je nach Bauweise der Öfen im Jahresmittel Umwandlungswirkungsgrade zwischen 40 und 60% auftreten. Auf Prüfständen wurden bei neuzeitlichen Öfen Spitzenwerte bis 80% erreicht. Auch die Wirkungsgrade bei Dampflokomotiven können im praktischen Betriebe innerhalb weiter Grenzen schwanken.

Es wird auffallen, daß in der Tabelle auch die Dampferzeugung in Industriebetrieben aufgenommen wurde, daß also hier im Gegensatz zu den anderen Beispielen lediglich die Umwandlung in einen Zwischenzustand betrachtet wurde. Dies ist deshalb geschehen, weil in wasserkraftreichen Ländern mit Sommerüberschußenergie der Betrieb von Elektrokesseln in wärmeverbrauchenden Industriezweigen eine beachtenswerte Möglichkeit zur Verbesserung der Energiebilanz darstellt, auf die später noch eingegangen werden soll. Auf die Nutzenergie bezogen, muß in allen drei gegenübergestellten Fällen noch der Umwandlungswirkungsgrad vom Zwischenzustand Dampf in die Nutzform berücksichtigt werden. Das Verhältnis der Verbrauchsziffern untereinander würde aber dasselbe bleiben.

Eine Vernachlässigung liegt, streng genommen, insoferne vor, als bei den vom Brennstoff ausgehenden Umwandlungsprozessen, die nicht über die Zwischenform der elektrischen Energie geführt werden, der Aufwand für den Transport der Kohle von den Gewinnungsstätten zum Umwandlungsort berücksichtigt werden müßte. Rechnet man unter Zugrundelegung von statistischen Angaben bei Bahntransport mit einem Aufwand von 350 kcal/tkm, bei Beförderung mittels Binnenschiffen mit 250 kcal/tkm, so beträgt für Steinkohle mit einem Heizwert von 6800 kcal/km und eine Transportstrecke von 150 km der spezifische Aufwand

$$\frac{350 \cdot 150 \cdot 100}{6800 \cdot 1000} = 0,77\% \text{ der Rohenergie bei Bahntransport}$$

bzw.

$$\frac{250 \cdot 150 \cdot 100}{6800 \cdot 1000} = 0,55\% \text{ der Rohenergie bei Schiffstransport.}$$

52   Allgemeine Energiewirtschaft.

Rohenergiebedarf bei verschiedenen Umwandlungsprozessen.

Energieanwendung	Umwandlungsprozeß		geschätzte Wirk. Grade in %				Rohenerg.-aufwand je 1000 kcal Nutzenerg. kcal
			Umwandlung in den Zwischenzustand	Fortleitung	Umwandlung in Verbr. Form	Gesamt	
Raumheizung	Ofenheizung		—	—	50	50	2000
	Zentralheizung	mit Kohlenfeuerung	—	—	60	60	1660
		mit Ölfeuerung	—	—	75	75	1340
	Gasheizung		75	¹)	80	60	1660
	Fernheizung		79	85	92	62	1620
	Elektr. Heizung	hydr. Rohenergie	84	85	100	71,5	1400
		kalor. Rohenergie	24	85	100	20,5	4900
Kochen einschl. Küchenwasserbereitung	Kohlenherd		—	—	10³)	10	10000
	Gasherd		75	¹)	50	37,5	2670
	Elektroherd	hydr. Rohenergie	84	85	60	42,6	2350
		kalor. Rohenergie	24	85	60	12,2	8200
Dampferzeugung in Industriebetrieben	Dampfkesselanlage		—	—	76	76	1320
	Elektrokessel	hydr. Rohenergie	84	85	95	68	1470
		kalor. Rohenergie	24	85	95	17,2	5820
mechanische Energie (ortsfeste Antriebe)	Dampfmaschine mit Kesselanlage		—	—	18	18²)	5550
	Dieselmotor		—	—	30	30²)	3330
	Elektrischer Antrieb	hydr. Rohenergie	84	85	84	60	1660
		kalorische Rohenergie Fremdstrom	24	85	84	17	5900
		kalorische Rohenergie Eigenanlage	24	95	84	19,2	5200
		Gegendruckenergie Fremdstrom	70	85	84	50	2000
		Gegendruckenergie Eigenanlage	70	95	84	56	1790
Lokomotiven	Dampflokomotive		—	—	6	6	16660
	Diesel-elektr. Lokomotive		25	—	80	20	5000
	Elektr. Lokomotive	hydr. Rohenergie	84	80	80	54	1850
		kalor. Rohenergie	24	80	80	15,4	6500

¹) Energiebedarf für die Gasverdichter ist bereits im Umwandlungswirkungsgrad in der Zwischenstufe enthalten.

²) Ohne Verluste des Riementriebes.

³) Ohne Berücksichtigung der Kombination mit der Küchenheizung im Winter.

Man sieht also, daß diese „Fortleitungsverluste" gegenüber der Größenordnung der Umwandlungsverluste nicht ins Gewicht fallen.

Ein Vergleich der Tabellenwerte zeigt bei gleichem Verwendungszweck erhebliche Unterschiede im Rohenergieaufwand, je nach der angenommenen Ausgangsbasis und dem gewählten Umwandlungsprozeß. Es würde zu unrichtigen Schlüssen führen, wenn man allein aus diesen Zahlen über den Rohenergieaufwand eine Wertung der verschiedenen Umwandlungsprozesse herauslesen wollte. Wie weiter unten noch dargelegt wird, spielt neben dem Rohenergieverbrauch auch der Kostenaufwand eine wesentliche Rolle. Aus der Zahlentafel ergeben sich jedoch einige Folgerungen grundsätzlicher Art, die man folgendermaßen formulieren kann:

1. Der Rohenergieaufwand bei Verwendung von Wasserkraftenergie liegt bei allen in der Tabelle berücksichtigten Anwendungsgebieten bei den niedrigsten erzielbaren Werten. Es ist dies eine Folge des höheren Umwandlungswirkungsgrades von Wasserkraftwerken gegenüber kalorischen Anlagen.

2. Die Verwendung von in Wärmekraftwerken erzeugter elektrischer Energie für Heizzwecke oder für Dampferzeugung mittels Elektrokessel ist energiewirtschaftlich nicht zu vertreten. (Vergleich der Zahlen für Ofen- oder Zentralheizung mit elektrischer Heizung.) Nur bei der Wärmeanwendung für Kochzwecke ist der mit Kohlenstrom beheizte Elektroherd günstiger als der kohlegefeuerte Herd. Das Bild verschiebt sich jedoch zugunsten des letzteren, wenn man hier die Möglichkeit der gleichzeitigen Küchenbeheizung in den Wintermonaten berücksichtigt. Der Gasherd ist, rein energiewirtschaftlich gesehen, bei kalorischer Energiebasis zweifellos überlegen.

3. In wasserkraftreichen Ländern ist die elektrische Raumheizung trotz ihres hohen Gesamtwirkungsgrades dann nicht angebracht, wenn daneben mechanische Energie auf kalorischer Energiebasis erzeugt werden muß. Wie die Zahlen zeigen, ist es dann richtiger, die Raumheizung direkt aus kalorischen Energiequellen zu speisen. Ausgenommen ist der Fall, daß es sich um hydraulische Überschußenergie handelt, z. B. Nachtstrom aus Laufkraftwerken, der für hochwertigere Zwecke nicht ausgenutzt und zur Aufheizung von Warmwasserspeichern während der Nachtstunden verwendet werden kann, aus denen während der Tagesstunden die Umlaufheizung versorgt wird. (Höhere Umwandlungsverluste in die Verbrauchsform als bei direkter elektrischer Heizung.)

4. Im Dienste der Zugförderung ist die elektrische Lokomotive auch bei kalorischer Stromerzeugung der Dampflokomotive energiewirtschaftlich weit überlegen. Der energiewirtschaftliche Vorteil steigert sich noch wesentlich bei Verwendung von Wasserkraftstrom. Der Übergang auf elektrische Zugförderung ist daher in Wasserkraftländern vom Gesichtspunkte der Energiebilanz aus von größter Bedeutung und ist in dem Umfange anzustreben, als eine genügende Verkehrsdichte die erforderlichen Anlageinvestitionen auch finanziell rechtfertigt.

5. Heizkraftwerke zur Wärmeversorgung von Wohngebieten oder Industriebetrieben unter Gewinnung von elektrischem Strom in Gegendruckturbinen, die der Heizung vorgeschaltet sind, sind von hohem energiewirtschaftlichem Nutzen. Sie sind dann am Platze, wenn eine genügende Bedarfsdichte die Erstellung des Fernheiznetzes finanziell tragbar erscheinen läßt.

Aus diesen Erörterungen geht schon hervor, daß nicht der Rohenergieaufwand allein für die Bewertung der Rohenergiearten und Umwandlungsprozesse, sondern auch deren Wirtschaftlichkeit, gesehen vom Standpunkte des Verbrauchers aus, ausschlaggebend ist. Der Verbraucher wird für einen bestimmten Verwendungszweck der Energieart den Vorzug geben, die in erster Linie die niedrigsten Gestehungskosten verursacht. Daneben werden mitunter noch andere Gesichtspunkte, wie z. B. bequemere Handhabung und bessere Qualität des erzeugten Produktes, bei der Bewertung einer Energieart mitsprechen. Nehmen wir einen jährlichen Bedarf an Nutzenergie von $E \cdot 10^6$ kcal und einen Höchstverbrauch von $N \cdot 10^6$ kcal/h an, so ist unter Berücksichtigung eines Umwandlungswirkungsgrades in die Nutzenergie η_u eine Energiezufuhr von $\dfrac{E}{\eta_u}$ erforderlich. Kostet die zugeführte Energie p S/10^6 kcal, so betragen die jährlichen Ausgaben für den Energiebezug $\dfrac{p \cdot E}{\eta_u}$ S/Jahr.

Für die Umwandlung sind aber auch gewisse Einrichtungen (Wärmeaustauscher, Öfen, Motoren usw.) notwendig, deren Beschaffung a S/10^6 kcal/h, also bei $N \cdot 10^6$ kcal/h $a \cdot N$ S kostet. Dieser Betrag ist zu verzinsen, ferner ist der Abnutzung durch Rücklage eines jährlichen Betrages auf einen Wiederbeschaffungsfonds Rechnung zu tragen und der jährliche Aufwand für eventuelle Versicherungen und Steuern zu berücksichtigen. Alle diese Posten sind von der Höhe des Anlagekapitals abhängig. Man erfaßt ihre Höhe durch den Jahresfaktor α, der sie zu den Anlagekosten ins Verhältnis setzt. Die Summe der hiefür aufzuwendenden jährlichen Ausgaben beträgt somit $\alpha \cdot a \cdot N$ S/Jahr. Schließlich verursacht die Umwandlungsanlage einen gewissen Aufwand für Bedienung und Unterhalt, den wir mit b $S/10^6$ kcal, also mit $b \cdot E$ S/Jahr ansetzen wollen. Die Gesamtkosten für die Deckung eines Nutzenergiebedarfes von $E\ 10^6$ kcal/Jahr können demnach wie folgt angeschrieben werden:

$$\frac{E \cdot p}{\eta_u} + \alpha \cdot a \cdot N + b \cdot E \quad [\text{S/Jahr}].$$

Dividiert man den Ausdruck durch E, so erhält man die spezifischen Gestehungskosten der Nutzenergie zu

$$\frac{p}{\eta_u} + \alpha \cdot a\ \frac{N}{E} + b \quad [\text{S}/10^6\ \text{kcal}].$$

Der reziproke Wert des Quotienten $\dfrac{N}{E}$ hat die Dimension einer Zeit, man nennt sie die Benutzungsdauer. Wir wollen sie mit t (h) bezeichnen. Sie sagt eigentlich aus, während wieviel Jahresstunden die Höchstleistung N in voller Höhe gefahren werden müßte, um den Jahresverbrauch E zu erreichen. Die Benutzungsdauer ist, wie wir noch später sehen werden, eine wichtige Kenngröße, sie bildet einen Maßstab für die Belastungsweise einer Energieanlage. Ihr oberer Grenzwert ist die volle Jahresstundenzahl von 8760^h. Er würde bei einer konstanten Belastung während des ganzen Jahres erreicht werden. Je näher die Benutzungsdauer diesem Grenzwert kommt, um so gleichmäßiger verläuft die Belastung, je kleiner sie ist, um so veränderlicher ist der Leistungsbedarf. Führt man die Benutzungsdauer ein, so wird der Ausdruck für die spezifischen Gestehungskosten

$$\frac{p}{\eta_u} + \frac{\alpha \cdot a}{t} + b \quad [\text{S}/10^6\ \text{kcal}].$$

Stehen für die Umwandlung in die Nutzenergie zwei Energiearten in Wettbewerb, so wird die Energieart 2 dann Aussicht haben, diesen erfolgreich zu bestehen, wenn bei ihrer Verwendung die Gestehungskosten der Nutzenergie nicht größer sind als bei Heranziehung der Energieart 1. Es gilt somit die Beziehung

$$\frac{p_1}{\eta_{u_2}} + \frac{a_2 \cdot a_2}{t} + b_2 \leqq \frac{p_1}{\eta_{u_1}} + \frac{a_1 \cdot a_1}{t} + b_1 \quad [\text{S}/10^6\ \text{kcal}]$$

oder

$$p_2 \leqq p_1 \cdot \frac{\eta_{u_2}}{\eta_{u_1}} - \frac{\eta_{u_2}}{t}(\alpha_2 \cdot a_2 - \alpha_1 \cdot a_1) - \eta_{u2}(b_2 - b_1)\ [\text{S}/10^6\ \text{kcal}] \quad (3)$$

Bei gleichem Aufwand je Nutzenergieeinheit sind p_1 und p_2 die *Äquivalenzpreise* der umzuwandelnden Energiearten. Vergleicht man z. B.

den Aufwand für das Kochen im Haushalt mit Kohle oder elektrischem Strom, so kann man, das Glied $(b_2 - b_1)$ weglassen, ebenso ist die Differenz der Jahreskosten $(\alpha_2 \cdot a_2 - \alpha_1 \cdot a_1)$ hier bedeutungslos, da der Unterschied in den Anschaffungskosten an sich so gering ist, daß er gegenüber dem ersten Glied zurücktritt. Man kann also für diesen Fall den Ansatz machen

$$p_2 \leqq \frac{r_{u_2}}{r_{u_1}} \cdot p_1 \quad [S/10^6 \text{ kcal}].$$

Übernimmt man die Umwandlungswirkungsgrade aus der Zahlentafel, und zwar η_2 mit 60%, η_1 mit 10%, so gilt die Beziehung

$$p_2 = 6 \cdot p_1 \quad [S/10^6 \text{ kcal}].$$

p_1 ist bei diesem Vergleich der Kohlenpreis frei Haus, p_2 der zulässige Preis der elektrischen Energie, ebenfalls in $S/10^6$ kcal ausgedrückt. Da es üblich ist, den Strompreis in g/kWh anzugeben, so nehmen wir unter Zugrundelegung der physikalischen Beziehung, daß 1 kWh = 860 kcal bzw. 10^6 kcal = 1160 kWh sind, eine Umrechnung vor, und zwar

$$p_2 \leqq 6 \cdot p_1 \cdot \frac{100}{1160} \sim 0{,}5 \cdot p_1 \quad [\text{g/kWh}].$$

Beträgt der Kohlenpreis frei Haus $p_1 = 20$ $S/10^6$ kcal, so erhält man einen äquivalenten Strompreis von 10 g/kWh. Neben dem Äquivalenzpreis wird für die Entscheidung des Abnehmers auch die schnellere Betriebsbereitschaft, der saubere Betrieb und die gute Regelbarkeit des Elektroherdes, die besonders beim Backen wünschenswert ist, von Einfluß sein und die Wahl des Elektroherdes begünstigen, auch wenn die Äquivalenzpreise etwas überschritten werden.

Als zweites Beispiel sei die Dampferzeugung für industrielle Zwecke in Elektrokesseln mit Wasserkraftüberschußenergie behandelt. Die Kohlenkessel würden während der Sommermonate stillgelegt und die Kohle eingespart werden. Diese Möglichkeit hat für wasserkraftreiche und zugleich brennstoffarme Länder Bedeutung. Es fragt sich, wie hoch der äquivalente Energiepreis für den Elektrokesselbetrieb sein wird. Wenn es sich hier auch um Energie in einem Zwischenzustand der Umwandlung handelt, so kann doch die vorhin abgeleitete Formel in gleicher Weise angewendet werden. Es sind nur die Wirkungsgrade entsprechend einzusetzen. Da der Kapitaldienst für die Kohlenkessel weiterläuft, kann der Betrag $\alpha_1 \cdot a_1$ beim Vergleich nicht in Ansatz gebracht werden.

Dagegen beansprucht der Elektrokessel weniger Bedienung als der Kohlenkessel. Das während des Elektrokesselbetriebes eingesparte Bedienungspersonal kann im Werk zu anderen Arbeiten herangezogen werden. Wir setzen folgende Mittelwerte ein:

	Elektrokessel-betrieb	Kohlenkessel-betrieb	
Umwandlungswirkungsgrad η_u	95	76	%
Anlagekosten a	17000	—	S/10^6 kcal/h
Jahresfaktor a	0,14	—	—
Bedienungs- und Unterhalts- kosten b	0,15	0,4	S/10^6 kcal

$$p_2 \leqq p_1 \frac{0,95}{0,76} - \frac{0,95}{t} \cdot 0,14 \cdot 17000 - 0,95\,(0,15 - 0,4) \quad [\text{S}/10^6\ \text{kcal}]$$

$$p_2 \leqq 1,26 \cdot p_1 - \frac{2250}{t} + 0,24\ [\text{S}/10^6\ \text{kcal}].$$

Will man den Äquivalenzpreis p_2 für die elektrische Überschußenergie wieder in g/kWh ausdrücken, so muß man die rechte Seite der Beziehung durch 11,6 dividieren. Man erhält dann

$$p_2 \leqq 0,108 \cdot p_1 - \frac{194}{t} + 0,02\ [\text{g/kWh}].$$

In Abb. 19 ist der Äquivalenzpreis p_2 [g/kWh] für die elektrische Energie in Abhängigkeit vom Kohlenpreis p_1 [S/10^6 kcal] und der Benutzungsdauer t [h] eingezeichnet. Da der Einfluß des kapitalabhängigen Kostengliedes gegenüber dem von den Energiekosten abhängigen zurücktritt, ist auch die Auswirkung der Benutzungsdauer t auf den Äquivalenzpreis p_2 gering. Bei Kohlenkosten von 10 S/10^6 kcal und

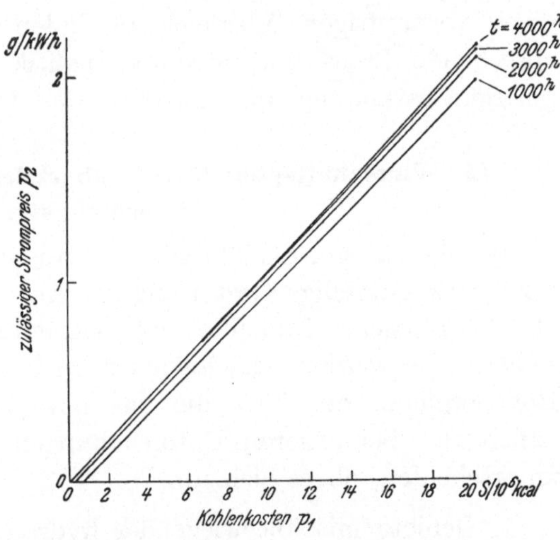

Abb. 19. Äquivalenter Strompreis bei Dampferzeugung mittels Elektrokessel. t ... Benutzungsdauer.

einer Jahresbenutzungsdauer von 3000 h beträgt der äquivalente Strompreis 1,05 g/kWh. Wird dieser Strompreis nicht überschritten, so ist unter den angenommenen Verhältnissen für den Dampfverbraucher die Dampferzeugung in Elektrokesseln mit Wasserkraftüberschußstrom während der Sommermonate wirtschaftlich tragbar.

Zusammenfassend läßt sich sagen, daß für die Ersetzbarkeit einer Energieart durch eine andere der Rohenergieaufwand und der Äquivalenzpreis beim Abnehmer maßgebend sind. Während ersterer der Beurteilung vom Gesichtspunkte des gesamten Energiehaushaltes aus dient, ist letzterer ein Maßstab für die wirtschaftliche Wettbewerbsfähigkeit beim Abnehmer. Handelt es sich um Energiearten, die aus dem Auslande eingeführt werden, so treten neben diesen Beurteilungsgrundlagen noch handelspolitische Erwägungen hinzu. Es braucht durchaus nicht der Fall zu sein, daß alle diese Gesichtspunkte nach *einer* Richtung weisen. Der Wunsch nach einer Verbesserung des Energiehaushaltes und das Streben nach einer günstigsten Energiebeschaffung vom Abnehmer aus gesehen, können einander entgegenstehen. Je vielseitiger die Energiebasis eines Landes, um so mehr kann das Schwergewicht auf die Wünsche des Abnehmers gelegt werden, je einseitiger sie ist, um so größere Bedeutung gewinnt der Gesichtspunkt eines Ausgleiches im Energiehaushalt. Eine zusammengefaßte Bewirtschaftung der Energie hat es in der Hand, einen vernünftigen Ausgleich zu finden und durch eine zweckentsprechende Preis- und Stromtarifpolitik eine gewisse Lenkung der Energieverwendung im Interesse des Ganzen zu bewerkstelligen.

12. Wirtschaftsgebiete mit überwiegender hydraulischer Energiebasis.

Welche Erkenntnis läßt sich nun aus den bisherigen Erörterungen für die zweckmäßige Gestaltung der Energieversorgung von größeren als geschlossene Einheiten zu betrachtenden Wirtschaftsgebieten ziehen? Sie werden verschieden sein, je nach Art und Umfang der Rohenergiequellen, über die das betreffende Gebiet verfügt. Wir haben also bei unseren Untersuchungen zunächst grundsätzlich zu unterscheiden, ob es sich um

1. Gebiete mit überwiegender hydraulischer Energiebasis,
2. Gebiete mit überwiegender kalorischer Energiebasis,
3. Gebiete mit ausgeglichener Energiebasis handelt.

Beispiele für den ersten Fall sind die Schweiz, Italien und die skandinavischen Länder als fast ausschließliche Wasserkraftgebiete und in etwas abgeschwächtem Maße Österreich, das ja über einige, wenn auch nicht sehr umfangreiche Kohlenvorkommen und für den Eigenverbrauch ausreichende Erdölquellen verfügt. Der zweiten Gruppe gehören Belgien und Holland als Länder mit praktisch reiner

Brennstoffbasis und auch bis zu einem gewissen Grade Deutschland an, dessen Wasserkraftdargebot der Größenordnung nach nur zur Deckung eines Bruchteiles des Gesamtenergiebedarfes ausreicht. Länder mit ausgeglichener Energiebasis sind z. B. die großen Gebiete der USA und der UdSSR.

Der interessanteste Fall ist zweifellos der erste. Eine zielbewußte, die Gesamtversorgung beeinflußende Energiepolitik muß bestrebt sein, die Versorgung möglichst auf die Wasserkräfte abzustellen, um die Einfuhr von Brennstoff soweit als angängig zu drosseln. Dies bedeutet mit den im vorhergehenden Abschnitt dargelegten Begrenzungen eine Verlagerung des Schwergewichtes auf die elektrische Energie als Zwischenzustand der Umwandlung. Wie bereits früher hervorgehoben, gilt dies vor allem für den Bahnbetrieb, aber auch das große Gebiet der Wärmeanwendung ist der Elektrifizierung grundsätzlich offen. Es drückt daher die Zwangsläufigkeit des hydraulischen Energiedargebotes und sein gegenüber dem Bedarf zeitlich mehr oder weniger stark abweichender Ablauf einer solchen Versorgung ihr kennzeichnendes Gepräge auf. Je mehr sich die Jahresabflußcharakteristik der Gewässer dem Typ des Alpenflusses (Abb. 3a) nähert, um so schwieriger wird wegen der dann entstehenden ausgesprochenen Gegenläufigkeit das Problem des Ausgleiches zwischen Dargebot und Bedarf, das auf wirtschaftliche Art zu lösen die Kernfrage darstellt. Wir finden solche Verhältnisse vor allem in der Schweiz und Österreich vor, deren Dargebotscharakteristik wir unseren Überlegungen zugrundelegen wollen. Sie ist in ihrem Wesen in Abb. 20 als strichpunktierte Kurve dargestellt und entspricht der Erzeugung an hydroelektrischer Energie in Österreich in einem Jahre mit mittlerer Wasserführung nach dem Stand des Ausbaues von 1946. Die voll ausgezogenen Kurven erfassen den Bedarf an elektrischer Energie, und zwar die mittleren Tagesbelastungen in ihrem normalen jahreszeitlichen Ablauf.

Es kommt nun sehr darauf an, wie die Dargebots- und Bedarfskurve relativ zueinander liegen. Die Abb. 20 soll dies näher erläutern. In ihr sind schematisch verschiedene Lagen der Dargebots-gegenüber der Verbrauchskurve gekennzeichnet. Das Diagramm a stellt den extremen Fall dar, daß die hydraulische Stromerzeugung in den Sommermonaten gerade ausreicht, um den Bedarf zu decken. Es fallen in den Sommermonaten nur geringe Mengen an Überschußenergie in den Nachtstunden aus den Laufkraftwerken an. Ein solcher Ausbauzustand der Wasserkräfte erfordert einen erheblichen Bedarf an Zuschußenergie in den Wintermonaten. Für seine Aufbringung bestehen zwei Möglichkeiten: Hydraulische Jahresspeicherwerke, die das Sommerdargebot auf den Winter verlagern und kalorische Kraftwerke.

Das Diagramm b gilt für einen relativ hohen Ausbaugrad der Wasserkräfte. Die Bereitstellung der Winterzusatzenergie wird hiebei wohl erleichtert, dafür ist aber ein anderes Problem zu lösen, und zwar die wirtschaftliche Verwertung der anfallenden Sommerüber-

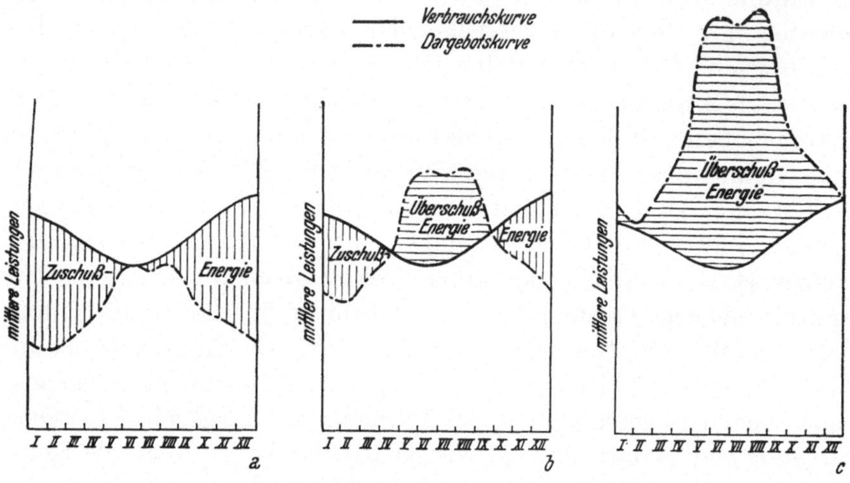

Abb. 20. a—c Schematische Gegenüberstellung von Energiebedarf und Ausbaugrad der Wasserkräfte.

schußenergie. Es bestehen hiefür zweifellos verschiedene Möglichkeiten. Eine solche ist der Ausbau der elektrochemischen Industrie, wobei Fabrikationszweige in Frage kommen, deren Betriebsweise an den jeweiligen Energieanfall anpassungsfähig ist und die in wirtschaftlicher Hinsicht eine Beschränkung auf einen Halbjahresbetrieb gestatten. Auch die Einführung des elektrischen Hochofenbetriebes liegt im Bereich dieser Möglichkeit. Eine andere Verwendung der Überschußenergie wäre, wie bereits vorhin angedeutet, durch die Umstellung von wärmeverbrauchenden Industriezweigen auf die Dampferzeugung mittels Elektrokessel in den Sommermonaten gegeben. Die so eingesparten Kohlenmengen könnten anderseits für die Erzeugung von kalorischer Winterzusatzenergie herangezogen werden. Man würde auf diese Weise eine Art indirekte Speicherung gewinnen, die die hydraulische Jahresspeicherung ergänzen bzw. mit ihr in Wettbewerb treten könnte. Auf derselben Linie liegt auch der Export der Sommerüberschußenergie nach Ländern mit vorwiegend kalorischer Energiebasis, der mit der Gegenlieferung von Kohle oder von Winterzuschußstrom verknüpft werden könnte. Alle diese Anwendungsmöglichkeiten der Sommerüberschußenergie setzen aber die Einhaltung der Äquivalenzpreise voraus, sie sind also eine Frage der Gestehungskosten der Überschußenergie.

Das Diagramm c deutet den anderen extremen Fall an, daß der Ausbau der Wasserkräfte bei mittlerer Abflußmenge bis zur vollständigen Bedarfsdeckung in den Wintermonaten vorangetrieben wird. Es erübrigt sich hiebei die Bereitstellung von Winterzuschußenergie. Diesem Vorteil steht jedoch die Notwendigkeit der Unterbringung des nun erheblich größeren Anfalles an Sommerüberschußenergie gegenüber. Ein annähernd so hoher Ausbaugrad der Wasserkräfte, der eine kalorische Stromerzeugung in den Wintermonaten auf ein Minimum beschränkt und vom Gesichtspunkte der Gesamtenergiewirtschaft aus anzustreben wäre, setzt aber, wie gesagt voraus, den Sommerüberschuß mit einem angemessenen, die Selbstkosten deckenden Erlös verwerten zu können.

Diese Ausführungen lassen erkennen, daß es zu den ersten Aufgaben einer übergeordneten Energieplanung für ein Wirtschaftsgebiet mit hydraulischer Energiebasis gehört, über die Größenordnung des relativen Ausbaugrades der Wasserkräfte gegenüber dem Bedarf eine Festlegung zu treffen. Soll ein Ausbauzustand gewählt werden, der dem Schema a oder mehr dem Schema c angenähert ist? Dies ist die grundsätzliche Frage, deren Entscheidung für die Gestaltung der Gesamtversorgung von folgenschwerer Bedeutung ist. Es geht dabei nicht nur darum, ob das Schwergewicht auf den Ausbau von Lauf- oder Speicherkraftwerken zu legen ist, sondern um eine Beeinflussung der gesamten Energiebilanz. Diese Entscheidung setzt die Klärung folgender Punkte voraus:

1. Die wirtschaftlichste Beschaffungsmöglichkeit der Winterzusatzenergie.

a) Kapazität und Kosten der ausführbaren Jahresspeicheranlagen unter Berücksichtigung des Aufwandes für die Übertragung bis zu den Verbrauchsschwerpunkten.

b) Umfang der wirtschaftlichen Anwendung von Fernheizkraftwerken und zu erwartende Gestehungskosten für die elektrische Energie unter Zugrundelegung eines für den Abnehmer tragbaren Äquivalenzpreises für die Wärmelieferung. Die Einsatzweise von Fernheizkraftwerken ergänzt sich in geradezu idealer Weise mit dem alpinen Wasserkraftdargebot, abgesehen von dem energiewirtschaftlichen Vorteil der Brennstofferesparnis.

c) Die Kosten der Lieferung von Zusatzenergie aus sonstigen kalorischen Anlagen (Kondensationsdampfkraftwerke, Gasturbinen- oder Dieselkraftwerke).

2. Die Verwertbarkeit der Überschußenergie.

a) Die Gestehungskosten der Stromerzeugung in Laufwasserkraftwerken im Vergleich zu den Speicheranlagen.

b) Das Gestehungskostenverhältnis zwischen jahreskonstanter und Überschußenergie bei den Laufkraftwerken.

c) Die zulässigen Äquivalenzpreise für den Überschußstrom für die in Frage kommenden Anwendungsgebiete.

An Hand dieser Daten kann durch Gegenüberstellungen ein Bild über den optimalen verhältnismäßigen Ausbaugrad der Wasserkräfte gewonnen werden. Dabei ist im Sinne des vorhergehenden Abschnittes nicht nur der reine Kostenvergleich sondern auch die Auswirkung auf die Energiebilanz des Gebietes zu berücksichtigen. Über die Ermittlung der Äquivalenzpreise gibt das im vorhergehenden Abschnitt durchgerechnete Beispiel für die elektrische Dampferzeugung einen Anhalt. In ähnlicher Weise kann auch der äquivalente Preis für den Export von Überschußenergie ermittelt werden. Wegen der Bedeutung dieser Möglichkeit für die Energiebilanz eines Wasserkraftlandes sei im nachstehenden der

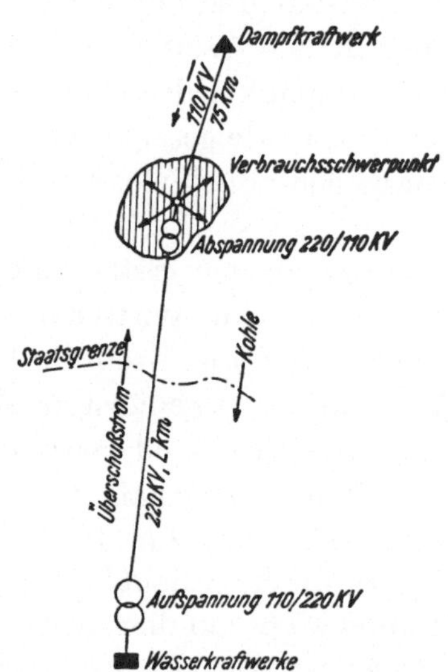

Abb. 21. Schematische Darstellung des Exportes von Sommer-Überschußenergie gegen Kohle.

Fall des Exportes von Überschußstrom gegen Rücklieferung von Kohle doch noch etwas eingehender behandelt.

Die Voraussetzung für die Verwirklichung eines solchen Energieaustausches hängt von den wirtschaftlichen Vorteilen ab, die sie beiden Partnern bieten kann. Der Bezieher der Wasserkraftüberschußenergie wird darauf sehen, daß er günstiger, jedenfalls nicht teurer wegkommt als bei kalorischer Eigenerzeugung, das Lieferland darauf, daß der Wert der rückgelieferten Kohle mindestens den aufgewendeten Kosten für die Erzeugung und den Transport der Überschuß-

energie entspricht. In Abb. 21 wurde versucht, einen solchen Energieaustausch schematisch darzustellen. Ein ausländisches Verbrauchszentrum wird normalerweise über eine Hochspannungsleitung von
Dampfkraftwerken versorgt. Ein Teil des Sommerenergiebedarfes
würde nun aus Wasserkraftwerken des Nachbarlandes bezogen und
die Erzeugung der Dampfkraftwerke entsprechend vermindert werden.
Da die installierte Leistung der Dampfkraftwerke sich nach der in
den Wintermonaten auftretenden Höchstbelastung richtet, so werden
keine leistungsabhängigen sondern nur arbeitsabhängige Kosten
eingespart. Sie setzen sich aus
dem Brennstoffanteil und dem
arbeitsabhängigen Teil der
Bedienungs- und Unterhaltskosten zusammen. Will man
die eingesparten Brennstoffkosten ermitteln, so muß man
beachten, daß diese nicht mit
dem vollen auf die kWh entfallenden Betrag, multipliziert
mit der weniger erzeugten
kWh-Menge angenommen wer-

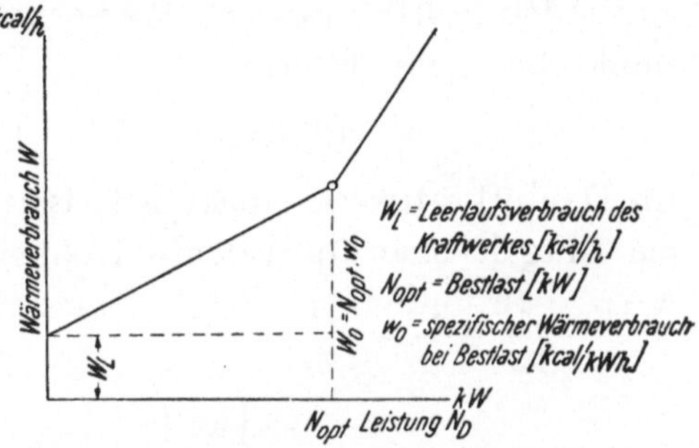

Abb. 22a. Wärmeverbrauchscharakteristik
eines Dampfkraftwerkes.

den dürfen, sondern daß sich die Belastungsweise der Dampfkraftwerke verschlechtert, wodurch der spezifische Wärmeverbrauch für die verbleibende Leistung höher wird. Außerdem wird
man eine gewisse Bereitschaftsleistung mitlaufen lassen, um bei
etwaigen unvorhergesehenen Ausfällen der Wasserkraftlieferung ein-
springen zu können. Man darf also für die Berechnung der eingesparten Brennstoffkosten nur einen, um den Leerlaufbedarf verkleinerten Wärmeverbrauch zugrundelegen, wobei der Leerlaufbedarf auf eine die Bereitschaftshaltung berücksichtigende Betriebs-
leistung bezogen werden muß. Bezeichnen wir mit w' [kcal/kWh] die
eingesparte Wärmemenge, so läßt sich mit den Bezeichnungen der
Abb. 22a der Ansatz machen:

$$w' \cdot N_{opt} = w_0 \cdot N_{opt} - W_L \quad [\text{kcal/h}]$$

$$w' = w_0 - \frac{W_L}{N_{opt}} \quad [\text{kcal/kWh}]$$

$$\frac{W_L \cdot 100}{N_{opt} \cdot w_0} = \lambda \quad [\%]$$

λ ist der prozentuelle Leerlaufverbrauch des Kraftwerkes. Führt man diesen Ausdruck ein, so lautet die Formel für die eingesparte spezifische Wärmemenge

$$w' = w_0 \left(1 - \frac{\lambda}{100}\right) \; [\text{kcal/kWh}].$$

Nennen wir

p_w den Wärmepreis [S/10⁶ kcal],

b   den arbeitsabhängigen Anteil der Bedienungs- und Unterhaltskosten des Dampfkraftwerkes [g/kWh],

η_D den Übertragungswirkungsgrad zwischen Dampfkraftwerk und Verbrauchsschwerpunkt,

so werden je kWh aus den Wasserkraftwerken im Verbrauchsschwerpunkt bezogene Energie

$$(w' \cdot p_w \cdot 10^{-4} + b) \cdot \frac{1}{\eta_D} \; [\text{g/kWh}]$$

im Dampfkraftwerk eingespart. Bei diesem Wärmepreis könnte also als Entgelt eine äquivalente Kohlenmenge entsprechend

$$\frac{w' \cdot p_w \cdot 10^{-4} + b}{p_w} \cdot \frac{1}{\eta_D} =$$

$$= \left[w_0 \left(1 - \frac{\lambda}{100}\right) \cdot 10^{-4} + \frac{b}{p_w}\right] \cdot \frac{1}{\eta_D} \; [\text{kcal/kWh}]$$

geliefert werden. Wir wollen diesen Wert die auf den Verbrauchsschwerpunkt bezogene *Äquivalenzzahl* $\varkappa$ nennen. Diesen Wert $\varkappa$ wird sich der ausländische Partner einer solchen energiewirtschaftlichen Zusammenarbeit ausrechnen, um sich ein Bild darüber zu machen, ob ein Energieaustausch für ihn einen Anreiz besitzt. Die Formel läßt erkennen, daß die Kostenwerte nur als Quotienten erscheinen. Es ist daher die absolute Höhe des Preisniveaus bedeu-

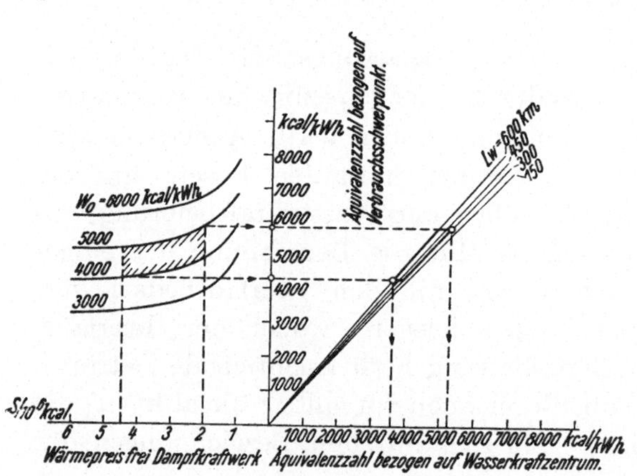

Abb. 22b. Äquivalenzzahlen bei Lieferung von Wasserkraftüberschußenergie gegen Kohle (Fall I), bezogen auf Verbrauchsschwerpunkt und auf hydraulisches Erzeugungszentrum in Abhängigkeit vom Wärmepreis frei Dampfkraftwerk, vom spezifischen Wärmeverbrauch w des Dampfkraftwerkes bei Auslegungslast und von der Entfernung Lw zwischen Wasserkraftzentrum und Verbrauchsschwerpunkt.

tungslos und nur die Wirtschaftlichkeit der Kohlengewinnung und

Stromerzeugung (Tiefbau oder Tagbau, moderne oder veraltete Kraftwerke) kostenmäßig von Einfluß. Im linken Teil der Abb. 22 wurde versucht, die Größenordnung der Äquivalenzzahl $\varkappa$, bezogen auf den Verbrauchsschwerpunkt, in Abhängigkeit von Wärmepreis und Wärmeverbrauch zu ermitteln. Der Wärmepreis p_w und die Bedienungs- und Unterhaltskosten b wurden in Schillingwährung eingesetzt. Es hätte die Auswertung der Formel aber ebensogut in Mark oder čK. erfolgen können, soferne nur das Verhältnis b/p_w richtig erfaßt worden ist. Dem Schaubild liegen folgende Annahmen zugrunde:

Entfernung zwischen Dampfkraftwerk und Verbrauchsschwerpunkt . . . . 75 km
Übertragungswirkungsgrad η_D ohne Aufspannung . 0,97
Leerlaufsverbrauch des Dampfkraftwerkes, bezogen auf Auslegungslast 8%
Arbeitsabhängiger Anteil der Bedienungs- und Unterhaltskosten . . . . 0,21 g/kWh.

Grenzt man den praktisch in Frage kommenden Bereich, wie in der Abbildung angedeutet, mit $p_w = 2 - 4{,}5$ S/10^6 kcal und $w_0 = 4000$ bis 5000 kcal/kWh (einschl. Aufspannung auf 110 kV) ein, so kann man am senkrechten Maßstab Äquivalenzzahlen von 4300 bis 5800 kcal/kWh ablesen.

Den Lieferanten der Wasserkraftenergie interessiert die Äquivalenzzahl, bezogen auf das Wasserkraftzentrum. Diese gibt an, wieviel Brennstoffkalorien einer ab Wasserkraftzentrum gelieferten kWh entsprechen. Die beiden Äquivalenzzahlen unterscheiden sich durch die Übertragungsverluste zwischen Wasserkraftzentrum und Verbrauchsschwerpunkt. Die Äquivalenzzahl K_0, bezogen auf das Wasserkraftzentrum, ist somit

$$\varkappa_0 = \eta_w \cdot \eta_u \cdot \varkappa \ [\text{kcal/kWh}],$$

worin

η_w den Übertragungswirkungsgrad zwischen Wasserkraftzentrum und dem ausländischen Verbrauchsschwerpunkt,

η_u den Wirkungsgrad der Umspannung von 220/110 kV

bedeuten. Im rechten Teil der Abb. 22 ist diese Formel für mittlere Wirkungsgrade in Abhängigkeit von der Übertragungsweite ausgewertet. Es ergeben sich entsprechend den vorhin angenommenen Grenzen für die Übertragungsweiten von 300 bis 600 km Äquivalenzzahlen zwischen 3600 und 5250 kcal/kWh. Bezieht man diese Wärmemenge auf Steinkohle mit einem mittleren Heizwert von 6500 kcal/kg, so entspricht dies einer Kohlenmenge von 0,6 bis 0,8 kg/kWh. Einem Export von 1 Mia kWh Überschußenergie ab Wasserkraftzentrum wäre also eine Gegenlieferung von 600.000 bis 800.000 t Steinkohle gleichwertig. Die tatsächliche Menge wird jedoch geringer sein, da dem ausländischen Partner eine kleine Spanne gegenüber der Äquivalenzzahl als finanzieller Anreiz geboten werden muß. Aus dieser Kohlenmenge und dem andernfalls für ihre Einfuhr aufzuwendenden Betrag errechnet sich der indirekte Erlös für die ausgeführte Wasserkraftüberschußenergie, wobei der jährliche Aufwand für die erforderlichen Übertragungsanlagen vorher noch abzuziehen wäre. Ist dieser Erlös nicht kleiner als die Gestehungskosten der Überschußenergie, so ist der Energieaustausch auch für das Wasserkraftland wirtschaftlich.

In ähnlicher Weise lassen sich die Äquivalenzzahl und die Wirtschaftlichkeitsgrenze auch bei Rücklieferung von Winterzuschußstrom ermitteln. Eingehende Untersuchungen zeigten, daß für den Lieferanten der Wasserkraftüberschußenergie der Tausch gegen Kohle, für den Lieferanten der kalorischen Energie die Rücklieferung von Winterzuschußstrom im allgemeinen günstiger ist, für letzteren deshalb, weil für ihn Kohle eingespart wird, ein Gesichtspunkt, der in Zeiten der Kohlenknappheit eine Rolle spielen dürfte. In beiden Fällen bleibt aber für den Bezieher des Überschußstromes in den Sommermonaten der Vorteil, seine eigenen kalorischen Anlagen programmäßig überholen zu können, ohne eine Einschränkung der Leistungsfähigkeit in Kauf nehmen zu müssen. Praktisch dürfte wahrscheinlich eine Kombination beider Möglichkeiten die den Interessen beider Partner nächstliegende Lösung sein. Jedenfalls stellt ein solcher Energieaustausch eine interessante Möglichkeit zum Ausgleich der Energiebilanz dar.

Bei den bisherigen Überlegungen ist ein wichtiger Umstand noch nicht berücksichtigt worden, der sich für die Dargebotsseite erschwerend auswirkt, das ist die Veränderlichkeit des Abflusses mit dem klimatologischen Charakter des Jahres. Wir haben ein Jahr mit mittlerer Wasserführung unterstellt. In Wirklichkeit wird diese teils über-, teils unterschritten, wobei sich bei bestimmtem Ausbaugrad der Anlagen die Unterschreitungen in wasserarmen Jahren gegenüber dem hydraulischen Mitteljahr stärker auswirken. Die Energieplanung hat sich daher mit geeigneten Maßnahmen zu befassen, neben dem Jahresausgleich zwischen mittlerem Dargebot und Bedarf noch den Überjahresausgleich herzustellen. Es ist klar, daß dieser wirtschaftlich nur durch kalorische Anlagen bewerkstelligt werden kann, wobei vor allem solche Kraftwerkstypen geeignet sind, deren Anlagenaufwand möglichst niedrig ist und die auch als Schnellreserve geeignet sind, um so ihre Verwendbarkeit auf eine breitere Basis zu stellen. Die jüngste technische Entwicklung scheint für diese Zwecke der ölgefeuerten Gasturbine gute Aussichten zu geben (9). Die Abb. 23 zeigt schematisch die Deckung des Bedarfes an elektrischer Energie in einem Jahr mit normaler Wasserführung (Regeljahr) und einem trockenen Jahr für ein Wirtschaftsgebiet mit überwiegend hydraulischer Energiebasis. Wie die Dargebots- und Bedarfskurve relativ zueinander liegen sollen, erfordert, wie bereits betont, eines eingehenden Studiums im Einzelfall. Jedenfalls bildet ein solches hydroelektrisches System den Kern der Energieversorgung, das einen um so größeren Verbraucherkreis umfassen kann, je preiswerter die hydroelektrische Energie geliefert und damit um so vielseitiger angewendet werden kann. Es findet seine Ergänzung in der kalorischen Energiebeschaffung zur Befriedigung des nicht durch hydroelektrische Energie gedeckten Verbrauches.

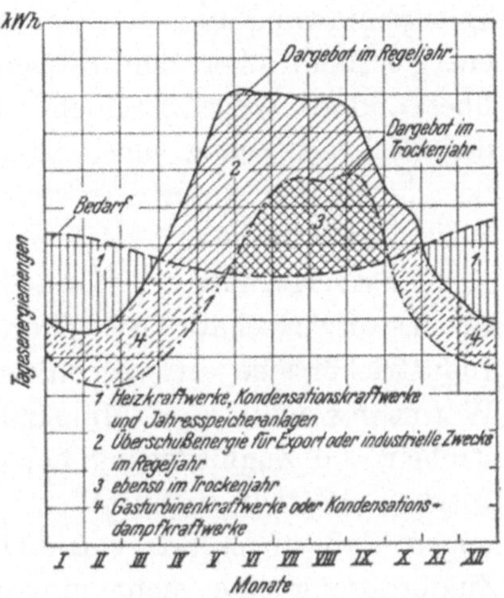

Abb. 23. Schematische Darstellung des Ausgleiches von Dargebot und Bedarf an elektrischer Energie.

13. Wirtschaftsgebiete mit überwiegender kalorischer Energiebasis.

War in Wirtschaftsgebieten mit hydraulischer Energiebasis eine zweckmäßige Verwertung der Wasserkräfte der Ausgangspunkt aller energiewirtschaftlichen Betrachtungen, so baut sich folgerichtig die Energieversorgung in Wirtschaftsgebieten mit kalorischer Energiebasis auf eine rationelle Brennstoffwirtschaft auf. Dieser Fall unterscheidet sich in zweierlei Hinsicht von dem im vorhergehenden Abschnitt behandelten, und zwar:

1. Ist der Anfall an Rohenergie — soweit es sich nicht um Abfallenergie handelt — an den Bedarf anpassungsfähig, so daß die Probleme, die im Falle der hydraulischen Energiebasis aus dem

zeitlich gegebenen Dargebot entstehen und den Ausgleich der Energiebilanz nicht unerheblich erschweren, wegfallen.

2. Hat der wesentlich höhere Umwandlungsverlust der kalorischen Rohenergie in elektrische Energie zur Folge, daß für die verschiedenen Verwendungszwecke, die bei hydraulischer Energiebasis die Belieferung mit elektrischer Energie wirtschaftlich rechtfertigen, die Energieumwandlung von der kalorischen Rohenergie in die Nutzenergie nicht über den Zwischenzustand der Elektrizität, sondern über andere Wege geschieht (siehe Zahlentafel, S. 52). Der Grad der Elektrifizierung eines solchen Wirtschaftsgebietes wird daher im allgemeinen hinter dem eines Gebietes mit hydraulischer Energiebasis zurückbleiben.

Selbstverständlich gilt auch hier im Interesse einer sparsamen Brennstoffwirtschaft die Forderung, die Wärmewirtschaft der Industriebetriebe zu vervollkommnen und den Wirkungsgrad der Wärmeanwendung im Haushalt zu verbessern. Ebenso ist anzustreben, die Zugförderung bei genügender Verkehrsdichte auf elektrischen Betrieb umzustellen. Die Zahlen der Tabelle auf S. 52 zeigen, daß, abgesehen von den sonstigen Vorteilen, bei elektrischer Zugförderung eine nicht unwesentliche Entlastung für die Brennstoffversorgung eintritt.

Es ist naheliegend, daß in einem Lande mit überwiegender kalorischer Energiebasis nicht nur die Veredelung der Kohle durch ihre Aufschließung in hochwertigere Energieträger, sondern auch ihr Einsatz für chemische Zwecke in starkem Maße Eingang finden. Diese Entwicklung erfordert eine weitergetriebene Separation der Kohle, da für die chemische Aufschließung nur hochwertigere Sorten in Frage kommen. Dasselbe gilt in normalen Zeiten für Exportkohle. Dies hat zur Folge, daß immer größere Mengen an minderwertiger Kohle anfallen, die im allgemeinen nur für die Verfeuerung in Kesseln in Betracht kommen. Eine rationelle Brennstoffwirtschaft erfordert die Ausnutzung dieser ballastreichen Kohle und damit eine weitgehende Umstellung der Stromerzeugung auf minderwertigere Kohle. Dies gilt sowohl für die Abfallsteinkohle als auch für solche Braunkohlensorten, die eine Veredelung durch Brikettierung, Schwelung oder Hydrierung nicht zulassen. Das Problem der Verwertung der Abfallkohle, das im V. Hauptabschnitt noch näher behandelt wird, ist in Gebieten mit kalorischer Energiebasis und einer neuzeitlichen Brennstoffwirtschaft von nicht zu unterschätzender Bedeutung.

Soweit Laufwasserkräfte vorhanden sind, wird deren Nutzbarmachung und Ausbaugröße durch die Wettbewerbsfähigkeit mit den Wärmekraftanlagen stark beeinflußt werden, wobei die Lage der kalorischen und hydroelektrischen Anlagen gegenüber den Verbrauchsschwerpunkten, also die Übertragungsentfernungen, eine Rolle spielen. Jahresspeicheranlagen verlieren in einem solchen Versorgungssystem stark an Bedeutung. Sie werden, solange nur elektrizitätswirtschaftliche und nicht elektropolitische Erwägungen ausschlaggebend bleiben, nur in besonders günstigen Fällen mit der kalorischen Erzeugung in älteren, zum großen Teil schon abgeschriebenen Dampfkraftwerken konkurrieren können.

Die Frage des Energieaustausches mit dem Auslande wurde bereits im vorhergehenden Abschnitt eingehend besprochen. Der Bezug von Wasserkraftüberschußenergie in den Sommermonaten ist, angemessene Preise vorausgesetzt, zweifellos mit Vorteilen verbunden, da er eine programmäßige Überholung der Anlagen ermöglicht. Die Kompensation durch Winterzuschußstrom bringt eine Brennstoffersparnis, bedingt aber eine größere installierte Leistung der kalorischen Werke.

14. Wirtschaftsgebiete mit ausgeglichener Energiebasis.

Die Gesichtspunkte für ein Wirtschaftsgebiet mit ausgeglichener Energiebasis ergeben sich im großen und ganzen aus einer sinngemäßen Kombination der für die beiden anderen Fälle dargelegten Richtlinien. Es wird dabei vor allem darauf ankommen, elektrische Versorgungsnetze zu schaffen, in denen Wasserkraft- und Wärmekraftwerke möglichst eng gekuppelt sind, wobei für letztere wieder der Grundsatz gelten sollte, als Brennstoff weitgehend Abfallkohle zu verwenden. Wir hätten also ähnliche Verhältnisse wie beim Energieaustausch zwischen Wirtschaftsgebieten mit hydraulischer und kalorischer Energiebasis. Der relative Ausbaugrad der Wasserkraftwerke gegenüber der Bedarfskurve würde in diesem Fall unter dem im Beispiel a der Abb. 20 dargestellten liegen. Für die einzuschlagenden Wege der Energieumwandlung und die Heranziehung der einzelnen zur Verfügung stehenden Rohenergiequellen werden die Äquivalenzpreise beim Verbraucher, die außer durch die Umwandlungskosten der Rohenergie auch von der jeweiligen örtlichen Lage der Verbraucher zu den Wasserkraft- und kalorischen Erzeugungszentren bestimmt werden, maßgebend sein.

III. Die wirtschaftliche Ausnutzung der Wasserkräfte.

15. Allgemeines.

Das alte idyllische Wasserrad und der sachliche Zweckbau eines neuzeitlichen Wasserkraftwerkes sind Marksteine in der Wasserkraftnutzung, zwischen denen eine langjährige Entwicklung liegt, die sich nicht nur im ausschließlich Konstruktiven erschöpfte, sondern in steigendem Maße auch die wirtschaftliche Seite berücksichtigte. Das Streben nach einer rationellen Wasserkraftnutzung führte schließlich von der Behandlung von Einzelanlagen zur solchen zusammenhängender Kraftwerksgruppen und Kraftwerksketten an ausbauwürdigen Flußläufen. Ein Beispiel für eine solche Kraftwerkskette ist in Österreich die *Enns*, deren bestehender und geplanter Ausbau in Abb. 24 angedeutet ist. Die in den Zubringern zur Enns geplanten bzw. in Bau befindlichen Jahresspeicher wirken sich nicht nur auf die Energienutzung in der ihnen zugeordneten Gefällstufe aus, sie dienen auch der Anreicherung der Enns in den Wintermonaten und damit einer Vergleichmäßigung des Energiedargebotes in den weiter unten liegenden Kraftstufen. Der Wochenspeicher vor dem Gesäuseeingang hat im wesentlichen die Aufgabe, den von den Jahresspeicherwerken mit einer Zeitverschiebung ankommenden Wasserschwall in Verbindung mit dem Tagesspeicher vor dem Kraftwerk Hieflau wieder dem Bedarf anzupassen, daneben den Sonntagsüberschuß abzufangen und nutzbar zu machen. Die darunterliegende Staukraftwerkskette würde, soferne keine zu großen Lücken zwischen den Werken übrigbleiben, unter Ausnutzung der Inhalte ihrer Stauräume (gleichzeitiges Absenken der Spiegel) einen sogenannten Schwellbetrieb gestatten, wobei das Tagesspeicherwerk Hieflau den Taktgeber spielen könnte. Der große Stauraum der Stufe Großraming würde, falls er im Laufe der Jahre durch Geschiebeführung nicht zu sehr verlandet, die Rolle eines Puffers spielen können, der eine unabhängige Betriebsweise der unterhalb liegenden Werke von den oberhalb befindlichen zuläßt.

Das hier geschilderte praktische Beispiel macht das Bestreben verständlich, Flußläufe energiewirtschaftlich als Gesamtes zu betrachten und die Ausbauplanung generell nach einheitlichen Gesichtspunkten durchzuführen, wobei es das Ziel sein muß, das Roharbeitsvermögen des Flusses mit dem besten wirtschaftlichen Effekt nutzbar zu machen. Die Speicherkraftwerke im Oberlauf und die Laufkraftanlagen beeinflussen sich gegenseitig. Die Auslegung der einzelnen

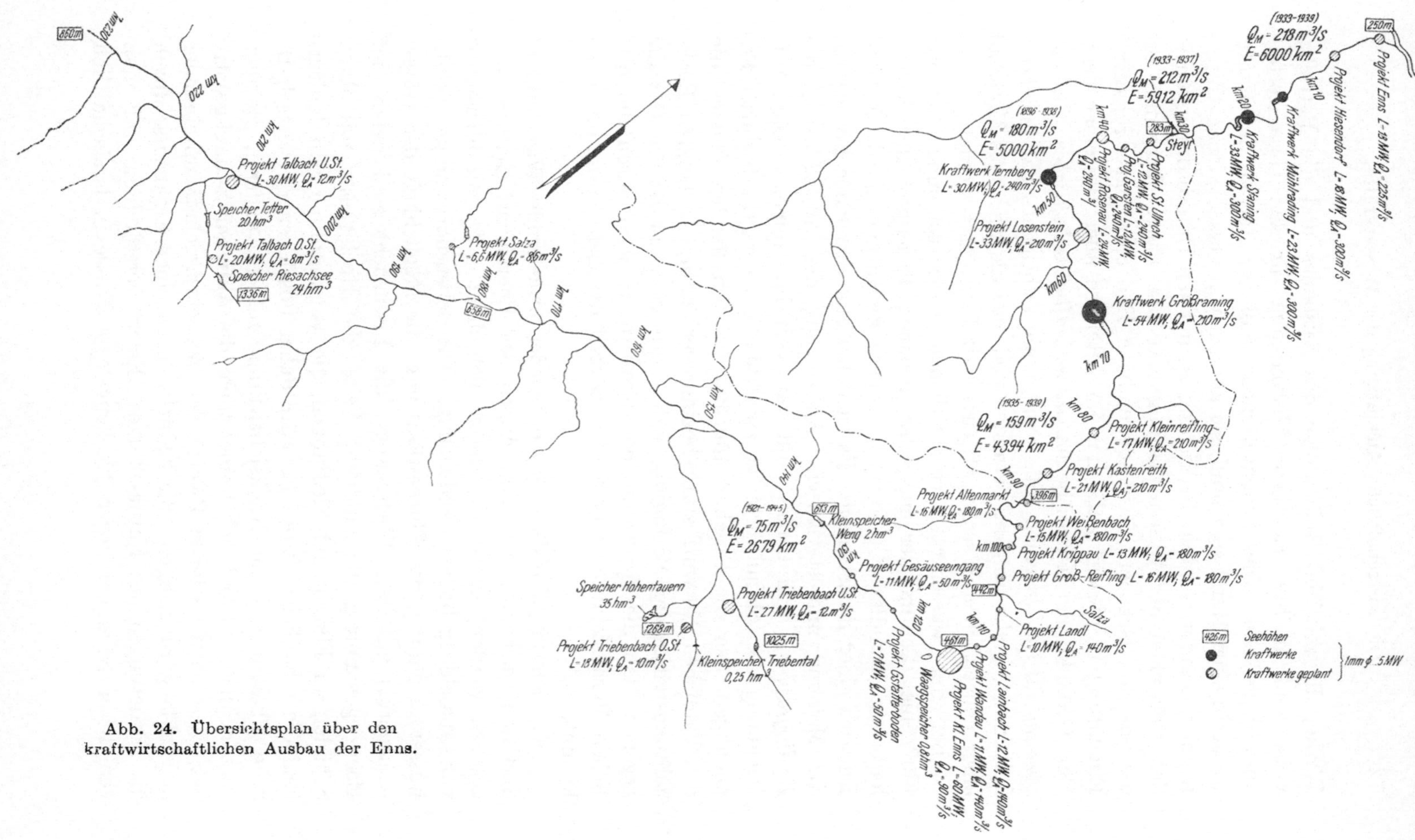

Abb. 24. Übersichtsplan über den kraftwirtschaftlichen Ausbau der Enns.

Werke, die zeitliche Reihenfolge des Ausbaues und die Betriebsweise sind in ihrer richtigen Abstimmung für den Gesamterfolg ausschlaggebend. Dies bedeutet nicht, daß der Betrieb der Kraftwerke in einer Hand sein muß, sie können von verschiedenen Unternehmen betreut werden, Bedingung ist nur die Unterordnung unter den Gedanken der Gesamtplanung und eine Rücksichtnahme auf die aus den Gegebenheiten notwendigen Betriebsgrundsätze, deren Einhaltung in diesem Falle nur im Interesse aller Betreiber liegt. Der Gedanke der einheitlichen *wasserkraftwirtschaftlichen Gesamtplanung* für die einzelnen Flüsse mit ihren Zubringern hat in letzter Zeit immer mehr Eingang gefunden und darf als wichtiges Merkmal einer neuzeitlichen Wasserkraftwirtschaft betrachtet werden.

Bei der wasserkraftwirtschaftlichen Gesamtplanung für ein Flußgebiet kommt der möglichst genauen Erfassung der hydrologischen Grundlagen eine noch größere Bedeutung zu als für den Entwurf einer Einzelanlage. Es ist daher eine dringende Forderung, die Messung und statistische Auswertung der Abflußdaten, die *Hydrographie*, auszubauen und zu vervollkommnen. Die Aufzeichnung der Abflußwerte ist zweckmäßig zu ergänzen durch Erhebungen über die Geschiebeführung des betreffenden Flusses, die den baulichen Entwurf stark beeinflussen kann. Je längere Beobachtungsreihen zur Verfügung stehen, um so mehr ist die Gewähr gegeben, daß die Auslegung des Kraftwerkes dem durch die örtlichen Voraussetzungen bedingten wirtschaftlichen Optimum nahekommt.

Der sich im Kreislauf immer wieder erneuernde Wasserabfluß darf aber nicht nur mit den Augen des Energiewirtschaftlers angesehen werden, er ist für unser menschliches Dasein überhaupt von ausschlaggebender Bedeutung. Die lebensnotwendige Trinkwasserversorgung, die Flurbewässerung, die Möglichkeit des Gütertransportes auf dem Wasserwege, die Fischzucht sind neben der Energiegewinnung die nützliche Seite, die Hochwässer mit ihren Schäden an Fluren und Siedlungen, die Versumpfung von Kulturland die schädliche Seite. Es wäre daher falsch, energiewirtschaftliche Planungen ohne Rücksichtnahme auf die anderen Belange vorzunehmen, so daß sich immer mehr die Auffassung durchgesetzt hat, diese verschiedenen Zweige der Wasserwirtschaft miteinander in Einklang zu bringen. Sie bedürfen noch einer Ergänzung durch die Forderungen des Naturschutzes. Es ist verständlich, daß man von dieser Seite her gegen trockengelegte Flüsse in landschaftlich

schönen Gegenden mit starkem Fremdenverkehr ankämpft und
daß eine einsichtige, auf das Wohl des Ganzen gerichtete Energieplanung sich diesen Wünschen nicht ganz verschließen darf.

Die wasserwirtschaftliche Gesamtplanung muß also in eine
allgemeine wasserwirtschaftliche Planung hineingestellt werden. Wir
sprechen dann von *wasserwirtschaftlichen Rahmenplänen* für die
einzelnen Flußgebiete, die z. B. in Österreich unter Führung der
zuständigen staatlichen Stellen (die oberste Wasserrechtsbehörde)
in neuester Zeit in Angriff genommen wurden. Ihre Aufstellung
wurde durch eine entsprechende Erweiterung des Wasserrechts-
gesetzes untermauert. Die vollendetste Form einer solchen General-
planung stellen wohl die Arbeiten der Tennessee-Stromverwaltung
dar (10), die das ganze Wirtschaftsleben des Flußgebietes einbezogen
hat und über schöne Erfolge berichten konnte. So gesehen, ist die
Wasserkraftwirtschaft als Glied der allgemeinen Wasserwirtschaft
Dienst an der gesamten Volkswirtschaft zum Nutzen der All-
gemeinheit.

16. Hydrologische Grundlagen.

Wie vorhin hervorgehoben wurde, ist für eine wirtschaftliche
Ausnutzung der Wasserkräfte eine möglichst genaue Kenntnis der
Abflußverhältnisse sowohl nach Jahresmengen als auch nach ihrem
zeitlichen Verlauf eine wesentliche Voraussetzung. Wir können
zwischen einem ober- und unterirdischen Abfluß unterscheiden.
Der letztere kommt für die Wasserkraftnutzung wegen seiner
schwierigen Erfassung nicht in Frage, so daß wir uns auf die Betrachtung des *oberirdischen* Abflusses beschränken können. Unter
seinen verschiedenen Formen (flächenhafte Wasserverteilung an
Felshängen, Quellen, Flußläufe) sind für die Praxis lediglich die
Flußläufe bzw. von diesen gespeiste Seen interessant. Quell-
fassungen dürften im allgemeinen wohl nur als zusätzliche Maßnahme in Form einer Überleitung in den Hauptwasserlauf Anwendung finden.

Das abfließende Wasser stammt fast ausschließlich aus dem
Niederschlag. Die jährlichen Niederschlagsmengen werden für ein
bestimmtes begrenztes Gebiet F [km²] durch die Niederschlags-
höhe h_m [mm] erfaßt, für die man, soweit genügende Messungen
vorliegen, den langjährigen Durchschnitt ermitteln kann. Der mittlere
jährliche Niederschlag beträgt dann für das betrachtete Gebiet

$$W_m = F \cdot h_m \cdot 10^3 \ [\mathrm{m^3/Jahr}],$$

wobei mit dem Index m auf die Bedeutung als langjährige Durchschnittswerte hingewiesen werden soll. Diese Wassermenge W_m teilt sich nun wie folgt auf:

1. Verdunstung,
2. Verbrauch der Pflanzen,
3. Versickerung,
4. oberflächlicher Abfluß.

Die drei ersten Posten faßt man zusammen und drückt sie im Verhältnis zur Niederschlagsmenge durch einen Koeffizienten, dem *Abflußbeiwert*, aus, den wir mit β bezeichnen wollen. Der mittlere Jahresabfluß $\overline{Q_m}$ [hm³/Jahr] aus einem bestimmten Gebiet beträgt somit

$$\overline{Q_m} = F \cdot \beta \cdot b_m \cdot 10^{-3} \quad [\text{hm}^3/\text{Jahr}]. \tag{4}$$

Für die Jahreswassermenge $\overline{Q}$ wurde in neuerer Zeit versucht, die Bezeichnung *„Jahresfracht"* einzuführen. Es sollte damit die Unterscheidung von der sekundlichen Wassermenge Q m³/sek, der *„Fließe"*, klarer zum Ausdruck gebracht werden.

In der Wasserwirtschaft findet sich auch die Kennziffer $\beta \cdot h_m$ (mm/km²/Jahr), die sogenannte *Abflußhöhe*, durch die *„mittlere Wasserspende"* M_q (1/sek $\cdot$ km²) ersetzt. Die mittlere Jahresfließe ist dann

$$Q_m = M_q \cdot F \cdot 10^{-3} \quad [\text{m}^3/\text{sek}]$$

und die mittlere Wasserfracht

$$\overline{Q_m} = \frac{M_q \cdot F}{31,6} \quad [\text{bm}^3/\text{Jahr}].$$

Die beiden Kenngrößen $\beta \cdot h_m$ und M_q stehen also nach folgender Formel in Beziehung:

$$M_q = 31,6 \cdot \beta \cdot h_m \cdot 10^{-3} \quad [\text{l/sek} \cdot \text{km}^2].$$

Neben der Höhe der Abflußmenge ist auch noch deren *zeitlicher Verlauf* von Bedeutung. Im 3. Abschnitt wurden bereits zwei charakteristische Abflußdiagramme erläutert. Je größer das natürliche Ausgleichsvermögen des betreffenden Gebietes ist, um so gleichmäßiger ist der Abfluß. Seen, Wälder, durchlässige Schichten, eine zeitlich verteilte Schneeschmelze tragen zur Vergleichmäßigung des Abflusses in starkem Maße bei. *Ludin* (11) gibt die Größenordnung der Wasserspende für mitteleuropäische Gebiete wie folgt an:

	niedrigstes Niederwasser	M_q	höchstes Hochwasser
Zentraleuropa um 2000 m ü. M...	3—4	50—60	3000—4000
Schwarzwald um 1000 m ü. M...	3,5—5	40—55	1500—2500
Norddeutsches Flachland	1,0—3,0	7—10	80—150

Die Wassermenge eines Flußlaufes an einer bestimmten Stelle ergibt sich demnach aus der Wasserspende bzw. der Abflußhöhe und aus der Fläche des Gebietes, das oberhalb der betreffenden Stelle in den Flußlauf entwässert (Abb. 25). Man nennt dieses Gebiet das *Einzugsgebiet*. Die Grenzen dieses Einzugsgebietes fallen nicht immer mit den aus den Meßtischblättern zu entnehmenden topographischen Wasserscheiden zusammen. Je nach der geologischen Beschaffenheit des Gebirges und dem Einfallswinkel der Gesteinsschichten kann die hydrologische Wasserscheide mehr oder weniger von der topographischen abweichen (Abb. 26).

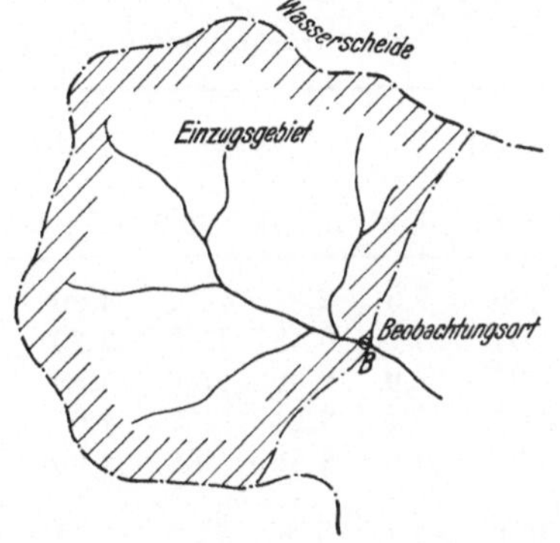

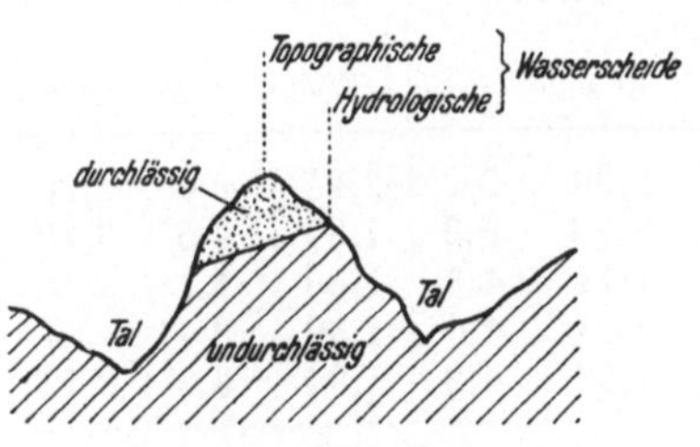

Abb. 25. Schematische Darstellung des Einzugsgebietes eines Flußlaufes, bezogen auf den Beobachtungsort B.

Abb. 26. Topographische und hydrologische Wasserscheide.

Man kann diese Ermittlungsweise der Abflußmenge benutzen, um von Gewässern, für die hinreichende genaue Beobachtungen vorliegen, auf die Abflußverhältnisse von solchen mit ähnlich beschaffenen Einzugsgebieten zu schließen, für die keine direkten Messungen zur Verfügung stehen. Allerdings wird man so errechnete Zahlen nur für überschlägige Untersuchungen und Vorprojekte anwenden dürfen. Ausführungsreife Projekte und verantwortliche Entscheidungen über die Auslegung und Bauinangriffnahme von Kraftwerken sollten jedoch durch direkte Beobachtungen über genügend lange Zeiträume untermauert sein. Die Erfahrungen haben gezeigt, daß Meßreihen von mindestens 20jähriger Dauer vorliegen sollten, will man einen einigermaßen zuverlässigen Einblick in die hydrologischen Verhältnisse gewinnen. Leider verfügt man nur bei einer verhältnismäßig beschränkten Anzahl von Flußläufen über so langfristige Beobachtungen. Der Ausbau der Hydrographie wurde erst in neuerer Zeit mit Nachdruck betrieben, als die steigende Bedeutung der Wasserkraftnutzung auch die Notwendigkeit einwandfreier Planungsunterlagen immer klarer hervortreten ließ.

Die nachstehende Zahlentafel gibt als *Beispiel* eine 20jährige Beobachtungsreihe der mittleren Monats- und Jahresfließen und der Monats- und Jahresfrachten für den *Teigitschbach* in der Weststeiermark wieder. Es wurden sowohl 5- als auch 20jährige Mittelwerte gebildet. Die Zahlentafel läßt die starke Steigerung der Abflußwerte erkennen, deren höchster im Juli 1926 mit 15,46 m³/sek

Fließen (m³/sek) Monats- und Jahres
im Einzugsbereich der Langmann

Jahr (Kalenderjahr)	Jänner		Februar		März		April		Mai		Juni		Juli
	m³/sek	hm³	m³/sek	hm³	m³/sek	hm³	m³/sek	hm³	m³/sek	hm³	m³/sek	hm³	m³/sek
1926	2,00	5,3	2,25	5,4	1,96	5,3	2,80	7,3	2,88	7,7	4,20	10,9	*15,46*
27	2,20	5,9	1,87	4,5	3,70	9,9	6,07	15,7	6,43	17,2	3,79	9,8	3,12
28	1,71	4,6	1,68	4,1	2,55	6,8	4,97	12,9	9,30	25,0	3,80	9,8	2,80
29	1,51	4,0	1,39	3,4	1,81	4,8	2,45	6,4	3,26	8,7	4,07	10,6	3,87
30	1,58	4,2	1,34	3,2	2,13	5,7	3,09	8,0	3,42	9,2	2,90	7,5	2,80
Σ 5/₅	1,80	4,8	1,71	4,1	2,43	6,5	3,88	10,1	5,06	13,6	3,75	9,7	5,61
1931	1,88	5,0	1,42	3,4	2,04	5,5	3,50	9,1	5,15	13,8	3,84	9,9	2,74
32	1,87	5,0	1,30	3,1	1,40	3,7	2,71	7,0	2,47	6,9	2,45	6,4	1,84
33	1,18	3,2	1,15	2,8	1,95	5,2	1,91	4,9	3,30	8,8	4,12	10,7	2,95
34	2,34	6,3	1,95	4,7	*5,45*	14,6	6,02	15,6	4,01	10,7	4,48	11,7	3,00
35	2,10	5,6	1,92	4,6	2,02	5,4	3,27	8,5	5,39	14,4	4,73	12,3	*2,13*
Σ 5/₅	1,87	5,0	1,55	3,7	2,57	6,9	3,48	9,0	4,06	10,9	3,92	10,2	2,53
1936	*2,99*	8,0	*2,68*	6,5	3,25	8,7	5,05	13,1	9,71	26,0	5,92	15,3	5,61
37	1,54	4,1	1,62	3,9	2,40	6,4	*6,73*	17,4	7,49	20,1	5,02	13,0	4,08
38	2,34	6,3	1,88	4,6	2,50	6,7	2,44	6,3	8,83	23,6	5,02	13,0	3,60
39	1,92	5,1	1,55	3,7	1,31	3,5	1,57	4,1	5,26	14,1	6,43	16,6	3,14
40	1,47	3,9	1,32	3,2	1,88	5,0	2,15	5,6	4,42	11,8	4,08	10,5	2,88
Σ 5/₅	2,05	5,5	1,81	4,4	2,27	6,1	3,59	9,3	7,14	19,1	5,29	13,7	3,86
1941	1,91	5,1	1,66	4,0	2,49	6,7	4,18	10,8	4,48	12,0	3,27	8,5	2,36
42	1,27	3,4	1,26	3,0	2,00	5,4	5,74	14,8	*10,84*	29,1	4,20	10,9	2,92
43	*0,98*	2,6	*1,14*	2,8	*1,03*	2,8	*1,07*	2,8	*1,23*	3,3	*2,15*	5,6	3,84
44	1,27	3,4	1,14	2,8	1,33	3,6	3,72	9,6	4,58	12,3	*7,40*	19,2	6,51
45	2,71	7,3	2,60	6,3	3,04	8,1	3,37	8,7	2,71	7,3	2,74	7,1	3,03
Σ 5/₅	1,63	4,4	1,56	3,8	1,98	5,3	3,62	9,4	4,77	12,8	3,95	10,3	3,73
Σ 20/₂₀	1,84	4,9	1,66	4,0	2,31	6,2	3,64	9,4	5,26	14,1	4,23	10,9	3,93

und deren niedrigster im Jänner 1943 mit 0,98 m³/sek auftrat. Dabei ist zu beachten, daß es sich bereits um Monatsmittelwerte handelt, die einzelnen Tageswerte also noch wesentlich stärker voneinander abweichen.

Die Zahlentafel fand in Abb. 27 ihre Auswertung. Im linken Diagramm sind die mittleren Monatsfließen als voll ausgezogene Linie, außerdem die Werte für die Jahre mit höchster (1937) und niedrigster *Jahres*fracht (1943) aufgetragen. Im rechten Schaubild

frachten der Teigitsch 1926—1945
sperre (168 mk²). Nach *E. Fischer.*

Juli	August		September		Oktober		November		Dezember		Jahres-fließe	Jahres-fracht
hm³	m³/sek	hm³	m³/sek	hm³	m³/sek	hm³	m³/sek	hm³	m³/sek	hm³	m³/sek	hm³
41,4	*7,36*	19,7	3,24	8,4	2,90	7,8	3,27	8,5	2,82	7,6	4,26	134
8,3	5,22	14,0	5,32	13,7	3,89	10,4	2,85	7,4	2,17	5,8	3,89	122
7,5	2,80	7,5	5,15	13,3	3,85	10,3	2,97	7,7	1,75	4,7	3,61	113
10,4	2,86	7,7	1,96	5,1	1,73	4,6	2,97	7,2	2,17	5,8	2,49	78
7,5	3,53	9,5	3,40	8,8	4,20	11,3	4,19	10,8	2,05	5,5	2,89	91
15,0	4,35	11,7	3,81	9,9	3,31	8,9	3,21	8,3	2,19	5,9	3,42	108
7,3	2,79	7,5	3,20	8,3	2,41	6,5	2,40	6,2	2,13	5,7	2,79	88
4,9	*1,29*	3,5	*1,24*	3,2	1,78	4,8	2,14	5,5	1,66	4,4	1,85	58
7,9	3,66	9,8	4,67	12,1	*6,49*	17,4	5,22	13,5	3,36	9,0	3,33	105
8,0	3,14	8,4	4,78	12,4	3,50	9,4	4,56	11,8	3,25	8,7	3,87	122
5,7	1,88	5,0	1,53	4,0	2,00	5,4	2,01	5,2	3,22	5,9	2,60	82
6,8	2,55	6,8	3,08	8,0	3,24	8,7	3,27	8,5	2,52	6,7	2,89	91
15,0	4,50	12,1	2,87	7,4	2,99	8,0	2,90	7,5	2,25	6,0	4,23	133
10,9	4,28	11,5	*7,01*	18,1	5,94	15,9	4,02	10,4	3,26	8,7	*4,45*	*140*
9,6	4,32	11,6	3,90	10,1	2,61	7,0	2,05	5,3	1,65	4,4	3,43	108
8,4	2,18	5,8	2,10	5,4	2,98	8,0	3,01	7,8	2,04	5,5	2,79	88
7,7	3,32	8,9	3,68	9,5	6,10	16,3	5,46	14,1	2,67	7,1	3,29	103
10,3	3,72	10,0	3,91	10,1	4,12	11,0	3,49	9,0	2,37	6,3	3,64	114
6,3	3,11	8,3	2,25	5,8	1,75	4,7	1,80	4,7	1,66	4,4	2,58	81
7,8	2,78	7,5	2,18	5,7	1,65	4,4	1,54	4,0	1,27	3,4	3,14	99
10,3	2,17	5,8	1,86	4,8	1,77	4,7	*1,72*	4,5	1,59	4,3	*1,71*	*54*
17,5	3,34	9,0	3,06	7,9	3,44	9,2	*5,88*	15,2	*4,10*	11,0	3,81	120
8,1	2,54	6,8	2,13	5,5	*1,64*	4,4	1,49	3,9	1,61	4,3	2,47	78
10,0	2,79	7,5	2,30	6,0	2,05	5,5	2,49	6,4	2,05	5,5	2,74	86
10,5	3,35	9,0	3,28	8,5	3,18	8,5	3,11	8,1	2,28	6,1	3,17	100

dagegen wurden neben den 20jährigen Mittelwerten die größten und kleinsten in den 20 Jahren aufgetretenen Monatsfließen eingezeichnet, die in der Tabelle durch Unterstreichung hervorgehoben worden sind. Die im Diagramm hinzugeschriebenen Zahlen stellen die betreffenden Jahre dar. Die Linienzüge für die größten und kleinsten Werte bilden gewissermaßen die Hüllkurven, die die einzelnen Jahreskurven eingrenzen. Vergleicht man diese Hüllkurven mit den links wiedergegebenen der größten und kleinsten Jahresfließen, so erkennt man, daß auch in ausgeprägt trockenen oder nassen Jahren innerhalb des Jahres ein gewisser Ausgleich dadurch eintritt, daß meistens nicht während des gesamten Jahres extreme Verhältnisse herrschen, sondern diese nur auf einzelne Jahreszeiten beschränkt bleiben, während andere Perioden des Jahres einen entgegengesetzten oder stark abgemilderten Charakter aufweisen.

Es entsteht nun die Frage, welche Werte für die energiewirtschaftliche Beurteilung der Wasserkraftnutzung wichtig sind und in erster Linie benötigt werden. Es interessieren hier vor allem die durchschnittlichen Gestehungskosten der erzeugten elektrischen Energie, für deren Berechnung das langjährige Mittel der Jahreserzeugung maßgebend ist. Man darf dabei aber nicht von der Abflußkurve des Jahres mit mittlerer Wasserführung ausgehen und unter Berücksichtigung der gewählten Ausbauwassermenge der Anlage die erzeugbare elektrische Energie bestimmen. Bei Speicherkraftwerken mit hoher Ausbauleistung für Spitzendeckung, wie dies auch bei dem als Beispiel herangezogenen Teigitschkraftwerk der Fall ist (Ausbauwassermenge 15 m³/sek), wird das so gefundene „mittlere" Jahresdargebot im allgemeinen dem tatsächlichen Mittelwert nahe kommen. Bei Laufkraftwerken jedoch führt die Umrechnung aus der mittleren Jahresabflußkurve zu überhöhten Dargebotsziffern und daher zu einer zu günstigen Beurteilung des Dargebotes. An Hand des rechten Diagrammes der Abb. 27 sei dies erläutert. Wenn auch das Teigitschkraftwerk mit einem Wochen- und einem Jahresfernspeicher ausgestattet ist, so wollen wir es uns jetzt als ein Laufwerk denken mit einer Ausbauwassermenge von 3,5 m³/sek, die einer viermonatigen Wassermenge entsprechen würde. Es werden zunächst alle über 3,5 m³/sek liegenden Monatsfließen der Tabelle mit ihrem über 3,5 m³/sek liegenden Anteil nicht verwertet werden können. Setzt man diese Mengen ab und bildet für die ausnutzbare Wassermenge die Monatsmittel der 20-Jahres-

reihe, so erhält man die voll ausgezogene Kurve. Gegenüber der
Zugrundelegung der lediglich bei 3,5 m³/sek begrenzten mittleren

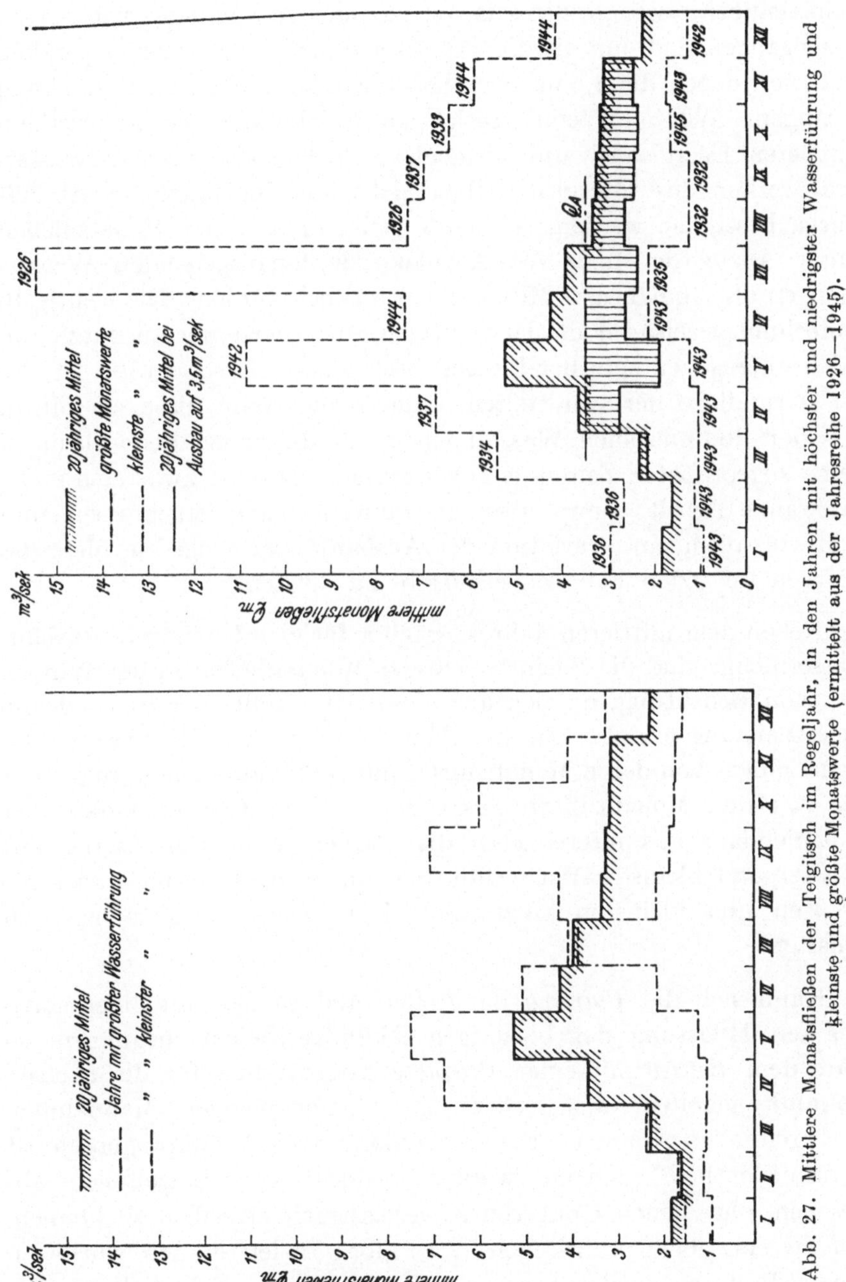

Abb. 27. Mittlere Monatsfließen der Teigitsch im Regeljahr, in den Jahren mit höchster und niedrigster Wasserführung und kleinste und größte Monatswerte (ermittelt aus der Jahresreihe 1926—1945).

Abflußkurve tritt tatsächlich im Mittel die durch die angelegte Fläche gekennzeichnete Minderausnutzung der Abflußmenge auf. Sie beträgt im vorliegenden Beispiel 23%. Sie wird aber in Wirklichkeit noch etwas größer sein, da wir hier von Monatsmittelwerten ausgegangen sind, um die die Tageswerte mehr oder weniger pendeln und von denen die 3,5 m³/sek übersteigenden nicht zur Auswirkung gelangen. Will man eine unrichtige Beurteilung der langfristigen mittleren Energieausbeute vermeiden, so darf also bei Laufwasserkraftwerken das Energiedargebot nicht aus der mittleren Abflußkurve bestimmt werden. Es muß vielmehr aus den Monatsfließen unter Abzug der über die Ausbaugröße hinausgehenden Wassermengen als langjähriger Mittelwert errechnet werden. Die richtigste Berechnungsweise für die langjährigen Mittelwerte der ausnutzbaren Wassermenge entsprechend einer bestimmten Ausbaugröße ist die auf Grundlage der gemittelten Dauerlinien, wenn diese als Mittel aus den den einzelnen Wassermengen für die ganze Beobachtungsreihe zugeordneten Zeiten gebildet werden. Dies ist zwar eine recht mühsame Arbeit, führt aber zu einwandfreien Ergebnissen und läßt vor allem eine Variation der Ausbauwassermenge zu, ohne die Kurven für jeden Fall neu ermitteln zu müssen.

Neben dem mittleren Jahresdargebot für eine bestimmte Ausbauwassermenge sind die Kleinstwerte der Monatsfließen in der Winterzeit von Bedeutung, da sich aus diesen die größte bereitzustellende Zusatzleistung ergibt. Da, wie Abb. 28 zeigt, die Kleinstwerte des Tagesganges von deren Monatsmittel nur wenig abweichen, so genügt es, von den Monatsziffern auszugehen. Vom Gesichtspunkte der Energiebilanz aus interessieren die Dargebote in den Jahren mit größter und kleinster Wasserführung, um einen Überblick über die größten und kleinsten Überschuß- bzw. Zusatzenergiemengen zu erhalten.

Kann sich die *Planung* im großen und ganzen mit einer statistischen Erfassung des bisherigen Abflußgeschehens begnügen, so wäre dem *Betrieb* mit einer *Prognose* zumindestens für die nächste Zukunft geholfen, um rechtzeitig die notwendigen Maßnahmen vorbereiten zu können. Die Aufstellung von Abflußprognosen ist verschiedentlich versucht worden, jedoch, von Einzelfällen abgesehen, ohne jenen Grad von Zuverlässigkeit erreichen zu können, der ihr erst einen praktischen Wert gibt. In letzter Zeit wurde an dieses Problem wieder herangetreten. Es wäre sicherlich als be-

deutender Fortschritt zu bezeichnen, wenn es im Zusammenwirken
von Meteorologie, Physik und Hydrographie gelänge, die Faktoren

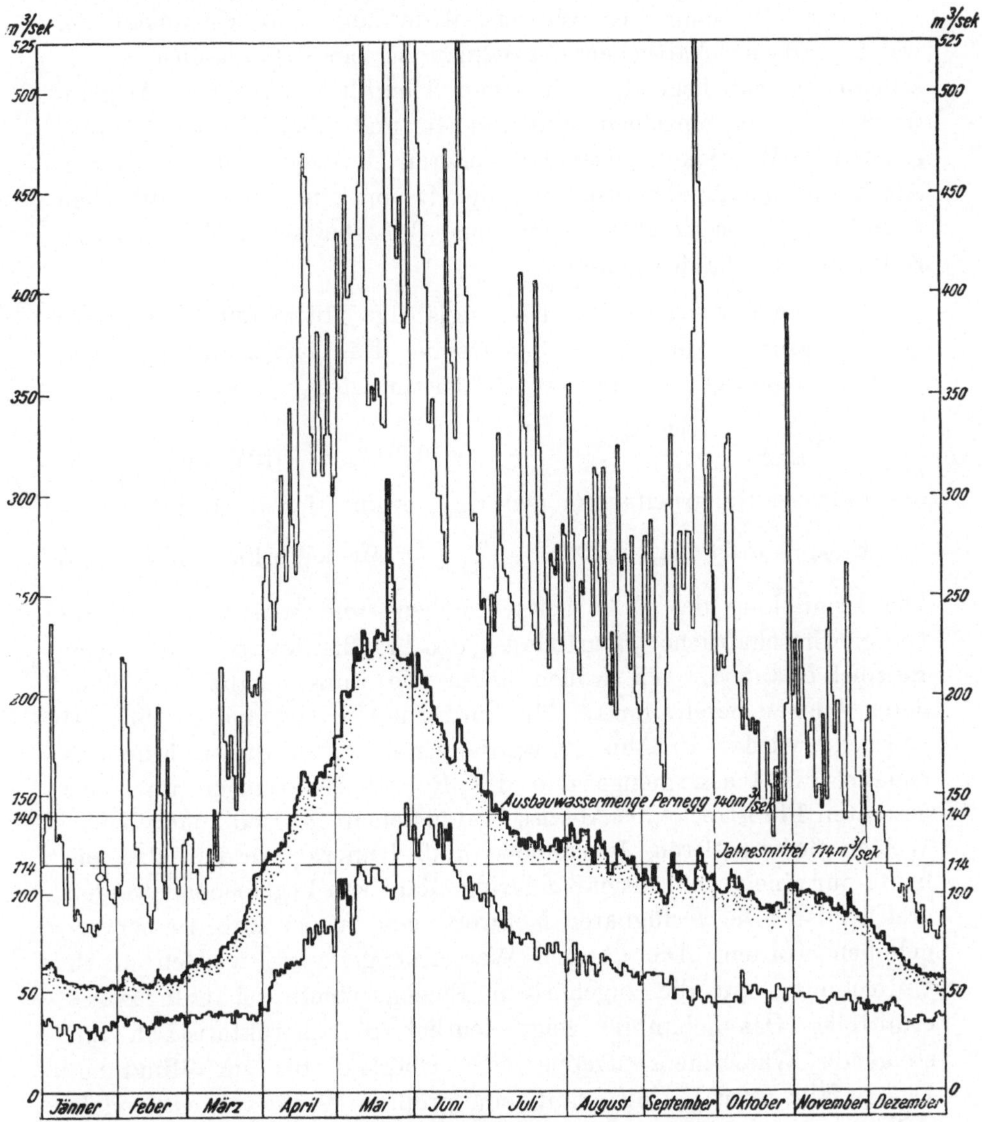

Abb. 28. Mur, Pegel Frohnleiten. Gemittelte, größte und kleinste Werte des Tagesganges
der Jahresreihe 1921—1945 (nach *E. Fischer*).

zu ermitteln und in ihrem Einfluß zu analysieren, die den Gang
der Niederschläge und in ihrer Folge den Verlauf des Wasserabflusses
bestimmen.

17. Roharbeitsvermögen und energiewirtschaftlicher Nutzungsgrad eines Flußlaufes.

Unterstellt man der Wasserkraftnutzung den Gedanken der wasserkraftwirtschaftlichen *Gesamt*planung eines Flußlaufes, so erscheint es naheliegend, sich einen Überblick über die Ausbauwürdigkeit der einzelnen Flußstrecken und über die energiewirtschaftliche Wertigkeit gegenüber anderen Gewässern zu verschaffen. Als Kriterium für die Ausbauwürdigkeit vom energiewirtschaftlichen Standpunkt aus gesehen, kann das Roharbeitsvermögen des betreffenden Flußlaufes gelten.

Bezeichnen wir mit Q_{mx} das langjährige Mittel der Jahresfließe am Bezugsort x [m³/sek], i_x das Gefälle des Flusses am Bezugsort x [⁰/₀₀], so beträgt die mittlere Rohleistung N_{mRx} je km

$$N_{mRx} = \frac{1000 \cdot Q_{mx} \cdot i_x \cdot 0{,}736}{75} = 9{,}8\ Q_{mx} \cdot i_x\ [\text{kW/km}],$$

das mittlere Roharbeitsvermögen E_{mRx} ergibt sich dann zu

$$E_{mRx} = 8760 \cdot N_{mRx} \cdot 10^{-6} = \frac{Q_{mx} \cdot i_x}{11{,}6}\ [\text{Mio kWh/km} \cdot \text{Jahr}]. \tag{5}$$

Die Ermittlung des Roharbeitsvermögens und sein Wert für die energiewirtschaftliche Beurteilung des Flußlaufes sei an einem Beispiel erläutert. Wir wollen hiefür die Enns heranziehen, über deren Ausbau bereits im 15. Abschnitt ein Übersichtsplan (Abb. 24) gebracht wurde. In Abb. 29 wurde versucht, für diesen Fluß das Gefälle, die Wassermenge und das Roharbeitsvermögen über der gesamten Flußstrecke als Abszisse darzustellen. Zu den angegebenen Werten der mittleren Jahresfließe muß bemerkt werden, daß bis heute nur eine verhältnismäßig geringe Zahl von Pegelbeobachtungen greifbar ist. Die verfügbaren Meßwerte sind in der Abb. 24 hervorgehoben worden. Die übrigen Wassermengenwerte wurden durch Umrechnung auf die zugehörigen Einzugsgebiete schätzungsweise ermittelt. Das Schaubild zeigt deutlich die charakteristisch ansteigende Wassermengentreppe vom Oberlauf bis zur Mündung. Das Gefälle weist im Mittellauf seine größten Werte auf, es handelt sich hiebei um die als Gesäuse bekannte Flußstrecke. Im übrigen ist das Gefälle im Unterlauf gleichmäßiger als in der Strecke oberhalb des Gesäuses. Die kleinsten Gefälle zeigt der Ennslauf zwischen Gesäuseeingang und Öblarn. Erst an der steirisch-salzburgischen Grenze in der Gegend des Mandlingpasses steigt das Gefälle wieder bis zu 10⁰/₀₀ an.

Aus den Gefälls- und Fließenwerten wurde nach der oben abgeleiteten Formel das spezifische Roharbeitsvermögen E_{mRx} errechnet und ebenfalls graphisch aufgetragen. Die Höchstwerte ergaben sich im Gesäuse mit streckenweise über 70 bzw. 100 Mio kWh/km · Jahr. Flußabwärts verläuft das spezifische Roharbeitsvermögen mit durchschnittlich zwischen 25—30 Mio kWh/km · Jahr ziemlich

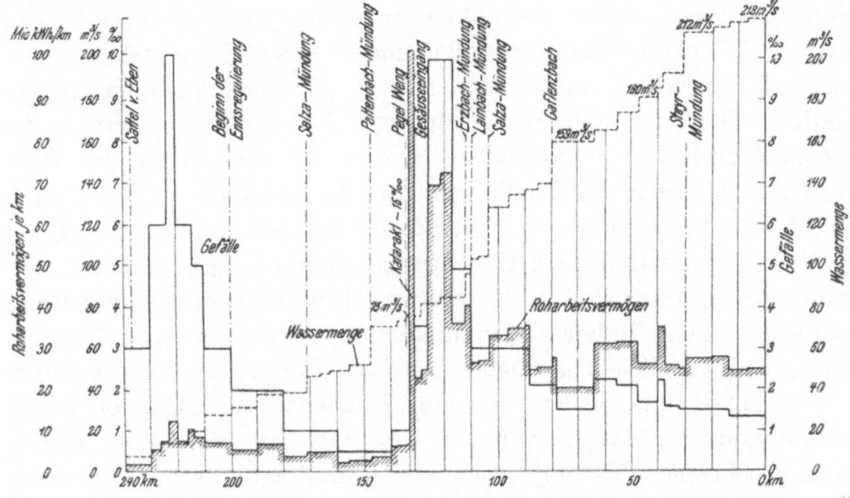

Abb. 29. Wassermenge, Gefälle und Roharbeitsvermögen der Enns.

konstant. Oberhalb des Gesäuses bleibt es durchwegs unter 10 Mio kWh/km · Jahr. Auch die Mandlingstrecke mit ihrem größeren Gefälle (Fluß-km 210—230) bringt wegen der geringen Wassermenge keine größeren Ausbeuten, so daß eine Wasserkraftnutzung von vornherein als nicht lohnend erscheint. In der Tat liegen in Übereinstimmung mit den aus Abb. 29 gewonnenen Erkenntnissen alle Bauvorhaben vom Gesäuseeingang abwärts (siehe Abb. 24). Hier beginnt erst die Ausbauwürdigkeit des Flußlaufes.

Aus der Kurve des spezifischen Roharbeitsvermögens läßt sich in einfacher Weise durch Planimetrieren der unter ihr liegenden Fläche das Roharbeitsvermögen des Flußlaufes ermitteln. Es gilt für dieses die Formel:

$$E_{mR} = \frac{1}{11,6} \int_0^L Q_{mx} \cdot i_x \cdot d\,x \quad [\text{Mio kWh/Jahr}],$$

worin dx ein Längenelement und L die Gesamtlänge der betrachteten Flußstrecke darstellt. Für die Enns ergibt sich für eine Länge von

240 km von der Mündung aufwärts gerechnet das Roharbeitsvermögen nach Abb. 29 zu ungefähr

$$E_{mR} = 4500 \text{ Mio kWh/Jahr.}$$

Man darf nicht den Fehler machen, den Wert dieses Diagrammes zu überschätzen und daraus allein ein Urteil über die Ausbauwürdigkeit ableiten zu wollen. Es gibt lediglich ein Bild über die Ausbauwürdigkeit von Seite des Energiedargebotes aus betrachtet. Insofern ist ein solches Schaubild zweifellos wertvoll, gestattet es doch bereits eine Sichtung im großen und beim Vergleich verschiedener Flußläufe innerhalb einer größeren Ausbauplanung eine grundsätzliche Wertung und Rangordnung. Im einzelnen werden die örtlichen geologischen Verhältnisse, die Geländeformen, die Lage von Verkehrswegen und Siedlungen, die Ausbauweise (Stau-, Kanal- oder Stollenkraftwerke) und die Zuteilung der Gefällsstrecken zu den Werken und damit die Errichtungskosten bestimmen. Diese Einflüsse können unter Umständen die rein dargebotsmäßige Bewertung einer bestimmten Flußstrecke zugunsten einer darunter- oder darüberliegenden mit vielleicht geringerem Roharbeitsvermögen verschieben.

Wir haben uns bisher mit dem Roharbeitsvermögen oder mit der Energie, die das betreffende Gewässer zur Verfügung stellen kann, beschäftigt. Es ergibt sich nun die Frage, welche Menge an hydraulischer Rohenergie aus dem betrachteten Fluß bei Verwirklichung aller als wirtschaftlich vertretbar angesehenen Projekte gewonnen werden kann.

Dieser obere Grenzwert wird erheblich kleiner sein als das gesamte Roharbeitsvermögen, da

1. die ausbauwürdigen Flußstrecken nur einen Teil der gesamten Flußstrecke ausmachen und somit ein gewisser Prozentsatz der Gesamtfallhöhe nicht genutzt wird,

2. die aus wirtschaftlichen Gesichtspunkten bestimmten Ausbaugrößen der einzelnen Kraftwerke auch bei Eingliederung von Jahresspeicheranlagen nicht die gesamte mittlere Jahresfracht erfassen und somit mehr oder weniger große Wassermengen ungenutzt an den Turbinen vorbeifließen.

Das Verhältnis der gewinnbaren Energie zum Roharbeitsvermögen eines Flußlaufes gibt ein Maß für seine Nutzung. Wir wollen dieses Verhältnis den wirtschaftlichen Nutzungsgrad eines Flusses bezeichnen und können ihn wie folgt anschreiben:

$$\nu = \frac{\Sigma\, E_{mo}}{\int Q_{mx} \cdot i_x \cdot dx}.$$

In dieser Formel bedeutet $\Sigma\,E_{mo}$ die Summe des hydraulischen Rohenergiedargebotes der einzelnen Ausbaustufen. Für das behandelte Beispiel der Enns kann man die erzeugbare elektrische Energie bei Verwirklichung aller in der Abb. 24 verzeichneten Projekte ohne Nebenflüsse auf etwa 2400 Mio kWh schätzen. Nimmt man einen Umwandlungswirkungsgrad von durchschnittlich 84% an, so ergibt sich das ausgenutzte hydraulische Rohenergiedargebot zu 2850 Mio kWh. Für die Enns würde sich also bei vollem Ausbau der wirtschaftliche Nutzungsgrad zu

$$v = \frac{2850}{4500} = 0,63,$$

also ein verhältnismäßig hoher Wert, errechnen.

18. Die Ermittlung der elektrischen Energieausbeute aus einer Laufwasserkraftanlage.

Bei wasserkraftwirtschaftlichen Untersuchungen spielt die Bestimmung des mittleren Dargebotes an elektrischer Energie eine Rolle, weshalb im nachstehenden der Rechnungsgang kurz erläutert werden soll. Bezeichnet man mit

Q_x die Fließe zur Zeit x [m³/sek],

H_{nx} die Nutzfallhöhe entsprechend der Wassermenge Q_x [m],

η_{Tx} den zugehörigen Turbinenwirkungsgrad,

N_{Tx} die Turbinenleistung [kW],

η_{Gx}, η_{Ux} den Generator- und Umspannerwirkungsgrad,

N die elektrische Leistung an den oberspannungsseitigen Umspannerklemmen ohne Berücksichtigung des Eigenbedarfes [kW],

so läßt sich für die Turbinenleistung N_{Tx} folgende Formel anschreiben:

$$N_{Tx} = \frac{1000 \cdot Q_x \cdot H_{nx} \cdot 0,736 \cdot \eta_{Tx}}{75} = 9,8 \cdot Q_x \cdot H_{nx}\,\eta_{Tx} \quad [kW].$$

Für die elektrische Leistung N_x gilt dann:

$$N_x = N_{Tx} \cdot \eta_{Gx} \cdot \eta_{Ux} \quad [kW]$$

und für das mittlere Dargebot

$$E' = \int\limits_0^t N_x \cdot dx \quad [kWh].$$

Die nutzbare Abgabe ist um den Eigenbedarf des Kraftwerkes kleiner als das nach vorstehender Formel errechnete Dargebot. Gegenüber Dampfkraftwerken ist bei Wasserkraftwerken der Eigenbedarfsanteil verhältnismäßig gering. Er liegt bei Laufkraftwerken in der Größenordnung von etwa 0,2%, bei Speicherkraftwerken von etwa 0,5% der Jahreserzeugung (bei Dampfkraftwerken 5—9%). Nennen wir diesen Eigenbedarfsanteil ε, so wird die nutzbare Abgabe

$$E = (1 - \varepsilon) \int_0^t N_x \cdot d\,x \quad [\text{kWh}].$$

Die Werte Q_x entnimmt man am besten der Wassermengendauerlinie. Will man das langjährige Mittel bestimmen, so ist, wie im 16. Abschnitt bereits dargelegt, Voraussetzung, daß die dafür verwendete mittlere Dauerlinie nicht aus der Abflußkurve des Regeljahres, sondern durch Summierung der jeder Wassermenge Q_x zugeordneten Zeitdauer ihres Vorhandenseins über die gesamte Beobachtungszeit, dividiert durch die Anzahl der Jahre, gewonnen wurde. Für Wasserkraftanlagen ohne Speicherung (Laufkraftwerke) kann diese mittlere Dauerlinie bis zur gewählten Ausbauwassermenge den Untersuchungen zugrundegelegt werden, bei Speicherkraftwerken ist auf die zeitliche Umlegung des Energiedargebotes durch eine entsprechende Korrektur der Dauerlinie Rücksicht zu nehmen.

Die Nutzfallhöhe H_{nx} ergibt sich aus der Rohfallhöhe nach Abzug aller Fließverluste. Sieht man zunächst wieder von Speicheranlagen ab, so ist bei konstanter Lage des Oberwasserspiegels jeder Fließe ein bestimmtes H_{nx} zugeordnet, und zwar dadurch, daß die Fließhöhe im Flußbett eine Funktion der Wassermenge ist und diese durch den Rückstau im Unterwasserkanal die Höhe des Unterwasserspiegels am Kraftwerk beeinflußt. Je größer die Wasserführung, um so höher der Rückstau, um so kleiner die verbleibende Fallhöhe, die sich ja aus der Differenz von Ober- und Unterwasserspiegel ableitet. Je niedriger die auszubauende Stufe ist, um so mehr macht sich verhältnismäßig der Einfluß des veränderlichen Unterwasserspiegels fühlbar. Bei Speicherkraftwerken tritt diese Auswirkung wegen der schon aus wirtschaftlichen Gründen hier üblichen großen Fallhöhe zurück. Dafür kann sich der mit der Füllung und Entleerung des Speichers schwankende Oberwasserspiegel stärker bemerkbar machen. Diese Fallhöhenveränderung steht mit der Wasserführung Q_x in keiner Relation, sie ist vielmehr in ihrer Zuordnung zur jeweils verarbeiteten Werkswassermenge durch die Betriebsweise des Speichers bedingt.

Wir wollen nun die Ermittlung des durchschnittlichen Jahresdargebotes für den Grundfall einer speicherlosen Wasserkraftanlage an einem *Beispiel* erläutern. In Abb. 30 ist die mittlere Wassermengen-Jahresdauerlinie eines Flusses und der Verlauf der Nutzfallhöhe in Abhängigkeit von Q_x über den Jahresstunden eingezeichnet. Die jährliche Energieausbeute soll für den Fall eines Ausbaues auf 400 m³/sek bestimmt werden. Die Ausbauwassermenge wird auf vier Einheiten mit je 100 m³/sek Schluckvermögen aufgeteilt. Die Konstruktionsfallhöhe der Turbine sei 10 m, sie stimmt hier mit der Nutzfallhöhe bei $Q_x =$ $= 400$ m³/sek überein. Für überschlägige Untersuchungen wird es genügen, Turbinenwirkungsgradkurven anzunehmen, die nur von der Wassermenge abhängig sind oder man wird sich überhaupt darauf beschränken, mittlere Turbinenwirkungsgrade zugrundezulegen. Will man aber genauer rechnen oder sind die Fallhöhen sehr stark

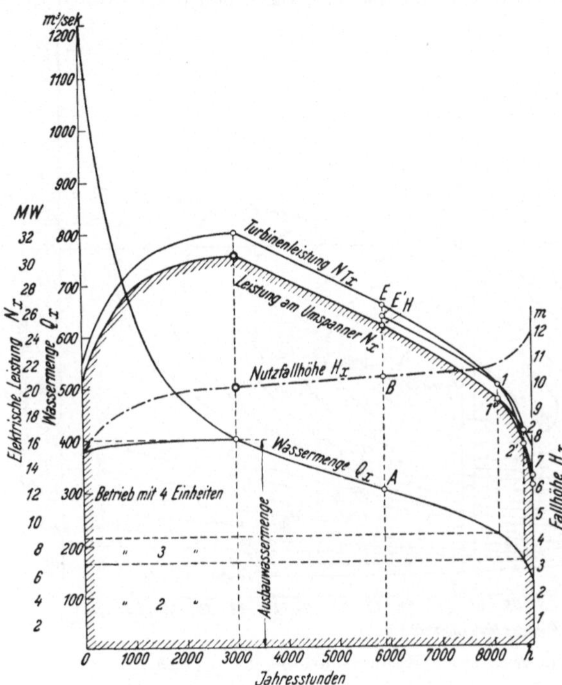

Abb. 30. Ermittlung des Dargebotes an elektrischer Energie aus der gemittelten Wassermengen-Dauerlinie.

veränderlich, so geht man besser von den sogenannten „Muschelkurven" aus, die die Abhängigkeit des Turbinenwirkungsgrades von der Wassermenge *und* von der Fallhöhe berücksichtigen. Abb. 31 gibt die Muschelkurven für ein Kaplanturbinenmodell wieder, das allerdings keine sehr hohen Wirkungsgrade erreicht. Dies ist jedoch für unsere Zwecke belanglos. Die Muschelkurven werden durch die von der Fallhöhe abhängige Grenzschluckfähigkeit der Turbinen begrenzt. Entsprechend dieser Grenzkurve verringert sich auch für kleinere Nutzfallhöhen als 10 m in Abb. 30 die von den Turbinen verarbeitete Wassermenge gegenüber der Ausbauwassermenge.

Der Gang der Ermittlung des Dargebotes an elektrischer Energie ist nun folgender:

Für ein Q_x von z. B. 300 m³/sek (Punkt A) beträgt die zugehörige Fallhöhe $H_x = 10,3$ m (Punkt B'). Diese Wassermenge kann von vier oder auch bereits von drei Betriebsturbinen verarbeitet werden. Dem linken Diagramm der Abb. 32, das den Zusammenhang zwischen Gesamtwassermenge und Turbinenwassermenge angibt, entnimmt

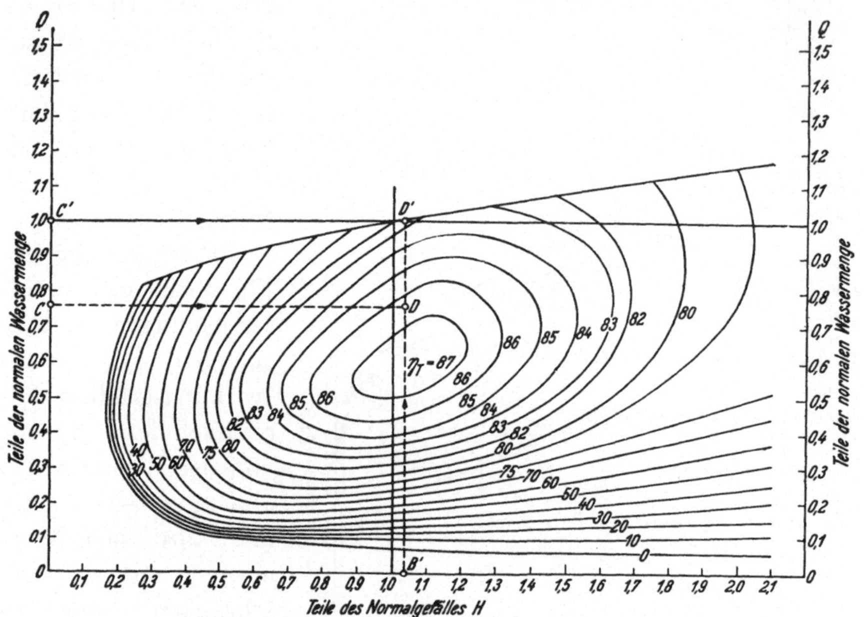

Abb. 31. Muschelkurven einer Kaplan-Turbine nach *Voith*.

man die Beaufschlagung einer Turbine (76 bzw. 100 m³/sek, Punkt C bzw. C'). Aus der Abb. 31 kann man in den Punkten D bzw. D' die Turbinenwirkungsgrade zu 86 bzw. 82,6% entnehmen. Nach der Formel für N_{Tx} erhält man in Punkt E der Abb. 30 die Turbinenleistung bei Betrieb mit vier, im Punkt E' bei Betrieb mit drei Turbinen. In gleicher Weise wird Punkt für Punkt der Leistungskurve ermittelt. Man sieht, daß der Betrieb mit drei Turbinen erst von Punkt 1 an, der Betrieb mit zwei Maschinen von Punkt 2 an wirtschaftlicher wird. Die elektrische Leistung erhält man durch Multiplikation mit dem Generator- und Umspannerwirkungsgrad. Es wurden folgende Werte zugrundegelegt:

Belastung	$^4/_4$	$^3/_4$	$^2/_4$	$^1/_4$	%
Generatorwirkungsgrad η_G	96,3	96,1	95,3	91,3	%
Umspannerwirkungsgrad η_U	98,3	98,6	98,7	98,7	%
$\eta_G \cdot \eta_U$	94,5	94,5	93,6	90	%

Das Produkt $\eta_G \cdot \eta_U$ ist in Abb. 33 aufgetragen. Mit Hilfe des rechten Diagramms der Abb. 32 (Punkte E und F) kann die Belastung eines

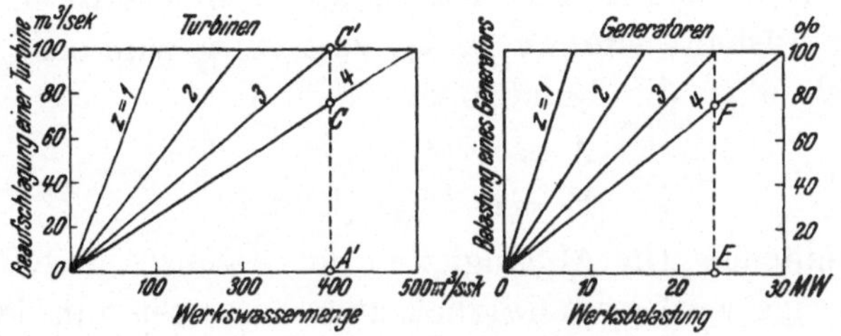

Abb. 32. Zusammenhang zwischen Werks- und Maschinenbelastung. z = Zahl der in Betrieb befindlichen Einheiten.

Generators und damit aus Abb. 32 das Wirkungsgradprodukt abgelesen werden (F, G). Durch Multiplikation mit der Turbinenleistung erhält man für Vierturbinenbetrieb in Punkt H die elektrische Leistung hinter dem Umspanner. In den Punkten 1′ und 2′ wird auf Betrieb mit drei bzw. zwei Aggregaten übergegangen. Die umrandete Fläche stellt die erzeugbare elektrische Jahresarbeit dar, die mit $(1 - \varepsilon)$ multipliziert die Nutzarbeit ergibt. In gleicher Weise läßt sich auch für andere Ausbauwassermengen die Jahresarbeit bestimmen.

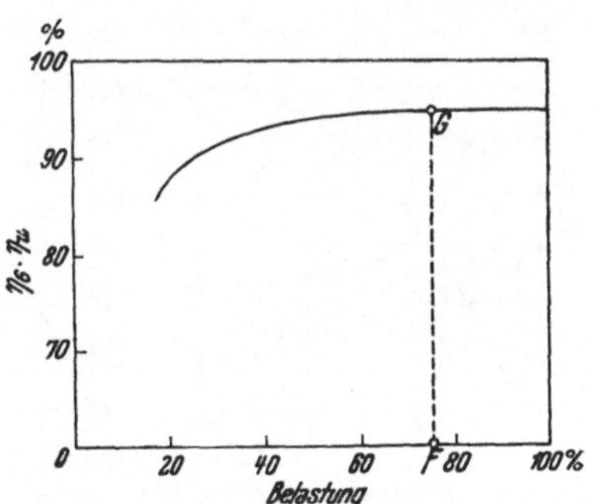

Abb. 33. Gesamtwirkungsgrad der Gruppe Generator-Umspanner $\eta_G \cdot \eta_U$.

Geht man nicht von den Jahres-, sondern von Monatsdauerlinien aus, so können ganz analog die mittleren Dargebote an elektrischer Energie für die einzelnen Monate und daraus der Jahresgang der elektrischen Leistung bestimmt werden.

19. Die wirtschaftliche Ausbaugröße von Laufkraftwerken.

Für eine wirtschaftliche Wasserkraftnutzung ist die richtige Wahl der Ausbauwassermenge von grundlegender Bedeutung. Da die anzustellenden Überlegungen bei Anlagen mit und ohne Speicherung verschieden sind, wollen wir uns hier zunächst mit den letzteren befassen. Eine Behandlung der einschlägigen Fragen bei Speicherkraftwerken sei dem 21. Abschnitt vorbehalten. Die Festlegung der wirtschaftlichen Ausbaugröße einer Laufwasserkraftanlage setzt eine hinreichende Kenntnis der Veränderlichkeit der Anlagekosten A einerseits, der jährlichen Energieausbeute E anderseits in Abhängigkeit von der Ausbauwassermenge Q_A voraus. Es wird sich also darum handeln, sich über die Funktionen

$$A = f_1 \ (Q_A) \ [S]$$
$$E = f_2 \ (Q_A) \ [kWh]$$

ein Bild zu machen. Die Abhängigkeit der *Anlagekosten* von der Ausbauwassermenge wird grundsätzlich anders geartet sein, je nachdem, ob es sich um ein Stau-, Kanal- oder Stollenkraftwerk handelt. Bei reinen *Staukraftwerken* bleiben die Kosten für Grunderwerb, Bau-

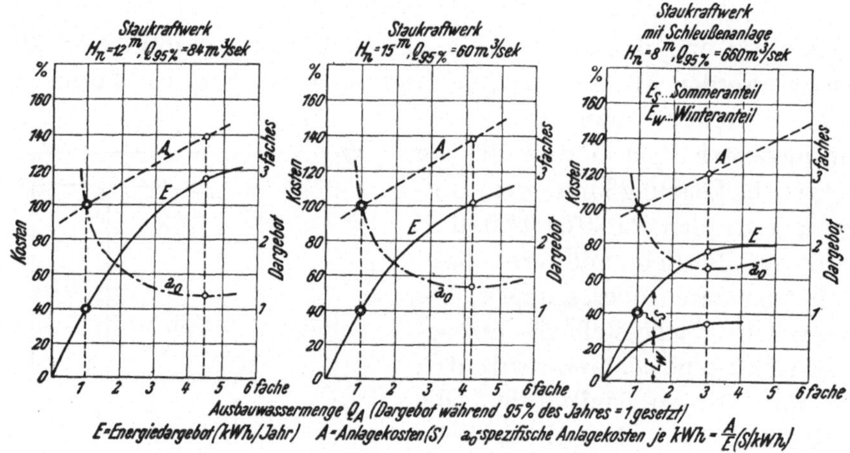

Abb. 34. Energiedargebot, Anlagekosten und spezifische Anlagekosten von Staukraftwerken in Abhängigkeit von der Ausbauwassermenge.

stelleneinrichtung, Wehr und für die Arbeiten im Stauraum die gleichen, gleichgültig ob es sich um eine kleinere oder größere Ausbauwassermenge handelt. Variabel sind im wesentlichen die Kosten für das Krafthaus mit den maschinellen und elektrischen Einrichtungen. Die Funktion $A = f_1 \ (Q_A)$ wird also eine verhältnismäßig schwache Neigung aufweisen. In Abb. 34 wurde für drei Beispiele von Staukraftwerken diese Funktion ermittelt. Um die absoluten Kosten auszuschalten und eine geeignete Vergleichsgrundlage zu schaffen, wurden in allen Fällen die Anlagekosten $Q_A = Q_{95\%}$ mit 100% eingesetzt. $Q_{95\%}$ ist die Wassermenge, die während 95% eines Jahres mit mittlerer Wasserführung, also während 8300 Stunden auftritt. Es ist meistens üblich, diesen Wert als jahreskonstante Energie zugrundezulegen, um nicht zu abstrakt zu rechnen. Die Wassermenge $Q_{95\%}$ wurde gleich 1 gesetzt und die Ausbauwassermenge Q_A als Vielfaches dieses Wertes ausgedrückt. Fallhöhen und Größenordnung der Anlagen, gekennzeichnet durch $Q_{95\%}$, sind über den Schaubildern angeführt. Die Anlagekostenkurven bei den ersten Beispielen weichen kaum voneinander ab, beim dritten Beispiel verläuft die Kurve trotz der geringen Fallhöhe infolge der großen Ausbauwassermenge und der in den festen Kosten enthaltenen Schleusenanlage flacher. Der Österreichische Wasserwirtschaftsverband hat gefunden, daß die Anlagekosten von Staukraftwerken in Abhängigkeit von der Ausbauwassermenge ungefähr durch folgende Formel erfaßt werden können:

$$\frac{A_x}{A_{95\%}} = 1{,}0 + \beta\left(\frac{Q_{Ax}}{Q_{95\%}} - 1\right) \tag{6}$$

Darin bedeuten

A_x die Anlagekosten bei der Ausbauwassermenge Q_{Ax} [S],

$A_{95\%}$ die Anlagekosten bei der Ausbauwassermenge $Q_{95\%}$ [S],

β einen vom Anteil der Krafthauskosten an den Anlagekosten abhängigen Beiwert.

Nach den Ermittlungen des Österreichischen Wasserwirtschaftsverbandes liegt β zwischen 0,09 und 0,145. Die Formel ist in Abb. 35 ausgewertet, und zwar entsprechen die beiden strichpunktierten Linien 1 und 1' den angegebenen Grenzwerten für den Faktor β. Die Linien 2 und 3 gelten für die beiden ersten Beispiele aus Abb. 34, die Linie 4 für ein Staukraftwerk mit Schleusenanlage mit den in der Abbildung angegebenen Daten, für das der Faktor β mit etwa 1 festgestellt wurde. Die notwendige Schleusenanlage erhöht die von der Ausbauwassermenge unabhängigen Anlagekosten und verkleinert die Verhältniszahl $A_x/A_{95\%}$. Man sieht, daß sich die einzelnen Kostenlinien gut zwischen den Grenzlinien einordnen.

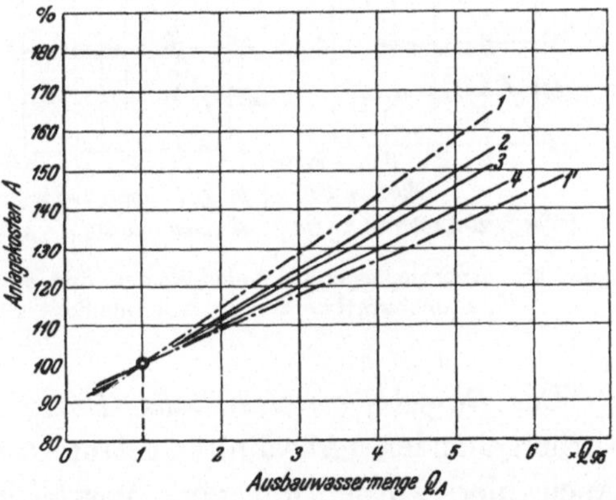

Abb. 35. Abhängigkeit der Anlagekosten von Staukraftwerken von der Ausbauwassermenge Q_A, bezogen auf die Ausbauwassermenge Q_{A95} entsprechend einem Dargebot während 95% des Jahres und die zugehörigen Anlagekosten $A_{95} = 100\%$ bei Q_{A95}.

Bei *Kanal- und Stollenkraftwerken* vergrößert sich der von der Ausbauwassermenge abhängige Anlagekomplex um den Kanal bzw. Stollen. Die Anlagekostenlinie wird daher im allgemeinen steiler verlaufen als bei den Staukraftwerken. Dies lassen die in Abb. 36 dargestellten Beispiele deutlich erkennen. Würde man hier die oben für Staukraftwerke angegebene Kostenrelation anzuwenden versuchen, so käme man bei den beiden behandelten Kanalkraftwerken auf den Beiwert $\beta = 0{,}28$ bzw. $0{,}315$, beim Beispiel des Stollenkraftwerkes auf $\beta = 0{,}32$.

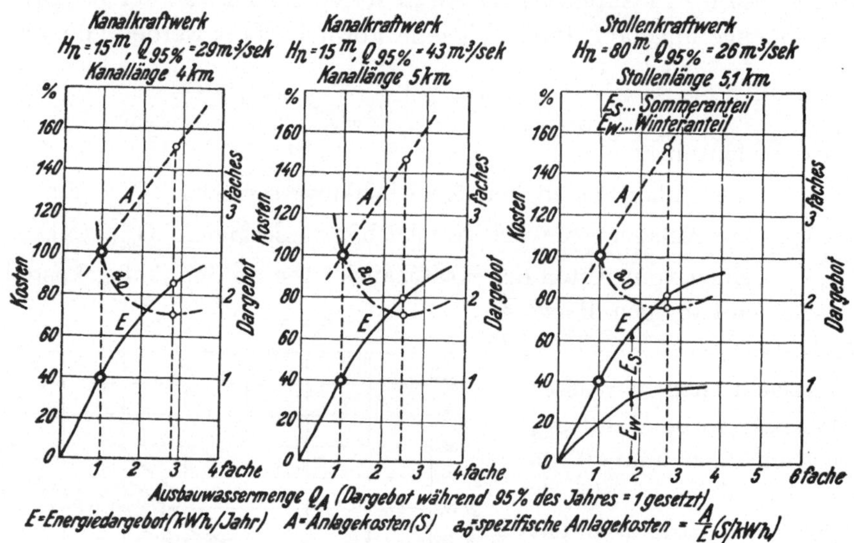

Abb. 36. Energiedargebot, Anlagekosten und spezifische Anlagekosten von Kanal- und Stollenkraftwerken in Abhängigkeit von der Ausbauwassermenge.

Das *Dargebot an elektrischer Energie* $E = f_2 (Q_A)$ kann in der im vorhergehenden Abschnitt erläuterten Weise bestimmt werden. Auch hier wurde, um eine Vergleichsgrundlage zu erhalten, das Energiedargebot bei einer Ausbauwassermenge $Q_A = Q_{95\%}$ mit 1 angenommen und mit steigender Ausbauwassermenge als Vielfaches des Wertes bei $Q_{95\%}$ ausgedrückt. Die Dargebote sind in den Abb. 34 und 36 als voll ausgezogene Kurven eingezeichnet. Unterhalb von $Q_{95\%}$ stellt die Dargebotskurve eine Gerade dar, darüber hinaus verläuft sie je nach dem Charakter des betreffenden Flusses mehr oder weniger gekrümmt. Es wird die gegenüber den anderen Beispielen besonders starke Krümmung der E-Kurve im dritten Diagramm der Abb. 34 auffallen. Sie rührt daher, daß diesem Flusse eine verhältnismäßig hohe jahreskonstante Wassermenge eigen, außerdem die Fallhöhe mit der Wassermenge sehr stark variabel ist, so daß der Energieanfall in Zeiten hoher Wasserführung einen viel geringeren prozentualen Zuwachs aufweist als die Wassermengen.

Nachdem wir nun die Anlagekosten und Dargebotskurven vorliegen haben, ist die Frage zu beantworten, welches Kriterium für die Wahl der wirtschaftlichen Ausbaugröße maßgebend ist. Dieses sind zweifellos die *Gestehungskosten* der elektrischen Energie, bilden sie doch in Verbindung mit der Art des Energieanfalles den Maßstab für die wirtschaftliche Einsatzmöglichkeit eines Kraftwerkes. Die Gestehungskosten eines Laufwasserkraftwerkes setzen sich aus Verzinsung und Abschreibung des Anlagekapitals, Steuern, Versicherung, Verwaltungskosten, eventuell laufenden Konzessionsabgaben und dem Aufwand für Bedienung und Unterhalt zusammen. Die ersten fünf Posten sind von der Größe der Anlage, hievon die ersten vier vom Anlagekapital (die Steuern im wesentlichen indirekt über die Verzinsung des Eigenkapitals), die Bedienungs- und Unterhaltskosten dagegen teils von der Anlagegröße, teils von der abgegebenen Energiemenge abhängig. Konzessionsabgaben stellen im allgemeinen auch feste Jahresbeträge dar. Die festen Beträge können, wie dies üblich ist, als Prozentsätze des Anlagekapitals angeschrieben werden. Bezeichnen wir mit

N_A die Ausbauleistung des Werkes [kW],

a   die spezifischen Anlagekosten bezogen auf die Ausbauleistung [S/kW],

E   die mittlere Jahresabgabe [kWh/Jahr],

α das Verhältnis der kapitalabhängigen Jahreskosten zum Anlagekapital,

c   die von der Anlagegröße abhängigen Kosten für Bedienung, Unterhalt und Abgaben [S/kW],

b   die arbeitsabhängigen Kosten [g/kWh],

K   die gesamten Jahresausgaben für das Kraftwerk [S/Jahr],

k   die spezifischen Gestehungskosten [g/kWh],

so betragen die Gesamtjahresausgaben

$$K = (\alpha' \cdot a + c)\, N_A + \frac{b}{100}\, E \quad [\text{S/Jahr}]$$

und die spezifischen Gestehungskosten

$$k = \frac{K}{E} = 100\, (\alpha' \cdot a + c) \cdot \frac{N_A}{E} + b \quad [\text{g/kWh}].$$

Den Quotienten $E/N_A = t_A$ bezeichnen wir als *Ausnutzungsdauer* der Ausbauleistung des Wasserkraftwerkes. Damit wird

$$k = \frac{100\,(a' \cdot a + c)}{t_A} + b \quad [g/kWh]. \tag{7}$$

Dies ist die theoretisch richtige Formel für die Gestehungskosten der in Laufkraftwerken erzeugten elektrischen Energie pro Einheit. Während bei Dampfkraftwerken die Koeffizienten c und b Beträge in einer Größenordnung darstellen, die ihre getrennte Erfassung angezeigt erscheinen lassen, treten sie bei Wasserkraftwerken gegenüber dem Kostenglied $a' \cdot a$ sehr stark zurück, so daß sie praktisch kaum ins Gewicht fallen. Es ist daher üblich, die beiden Kostenglieder c und b auch als Verhältniszahlen zum Anlagekapital einzusetzen und mit a' zum Jahresfaktor a zu vereinigen. Die Kostenformel (7) vereinfacht sich dann auf den Ausdruck

$$k = 100 \cdot \frac{a \cdot a}{t_A} \quad [g/kWh]. \tag{7a}$$

Der Faktor a liegt je nach der Höhe des Zinssatzes im allgemeinen zwischen 0,07 und 0,1. Es sind aber in besonders gelagerten Fällen auch außerhalb dieser Spanne liegende Werte festgestellt worden.

Bei Laufkraftwerken ist es vielfach üblich, die spezifischen Anlagekosten nicht auf das ausgebaute kW, sondern auf die kWh mittlerer Jahreserzeugung zu beziehen. Sind $a_o = A/E$ [S/kWh] diese Anlagekosten, so besteht die Beziehung

$$a_o \cdot E = a \cdot N_A \quad [S],$$

daraus ist

$$a_o = a \cdot \frac{N_A}{E} = \frac{a}{t_A} \quad [S/kWh].$$

Die spezifischen Gestehungskosten werden bei der Benutzung des Wertes a_o

$$k = 100 \cdot a \cdot a_o \quad [g/kWh],$$

sie sind also direkt proportional a_o. In den Abb. 34 und 36 ist für die einzelnen Beispiele die Abhängigkeit des Quotienten $A/_E = a_o$ von der Ausbauwassermenge eingetragen. Da die Werte als Verhältniszahlen zu den Kosten bei Ausbau auf $Q_{95\%}$ angegeben sind, so entspricht die Kurve auch gleichzeitig dem Verlauf der spezifischen Gestehungskosten. Die Kurven lassen ein mehr oder weniger stark ausgeprägtes Minimum erkennen, das angibt, bei welcher Ausbauwassermenge die niedrigsten spezifischen Kosten, bezogen auf die *gesamte* Energieausbeute, zu erwarten sind.

Es fragt sich nun, ob man das so gewonnene Optimum, das allein durch die *örtlichen* Gegebenheiten der betreffenden Flußstrecke (Wasserabfluß, Gefälle, Geländeverhältnisse) beeinflußt wird, als wirtschaftliche Ausbaugröße ansehen und der Planung zugrundelegen darf oder ob man noch andere Gesichtspunkte, die man als absatzorientiert bezeichnen kann, mit heranziehen soll. Es wird z. B. mitunter die Ansicht vertreten, die Ausbaugröße lediglich aus dem Gestehungskostenverlauf für die *Winter*energie abzuleiten, wobei man für die anfallende Sommerenergie einen bestimmten erzielbaren Preis einsetzt. Führt man eine solche Untersuchung durch, so zeigt es sich, daß je nach der zugrundegelegten Bewertung der Sommerenergie das Minimum der Kostenkurve für die Winterenergie nicht nur in der Ordinate, sondern auch in der Abszisse stark veränderlich ist. Nun sind die erzielbaren Erlöse für die Sommerenergie keinesfalls etwas Feststehendes, sie sind auch bei gleichbleibendem allgemeinem Preisindex Veränderungen unterworfen, die durch die Erschließung neuer Anwendungsmöglichkeiten für die Sommer- bzw. Überschußenergie und durch die technische Entwicklung bedingt sind. Auch tarifpolitische Gesichtspunkte, die Wettbewerbsfähigkeit mit anderen Kraftwerksarten spielen hier herein. Man erhält so einen Maßstab, der durch eine Reihe nicht eindeutig abzuschätzender Faktoren gebildet wird. Eine auf diese Weise festgelegte Ausbaugröße mit allen ihren Konsequenzen für die Kanal- oder Stollenbemessung wäre wohl vielleicht für den Zeitpunkt der Entscheidung richtig, über die Abschreibungsdauer des Werkes betrachtet, haftet ihr aber eine große Unsicherheit und damit ein sehr zweifelhafter Wert an.

Man begegnet aber auch Ansichten, die sich stark an den Gedanken des *Grenznutzens* anlehnen. Ihre Verfechter vertreten die Auffassung, die Anlagen soweit auszubauen, daß ihre Gestehungskosten unter Berücksichtigung einer angemessenen Nutzenspanne dem Strompreisniveau angepaßt sind. Dies würde, falls der Minimumwert überhaupt unter dem bestehenden Strompreisniveau liegt, bedeuten, daß die Ausbaugröße *über* der dem Minimum zugeordneten Wassermenge gewählt werden müßte. Man würde also einen Mehrenergieanfall von einer schwer absetzbaren Qualität mit steigender Gestehungskostentendenz erhalten. Auch hier besteht die Verquickung mit zeitbedingten Einflüssen von der Verbrauchsseite her. Da von der Bauseite her eine Rangordnung der Ausbaumöglichkeiten nach den Kosten naheliegend und deshalb eine Steigerung des Gestehungskostenniveaus mit zunehmender Wasserkraftnutzung zu erwarten ist, auf der anderen Seite aber eine zusätzliche Anwendungsgebiete erfassende Elektrifizierung im wesentlichen minderwertigere Verbrauchsformen miteinbezieht und damit die Tendenz zu einer Senkung des durchschnittlichen Strompreisniveaus zur Folge haben muß, beraubt man sich von vornherein jeder Reserve. Bei einer solchen Auslegungsweise spielen ebenso wie bei der vorhin dargelegten auch die jeweils geltenden Kapitalzinsen eine Rolle, da nicht die Ausbaukosten a_0, sondern die absoluten Werte der Gestehungskosten der Entscheidung zugrundeliegen würden.

Die Ausbauwassermenge mit den Mindestkosten für das Gesamtdargebot der betrachteten Anlage ist dagegen ein *eindeutiger*, nur mit der betreffenden Kraftstufe zusammenhängender Faktor. Sein Zahlenwert wird weder durch die Höhe des Zinssatzes noch durch Stromtarife beeinflußt, er ist von Zeitumständen unabhängig eine feststehende Größe. Der Ausbau einer Wasserkraftanlage nach dem Gesichtspunkte der niedrigsten Gestehungskosten für das Gesamtdargebot ermöglicht auch, wie wir noch im 22. Abschnitt sehen werden, eine einwandfreie Bewertung von Bauvorhaben und die Aufstellung einer Rangordnung untereinander. Es ist dabei zweifellos ein gesunder Standpunkt, jede Anlage so zu bemessen, daß ihr Arbeitsvermögen am wirtschaftlichsten ausgenutzt wird. Die mittleren Ausbaukosten der nach diesem Prinzip ausgelegten Kraftwerke in ihrer Gesamtheit bestimmen das Niveau der Strompreise für die hydroelektrische Energie. Die Schaffung einer absatzfördernden Preisabstufung für die einzelnen Stromqualitäten auf Basis dieser Durchschnittskosten ist Sache der Tarifgestaltung; sie hat mit der Auslegung der Anlagen nichts mehr zu tun.

Bei den beiden ersten Beispielen über Staukraftwerke (Abb. 34) liegt die nach diesen Gesichtspunkten ermittelte wirtschaftliche Ausbauwassermenge zwischen dem 4- und 4,5fachen von $Q_{95\%}$, im dritten Beispiel, der geschilderten besonderen Verhältnisse halber, bei dem 3fachen. Bei den Kanal- und Stollenkraftwerken liegt das wirtschaftlichste Q_A zwischen dem 2,5- und 3fachen $Q_{95\%}$. Diese Werte werden bei Flüssen mit alpinem Charakter wohl als allgemein anzutreffende Größenordnung angesehen werden können.

20. Erzeugbare und verwertbare elektrische Energie.

Die bisherigen Betrachtungen über die Energieausbeute aus einer Laufwasserkraftanlage bezogen sich auf die erzeugbare Energie. Die Verschiedenheit des zeitlichen Verlaufes von Energiedargebot und Bedarf bringt es mit sich, daß nicht die gesamte anfallende Energie verwertbar ist. Einem Dargebotsüberschuß steht auf der anderen Seite ein Mehrbedarf gegenüber, dessen Arbeitswerte und maximalen Leistungen bekannt sein sollen, will man sich ein zutreffendes Gesamtbild über die wirtschaftlichen Möglichkeiten einer Wasserkraftnutzung machen.

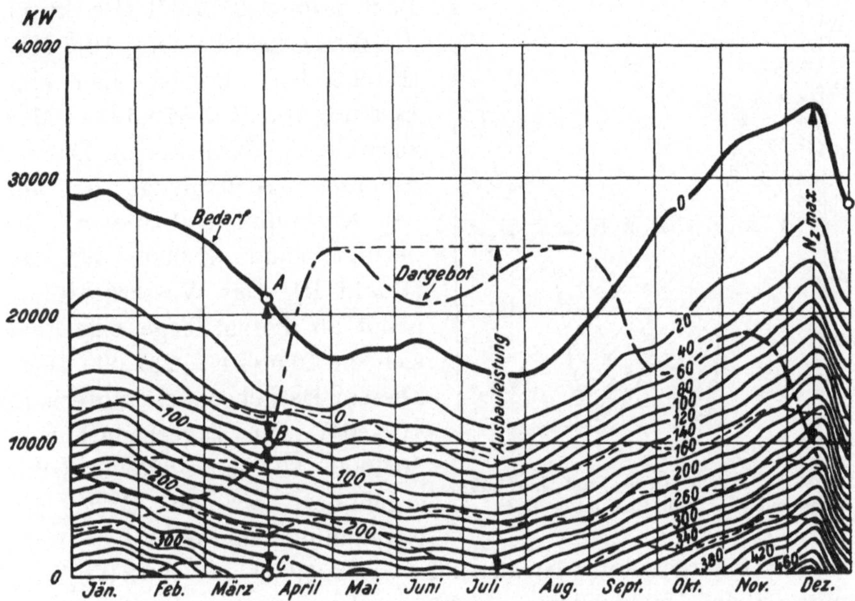

Abb. 37. Beispiel für die Ermittlung der verwertbaren Energie. Die an den Niveaulinien angegebenen Zahlen stellen 10^3 kWh/Tag dar.

Um die verwertbare Energie zu ermitteln, reichen die Dauerlinien nicht aus, man muß vielmehr auf Darstellungen der Belastung zurückgreifen, die den zeitlichen Verlauf wiedergeben. Eine solche Grundlage ist entweder die Leistungstopographie (Abb. 11) oder das Niveauliniendiagramm (Abb. 12). Wir wollen an einem Beispiel die Bestimmung des verwertbaren Wasserkraftdargebotes unter Zuhilfenahme des Niveauliniendiagrammes erläutern. In Abb. 37 ist voll ausgezogen das Jahresbedarfsdiagramm eines Versorgungsgebietes im Leistungsmaßstab mit den Linien gleicher Tagesarbeitswerte eingetragen. Der strichpunktierte Linienzug stellt etwas idealisiert die mittlere Dargebotskurve einer Wasserkraftanlage bei einer Ausbauleistung von 25 MW dar, die den durch das Niveauliniendiagramm gekennzeichneten Bedarf decken soll. Da man, ohne einen nennenswerten Fehler zu machen, annehmen kann, daß die Wasserkraftleistung während eines Tages konstant bleibt, so ergeben die Leistungszahlen, mit 24 multipliziert, jeweils die zugehörigen Tagesdargebote.

Aus diesem Diagramm kann nun die Überschuß- und Zuschußenergie in folgender Weise ermittelt werden:

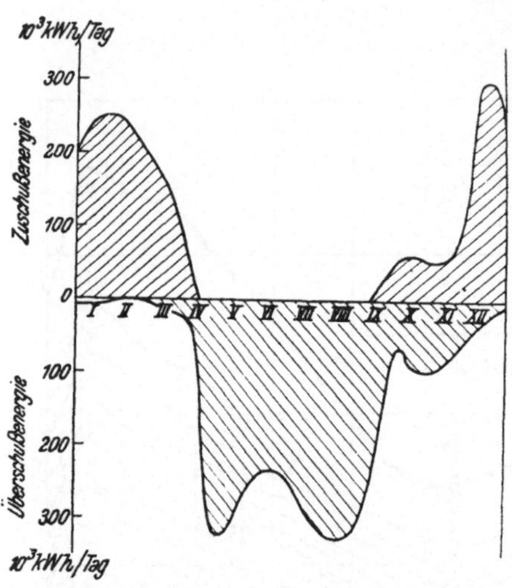

Abb. 38. Tägliche Über- und Zuschußenergiemengen nach Beispiel Abb. 37.

Am 1. April z. B. beträgt die Bedarfsspitze 21,5 MW (Punkt A), die Wasserkraftleistung 10,5 MW (Punkt B). Es ist also eine Leistung von 21,5—10,5 = 11 MW zusätzlich bereitzustellen. Die zugehörige Arbeitsmenge ist aus den Niveaulinien abzulesen. Sie beträgt rund 80.000 kWh/Tag (Punkt B). Das Wasserkraftdargebot an diesem Tage errechnet sich zu 10,5 · 24 = 252.000 kWh. Diesem Dargebot steht unterhalb 10,5 MW ein Tagesbedarf von 305.000—80.000 = 225.000 kWh gegenüber (Strecke B—C im Niveauliniendiagramm). Vom Wasserkraftdargebot werden also 252.000—225.000 = 27.000 kWh/Tag, hauptsächlich Nachtenergie, nicht ausgenutzt. In gleicher Weise kann Punkt für Punkt der Zuschußbedarf und Überschußenergieanfall bestimmt und kurvenmäßig für das ganze Jahr aufgetragen werden. Dies ist in Abb. 38 geschehen. Oberhalb der Nullinie ist der tägliche Zuschußenergiebedarf, unterhalb der Anfall an Überschußenergie dargestellt. Durch Planimetrieren der schraffierten Flächen kann man die betreffenden Jahresenergiemengen erhalten.

Bei Beurteilung dieser Zahlen muß man berücksichtigen, daß die Überschuß- und Zuschußenergiemengen auch auf ein Jahr mit mittlerem Dargebot bezogen, nicht als feststehende Größen in die Rechnung eingesetzt werden können. Die Bedarfskurve ist von Jahr zu Jahr Veränderungen unterworfen, die sich auch auf die Differenzmengen auswirken. Mit steigendem Bedarf wird der Überschuß geringer, die Fehlmenge größer. Es wäre daher falsch, der Wahl der Ausbauleistung die verwertbare Energie zugrundezulegen. Es wird vielmehr Aufgabe der Tarifgestaltung sein, die Strompreise so zu staffeln, daß sie einen Anreiz für den Bezug der Überschußenergie bieten.

Die Abb. 38 zeigt, daß zur Zeit des Bedarfes an Zuschußenergie auch nicht unerhebliche Mengen an Überschußenergie anfallen. Man erkennt aus dieser Darstellung den Wert einer Speicherung, die die Umlegung dieses überschüssigen Energieanfalles auf die Zeit des Energiemangels ermöglicht und so die bereitzustellende Zusatzenergiemenge herabmindert.

21. Die wirtschaftliche Bedeutung der Speicherung mit natürlichem Zufluß und ihre Grenzen.

Die Aufspeicherung des natürlichen Zuflusses vor Wasserkraftanlagen stellt ein wichtiges Hilfsmittel der Wasserkraftnutzung dar, um einen gewissen Ausgleich des zeitlichen Verlaufes von Dargebot und Bedarf zu erreichen. Die Schaffung hinreichender und wirtschaftlich tragbarer Stauräume ist daher das Bestreben der Wasserkraftwerke planenden Ingenieure, sie gewinnen um so mehr an Bedeutung, je einseitiger ein Wirtschaftsgebiet auf die hydraulische Energiebasis abgestellt ist. Man teilt die Speicher

1. nach ihrer Lage zum Kraftwerk,

2. nach der zeitlichen Dauer eines Arbeitspieles (Füllung und Entleerung)

ein. Nach der Lage unterscheidet man zwischen *Werks-* und *Fernspeicher*. Von einem Werksspeicher spricht man, wenn der Stauraum in unmittelbarem Zusammenhang mit einem Kraftwerk steht, d. h. also, daß das Auslaufbauwerk des Speichers gleichzeitig auch die Wasserfassung der Kraftanlage darstellt. Ein Speicher wird als Fernspeicher bezeichnet, wenn eine mehr oder weniger lange Flußstrecke zwischen dem Speicher und dem nächstfolgenden Kraftwerk dazwischenliegt. Ein Speicher kann aber auch beide Funktionen erfüllen. So sind z. B. im Ennsgebiet (Abb. 24) die Jahresspeicher in den Zubringern der oberen Enns für die angegliederten Kraftstufen Werksspeicher, für die weiter flußabwärts liegende Kraftwerkskette Fernspeicher. Fernspeicher bedingen im allgemeinen bei größeren Entfernungen vom nächsten Kraftwerk vor diesem ein Ausgleichsbecken, das so groß zu bemessen ist, daß es die Fließzeit überbrückt und dem Kraftwerk als Wasserrückhalt für unvorhergesehene Belastungsfälle dienen kann. Diese Funktion kommt z. B. im Laufe der Enns, dem Stauraum vor dem Gesäuseeingang (Abb. 24) zu.

Nach der zeitlichen Dauer des Arbeitspieles unterscheidet man:

1. Kleinspeicher,
   a) Tagesspeicher,
   b) Wochenspeicher;
2. Großspeicher,
   a) Jahresspeicher,
   b) Überjahresspeicher.

Der *Tagesspeicher* gleicht die innerhalb eines Tages auftretenden Differenzen zwischen Dargebot und Bedarf, der *Wochenspeicher* die Schwankungen innerhalb einer Woche aus. Während der Tagesspeicher also im wesentlichen dazu dient, den Nachtüberschuß während der Zeit der Bedarfsspitze auszunutzen, hat der Wochenspeicher vor allem die Aufgabe, den an Sonntagen während des niedrigen Bedarfes entstehenden Energieüberschuß in den folgenden Wochentagen nutzbar zu verwerten. Der *Jahresspeicher* dagegen hat den jahreszeitlichen Ausgleich herbeizuführen, der *Überjahresspeicher* ist sinngemäß als Ausgleichsmittel für den Abfluß in aufeinanderfolgenden Jahren gedacht. Er wird wegen der dafür notwendigen Größe und der damit verbundenen hohen Kosten nur in vereinzelten, besonders begünstigten Fällen, in denen größere natürliche Seen herangezogen werden können, in Frage kommen.

Die Einsatzweise eines Speichers läßt sich durch den sogenannten *Füllfaktor* kennzeichnen. Der Speicherfüllfaktor gibt an, wieviele Arbeitspiele im Jahre mit mittlerem Dargebot auftreten (12). Nennen wir

E_s die gesamte im Jahr gespeicherte Energiemenge [kWh/Jahr],
I   den Nutzinhalt des Speichers [kWh],

so gilt somit für den Füllfaktor der Ansatz

$$f = \frac{E_s}{I}.$$

Die zahlenmäßigen Werte des Füllfaktors haben folgende Größenordnung:

Tagesspeicherung	$f = 150-300$,
Wochenspeicherung	$f = 45-100$,
Jahresspeicherung	$f = 1-2$,
Überjahresspeicherung	$f = 0{,}7-1{,}2$.

Bezeichnet man mit

S den nutzbaren Wasserinhalt des Speichers [m³],

H_s die mittlere Fallhöhe als Höhenunterschied des Schwerpunktes des Speicherinhaltes S und des Unterwasserspiegels [m],

η_R, η_T, η_G, η_U die Wirkungsgrade der Rohrleitung, des Stollens, der Turbinen, Generatoren und Umspanner,

ε den Anteil des Eigenbedarfes an der Energieabgabe,

so beträgt, da 1 kWh = 367 mt ist, die Speicherkapazität

$$J = \frac{S \cdot H_s}{367} \cdot \eta_{Ges} \quad [\text{kWh}], \tag{8}$$

$$\eta_{Ges} = \eta_R \cdot \eta_T \cdot \eta_G \cdot \eta_U \cdot (1 - \varepsilon).$$

Die je m³ nutzbarem Wasserinhalt erzeugbare elektrische Energie nennen wir den *Arbeitswert*. Für ihn kann geschrieben werden

$$e = \frac{J}{S} = \frac{H_s}{367} \cdot \eta_{Ges} \quad [\text{kWh/m}^3]. \tag{9}$$

Setzt man für die Wirkungsgrade folgende Werte ein: $\eta_R = 0,97$, $\eta_T = 0,87$, $\eta_G = 0,95$, $\eta_U = 0,98$, $\varepsilon = 0,005$, so wird $\eta_{Ges} = 0,78$ und

$$e = \frac{H_s}{470} \quad [\text{kWh/m}^3]. \tag{9a}$$

Der Arbeitswert ist also proportional der Fallhöhe H_s. Man wird daraus zunächst folgern, daß, auf eine bestimmte Talsohle bezogen, auf der das Kraftwerk errichtet wird, die Ausbeute um so höher ist, je größer man H_s ausführen kann. Dies ist aber nicht der Fall. Wohl nützt man einen Stauraum *bestimmter* Größe mit größerer Fallhöhe wirtschaftlicher aus. Je höher jedoch das Niveau der Wasserfassung liegt, um so kleiner wird das ihr zugeordnete Einzugsgebiet. Man kann also, energiewirtschaftlich gesehen, von einer *optimalen Höhenlage* der Wasserfassung sprechen. Es sei versucht, an Hand eines praktischen, für unsere Zwecke aber etwas idealisierten Beispieles diese Zusammenhänge zwischen Einzugsgebiet und Fallhöhe zu erläutern. Abb. 39 stellt das Einzugsgebiet des Sölkbaches, einem südlichen Zufluß der Enns auf steirischem Gebiete dar. Es sind mehrere Bäche, die sich schließlich als kleine und große Sölk auf Kote 800 vereinigen und auf Kote 670 in die Enns münden. Es wurde ein Projekt studiert, das ein Kraftwerk im Ennstal und durch Errichtung von Querstollen eine Zusammenfassung der einzelnen Wasserläufe nebst Schaffung eines Speicherraumes vorsieht. Es wurde unter-

sucht, auf welcher Höhe diese Wasserfassung am ergiebigsten ist.
Abb. 40 zeigt die Ergebnisse dieser Studie. Einer Zunahme der Fallhöhe
mit größerer Höhenlage der Wasserfassung steht eine entsprechende

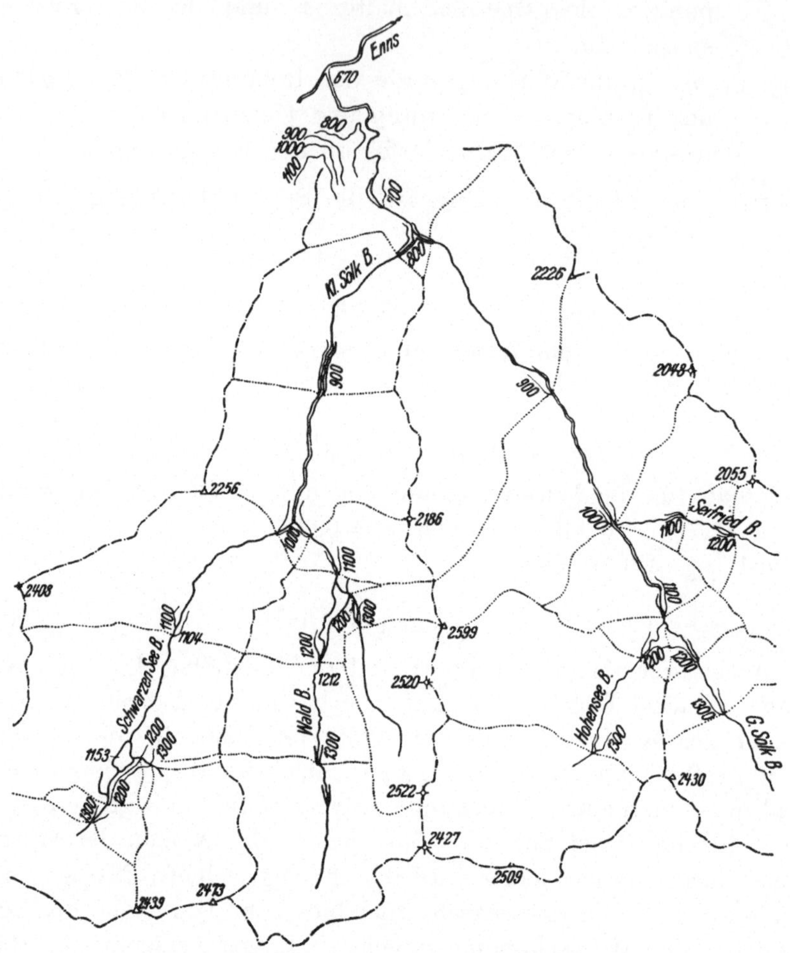

Abb. 39. Einzugsgebiet des Sölkbaches 1 : 50.000.

Abnahme des Einzugsgebietes F gegenüber, das auf Seehöhe 800
über 240 km², auf Seehöhe 1300 dagegen nur 70 km² beträgt. Aus
der Größe des Einzugsgebietes ergibt sich mit der verzeichneten
Abflußhöhe die Jahresfließe Q_m [m³/Jahr] und aus der Formel für
die elektrische Energieausbeute, die mit der Beziehung (8) identisch
ist, die elektrische Jahresarbeit E_m [kWh/Jahr]. Die Kurve weist
ein ausgeprägtes Optimum auf, das bei einer Seehöhe von etwas

über 1100 m liegt. Vom energiewirtschaftlichen Standpunkte aus müßte man die Wasserfassung in dieser Höhenlage anstreben. Bezieht man die Baukosten mit ein, so wird sich praktisch das wirtschaftliche Optimum nach der einen oder anderen Seite etwas verschieben, je nach Stollen- und Rohrleitungslänge, die wieder von dem Gefälle der Täler abhängen. Das energiewirtschaftlich günstigste Niveau der Wasserfassung hängt also in starkem Maße von der

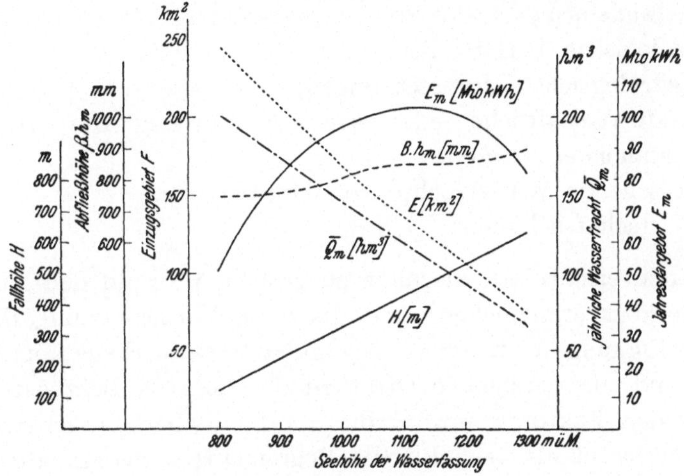

Abb. 40. Zusammenhang zwischen der Seehöhe der Wasserfassung und dem Jahresdargebot.

Höhe der Gebirgszüge ab. Der westliche Teil der Alpen ist in dieser Hinsicht gegenüber den Ostalpen im Vorteil. Ersterer läßt die Anlegung der Wasserfassung und der Stauräume mit ausreichendem Einzugsgebiete in größeren Höhenlagen zu. Die größeren Fallhöhen (800—1200 m), wie sie z. B. den schweizerischen Hochdruckkraftwerken eigen sind, bringen ihnen den Vorteil niedriger Gestehungskosten, die sich bei Anlegung von Speichern besonders fühlbar machen. Die Wasserkraftnutzung im östlichen Teil der Alpen, die in den östlichen österreichischen Bundesländern bei den Hochdruckwerken mit Fallhöhen in der Größenordnung zwischen 300 und 500 m rechnen kann, muß wenigstens einen teilweisen Ausgleich in der Fernspeicherwirkung auf die darunter befindliche Kraftwerkskette suchen, wofür die bereits mehrfach erwähnte Ennsplanung ein Beispiel ist.

Man wird also danach trachten, in der Nähe dieser optimalen Höhenlage einen Speicherraum zu schaffen. Die Natur wird uns aber wohl nur ganz selten diese Möglichkeit geben, man wird sich daher den gegebenen Verhältnissen anpassen und damit begnügen müssen, in einigermaßen zufriedenstellender Höhenlage Speicherräume zu finden, die den technischen und wirtschaftlichen Anforderungen gerecht werden. Die Gesichtspunkte, die für die Wahl eines Speicherraumes und für seine Größenbegrenzung maßgebend sind, können wie folgt umrissen werden:

1. Geländeform,
2. geologische Verhältnisse,
3. hydrologische Voraussetzungen,
4. landwirtschaftliche oder sonstige Nutzung des zu überstauenden Geländes,
5. bestehende Wasserrechte von Unterliegern,
6. Wirtschaftlichkeit.

Geländeverhältnisse, die ohne zu großen Aufwand den Abschluß eines Beckens ermöglichen, sind die erste Voraussetzung, die geologische Eignung der für das Abschlußbauwerk in Frage kommenden Stellen und eine genügende Dichtheit des Beckens die zweite. Sind diese beiden Faktoren sowohl für die Benutzbarkeit als Speicherraum überhaupt als auch für die Begrenzung seines Inhaltes maßgebend, so hat die Größe des zugeordneten Einflußgebietes in Verbindung mit der Abflußhöhe nur auf die Speichergröße Einfluß. Es ist eine Frage der Kosten, ob man bei Jahresspeichern den Inhalt für mittlere Abflußverhältnisse oder entsprechend der Wasserführung eines Trockenjahres bemißt. Bei der Speicherplanung im östlichen Teil der Alpen mit den geringeren Fallhöhen wird man aus wirtschaftlichen Gründen eher geneigt sein, ein Trockenjahr zugrundezulegen, besonders wenn ein Darüberhinausgehen zu einer Stauraumgröße führt, die die wirtschaftlich optimale Auslegung überschreitet. Auch die bisherige Nutzung des zu überstauenden Geländes wird bei der Wahl eines Speicherraumes zu berücksichtigen sein. Landwirtschaftlich hochwertige Nutzflächen wird man nach Möglichkeit schonen müssen, vor allem dann, wenn ohnehin Mangel an geeigneten Anbauflächen besteht. Noch schwieriger liegen die Verhältnisse, falls Siedlungen in den geplanten Stauräumen zu liegen kommen. Die Verwirklichung einiger sonst sehr günstiger Großspeicherprojekte ist bisher an den damit zusammenhängenden Problemen gescheitert. Neben der Nutzung des zu überstauenden Geländes ist auch die des Wassers unterhalb des Stauraumes von

Bedeutung. Es ist dabei nicht nur die Umleitungsstrecke zwischen Sperre und Krafthaus zu berücksichtigen, für die die bestehenden Wasserrechte ohnehin abgelöst werden müssen, sondern auch die zeitliche Veränderung der Wasserführung in der Flußstrecke unterhalb des Krafthauses, die vielfach einen Ausgleich durch einen Gegenspeicher erforderlich macht.

Außer den erwähnten Faktoren spielt die wirtschaftliche Seite eine wesentliche Rolle. Die Anlagekosten eines Speichers können durch folgende Formel ausgedrückt werden:

$$A_{so} = C + m \cdot M + f(F_s) \; [S],$$

darin stellt

C   einen konstanten, vom Inhalt des Sperrenkörpers unabhängigen Kostenbetrag dar, der einen wesentlichen Teil des Aufwandes für die Baustelleneinrichtung, Transportanlagen, Wasserhaltung, Wasserumleitung (Fangdamm und Umlaufstollen) umfaßt,

M   den Inhalt des Sperrenkörpers m³,

m   die spezifischen, vom Inhalt der Sperre abhängigen Kosten [S/m³],

F_s die überstaute Fläche km²,

$f(F_s)$ den Aufwand für die Grundablösungen und Entschädigungen, Verlegungen von Verkehrswegen, der mit der Größe der überstauten Fläche wächst.

Die spezifischen Kosten je m³ Nutzinhalt betragen:

$$\frac{A_{so}}{S} = a_{so} = \frac{C}{S} + m \cdot \frac{M}{S} + \frac{f(F_s)}{S} \; [S/m^3].$$

Das Verhältnis S/M wird als *Gütegrad* der Sperre bezeichnet, es gibt an, wieviel m³ Stauinhalt/m³ Sperreninhalt gewonnen werden. Dieser Quotient, für den wir das Zeichen σ einführen wollen, ist eine wichtige wirtschaftliche Kennziffer für einen Stauraum. Setzt man σ in die Formel ein, so lautet sie:

$$a_{so} = \frac{m}{\sigma} + \frac{C + f(F_s)}{S} \; [S/m^3]. \tag{10}$$

Die Höhe des Wertes σ wird sehr stark durch das verwendete Baumaterial (Betonsperre oder Erddamm), bei Betonsperren außerdem durch die Bauweise (Schwergewichts-, Pfeilerkopf- oder Gewölbemauer) und durch die Geländeform beeinflußt. In Abb. 41 sind einige Beispiele für die Abhängigkeit des Gütegrades σ und der überstauten Fläche F_s vom Nutzinhalt S angeführt. Die Fälle b und c zeigen im Gegensatz zu den Beispielen a und d eine Abnahme des

Wertes σ mit steigendem S. Im Falle d ist ein ausgesprochener Höchstwert erkennbar. In Abb. 42 wurde versucht, für den Fall b

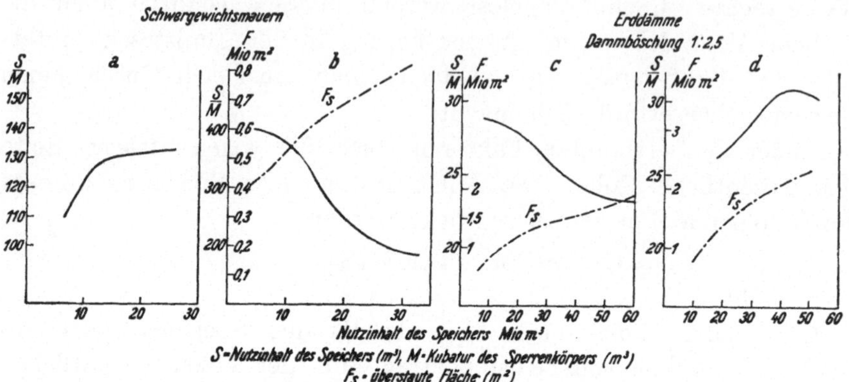

Abb. 41 a—d. Abhängigkeit des Gütegrades S/M und der überstauten Fläche F bei einigen Jahresspeichern in den Ostalpen.

die Anlagekosten des Speichers als Funktion des Stauinhaltes zu ermitteln. Für dieses Projekt ergaben sich auf Preisbasis 1943 folgende Zahlenwerte:

$$C = 3 \text{ Mio S,}$$
$$m = 80 \text{ S/m}^3 \text{ Beton,}$$

durchschnittliche Kosten für die Grundablösungen 0,4 S/m².

Abb. 42. Beispiel für die Ermittlung der optimalen Speichergröße. Überstaute Fläche und Gütegrad $\dfrac{S}{M}$ nach Abb. 41 b.

Irgendwelche Straßenverlegungen oder Entschädigungen für Baulichkeiten fallen hier weg. Die stark ausgezogene Kurve gibt die Anlagekosten A_{so}, die strichpunktiert gezeichnete Kurve den spezifischen Aufwand a_{so} für den Speicher wieder. Man erhält wegen des hohen festen Kostenanteiles C trotz des ungünstigen Verlaufes des Gütegrades zunächst eine Verringerung der spezifischen Kosten bis zu einem Mindestwert bei S = 16,5 Mio m³. Für größere S nehmen die Kosten wieder zu. Der Stauraum von 16,5 Mio m³ Nutzinhalt könnte demnach als wirtschaftlichste Speichergröße für den betrachteten Fall angesehen werden. Da für die energiewirtschaftliche Beurteilung nicht die Kosten je m³, sondern die spezifischen Anlagekosten je kWh Inhalt

$$a_s = \frac{a_{so}}{e} = \frac{a_{so}}{H_s} \cdot \frac{367}{\eta_{Ges}} \sim 470 \cdot \frac{a_{so}}{H_s} \quad [S/kWh]$$

maßgebend sind, so kann jedoch im Vergleich mit anderen Speicherprojekten mit ungünstigeren Fallhöhen und Gütegraden und schlechterer Zugänglichkeit der Baustelle (hoher konstanter Betrag C) ein Ausbau über den optimalen Stauinhalt in Frage kommen, soferne die übrigen, vorhin erwähnten Voraussetzungen dies zulassen und die Kosten für die zugehörige Kraftstufe diese Überlegenheit nicht wieder aufhebt.

Man findet in der Literatur vielfach an sich sehr interessante wissenschaftliche Untersuchungen über die zweckmäßige Festsetzung des Speicherinhaltes unter Berücksichtigung des Verlaufes von Dargebot und Bedarf. Die obenstehenden Darlegungen lassen aber erkennen, daß es *praktisch* darauf ankommt, überhaupt geeignete Speichermöglichkeiten zu finden und diese so groß auszubauen, als es bei den örtlichen Gegebenheiten und mit Rücksicht auf die wirtschaftlichen Erwägungen zulässig erscheint. Der sich immer mehr entwickelnde Zusammenschluß der Kraftwerke und Netze zu großen Versorgungssystemen, sowie die steigende Bedeutung der elektrischen Energie, die sich in einem stetigen Verbrauchszuwachs auswirkt, lassen eine Überdimensionierung einzelner Speicherräume, soferne sie wirtschaftlich sind, nicht befürchten. Ihre betriebswirtschaftlich richtige Eingliederung in ein solches großes Versorgungssystem wird daher kein Problem ergeben, dessen Lösung irgend welche Schwierigkeiten bringen könnte.

Es ergibt sich nun die Frage, wann ist eine Speicherung wirtschaftlich? Da wir als ihren Zweck die Nutzbarmachung von Überschußenergie in Zeiten mit Zuschußbedarf bezeichneten, so wird durch die Speicherung die Lieferung einer gleichen Menge von Zuschußenergie aus anderen Energiequellen ersetzt. Da als solche, auf die Energieversorgung eines geschlossenen Wirtschaftsgebietes bezogen, nur kalorische Anlagen oder Stromimport in Betracht zu ziehen sind, so wird es also darauf ankommen, die Gestehungskosten der gespeicherten Energie in erster Linie mit denen bei Lieferung von kalorischer Energie zu vergleichen. Wir wollen nun versuchen, uns über die wirtschaftlichen Grenzen der Speicherung ein Bild zu machen. Dabei sei zunächst auf eine Berücksichtigung der Übertragungskostenunterschiede zwischen dem Wasserkraftwerk, bzw. der kalorischen Anlage und den Verbrauchsschwerpunkten verzichtet. Eine Ergänzung in dieser Hinsicht findet sich im VI. Hauptabschnitt.

Bezeichnen wir mit

α_s den Jahresfaktor (in Anlehnung an den 19. Abschnitt, Kapitaldienst, Bedienung und Unterhalt usw.),

I den nutzbaren Speicherinhalt [kWh],

a_s die spezifischen Anlagekosten des Speichers [S/kWh],

E_s die jährlich von der Speicheranlage abgegebene elektrische Energie [kWh/Jahr],

N_s die maximale Leistung, mit der die Energiemenge E_s ins Netz geliefert wird [kW],

so betragen die jährlichen Ausgaben für die Speicherung

$$\alpha_s \cdot a_s \cdot I \quad [\text{S/Jahr}].$$

Durch die Speicherung wird die kalorische Stromerzeugung mit einer jährlichen Energiemenge von E_s kWh und einem Anteil an dem höchsten Leistungsbedarf von N_s kW entlastet. Für die jährlichen Gestehungskosten der kalorischen Stromerzeugung kann, wie im V. Hauptabschnitt noch näher abgeleitet wird,

$$m\,N_s + n \cdot E_s \quad [\text{S/Jahr}]$$

angeschrieben werden. m ist für ein bestimmtes Werk ein konstanter Faktor, n ist mit dem Verhältnis E_s/N_s veränderlich. Machen wir zunächst die Annahme, daß die Ausbauleistung des Wasserkraftwerkes bei Angliederung einer Speicheranlage nicht vergrößert zu werden braucht, so ist die Speicherung wirtschaftlich, wenn

$$\alpha_s \cdot a_s \cdot I \leqq m \cdot N_s + n \cdot E_s \quad [\text{S/Jahr}]$$

bzw.

$$a_s \leqq \frac{1}{\alpha_s} \left(m \cdot \frac{N_s}{I} + n \cdot \frac{E_s}{I} \right) \quad [\text{S/kWh}]$$

ist. E_s/I entspricht dem Füllfaktor f. Für N_s/I kann man setzen

$$\frac{N_s}{E_s} \cdot \frac{E_s}{I} = \frac{f}{t_s}$$

wobei $t_s = E_s/N_s$ die *Jahresbenutzungsdauer* der Speicheranlage bedeutet. Damit wird

$$a_s \leqq \frac{f}{\alpha_s} \left(\frac{m}{t_s} + n \right) \quad [\text{S/kWh}]. \qquad (11)$$

Diese Beziehung ist das Kriterium für die Wirtschaftlichkeit einer Speicheranlage mit natürlichem Zufluß unter Außerachtlassung der Übertragungskosten. Es sei zunächst die *Tagesspeicherung* betrachtet. Der Speicherinhalt wird hiebei je Tag im allgemeinen einmal umgesetzt. Der Speicherinhalt I entspricht unter dieser Voraussetzung der höchstmöglichen Tagesabgabe. Wir können also für

$$\frac{I}{N_s} = \frac{t_s}{f} = t_{sp} \quad [h]$$

anschreiben, wobei t_{sp} die Tagesbenutzungsdauer der durch die Speicheranlage gedeckten Leistung N_s ist. Für die Tagesspeicherung kann man also die Beziehung (11) in

$$a_s \leq \frac{1}{\sigma_s} \left(\frac{m}{t_{sp}} + n \cdot f \right) \quad [S/kWh] \tag{11a}$$

umformen. Wir wollen nun versuchen, diese Formel für mittlere Verhältnisse auszuwerten, um so einen Anhalt für die wirtschaftliche Einsatzmöglichkeit von Tagesspeichern zu gewinnen. Wir vergleichen die Speicherkosten mit den Erzeugungskosten eines Dampfkraftwerkes und setzen

$\alpha_s = 0,1$ (wie für komplette Wasserkraftanlagen; für andere Werte α_s ist die Umrechnung in einfacher Weise

durch Multiplikation mit $\dfrac{\sigma_s}{\alpha_{s_2}}$ möglich).

Anlagekosten des Dampfkraftwerkes 360 S/kW,
Jahresfaktor für das Dampfkraftwerk 0,14,
Reservefaktor 1,
Bedienungs- und Unterhaltskosten 9 S/kW + 0,21 g/kWh,
spezifischer Wärmeverbrauch bei Auslegungslast 3400 kcal/kWh,
Wärmepreis 4, wahlweise 8 $S/10^6$ kcal.

Aus diesen Annahmen kann man die Faktoren m und n bestimmen, wenn man die Veränderung des Wärmeverbrauches mit der Benutzungsdauer t_{sp} berücksichtigt. Im linken Diagramm der Abb. 43 ist das Ergebnis der Vergleichsrechnung graphisch in Abhängigkeit von der Tagesbenutzungsdauer t_{sp} und dem Füllfaktor f für die oben angegebenen Wärmepreise aufgetragen. Das Schaubild zeigt deutlich den großen Einfluß der Benutzungsdauer t_{sp} auf die *zulässigen* Anlagekosten der Speicheranlage, die weit über den *tatsächlich* auftretenden liegen (im allgemeinen a_s kleiner als 1 S/kWh).

Bei Ableitung der Wirtschaftlichkeitsbeziehung wurde vorausgesetzt, daß die Ausbauleistung des Wasserkraftwerkes durch die Hinzufügung der Speicherung nicht vergrößert werden muß. Dies trifft, wie man sich durch eine einfache Überlegung überzeugen kann, nur bedingt zu. Nimmt man z. B. an, daß zur Zeit des Auftretens der höchsten Belastung das Dargebot des Wasserkraftwerkes etwa ein

Fünftel der Belastungsspitze des Netzes beträgt und der Wasserzufluß während der acht Nachtstunden aufgespeichert wird, dann
gilt der Ansatz

$$t_{sp} \cdot N_s = \frac{8 \cdot N_h}{5} = 1,6\,N_h \quad [\text{kWh}].$$

Setzen wir

$$\frac{N_s}{N_h} = v$$

so wird

$$v \cdot t_{sp} = 1,6 \; [\text{h}]$$

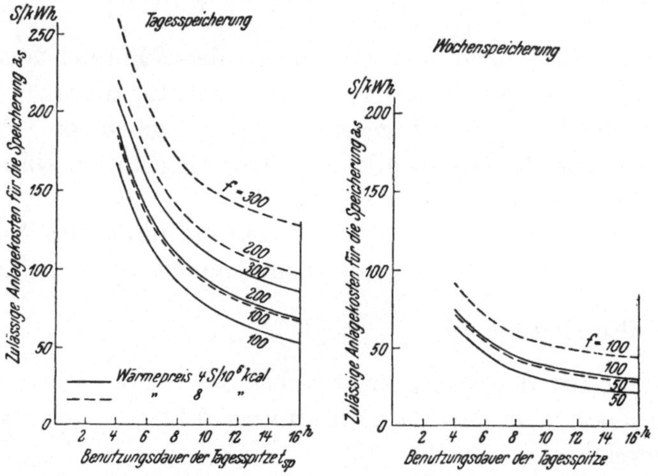

Abb. 43. Zulässige Anlagekosten für die Speicherung, verglichen mit der Spitzendeckung
in Dampfkraftwerken, in Abhängigkeit von der Benutzungsdauer der Tagesspitze, dem
Speicherfüllfaktor f und dem Wärmepreis. (Getroffene Annahmen siehe Tabelle, S. 109.)

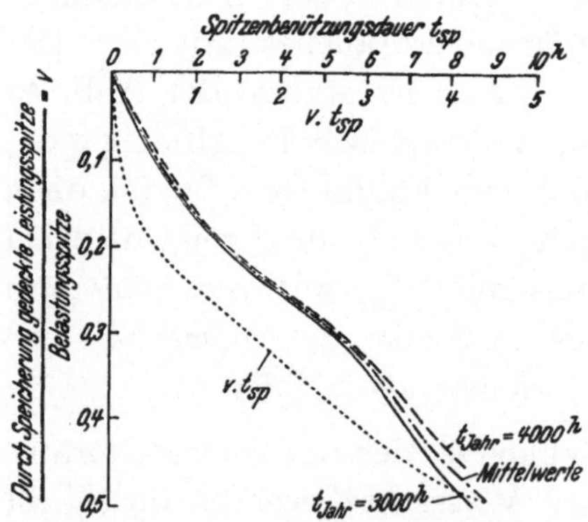

Abb. 44. Zusammenhang zwischen Spitzenleistung und Spitzenbenutzungsdauer.

In Abb. 44 sind für mittlere Belastungsdiagramme entsprechend
einer Jahresbenutzungsdauer von
$t = 3000$ und $4000\,\text{h}$ in Abhängigkeit von v die Benutzungsdauern
der Speicherleistung bei Einsatz
in der Belastungsspitze und für
eine Mittelkurve aus beiden Linien
die Werte $t_{sp} \cdot v$ aufgetragen.
Einem $t_{sp} \cdot v = 1,6$ entspricht ein v
von 0,3. Es müßte also eine
Wasserkraftleistung von $0,3 \cdot N_h$
als Differenz zwischen der Ausbauleistung und dem Winterleistungsvermögen zur Verfügung stehen. Auf die Winterleistung umge

rechnet, wäre dies das 1,5fache. Für andere Verhältnisse der Spitzenleistung zur Winterleistung sind die entsprechenden Zahlen in der nachstehenden Tabelle eingetragen:

$\dfrac{\text{Netzspitzenleistung } N_h}{\text{Wasserkraft-Winterleistung}}$	4	5	6	7	8
$\dfrac{\text{Speicherleistung}}{\text{Wasserkraft-Winterleistung}}$	1,32	1,5	1,68	1,85	2
$\dfrac{\text{benötigte Wasserkraftleistung}}{\text{optimale Ausbauleistung}}$	1,16	1,25	1,34	1,43	1,5

Man wird in der Größenordnung nicht sehr fehlgehen, wenn man die Wasserkraftleistung in der Zeitperiode der höchsten Belastungsspitze mit etwa der halben optimalen Ausbauleistung annimmt. Für den oben durchgerechneten Fall wäre dann die benötigte Wasserkraftleistung das

$$0,5 \; (1 + 1,5) = 1{,}25\text{fache der Ausbauleistung.}$$

Für andere Verhältnisse der Netzspitzenleistung zur Wasserkraftwinterleistung sind diese Werte ebenfalls in der Tabelle verzeichnet. Setzt man den Tagesspeicher in der Spitze ein, so wird also im allgemeinen die optimale Ausbaugröße nicht ausreichend sein, die Ausbauleistung muß darüber hinaus entsprechend vergrößert werden.

Bei der *Wochenspeicherung* machen sich diese Zusammenhänge noch stärker fühlbar. Während bei der Tagesspeicherung der nutzbare Speicherinhalt I gleich der Spitzenenergieabgabe angenommen und für I/N_s die Tagesbenutzungsdauer t_{sp} der Leistung N_s gesetzt werden konnte, ist dies bei der Wochenspeicherung nicht mehr der Fall. Der Speicherinhalt I ist größer als die Tagesabgabe, da das Sonntagsdargebot zurückgehalten und auf die einzelnen Wochentage verteilt werden muß. Rechnet man wieder mit der Aufspeicherung während acht Nachtstunden, so steht bei der Wochenspeicherung je Tag durchschnittlich eine Arbeitsmenge entsprechend

$$\frac{8 \cdot 6 + 24}{6} = 12 \text{ Stunden Dargebot für die Spitzendeckung zur}$$

Verfügung. Die Speichergröße muß also entsprechend

$$24 + 8 = 32 \text{ Stunden bemessen sein. Die Speichergröße beträgt}$$

daher das

$$\frac{32}{12} = 2{,}7\text{fache der Tagesgabe. Wir können demnach für die}$$

Wochenspeicherung die Formel 11a) heranziehen, wenn wir t_{sp} mit dem Faktor 2,7 multiplizieren. Die Formel für die Wochenspeicherung lautet daher:

$$a_s \leqq \frac{1}{a_s} \left(\frac{m}{2{,}7 \cdot t_{sp}} + n \cdot f \right) \quad [S/kWh] \tag{11b}$$

Im rechten Diagramm der Abb. 43 ist diese Formel unter Zugrundelegung der gleichen Annahmen wie bei der Tagesspeicherung ausgewertet worden. Setzt man den Wochenspeicher wieder zur Spitzendeckung ein, so wird die zugehörige Wasserkraftleistung N_s noch größer als bei der Tagesspeicherung sein müssen. Legen wir wieder das vorhin durchgerechnete Beispiel zugrunde, wonach die Belastungsspitze des Netzes das 5fache der Wasserkraftwinterleistung beträgt, so gilt hier der Ansatz:

$$t_{sp} \cdot N_s = \frac{12}{5} \cdot N_h = 2{,}4\,N_h \quad [kWh]$$

$$v \cdot t_{sp} = 2{,}4 \quad [h].$$

Diesem Wert entspricht nach Abb. 44 ein v von 0,37, d. h. die Spitzenleistung N_s wäre das $0{,}37 \cdot 5 = 1{,}85$fache der Wasserkraft-Winterleistung. In der nachstehenden Tabelle sind für die Wochenspeicherung die interessierenden Zahlen analog wie vorhin für die Tagesspeicherung eingetragen:

	4	5	6	7	8
$\dfrac{\text{Netzspitzenleistung}}{\text{Wasserkraftwinterleistung}}$	4	5	6	7	8
$\dfrac{\text{Speicherleistung}}{\text{Wasserkraftwinterleistung}}$	1,65	1,85	2,0	2,17	2,35
$\dfrac{\text{benötigte Wasserkraftleistung}}{\text{optimale Ausbauleistung}}$	1,33	1,42	1,5	1,59	1,68
t_{sp} [h]	7,2	6,6	6	5,5	5,1
zulässige Speicheranlagekosten S/kWh für $f = 50$, $p_w = 4\ S/10^6\ kcal$	39	42	46	50	54

Die Tabelle enthält außerdem die aus Abb. 44 zu entnehmenden Werte für die Spitzenbenutzungsdauer t_{sp}, ferner die zulässigen Speicheranlagekosten a_s aus der Abb. 43 für einen Füllfaktor $f = 50$ (Einsatz des Speichers nur in den Wintermonaten vorausgesetzt) und einem Wärmepreis von $p_w = 4\ S/10^6\ kcal$. Da die hier angenommene Einsatzweise der Speicherung eine vergrößerte Kraftwerksleistung erfordert, so müssen aus dem zulässigen Wert a_s auch die dafür aufzuwendenden Kosten $\varDelta A$ [S] gedeckt werden. Es gilt also der Ansatz

$$a_s \cdot I = a_s' \cdot I + \varDelta A \; [S],$$

daraus der für den Speicher verbleibende zulässige Kostenanteil

$$a_s' = a_s - \frac{\varDelta A}{I} = a_s - \frac{\varDelta A}{2,7 \cdot t_{sp} \, N_s} \quad [S/kWh].$$

Nach Formel (6) kann für

$$\varDelta A = \beta \cdot \frac{A_{95\%}}{Q_{95\%}} \cdot \varDelta Q \sim \beta \cdot \frac{A_{95\%}}{N_{95\%}} \cdot \varDelta N \quad [S]$$

angeschrieben werden. Damit wird

$$a_s' = a_s - \frac{\beta}{2,7 \cdot t_{sp}} \left(\frac{A}{N}\right)_{95\%} \cdot \frac{\varDelta N}{N_s} \quad [S/kWh]$$

Legen wir als Beispiel das Stollenkraftwerk Abb. 36 zugrunde, so kann man für $\beta = 0,3$ und für $(A/N)_{95\%} = 1670$ S/kW setzen. Das Verhältnis $\varDelta N/N_s$ läßt sich aus den Zahlen der obenstehenden Tabelle leicht ermitteln. Die tatsächlichen zulässigen Kosten a_s' für den Speicher selbst sind in der folgenden Tabelle zusammengestellt:

$\dfrac{\text{Netzspitzenleistung}}{\text{Wasserkraftwinterleistung}}$	4	5	6	7	8
$\dfrac{\varDelta N}{N_s}$	0,4	0,455	0,5	0,54	0,58
a_s' [S/kWh]	28,7	29,2	30,5	31,7	32,8

Das Ergebnis dieser Untersuchung läßt somit den Schluß zu, daß der Einsatz von Wochenspeichern für die Spitzendeckung auf jeden Fall wirtschaftlich und daher anzustreben ist, selbst wenn die Ausbauleistung des Werkes über das Optimum hinaus vergrößert werden muß. Die auf den Speicher selbst entfallenden zulässigen Anlagekosten liegen weit über den tatsächlich zu erwartenden. Dabei ist die Mehrausbeute an Laufwasserkraft-Überschußenergie infolge der Leistungsvergrößerung gar nicht berücksichtigt worden. Das für die Wochenspeicherung Gesagte gilt in erhöhtem Maße auch für die Tagesspeicherung, da für diese nach Abb. 43 die *zulässigen* Kosten fast doppelt so hoch sind.

Es wäre nun noch die *Jahres*speicherung zu behandeln. Für die Beurteilung ihrer wirtschaftlichen Grenzen gehen wir von der Formel (11) aus, für deren Auswertung wir wieder die bei der Tagesspeicherung zugrundegelegten Annahmen heranziehen. Die zulässigen Anlagekosten für einen Jahresspeicher sind in Abb. 45 in Abhängigkeit von der Jahresbenutzungsdauer t_s der Speicherleistung und vom Füllfaktor f für zwei verschiedene Wärmepreise kurvenmäßig aufgetragen. Nimmt man z. B. einen Füllfaktor f $= 1,2$ und einen Wärmepreis $p_w = 4$ S/10^6 kcal an, so würden bei einer Benutzungsdauer von $t_s = 1600$ h die zulässigen Anlagekosten $a_s = 0,6$ S/kWh, bei $t_s = 1000$ h 0,95 S/kWh betragen. Man erkennt, daß man mit diesen Werten bereits in der Größenordnung der tatsächlichen Kosten liegt, daß man hier also nicht generelle Schlüsse, wie oben bei den Kleinspeichern, ziehen kann, sondern jeden Fall besonders untersuchen muß. Es wäre aber die Frage zu beantworten, ob auch hier, wie bei der Kleinspeicherung, eine Verringerung der Benutzungsdauer t_s bei gleichzeitiger Steigerung der Ausbauleistung über das wirt-

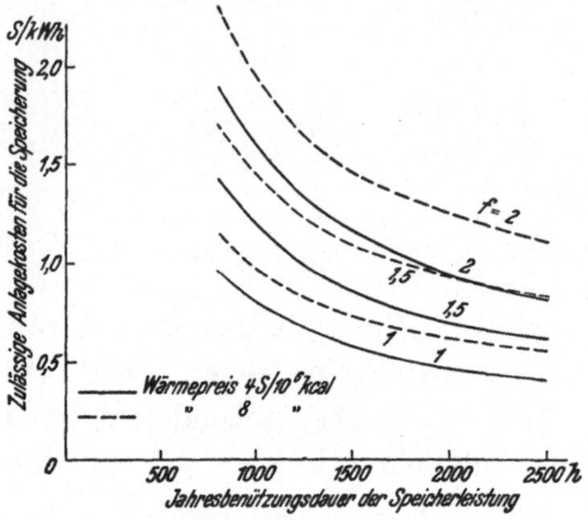

Abb. 45. Zulässige Anlagekosten für die Jahresspeicherung, verglichen mit der Spitzendeckung durch Dampfkraftwerke. (Getroffene Annahmen S. 109.)

schaftliche Optimum hinaus zweckmäßig ist. Wir wollen davon ausgehen, daß eine Wasserkraftanlage einen Jahresspeicher mit I kWh Nutzinhalt besitzt. Die Speichergröße würde gegenüber dem Gesamtdargebot so abgestimmt sein, daß bei einer Speicherbenutzungsdauer von 1600 h die optimale Ausbauleistung zur Abarbeitung des Speichers in den Wintertagesstunden der Werktage ausreicht. Die durchschnittliche Winterleistung der Wasserkraft wäre 55% der optimalen, es steht also für die Abarbeitung des Speicherinhaltes eine Kraftwerksleistung von 45% zur Verfügung. Will man die Speicheranlage bei unverändertem Inhalt mit 1000 Benutzungsstunden einsetzen, so ist hiefür eine Kraftwerksleistung von

$$0,45 \cdot \frac{1600}{1000} = 0,72 \text{ der optimalen Leistung}$$

erforderlich, d. h. also, es müßten $0,72 - 0,45 = 0,37$ der optimalen Leistung zusätzlich installiert werden. Die zulässigen Anlagekosten für die Speicherung selbst können wie vorhin angeschrieben werden zu

$$a_s' = a_s - \frac{\varDelta A}{I} = a_s - \frac{\varDelta A \cdot f}{t_s \cdot N_s} =$$

$$= a_s - \beta \cdot \left(\frac{A}{N}\right)_{95\%} \cdot \frac{f}{t_s} \cdot \frac{\varDelta N}{N_s} \quad [\text{S/kWh}].$$

$$\frac{\varDelta N}{N_s} = \frac{0,37}{0,72} = 0,515$$

Mit den vorhin zugrundegelegten Zahlen werden die zulässigen Speicherkosten

$$a_s' = 0{,}95 - 0{,}3 \cdot 1670 \cdot \frac{1{,}2}{1000} \cdot 0{,}515 = 0{,}64 \quad [\text{S/kWh}]$$

gegenüber $0{,}6$ S/kWh bei $t_s \cdot 1600$ h. Diese Überschlagsrechnung zeigt, daß eine Verkleinerung der Speicherbenutzungsdauer t_s die Wirtschaftlichkeit nicht ungünstig beeinflußt, sondern sie eher bessert, auch wenn die Ausbauleistung zu Lasten der Speicherung vergrößert werden muß.

Diese Schlußfolgerung wird auch durch das nachstehende *Beispiel* eines reinen Winterspeicherwerkes bestätigt. Die Daten dieses Werkes sind folgende:

$$
\begin{array}{ll}
\text{mittlere Winterfracht} & = 12 \text{ Mio } \text{m}^3 \\
\text{Fallhöhe } H_s & = 500 \text{ m} \\
\text{Stollenlänge} & = 6 \text{ km} \\
\text{Nutzinhalt d. Speichers } S & = 60 \text{ Mio } \text{m}^3 \text{ entsprechend der} \\
& \qquad\quad \text{Sommerfracht im Trockenjahr} \\
\eta_{\text{Ges}} & = 0{,}8 \\
\text{Arbeitswert} & \quad e = \dfrac{500 \cdot 0{,}8}{367} = 1{,}09 \text{ kWh/m}^3 \\
\text{Speichervermögen } I & = 65{,}5 \text{ Mio kWh}
\end{array}
$$

Jahresdargebot ohne Sommerüberschußenergie $= 78$ Mio kWh.

Es wurden die ungefähren Anlagekosten in Abhängigkeit von der Ausbauwassermenge Q_A ermittelt. Im linken Diagramm der Abb. 46 ist der Zusammenhang zwischen Q_A und der Ausbauleistung N angegeben, außerdem sind die Jahreskosten unter Zugrundelegung eines Jahresfaktors $\alpha = 0{,}1$ als Funktion der Ausbauleistung eingezeichnet. Das rechte Schaubild zeigt die Jahreskosten eines Dampfkraftwerkes in Abhängigkeit von der Ausbauleistung. Die spezifischen Anlagekosten des Dampfkraftwerkes wurden mit der Ausbauleistung auf Grund von Erfahrungswerten wie folgt variiert:

Ausbauleistung	39000	58500	78000	97500 kW
spezifische Anlagekosten	360	340	323	315 S/kW
leistungsunabhängiger Teil der Bedienungs- und Unterhaltskosten	9,8	9	8,2	7,3 S/kW

Im übrigen sind die vorhin für Dampfkraftwerke angegebenen Zahlen übernommen worden. Die Vergrößerung des mittleren spezifischen

Wärmeverbrauches mit abnehmender Benutzungsdauer wurde ebenfalls auf Grund von Erfahrungswerten berücksichtigt. Die Jahreskosten eines Dampfkraftwerkes sind für einen Wärmepreis von 4 und 8 S/10^6 kcal angegeben. Der Vergleich mit der aus dem linken Schaubild übernommenen Kostenlinie für das Speicherkraftwerk zeigt, daß letzteres mit dem Dampfkraftwerk um so eher in Wett-

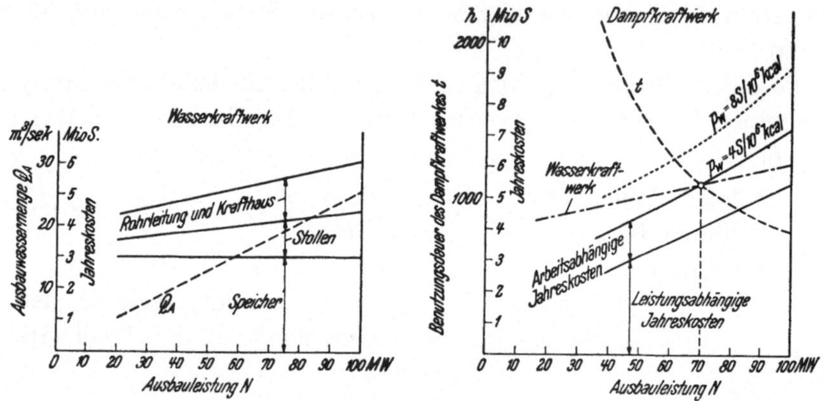

Abb. 46. Beispiel für einen Wirtschaftlichkeitsvergleich zwischen einem Wasserkraftwerk mit Jahresspeicherung und reiner Winterabgabe und einem Zusatzdampfkraftwerk. (Getroffene Annahmen siehe S. 115.)

bewerb treten kann, je kleiner die Benutzungsdauer wird. Allerdings sind der Verkleinerung der Benutzungsdauer des Jahresspeicherwerkes Grenzen gesetzt. Man wird betrieblich Wert darauf legen, nicht unter ein ausreichendes Verhältnis Arbeit zu Leistung zu gehen, um in der Einsatzweise des Werkes nicht zu sehr gebunden zu sein. Man kann daher eine Benutzungsdauer von 1000 h vielleicht als unterste Grenze ansehen. Die Diagramme lassen erkennen, daß die Wettbewerbsfähigkeit des Jahresspeicherwerkes im wesentlichen von folgenden Faktoren abhängt:

1. den Kosten für den Speicher,
2. dem Jahresfaktor,
3. dem Wärmepreis.

Hievon ist der Wärmepreis eine von der Lage am Kohlenmarkt abhängige, stark veränderliche Größe, die man nur durch Schätzung eines Mittelwertes berücksichtigen kann. Es wäre jedenfalls falsch, den Ausbau von Speicherkraftwerken von den augenblicklichen Brennstoffpreisen abhängig zu machen. Die Speicherkosten sind vornehmlich mit der Fallhöhe veränderlich, daneben ist auch der

Gütegrad der Sperre und die Zugänglichkeit der Baustelle von Einfluß. Eine wesentliche Bedeutung hat auch der Zinssatz. Eine Senkung um 2% bedeutet beim Wasserkraftwerk eine Verringerung des Jahresfaktors um 20%, beim Dampfkraftwerk um 14%, wobei zu berücksichtigen ist, daß die Anlagekosten des Jahresspeicherwerkes das 3—4fache derjenigen des Dampfkraftwerkes ausmachen. Jedenfalls wird man in brennstoffarmen Ländern den Möglichkeiten der Jahresspeicherung erhöhte Aufmerksamkeit schenken und schon aus energiewirtschaftlichen Gründen bestrebt sein müssen, durch eine Verringerung des Jahresfaktors (Senkung des Zinssatzes und der Steuern) den Ausbau von Jahresspeicherwerken zu fördern.

Neben dem Vergleich mit der kalorischen Deckung des Zuschußbedarfes ist auch noch an die Möglichkeit zu denken, verstärkt billige Laufwasserkräfte auszubauen, wobei die Frage der Unterbringung der Sommerüberschußenergie und der für sie erzielbaren Preise geklärt werden muß. Hier spielt auch ein eventueller Austausch von Sommerüberschußenergie gegen Kohle oder Winterzuschußenergie mit dem Auslande hinein. Jedenfalls muß eine sorgfältige Abwägung der Kosten für die Speicheranlagen gegenüber denen für kalorische Zuschußenergie oder dem verstärkten Ausbau von Laufkraftwerken unter Berücksichtigung der Übertragungskosten und der Auswirkung auf die Energiebilanz des Wirtschaftsgebietes die Grundlage für eine zweckmäßige Ausbauplanung und Abstimmung der verschiedenen Möglichkeiten bilden.

22. Die Anwendung der Pumpspeicherung.

Bei der Pumpspeicherung wird der Stauraum nicht durch natürlichen Zufluß, sondern durch Hochpumpen des Wassers von einem tieferliegenden Niveau aus gefüllt. Die für das Hochfördern notwendige Energie wird dem elektrischen Netz entnommen. Die Pumpspeicherung stellt daher keine Speicherung der Rohenergie, sondern der bereits veredelten Energie dar, die in eine speicherfähige Energieform um- und wieder rückgewandelt wird. Wenn auch normalerweise das Hochpumpen und Abarbeiten des Wassers über die gleiche Fallhöhe erfolgt, so ist dies durchaus nicht notwendig. Die *Abarbeitung* über größere Fallhöhen kann, energiewirtschaftlich gesehen, nur als Vorteil betrachtet werden. Um die Wassermenge $\overline{Q}\,\mathrm{m^3}$ über eine Fallhöhe H_{s_1} hochzupumpen, ist eine elektrische Energiemenge von

$$E_{s_1} = \frac{\overline{Q} \cdot H_{s_1}}{367 \cdot \eta_{1\,\mathrm{Ges}}} \quad [\mathrm{kWh}]$$

erforderlich. Bei der Abarbeitung über die Fallhöhe H_{s2} leistet die gleiche Wassermenge die Arbeit

$$E_{s_2} = \frac{\overline{Q} \cdot H_{s_2}}{367} \cdot \eta_{2\,Ges} \quad [kWh].$$

Das Verhältnis der wiedergewonnenen zur aufgewendeten elektrischen Energie, die wir als *Rückgewinnungsgrad* ρ der Pumpspeicherung bezeichnen wollen, ist demnach

$$\rho = \frac{E_{s2}}{E_{s1}} = \frac{H_{s2}}{H_{s1}} \, (\eta_1 \cdot \eta_2)_{Ges} \tag{12}$$

Für $\eta_{2\,Ges}$ können wir im Mittel wieder den im 21. Abschnitt ausgerechneten Wert von 0,78 setzen, für den Gesamtwirkungsgrad des Pumpbetriebes wären etwa folgende Teilziffern zugrundezulegen:

$$
\begin{array}{llll}
\text{Umspannerwirkungsgrad} & \eta_u & = & 0,98 \\
\text{Motor-} & \text{\textquotedblright} & \eta_m & = & 0,95 \\
\text{Pumpen-} & \text{\textquotedblright} & \eta_P & = & 0,83 \\
\text{Rohrleitungs-} & \text{\textquotedblright} & \eta_E & = & 0,985 \\
\text{Eigenbedarfsanteil} & & \varepsilon & = & 0,004
\end{array}
$$

Damit wird $\eta_{1\,Ges} = 0,98 \cdot 0,95 \cdot 0,83 \cdot 0,985 \, (1 - 0,004) = 0,755$.

Es kann also

$$(\eta_1 \cdot \eta_2)_{Ges} = 0,78 \cdot 0,755 = 0,59$$

gesetzt werden. Tatsächlich sind bei größeren Pumpspeicherwerken mit wirtschaftllich ausgelegten Umspannern solche Gesamtwirkungsgrade erreicht worden. Ist $H_{s2} = H_{s1}$, so entspricht der Rückgewinnungsgrad ρ dem Gesamtwirkungsgrad der Pumpspeicherung. Sind die Fallhöhen jedoch verschieden, so kann der Rückgewinnungsgrad Werte über 1 annehmen. Er beträgt 1, wenn $H_{s_2} = 1,7\,H_{s1}$ ist, dann entspricht die dem Speicher zugeführte Energiemenge der entnommenen.

Als Nachteil der Pumpspeicherung gegenüber der mit natürlichem Zufluß arbeitenden kann, wirtschaftlich betrachtet, die Notwendigkeit gesehen werden, für das Auffüllen des Speichers elektrische Energie beziehen zu müssen. Bei Wirtschaftlichkeitsvergleichen muß also die Formel (11) durch Einfügung eines die Energiekosten erfassenden Gliedes entsprechend erweitert werden. Für eine gespeicherte Energiemenge E_s (kWh/Jahr) beträgt die zugeführte Energie E_s/ρ und der Aufwand

$$\frac{E_s}{\varrho} \cdot \frac{p_s}{100} \quad [S/Jahr],$$

wenn mit p_s (g/kWh) der Strompreis für die zugeführte elektrische

Energie bezeichnet wird. Die Ableitung für die Formel (11) lautet dann für den Fall der Pumpspeicherung

$$\alpha_s \cdot a_s \cdot I + \frac{E_s}{\varrho} \cdot \frac{p_s}{100} \leqq m \cdot N_s + n \cdot E_s \quad [S/Jahr]$$

$$\alpha_s \cdot a_s \leqq m \; \frac{N_s}{I} + n \; \frac{E_s}{I} - \frac{p_s}{100 \cdot \varrho} \cdot \frac{E_s}{I}$$

$$a_s \leqq \frac{f}{c_s} \left[\frac{m}{t_s} + n - \frac{p_s}{100\,\varrho} \right] \quad [S/kWh]. \tag{13}$$

Bei Anwendung der Pumpspeicherung für Tagesausgleich, dem der überwiegende Teil der bisher ausgeführten Anlagen dient, fallen die Energiekosten weniger ins Gewicht, da bei den kleinen Benutzungsdauern die Anlagekosten den wesentlichen Einfluß ausüben. Bei einem Ausgleich über längere Zeitperioden wirkt sich das zusätzliche Kostenglied jedoch stärker aus und kann die Wirtschaftlichkeit der Speicherung gefährden.

Trotzdem ist die Pumpspeicherung, richtig angewendet, für die Wasserkraftnutzung eine interessante Möglichkeit und von wirtschaftlichem Wert. Sie gestattet die Auffüllung von geländemäßig und geologisch günstigen Speicherräumen mit nicht ausreichendem Einzugsgebiet in Kombination mit dem natürlichen Zufluß und ist vor allem dann am Platze, wenn das Verhältnis der Fallhöhen H_{s2}/H_{s1} günstig ist und minderwertiger Überschußstrom (z. B. inkonstanter Sommernachtstrom) für das Hochpumpen zur Verfügung steht. Die *zusätzliche* Pumpspeicherung zum natürlichen Zufluß bedeutet eine künstliche Vergrößerung des wirksamen Einzugsgebietes.

Ein praktisches Beispiel für die Anwendung der zusätzlichen Pumpspeicherung ist das in Abb. 47 wiedergegebene Projekt für das Kraftwerk Triebenbach. Der Speicherraum Hohentauern gibt durch Abschluß mit einem Erddamm einen nutzbaren Inhalt von 35 bis 40 Mio m³. Das natürliche Einzugsgebiet reicht auch unter Berücksichtigung von zwei Bachüberleitungen (rund 44 km²) zur Auffüllung des Speicherraumes jedoch nicht aus. Es bringt im Mitteljahr eine Wasserfracht von 24, im Trockenjahr von 18 Mio m³, wovon der weit größere Teil in das Sommerhalbjahr fällt. Macht man sch das Einzugsgebiet des tieferliegenden Triebenbaches mit 55 km² durch Hochpumpen in den Speicher Hohentauern zunutze, so kann man zusätzlich im Mitteljahr 46, im Trockenjahr 34,5 Mio m³ gewinnen. Zu diesem Zweck wird in den Lauf des Triebenbaches ein Tagesspeicher eingeschaltet, der dazu dient, den Wasserzufluß während der 16 Tagesstunden für die Nachtzeit zurückzuhalten, um das Hoch-

pumpen mit Nachtüberschußstrom zu ermöglichen. Die Abarbeitung
des Speicherinhaltes erfolgt daher zweistufig, die Maschinensätze
der Oberstufe werden mit Speicherpumpen gekuppelt. Der Rückgewinnungsgrad der Pumpspeicherung beträgt in diesem Falle

$$\rho = \frac{500}{150} \cdot 0,59 = 1,96,$$

er ist also als sehr günstig zu bezeichnen.

Für die Aufbringung der Pumpenergie ergeben sich dann wirtschaftlich günstige Verhältnisse, wenn es sich um inkonstante

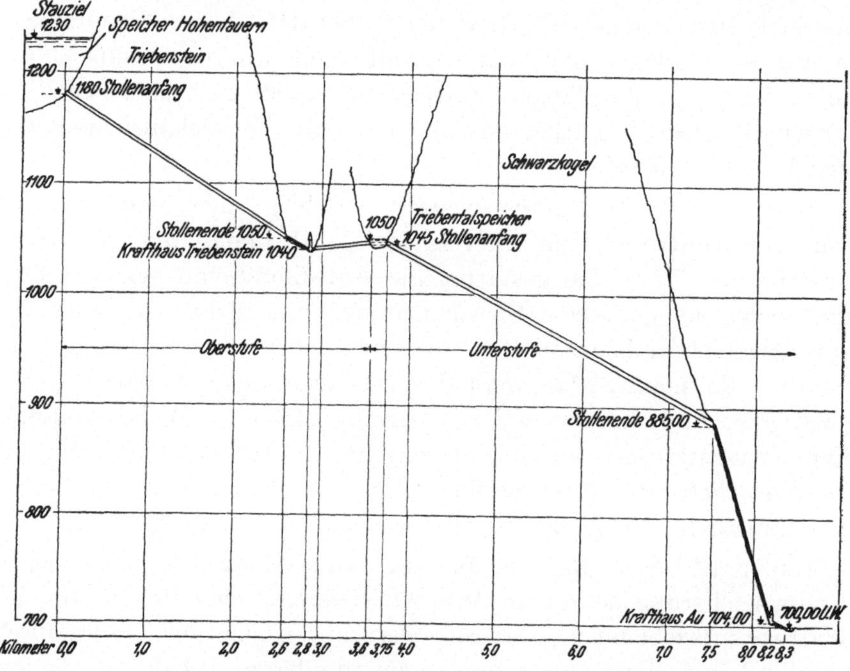

Abb. 47. Längenprofil des Kraftwerkes Triebenbach.

Sommerenergie aus darunterliegenden Stufen handelt, denen die
Veredelung des Laufwassers beim Abarbeiten des Speicherinhaltes
wieder zugutekommt. Dies ist z. B. bei dem geschilderten Projekt
Triebenbach der Fall. Wie Abb. 24 zeigt, kommt der Speicherinhalt
des Hohentauernspeichers den an der Enns vom Gesäuseeingang
abwärts liegenden Kraftstufen zugute. Eine kleine Überschlagsrechnung läßt den wirtschaftlichen Vorteil sofort erkennen. Im
Laufbetrieb können aus einer Wassermenge $Q_ü$

$$E_ü = \frac{\overline{Q_ü \cdot H_L \cdot \eta_L}}{367} \quad [\text{kWh}]$$

erzeugt werden. Mit dieser Energiemenge ist es möglich,

$$\overline{Q_s} = \frac{376 \cdot E_{\ddot{u}} \cdot \eta_s}{H_{s_1}} \quad [\mathrm{m}^3]$$

Wasser hochzupumpen und zu speichern. Auf je m³ Laufwasser, das für die Lieferung der Pumpenergie verwendet wird, fallen im Winter

$$\frac{\overline{Q_s}}{\overline{Q_{\ddot{u}}}} = \frac{H_L}{H_{s_1}} \cdot \eta_L \cdot \eta_{s1} \quad [\mathrm{m}^3/\mathrm{m}^3]$$

Speicherwasser an. Im behandelten Beispiel könnte man Sommerüberschußenergie aus dem Gesäusekraftwerk Hieflau heranziehen. Nimmt man den Wirkungsgrad des Laufwasserkraftwerkes mit 0,83 an, so ergibt sich bei einem $H_L = 80$ m

$$\frac{\overline{Q_s}}{\overline{Q_{\ddot{u}}}} = \frac{80}{150} \cdot 0{,}83 \cdot 0{,}755 = 0{,}33 \quad [\mathrm{m}^3/\mathrm{m}^3].$$

Für 3 m³ minderwertiges Sommerwasser erhält das Werk im Winter theoretisch 1 m³ hochwertiges Winterwasser zurück, theoretisch deshalb, weil eine gewisse Minderung durch Wasserverluste auf dem Fließweg eintritt. Ist der Wertunterschied zwischen inkonstanter Sommernachtenergie und Wintertagesenergie, von der Absatzseite gesehen, größer als 1 : 3, was praktisch bestimmt der Fall sein wird, so ist die Lieferung des Pumpstromes für das Laufkraftwerk von erheblichem Nutzen. Es bringt den Aufwand für Pumpenergie durch den Nutzen im Winter herein. Man erkennt auch aus diesen Erörterungen, wie wichtig eine gut abgestimmte wasserkraftwirtschaftliche Planung für einen Flußlauf für dessen optimale Ausnutzung ist.

23. Die Bewertung der Wirtschaftlichkeit von Wasserkraftanlagen.

Im Rahmen einer generellen Planung für die Wasserkraftnutzung wird man das Bedürfnis empfinden, die einzelnen Ausbaumöglichkeiten nach ihrem wirtschaftlichen Nutzen zu bewerten und so ihre Bedeutung für die Energieversorgung festzustellen. Man erwartet von einer solchen Bewertung einen Anhalt über die Wettbewerbsfähigkeit der einzelnen Projekte untereinander und damit über die zu wählende zeitliche Reihenfolge des Ausbaues. Darüber hinaus läßt sie Schlüsse auf die weitere Entwicklung des Strompreisniveaus zu und bildet so die Grundlage für notwendig werdende energiepolitische Maßnahmen.

Die zeitliche Veränderlichkeit des Energiedargebotes aus Wasserkraftanlagen bringt es mit sich, daß nicht allein die Kenntnis der spezifischen Ausbau- und Gestehungskosten genügt, sondern diese mit der Art des Energieanfalles in Verbindung gebracht werden müssen, d. h. also, daß mit der Erfassung der Kosten auch eine qualitative Kennzeichnung der erzeugten Energie Hand in Hand zu gehen hat. Der Maßstab für eine solche qualitative Bewertung ergibt sich aus den Anforderungen des Bedarfes hinsichtlich Zeit und Höhe.

Verschiedene Vorschläge, so auch ein in letzter Zeit von *Öhler* (13) gemachter, gehen davon aus, das Dargebot in Sommer- und Winterenergie aufzuteilen, für die Sommerenergie einen erzielbaren Preis anzunehmen und die je kWh Winterdargebot verbleibenden Anlagekosten zu ermitteln. In ähnlichen Gedankengängen bewegen sich Vorschläge, die von einer verfeinerten Abstufung der Energiequalität, wie Winter- bzw. Sommerspitzen-, Tages- und Nachtenergie ausgehen. Sie versuchen, für die einzelnen Energiequalitäten die erzielbaren Erlöse festzustellen und den Durchschnittswert mit den mittleren Gestehungskosten des Wasserkraftausbaues zu vergleichen. Allen diesen Bewertungsmethoden haftet als Mangel an, daß sie von zeitlich veränderlichen Voraussetzungen ausgehen, denn sowohl das Strompreisniveau an sich, als auch die Verwertbarkeit der verschiedenen Stromqualitäten und die Nachfrage nach diesen hängen von einer ganzen Reihe von zeitbedingten Umständen ab (Kohlenpreis, neue Anwendungsmöglichkeiten der elektrischen Energie auf em Wärmesektor, Ausbau energieintensiver Betriebe, Export, Errichtung von Pumpspeichern usw). Es ist einleuchtend, daß eine Verquickung von Zahlen, die einerseits aus dem Ausbauprojekt, anderseits aus einer zu einem bestimmten Zeitpunkt bestehenden Absatzlage abgeleitet werden, nicht zu eindeutigen, von Zeitumständeu unabhängigen Vergleichen von Wasserkraftbauvorhaben untereinander führen kann. Auch die Notwendigkeit, mit *Strom*preisen rechnen und daher den Jahresfaktor einbeziehen zu müssen, ist als weiterer Nachteil anzusehen, da auch Zinsen und Steuersätze als weitere veränderliche Größen in die Bewertung eingehen.

Man muß also nach einer Bewertungsweise suchen, die von Strompreisen und Jahreskosten unabhängig ist und sich lediglich auf die spezifischen Anlagekosten und auf eine Kennzeichnung des Dargebotes stützt. Die Lösung dieser Aufgabe ist für *Lauf*kraftwerke dann nicht schwierig, wenn man davon abgeht, die Aufteilung des Dargebotes qualitativ in Sommer- und Winterenergie vorzunehmen und diese durch eine Aufgliederung in *jahreskonstante* und *inkonstante* Energie ersetzt. Diese Unterteilung hat gegenüber der anderen außerdem noch einige Vorzüge. Sie stimmt mit der Grundlage des gebräuchlichsten Stromtarifsystems, dem Grundgebührentarif, überein, bei dem der Leistungspreis nur von der gesicherten Leistung, also von der jahreskonstanten Energie erhoben werden kann, wogegen für das inkonstante Dargebot nur der Ansatz eines Arbeitspreises in Frage kommt. Bezieht man den Vergleich auf ein Jahr mit mittlerem Dargebot — die Wahl eines solchen ist vom wirtschaftlichen Standpunkte aus gesehen wohl die richtige — so gibt die Unterteilung in konstante und inkonstante Energie auch sofort Aufschluß über die Höhe der in trockenen Jahren notwendigen kalorischen Zusatzleistung, wenn man die Angabe des $E_{95\%}$ für das mittlere Jahr noch durch $E_{95\%}$ für das Trockenjahr ergänzt. Auch die bereitzustellende Zusatzleistung als Überjahresausgleich ist für eine vergleichsweise Beurteilung von Wasserkraftprojekten von Einfluß.

Wir kamen im 19. Abschnitt zur Erkenntnis, daß es richtig ist, Laufwasserkraftwerke mit jener Wassermenge auszubauen, bei der sich die niedrigsten spezifischen Anlagekosten a_0 (S/kWh), auf das *Gesamt*dargebot bezogen, ergeben. Damit sind die Energieausbeute E und die spezifischen Anlagekosten a_0 für die Ausbauwassermenge bekannt. Wir können ferner das Energiedargebot bei der Wassermenge $Q_{95\%}$, die wir nach dem früher Gesagten als praktisch jahreskonstant ansehen wollen, aus den Jahresdauerlinien feststellen. Die Aufgliederung des Dargebotes und der Anlagekosten in jahreskonstante und inkonstante Energie ergibt sich demnach in einfacher Weise aus den Diagrammen der Abb. 34. Wir haben dort das Energiedargebot bei $Q_{95\%} = 1$ gesetzt und das Dargebot bei anderen Ausbauwassermengen durch ein Vielfaches davon ausgedrückt. Dasselbe geschieht für die Anlagekosten, die ebenfalls auf den Wert bei $Q_{95\%}$ bezogen wurden. Nennen wir das Verhältnis der Energieausbeuten

$$\frac{E_{opt}}{E_{95\%}} = \varkappa$$

und das Verhältnis der Anlagekosten

$$\frac{A_{opt}}{A_{95\%}} = \xi,$$

so können wir die Aufteilung der spezifischen Anlagekosten auf jahreskonstantes und inkonstantes Dargebot leicht ermitteln. Sind

$$A/E = a_0 \ [S/kWh]$$

die spezifischen Anlagekosten bei der Ausbauleistung, so ist der auf die jahreskonstante Energie entfallende Kostenanteil

$$a_{0\,K} = a_{0\,95\%} = \frac{A_{95\%}}{E_{95\%}} = \frac{A_{opt}}{\xi} \cdot \frac{\varkappa}{E_{opt}} = \frac{\varkappa}{\xi} \cdot a_0 \ [S/kWh] \quad (14a)$$

und der auf die inkonstante Energie entfallende Anteil

$$a_{0\,i} = \frac{A_{opt} - A_{95\%}}{E_{opt} - E_{95\%}} = A_{opt}\left(1 - \frac{1}{\xi}\right) \cdot \frac{1}{E_{opt}\left(1 - \frac{1}{\varkappa}\right)} =$$

$$= a_0 \frac{\varkappa}{\xi} \cdot \frac{\xi - 1}{\varkappa - 1} \quad [S/kWh]. \qquad (14\,b)$$

Wir haben auf diese Weise eine Aufteilung der spezifischen Anlage-
kosten auf die beiden Stromqualitäten vorgenommen, wobei nur
Zahlen zur Verwendung gelangen, die sich aus dem betreffenden
Kraftwerksprojekt ergeben. Entwirft man ein Diagramm, in dem

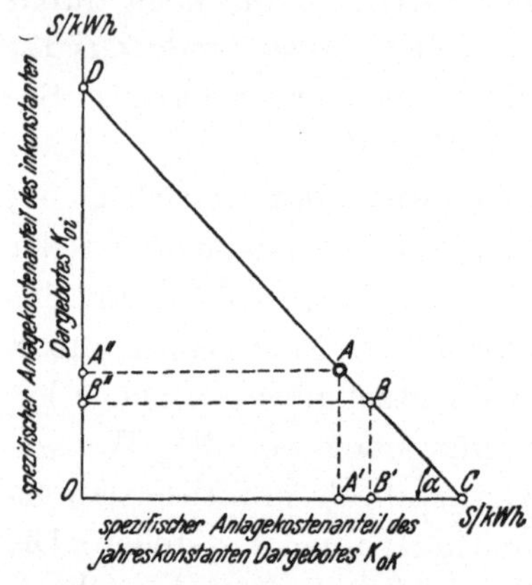

Abb. 48. Aufstellung der Wirtschaftlichkeitskennlinie eines Laufkraftwerkes.

die Anlagekostenanteile des jahreskonstanten Dargebotes $a_{0\,K}$ als
Abszisse und der Anteil am inkonstanten Dargebot $a_{0\,i}$ als Ordinate
aufgetragen werden, so kann man
in dieses Koordinatensystem für
die zu vergleichenden Wasserkraftwerke die Zahlenwerte für $a_{0\,K}$
und $a_{0\,i}$ eintragen, wie dies in Abb. 48
für eine Anlage angedeutet ist
$(\overline{Q\,A'} = a_{0\,K}, \ \overline{O\,A''} = a_{0\,i})$. Die Lage
der Punkte läßt einen Vergleich
über die Wirtschaftlichkeit der einzelnen Ausbaumöglichkeiten zu.

Man kann nun noch einen Schritt weitergehen. Die oben errechneten Werte $a_{0\,K}$ und $a_{0\,i}$ entsprechen exakt dem tatsächlich auf das
jahreskonstante und inkonstante Dargebot entfallenden Aufwand.
Bei dem einen Bauvorhaben werden nun die Kosten für die jahreskonstante Energie günstiger, dafür die für die inkonstante Energie
höher sein, bei dem anderen kann gerade das Umgekehrte zutreffen.
Es ist nun von Interesse, wie sich eine Kostenkomponente verändert,
wenn man die andere verschiebt. Wie ändert sich z. B. der Kostenanteil $a_{0\,i}$ des Werkes B, wenn man, abweichend von den tatsächlich
anfallenden Beträgen den Kostenanteil $a_{0\,K}$ dem des Werkes A an-
gleichen wollte? Auch diese Frage ist leicht zu beantworten. Man
braucht nur von der Bedingung auszugehen, daß die gesamten Anlagekosten $A = a_0 \cdot E$ eine gegebene Größe sind und gedeckt werden
müssen. Wir können also anschreiben

$$a_0 \cdot E_{opt} = a_{0\,Kx} \cdot E_{95\%} + a_{0\,ix}\,(E_{opt} - E_{95\%}) \quad [S]$$

$$a_0 = \frac{a_{0\,Kx}}{\varkappa} + a_{0\,ix}\left(1 - \frac{1}{\varkappa}\right) \quad [S/kWh]$$

$$\varkappa \cdot a_0 = a_{0\,Kx} + a_{0\,ix}\,(\varkappa - 1) \quad [S/kWh] \qquad (15)$$

Setzt man die oben errechneten Werte für die tatsächlichen a_{0K} und a_{0i} in diese Gleichung ein, so wird man sehen, daß sie erfüllt ist. Die Formel (15) stellt die Gleichung einer Geraden dar, die die Abszissenachse im Abstand

$$\overline{O\,C} = \varkappa \cdot a_0 \quad [\text{S/kWh}]$$

die Ordinatenachse im Abstand

$$\overline{O\,D} = \frac{\varkappa}{\varkappa - 1} \cdot a_0 \quad [\text{S/kWh}]$$

schneidet (Abb. 48). Diese Gerade ist der geometrische Ort der Anlagekostenwerte, für die die oben aufgestellte Bedingung der Deckung der Gesamtkosten erfüllt ist. Würde man z. B. vergleichsweise den inkonstanten Kostenanteil der betrachteten Anlage $a_{0i} = \overline{O\,A''}$ den Werten einer anderen Anlage mit dem Kostenanteil $\overline{O\,B''}$ anpassen wollen, so würde dies gegenüber dem tatsächlichen Kostenanteil für die jahreskonstante Energie $a_{0K} = \overline{O\,A'}$ eine Erhöhung auf $\overline{O\,B'}$ notwendig machen. Aus dem Schaubild läßt sich aber leicht noch eine andere charakteristische Größe abgreifen. Bilden wir

$$\frac{\overline{O\,D}}{\overline{O\,C}} = \operatorname{tg} \alpha = \frac{1}{\varkappa - 1},$$

so stellt dieser Wert das Verhältnis

$$\frac{1}{\dfrac{E_{opt}}{E_{95\%}} - 1} = \frac{E_{95\%}}{E_{opt} - E_{95\%}} = \frac{E_{95\%}}{E_i}$$

dar. Die Neigung der Geraden, die man als *Wirtschaftlichkeitskennlinie* einer Wasserkraftanlage bezeichnen kann, gibt also das Verhältnis der konstanten zur inkonstanten Energie an. Je steiler die Gerade verläuft, um so größer ist der Anteil an jahreskonstanter Energie. In Abb. 49 sind die Wirtschaftlichkeitskennlinien von Laufkraftwerken zusammengestellt, deren E- und A-Kurven in den Abb. 34 und 36 eingetragen sind. Die kostenechte Aufteilung der spezifischen Anlagekosten ist durch die auf den einzelnen Linien hervorgehobenen Punkte angedeutet. Nach diesen Kennlinien läßt sich folgende wirtschaftliche Reihung der Anlagen vornehmen: 1, 3, 6, 2, 5, 4. Der Aufwand für die Übertragung und für die Beschaffung von Zuschußenergie in Trockenjahren kann zu einer Korrektur der Rangordnung führen.

Die grundsätzliche Unterteilung des Dargebotes in jahreskonstante und inkonstante Energie bietet die Grundlage für eine weitergehende

Verfeinerung der Aufgliederung. Sie ist in den Diagrammen der Abb. 50 für zwei Beispiele, die den Abb. 34 und 36 entnommen wurden, dargestellt. Die Dargebotsschaubilder werden durch ein Achsenkreuz in vier Quadranten zerlegt, die horizontale Achse teilt das Dargebot in jahreskonstante und inkonstante Energie, die vertikale Achse diese wieder in Sommer- und Winterenergie. Die Flächen entsprechen maßstäblich den Jahresenergiemengen. Die jahreskonstante

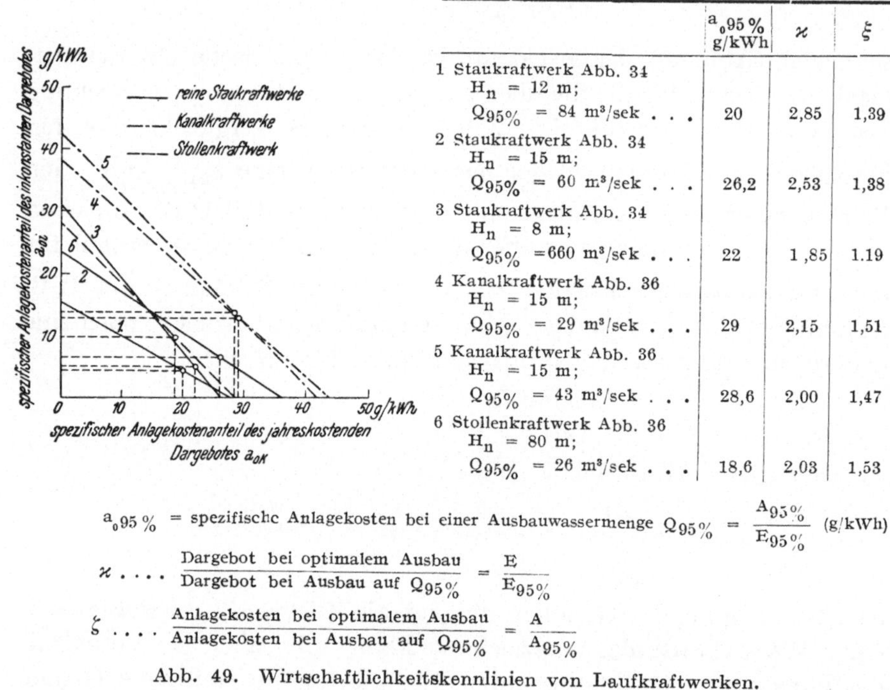

	$a_0 95\%$ g/kWh	$\varkappa$	ξ
1 Staukraftwerk Abb. 34 $H_n = 12$ m; $Q_{95\%} = 84$ m³/sek . . .	20	2,85	1,39
2 Staukraftwerk Abb. 34 $H_n = 15$ m; $Q_{95\%} = 60$ m³/sek . . .	26,2	2,53	1,38
3 Staukraftwerk Abb. 34 $H_n = 8$ m; $Q_{95\%} = 660$ m³/sek . . .	22	1,85	1.19
4 Kanalkraftwerk Abb. 36 $H_n = 15$ m; $Q_{95\%} = 29$ m³/sek . . .	29	2,15	1,51
5 Kanalkraftwerk Abb. 36 $H_n = 15$ m; $Q_{95\%} = 43$ m³/sek . . .	28,6	2,00	1,47
6 Stollenkraftwerk Abb. 36 $H_n = 80$ m; $Q_{95\%} = 26$ m³/sek . . .	18,6	2,03	1,53

$$a_0 95\% = \text{spezifische Anlagekosten bei einer Ausbauwassermenge } Q_{95\%} = \frac{A_{95\%}}{E_{95\%}} \ (g/kWh)$$

$$\varkappa \ldots \frac{\text{Dargebot bei optimalem Ausbau}}{\text{Dargebot bei Ausbau auf } Q_{95\%}} = \frac{E}{E_{95\%}}$$

$$\xi \ldots \frac{\text{Anlagekosten bei optimalem Ausbau}}{\text{Anlagekosten bei Ausbau auf } Q_{95\%}} = \frac{A}{A_{95\%}}$$

Abb. 49. Wirtschaftlichkeitskennlinien von Laufkraftwerken.

Energie teilt sich zu gleichen Mengen auf Sommer- und Winterenergie auf. Für die jahreszeitliche Aufgliederung der inkonstanten Energie werden die in den Abb. 34 und 36 bei den behandelten Beispielen eingetragenen Energiesummenlinien für das Winterdargebot allein herangezogen. Aus den für das Sommer- und Winterhalbjahr oder für die einzelnen Monate als Planungsgrundlage aufgezeichneten Dauerlinien läßt sich die Wassermenge abgreifen, die während der sechs Sommermonate konstant bleibt und die ihr entsprechende Energiemenge errechnen. Auch diese Unterteilung des Sommerdargebotes ist durch eine strichlierte Linie angedeutet. Schließlich finden wir noch die Nachtenergie besonders hervorgehoben, die, auf

8 Stunden bezogen, jeweils ein Drittel der einzelnen Dargebotsmengen beträgt (kreuzweise schraffierte Fläche). Man könnte die Darstellung noch durch die Kennzeichnung der Sonntagsenergie ergänzen, die hinsichtlich ihrer Absatzfähigkeit der Nachtenergie gleichkommt.

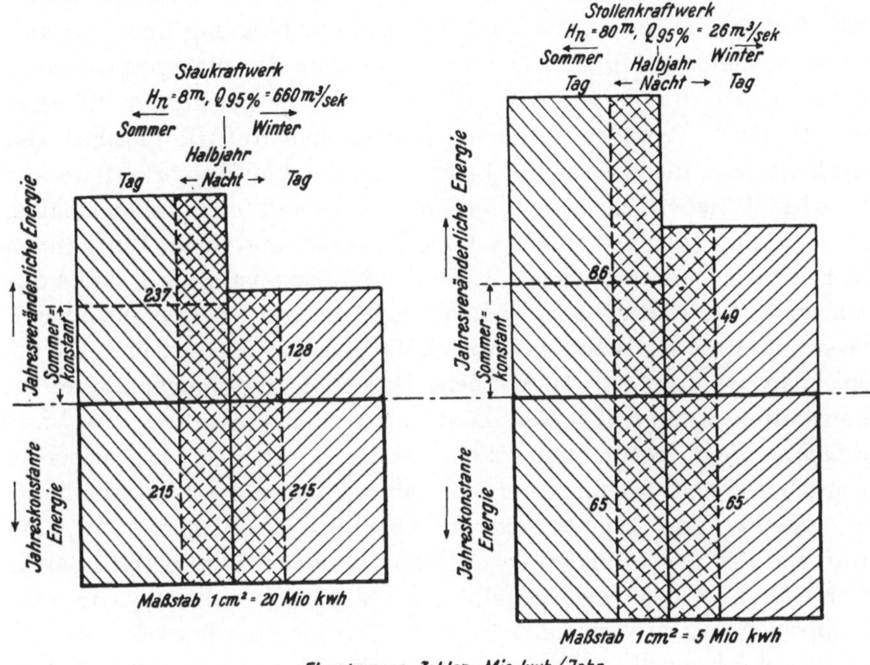

Abb. 50. Aufgliederung des Energiedargebotes bei Ausbau auf wirtschaftlichste Ausbauwassermenge.

Diese Dargebotsschaubilder stellen eine zweckmäßige Ergänzung der Wirtschaftlichkeitskennlinien für die Beurteilung der wirtschaftlichen Bedeutung von Wasserkraftprojekten dar. Sie sind aber auch in Verbindung mit den Anlagekostenanteilen für die konstante und inkonstante Jahresenergie eine Hilfe bei der Erstellung der Stromtarife. Im letzten Abschnitt dieses Buches, das dem Tarifproblem gewidmet ist, wird auf diese Dargebotsschaubilder noch zurückgekommen. Jedenfalls dürften diese Ausführungen gezeigt haben, daß die hier erläuterte Bewertungsmethode eine eindeutige Grundlage für die Beurteilung von Laufkraftwerken darstellt und eine weitere Verfeinerung der Abstufung nach Energiequalitäten in einfacher Weise zuläßt.

Bei *Speicherkraftwerken* ist es schwieriger, eine Bewertungsweise zu finden, die von Strompreisen oder Vergleichen mit der kalorischen

Spitzendeckung unabhängig ist. Eine Aufteilung in jahreskonstante und inkonstante Energie ist hier wenig sinnvoll, da die gespeicherte Dargebotsmenge bewertungsmäßig weder der einen noch anderen Energieart zugerechnet werden kann. Eine Folge davon ist, daß man auch für die Umlegung der Anlagekosten über keine eindeutige Grundlage verfügt, da die über die jahreskonstante Leistung hinaus installierte Ausbauleistung sowohl der Abarbeitung des nichtgespeicherten Sommerüberschußdargebotes als auch der gespeicherten Energiemenge dient. Trotzdem können wir auch hier auf die gleichen Gedankengänge, die wir für die Bewertung von Laufwasserkraftwerken entwickelt haben, zurückgreifen und diese mit einer sinngemäßen Abwandlung auch auf die Speicherkraftwerke anwenden. Wir können hier so vorgehen, daß wir an Stelle der jahreskonstanten Energie das jahreskonstante Dargebot mit der gespeicherten Energie zusammenfassen und diese als für das Mitteljahr gesichertes Dargebot E_G bezeichnen, während wir das restliche Dargebot, das sinngemäß der inkonstanten Energie bei den Laufkraftwerken entspricht, als *Überschußenergie* $E_{\ddot{U}}$ betrachten wollen. Bei der Ermittlung des gesicherten Dargebotes muß beachtet werden, daß zumindest im Winterhalbjahr die Nacht- und Sonntagsenergie ebenfalls gespeichert wird, um während der Tagesstunden verwertet zu werden. Dies kommt in einer Vergrößerung des Speicherfüllfaktors f zum Ausdruck. Um eine Doppelzählung zu vermeiden, ist diese Energie vom jahreskonstanten Dargebot abzuziehen. Die gesicherte Energiemenge kann mit hinreichender Annäherung durch folgenden Ausdruck erfaßt werden:

$$E_G = \frac{8300 - (182 \cdot 8 + 30 \cdot 16)}{8300} \cdot E_{95\%} + f \cdot I = 0{,}77 \cdot E_{95\%} + f \cdot I \quad [\text{kWh/Jahr}].$$

Darin bedeuten $182 \cdot 8$ die Nachtstunden und $30 \cdot 16$ die Sonn- und Feiertags-Tagesstunden im Winterhalbjahr, I den Speicherinhalt in kWh.

Bezeichnen wir wieder mit $a_0 = A/E$ die spezifischen Anlagekosten, bezogen auf das Gesamtdargebot E im mittleren Jahr (S/kWh)

$$\varkappa = E/E_G$$

$a_{0\,Gx}$ und $a_{0\,\ddot{U}x}$ die anteiligen Anlagekosten für die gesicherte und für

die Überschußenergie [S/kWh],

so läßt sich in analoger Weise wie bei den Laufkraftwerken die Beziehung anschreiben

$$a_0 \cdot E = a_{0\,Gx} \cdot E_G + a_{0\,\ddot{U}x} (E - E_G)$$

$$\varkappa \cdot a_0 = a_{0\,Gx} + a_{0\,\ddot{U}x} (\varkappa - 1) \quad [S/kWh] \qquad (16)$$

Wir erhalten wieder eine Gerade als Wirtschaftlichkeitskennlinie. Der Unterschied gegenüber den Laufkraftwerken besteht jedoch, abgesehen von der anderen Dargebotsaufteilung, darin, daß die Anlagekosten a_0 nicht eindeutig auf die gesicherte und Überschußenergie umgelegt werden können, wie dies vorhin der Fall war. Die Aufteilung ist hier variabel, nur ist einem bestimmten $a_{0\,Gx}$ ein entsprechender Wert $a_{0\,\ddot{U}x}$ zugeordnet.

In Abb. 51 sind für drei Beispiele die Wirtschaftlichkeitskennlinien eingetragen. Die zugrundegelegten Werte sind folgende:

Anlage	a_0 S/kWh	$\varkappa$	t_G Std.
1	0,25	2,87	1550
2	0,31	1,98	1300
3	0,6	1,25	1070

Je größer die gespeicherte Energiemenge im Verhältnis zum Gesamtdargebot ist, um so steiler verläuft die Kennlinie. Die Anlage 3 z. B. kommt einem reinen Winterspeicherwerk sehr nahe, während die Anlage 1 als Laufkraftwerk mit einem Jahresspeicher angesehen werden kann. Bei ihr ist die Überschußenergie größer als das gesicherte Dargebot. Allerdings genügen bei den Speicherkraftwerken die Kennlinien nicht allein für die Beurteilung ihrer Wirtschaftlichkeit. Bei den Laufkraftwerken war der jahreskonstanten Energie eine Jahresbenutzungsdauer von 8300 h zugeordnet, so daß die Benutzungsdauer nicht besonders berücksichtigt zu werden brauchte. Bei den Speicherwerken ist jedoch die Benutzungsdauer der Ausbauleistung, auf die gesicherte Energie bezogen, von Fall zu Fall sehr verschieden, je nach dem Umfang der Speicherung. Die Benutzungsdauer ist

$$t_G = \frac{E_G}{N_A} = \frac{0,77\,E_{95\%} + f \cdot I}{N_A} \quad [h].$$

Es kommt nun darauf an, ein Kriterium dafür zu finden, wann zwei Anlagen mit verschiedenen spezifischen Anlagekosten je kWh gesicherter Energieabgabe und voneinander abweichenden Benutzungsdauern gleichwertig sind. Dies ist offenbar der Fall, wenn

$$(a_{0G} \cdot t_G)_1 = (a_{0G} \cdot t_G)_2 = a \quad [S/kW]$$

ist. Wir zeichnen daher eine Kurvenschar

$$a_{0\,Gx} = \frac{a_x}{t_G} \quad [S/kWh]$$

die gleichseitige Hyperbeln darstellt. Wir können nun den Wirtschaftlichkeitsvergleich in folgender Weise durchführen: Da eine
eindeutige Aufteilung der Kosten auf das gesicherte und Überschuß-
dargebot nicht möglich ist, nimmt man zweckmäßig auf den Kenn-

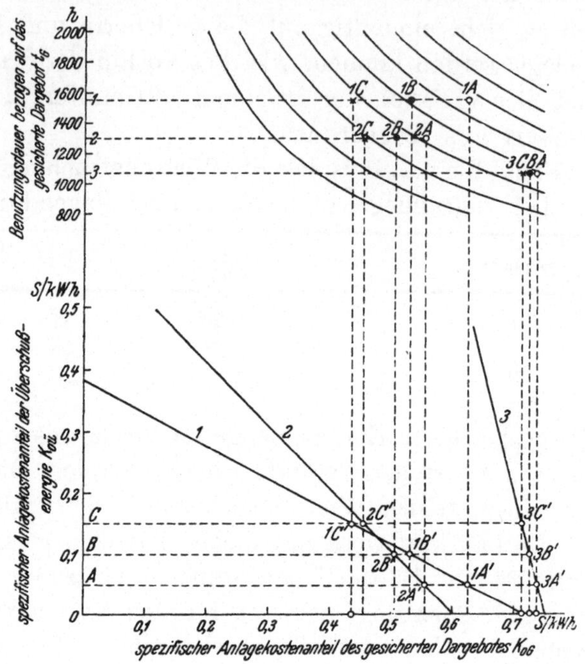

Abb. 51.   Wirtschaftlichkeitskennlinien von Speicherkraftwerken.

linien einige Punkte mit jeweils gleichen Werten $a_{0\ddot{u}}$ (A, B und C)
an; diesen sind auf der Abszissenachse bestimmte Werte a_{0G} zugeordnet (Abb. 51).   Im Schnittpunkt der über den a_{0G}-Werten
errichteten Ordinaten mit den Ordinaten über den für die einzelnen
Anlagen geltenden Benutzungsdauern t_G erhalten wir die Kenn-
punkte der einzelnen Anlagen.   Danach ist die Rangfolge der Werke
bei den Kostenannahmen A und B 2, 3, 1; bei der Annahme C, die
aber wegen ihrer hohen Werte $a_{0\ddot{u}}$ keine praktische Bedeutung hat,
wäre die Rangfolge 2, 1, 3.

Nach der hier geschilderten Methode erscheint es möglich, auch
für die Speicherkraftwerke untereinander eine Vergleichsbasis zu
schaffen, die durch die Kennliniendarstellung eine von bestimmten
zulässigen Strompreisen unabhängige Beurteilung zuläßt. Ebenso
wie für die Laufkraftwerke kann man auch für Speicherkraftwerke

ein Dargebotsschaubild entwerfen (Abb. 50). Das unter der horizontalen Achse liegende Feld wird hier vom gesicherten Dargebot eingenommen, wobei infolge der Speicherung die Arbeitsfläche den rechten Quadranten überragen wird. Hingegen dürfte der Winterüberschuß (rechter oberer Quadrant) sehr zurücktreten, da ihm ein gewisser Ausgleich durch die Speicherung zugute kommt. Die Streifen der Nachtenergie im Winterhalbjahr werden bei Speicherwerken verschwinden, da damit gerechnet werden kann, daß diese durch die Speicherung in Tagesstrom umgewandelt werden.

Es wäre für eine großzügige Ausbauplanung der Wasserkräfte wertvoll, ihre voraussichtlichen wirtschaftlichen Ergebnisse systematisch zu erfassen. Die hier geschilderten Möglichkeiten einer vergleichenden Wertung mögen als Beitrag hiezu angesehen werden.

IV. Die wirtschaftliche Ausnutzung der Windkraft.

24. Das Energiedargebot aus Windkraftanlagen.

Die Verwertung der Windkraft reicht in ihren Anfängen wohl soweit wie die Wasserkraftnutzung zurück. Wer kennt nicht zumindest aus den Bildern die Windmühlen mit ihren schwerfälligen Holzrädern, die der holländischen Landschaft ihr charakteristisches Gepräge geben. Die Windkraft wurde in Gebieten mit beständigeren Windverhältnissen schon frühzeitig zur Erzeugung mechanischer Arbeit herangezogen, sie diente zum Antrieb von Pumpwerken für Be- und Entwässerungszwecke in der Landwirtschaft und zur Mahlung des Getreides. In neuerer Zeit hat die Windkraftnutzung eine Wiederbelebung erfahren; allerdings steht hiebei nicht die Gewinnung von mechanischer Energie, sondern die Stromerzeugung im Vordergrund. Die Gründe, die dazu führten, sind verschiedener Natur. Sie entsprangen teilweise dem Bedürfnis, auch dünn besiedelten Gebieten, für die eine Überlandversorgung wirtschaftlich nicht tragbar ist, die Annehmlichkeiten der Elektrifizierung zukommen zu lassen (Osteuropa, Nordamerika), teilweise auch aus dem Bestreben, energiewirtschaftliche Engpässe, die sich während des zweiten Weltkrieges in energiearmen Ländern, wie z. B. Dänemark, ergaben, zu mildern. Von der technischen Seite her gaben dieser neuerlichen Interessenahme auch die Fortschritte einen gewissen Anstoß, die im Bau von Luftschrauben für Flugzeugantriebe mit verstellbaren Flügeln und hohem Wirkungsgrad erzielt wurden. Sie führten zu neuzeitlichen, nach aerodynamischen Grundsätzen entwickelten Konstruktionen, die mit den alten Windrädern nichts mehr gemein haben und mit Recht als *Windturbinen* anzusprechen sind. Verschiedene Veröffentlichungen (15, 16) geben über diese Entwicklungsarbeiten Aufschluß, an denen im wesentlichen Dänemark, die UdSSR., die USA., aber auch Deutschland beteiligt waren.

Eine Gesamtdarstellung der Energiewirtschaft kann daher an der Windkraftnutzung nicht vorbeigehen. Das Hauptproblem für ihre energiewirtschaftliche Einsatzmöglichkeit bildet das stark veränderliche Dargebot, und zwar nicht nur die Häufigkeit der Wechsel, deren Charakter aus Abb. 3 hervorging, sondern auch die Höhe der Schwankungen. Abgesehen davon, daß die Windgeschwindigkeit selbst in ziemlich weitem Bereiche veränderlich ist, wirken sich die Unterschiede im Rohenergieanfall, gegeben durch die Windgeschwindigkeit, bei der Umsetzung in der Windmaschine, verglichen mit den Verhältnissen bei der Wasserturbine, vervielfacht auf die mechanische Leistung aus. Die Leistungsabgabe einer Windmaschine, ohne Berücksichtigung der mechanischen Verluste, wird durch die Formel

$$N_{mech} = c_1 \cdot F \cdot \frac{\varrho}{2} \cdot v^3 \quad [\text{m kg/sek}] \tag{17}$$

erfaßt, worin

    c_1 den Leistungsbeiwert,
    F die Laufradkreisfläche, d. i. die vom Laufrad bei der Drehung
        bestrichene Fläche [m²],
    ϱ die Luftdichte [kg · sek²/m³],
    v die Windgeschwindigkeit [m/sek]

bedeuten. Bei Wasserkraftanlagen dagegen lautet die analoge Leistungsformel

$$N_{mech} = 1000 \cdot Q \cdot H \quad [\text{m kg/sek}].$$

Während bei Wasserkraftanlagen, die für eine bestimmte Fallhöhe gebaut sind, die Leistung mit der Wassermenge in der ersten Potenz veränderlich ist und die Beeinflussung der Fallhöhe durch die Wassermenge bei Laufkraftwerken auf die Leistungsveränderungen sogar noch mildernd wirkt, ist bei Windkraftwerken mit einer bestimmten Laufradkreisfläche die Leistung von der dritten Potenz der Windgeschwindigkeit abhängig. In Abb. 52 wurde versucht, diese Unterschiede zu veranschaulichen. Man erkennt, daß entsprechend den Formeln gleiche Veränderungen der Wassermenge bzw. Windgeschwindigkeit einen voneinander wesentlich abweichenden Gang der anfallenden Leistungen hervorrufen. Dadurch wird naturgemäß die Einsatzmöglichkeit von Windkraftanlagen und eine weitgehende Ausnutzung der anfallenden Energie sehr erschwert. Der Vergleich der in Abb. 53 dargestellten Windgeschwindigkeitsdauerlinien mit den zugehörigen Leistungsdauerlinien bestätigt das hier Gesagte. Die links dargestellten Windgeschwindigkeitsdauerlinien wurden aus einer Reihe von Messungen gewonnen, die an drei in verschiedenen Gegenden liegenden Orten, und zwar Berlin, München und Posen durchgeführt worden sind. Die elektrische Leistung kann auf Grund der oben angegebenen Formel für die Energieumsetzung in der Windmaschine wie folgt berechnet werden

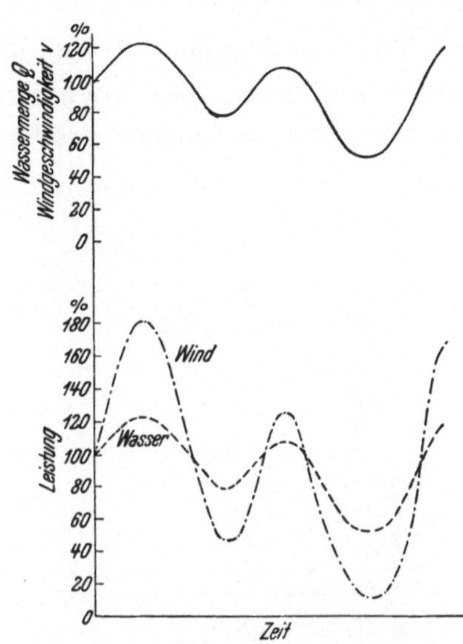

Abb. 52. Kennzeichnung des Schwankungsverhältnisses von Wind- und Wasserkraftleistung.

$$N = c_1 \cdot F \cdot \frac{\varrho}{2} \cdot v^3 \cdot \eta_m \cdot \eta_G \cdot \frac{0,736}{75} =$$

$$= \frac{c_1 \cdot F}{102} \left(\frac{\varrho}{2}\right) v^3 \cdot \eta_m \cdot \eta_G \quad [\text{kW}] \tag{18}$$

$\frac{\varrho}{2}$ beträgt für Luft $^1/_{16}$, für die Wirkungsgrade kann man etwa $\eta_m = 0,9$, $\eta_G = 0,87$ (Gleichstrom oder Drehstrom-Kommutatormaschinen) setzen.

Der Leistungsbeiwert c_1 kann bei neuzeitlichen Windturbinen mit 0,45 angenommen werden. Führt man diese Werte in die obige Formel ein, so wird

$$N = \frac{F \cdot v^3}{4700} \quad [\text{kW}] \tag{18a}$$

und die spezifische Leistung je m² Laufradkreisfläche

$$\frac{N}{F} = \frac{v^3}{4700} \quad [\text{kW/m}^2]. \tag{18b}$$

Nach dieser Formel 18b sind die Leistungsdauerlinien im rechten Diagramm der Abb. 53 ermittelt worden. Sie unterscheiden sich grundsätzlich von dem Verlauf der Leistungsdauerlinien von Wasserkraftanlagen. Von einer jahreskonstanten Leistung kann überhaupt nicht gesprochen werden. Die Diagramme weisen eine gewisse Fülle erst bei Jahresstundenzahlen unter 4000 auf. Der Vollständigkeit halber wurde das Schaubild noch durch die Eintragung der zugehörigen Energieeinhaltslinien ergänzt.

Das viel dünnere Strömungsmittel Luft hat zur Folge, daß bei gleicher Strömungsgeschwindigkeit Windturbinen in ihren Hauptabmessungen wesentlich größer werden müssen als Wasserturbinen.

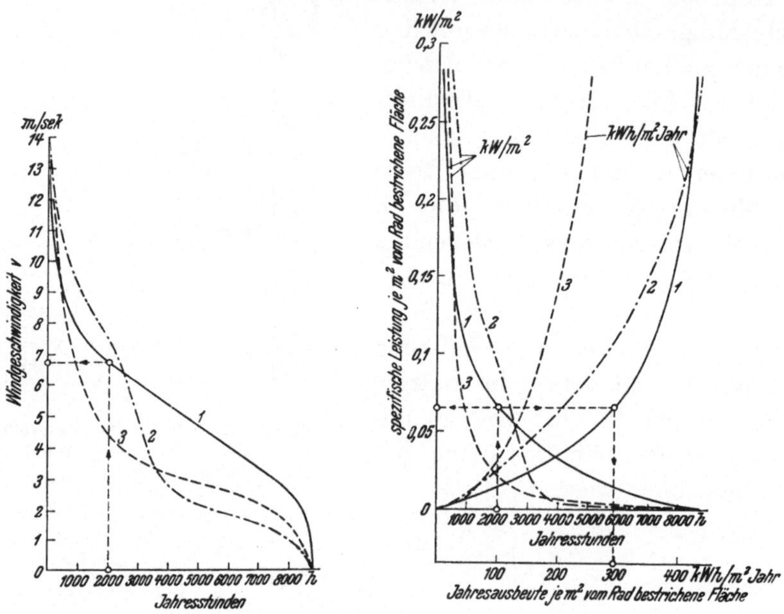

Abb. 53. Windgeschwindigkeits-, Leistungsdauerlinien und Energieinhaltslinien.

Dies wirkt sich natürlich auch auf die Drehzahl aus. Ist

u   die Umfangsgeschwindigkeit der Windmaschine [m/sek],
R   der Radius des Laufrades [m],
$\psi = u/v$ die sogenannte Schnelläufigkeitszahl, so wird die Drehzahl

$$n = \frac{30\,u}{\pi \cdot R} = \frac{30 \cdot \psi \cdot v}{\pi \cdot R} = \frac{30 \cdot \psi \cdot v}{\sqrt{\pi \cdot F}} = \frac{17 \cdot \psi \cdot v}{\sqrt{F}} \quad [\text{Umdr/Min}].$$

Für die nächste Zukunft wird man mit einem ψ von 5 bis 6 rechnen können. Nehmen wir die Windgeschwindigkeit v = 10 m/sek an, so beträgt nach Abb. 54 N/F = 0,23. Unter Zugrundelegung von $\psi = 5$ erhält man für

N =   10 kW, F 43,5 m², n = 130 U/Min.,
N = 100 kW, F 435 m², n = 40 U/Min.

Wir gelangen also zu sehr langsam laufenden und verhältnismäßig schweren Maschinen, deren eigener Leerlaufverbrauch sehr hoch ist. Man kann daher nur mit einer Nutzleistungsabgabe über einer gewissen Mindestgeschwindigkeit v_{min} rechnen. Legt man diese mit $v_{min} = 0,35 \cdot v_{max}$ zugrunde, so ergeben sich mit Hilfe der in Abb. 53 dargestellten Energieinhaltslinien die in Abb. 54 über der Auslegungsgeschwindigkeit v_{max} aufgetragenen Kurven für die spezifische Energieausbeute. Die Kurven wurden wieder für die drei in Abb. 53 behandelten Beispiele gezeichnet und entsprechen sinngemäß den als Funktion der Ausbauwassermenge ermittelten Kurven für die Energieausbeute von Wasserkraftanlagen (Abb. 34 u. 36). Die Kurven für die Ausnutzungsdauer der der Konstruktion zugrundegelegten Höchstleistung (E/F : N/F) wurden der Vollständigkeit halber gleichfalls in Abb. 54 eingezeichnet. Sie zeigen die starke Zunahme der Ausnutzungsdauer mit Verkleinerung der Auslegungswindgeschwindigkeit.

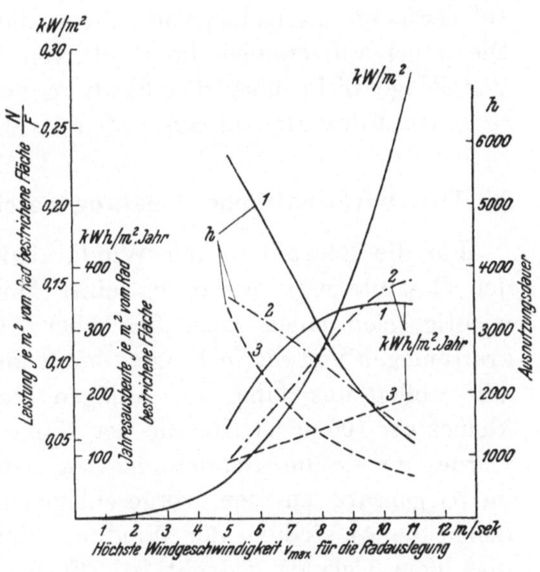

Abb. 54. Spezifische Energieausbeute und Benutzungsdauer von Windkraftwerken in Abhängigkeit von der Auslegungs-Windgeschwindigkeit v_{max} Wirkungsbereich zwischen v_{max} und 0,35. v_{max} angenommen.

Beobachtungen haben ergeben, daß mit steigender Höhe über dem Erdboden die Windströmung nicht nur gleichmäßiger wird, sondern daß auch größere Geschwindigkeitswerte an sich auftreten. Nach *Hellmann* verändert sich in Bodennähe die Windstärke mit der Höhe nach folgender Beziehung

$$v_2 = v_1 \sqrt[5]{\frac{h_2}{h_1}} \quad [\text{m/sek}].$$

Dabei sind h_1 und h_2 die Höhen der beiden Vergleichspunkte über Boden. Beträgt z. B. die Windgeschwindigkeit $v_1 = 10$ m/sek bei $h_1 = 10$ m, so würde bei $h_2 = 100$ m

$$v_2 = 10 \sqrt[5]{10} = 16 \ \text{m/sek}$$

erreichen. Diese Feststellung der günstigeren Windverhältnisse in größeren Höhen gab die Anregung zu den Vorschlägen von *Kleinhenz* (17) und *Honnef* über Höhenwindkraftwerke, die den Einbau von Windmaschinen verhältnismäßig großer Leistung (einige 1000 kW) auf Gerüsten mit Höhen von einigen 100 m zum Gegenstande haben. Die dabei auftretenden konstruktiven Schwierigkeiten haben diese Vorschläge nicht über das Stadium von mehr oder weniger theoretischen Entwürfen hinaus reifen lassen.

25. Der wirtschaftliche Leistungsbereich von Windkraftwerken.

Für die Beurteilung der Windkraftnutzung vom Gesichtspunkte der Gesamtenergieversorgung eines Wirtschaftsgebietes aus ist es wichtig, sich einen Überblick über die Einsatzweise von Windkraftanlagen und die in Frage kommenden Anlagegrößen zu machen. Wir wollen uns dabei auf Anlagen beschränken, deren Turmhöhe kleiner als 100 m ist, für die der Name „Bodenkraftwerke" geprägt wurde, da sie im Bereich der sogenannten Erdwirbelzone liegen, im Gegensatz zu den vorgeschlagenen „Höhenkraftwerken", bei denen die Aufstellung der Windmaschine in Höhen von über 100 m über dem Gelände gedacht ist. Es ist also zunächst die Frage zu beantworten: Wie verhalten sich die spezifischen Anlagekosten je kW in Abhängigkeit von der Auslegungsgeschwindigkeit v_{max} und der dieser entsprechenden Auslegungsleistung des Generators? Dabei wird die Voraussetzung gemacht, daß bei Auftreten von Windgeschwindigkeiten über v_{max} durch eine selbsttätige Regelung, die eine Flügelverstellung oder ein Herausdrehen des Rades aus der Windrichtung bewirkt, die Leistung der Anlage und die mechanische Beanspruchung des Turmes auf den v_{max} entsprechenden Größen begrenzt wird.

Ähnlich wie bei Wasserturbinen kann man auch bei Windkraftmaschinen von Leistungsreihen ausgehen, denen ein Einheitsrad zugrunde liegt. Als Einheitsrad wird jenes angesehen, das bei einer Windgeschwindigkeit von 10 m/sek 1 PS leistet. Nach der Formel (17) läßt sich die Energieumsetzung im Windrad zu

$$N = c_1 \cdot \frac{D^2 \cdot \pi}{4} \cdot \frac{1}{16} \cdot \frac{v^3}{75} = c_1 \cdot \frac{D^2 \cdot v^3}{1530} \ [\text{PS}]$$

anschreiben, worin D der äußere Raddurchmesser in m² und $\rho = \dfrac{1}{16}$

eingesetzt wurde. Für das Einheitsrad errechnet sich der Durchmesser D_0 aus

$$1 = \frac{c_1 \cdot D_0^2 \cdot 10^3}{1530} \ [PS],$$

$$D_0 = \frac{1,22}{\sqrt{c_1}} \ [m]. \tag{19}$$

Der Leistungsbeiwert c_1 hängt vom Radentwurf, unter anderem von der Schnelläufigkeitszahl Umfangsgeschwindigkeit : Windgeschwindigkeit ab. Für einen Wert $c_1 = 0,45$, den man, wie schon erwähnt, bei modernen Rädern erreichen kann, wird $D_0 = 1,82$ m. Für eine bestimmte Radfamilie ist c_1 eine Konstante, die Räder sind somit mechanisch ähnlich. Der Durchmesser D eines Rades für die Leistung N beträgt dann

$$D = D_0 \cdot \sqrt{N} = \frac{1,22}{\sqrt{c_1}} \sqrt{N} \ [m].$$

Es können somit die Gewichte oder irgend welche andere Größen eines Rades einer solchen Reihe aus dem Gewicht oder der entsprechenden Größe des Einheitsrades abgeleitet werden. Bei geometrischer Vergrößerung aller Dimensionen, also auch der Windstärken, würden sich die Radgewichte verhalten wie

$$\frac{G}{G_0} = \left(\frac{D}{D_0}\right)^3 = \sqrt{N^3}.$$

Durch immer weitgehendere Auflösung der Konstruktion mit Vergrößerung des Durchmessers (Hohlwellen, Verrippungen, Leichterwerden der Kugellager usw.) ist man in der Lage, von diesem Ähnlichkeitsgesetz nach unten abzugehen. Nach einer Untersuchung von *Mickl* kann man auf einer Gewichtskurve bleiben, die zwischen

$$G = G_0 \cdot N^{1,4} \ \text{bis} \ G_0 \cdot N^{1,45}$$

$$= G_0 \left(\frac{D}{D_0}\right)^{2,8} \ \text{bis} \ G_0 \left(\frac{D}{D_0}\right)^{2,9} \ [kg]$$

liegt. Eine Nachprüfung hat gezeigt, daß die Gewichte von ausgeführten Anlagen in diesen Bereich fallen. Der Materialaufwand je Leistungseinheit beträgt somit

$$\frac{G}{N} = G_0 \cdot N^{0,4} \ \text{bis} \ G_0 \cdot N^{0,45} \ \text{kg/PS}.$$

Man kann erfahrungsgemäß annehmen, daß sich die Kosten etwa proportional mit den Gewichten verändern. Es folgt daraus die grundsätzliche Erkenntnis, daß sich die spezifischen Anlagekosten für die Räder mit zunehmender Leistung vergrößern. Eine ähnliche Untersuchung kann man auch für den Turm anstellen. Setzt man dessen Höhe zum Raddurchmesser in eine bestimmte Relation, so zeigt sich auch hier, daß die Gewichte und Kosten je Leistungseinheit mit steigender Leistung anwachsen. Nur die übrigen Anlageteile, vor allem der Generator mit Schalttafel und das Getriebe weisen eine abnehmende Kostentendenz auf. Diese gegenläufigen Einflüsse auf die spezifischen Anlagekosten einer Windkraftanlage lassen erkennen, daß für eine gegebene Auslegungsgeschwindigkeit v_{max} und für ein bestimmtes Radmodell eine wirtschaftlichste Leistungsgröße zu erwarten ist. In Abb. 55 wurde versucht, dieses Leistungsoptimum für verschiedene Auslegungsgeschwindigkeiten v_{max} zu ermitteln. Die spezifischen Anlagekosten sind als Verhältniszahlen aufgetragen, wobei die Kosten für ein Windkraftwerk mit 100 kW Klemmenleistung bei $v_{max} = 10$ m/sek mit 1 angenommen wurden. Die wirtschaftlichste Leistung liegt für $v_{max} = 10$ m/sek bei etwa 60 kW und nimmt mit Verkleinerung der Auslegungsgeschwindigkeit stark ab (für v_{max} 6 m/sek, $N_{opt} = 10$ kW). Die zugehörigen Kostenwerte selbst steigen gleichzeitig bis auf das 3,5fache an. Bei Beurteilung dieser Kurven muß aber berücksichtigt werden, daß

1. die Anlagekosten von Windkraftwerken sehr stark von der konstruktiven Durchbildung der Türme und von dem Verhältnis Höhe : Raddurchmesser abhängig sind, daher ziemlich streuen können,

2. die Kostenkurven für verschiedene Auslegungsgeschwindigkeiten unter Verwendung des *gleichen* Leistungsbeiwertes c_l, also für das gleiche Radmodell ermittelt wurden. Die Wahl anderer Radmodelle bei kleinerer Auslegungsgeschwindigkeit können die Lage und den Verlauf der Kurven entsprechend verschieben.

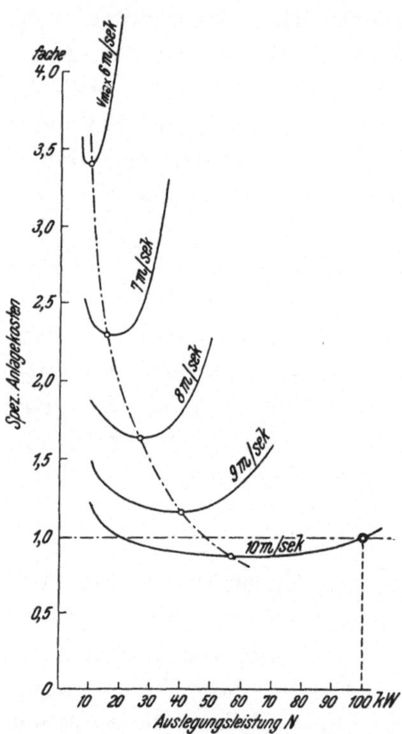

Abb. 55. Spezifische Anlagekosten von Windkraftwerken einschließlich elektrischem Teil, jedoch ohne Speicherung, in Abhängigkeit von der Auslegungsleistung N und der Auslegungs-Windgeschwindigkeit v_{max}. Voraussetzung: Gleiche Leistungsbeiwerte $c_l = 0,45$.

Trotz dieser Einschränkungen hinsichtlich einer allgemeinen Gültigkeit der Kostenkurven wird man aber aus der Abb. 55 die Folgerung ziehen dürfen, daß die günstigste Ausbaugröße von Windkraftwerken offenbar unter 100 kW liegt. Dabei werden Anlagen, die nicht mit elektrischen Stromerzeugern gekuppelt sind, sondern zum direkten Antrieb von Arbeitsmaschinen dienen, nur bei wesentlich geringerer Leistung wirtschaftlich tragbar sein, da der kostenmindernde Einfluß der elektrischen Einrichtungen, der erst zu einem Optimumswert führt, hier in Wegfall kommt. Die bodennahen Windkraftanlagen gehören also ausgesprochen zum Typ der Kleinkraftwerke.

Mit Hilfe der wirtschaftlichsten Kostenwerte aus Abb. 55 und der Benutzungsdauerkurven aus Abb. 54 für die drei als Beispiele herangezogenen Windgeschwindigkeitsdauerlinien wurde in Abb. 56 der Verlauf der spezifischen Stromgestehungskosten in Abhängigkeit von der Auslegungsgeschwindigkeit v_{max} aufgetragen. Man sieht, daß unter den gemachten Voraussetzungen die günstigste Auslegungsgeschwindigkeit etwa im Bereich von 9 bis 10 m/sek liegen dürfte. Bei der Ermittlung der spezifischen Stromgestehungskosten wurden jedoch folgende Einflüsse nicht berücksichtigt, die sich zugunsten kleiner Auslegungsgeschwindigkeiten auswirken:

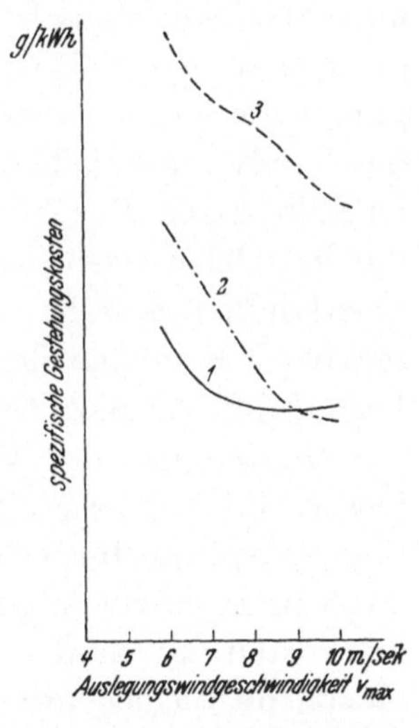

Abb. 56. Spezifische Gestehungskosten der elektrischen Energie in Abhängigkeit von der Auslegungs-Windgeschwindigkeit v_{max} für die drei Beispiele aus Abb. 53.

1. Die bereits oben hervorgehobene Bedeutung des Leistungsbeiwertes c_1 für die Radgröße und damit für die Anlagekosten;

2. die bei kleineren Auslegungsgeschwindigkeiten infolge des größeren Raddurchmessers erforderliche höhere Radlage, die wegen der gleichmäßigeren Bodenwindverhältnisse eine höhere Ausnutzungsdauer verspricht;

3. der größere Umfang der für den Leistungsausgleich erforderlichen Einrichtungen (Speicher oder Zusatzkraftanlagen), der bei höherer Auslegungsgeschwindigkeit infolge der kleinen Ausnutzungsdauer notwendig wird und zu Lasten der Windkraftanlage geht.

Man wird daher dazu neigen, die Auslegungsgeschwindigkeiten eher unter den obengenannten Werten festzulegen.

26. Folgerungen für die praktische Verwertung der Windkraft.

Der für Bodenwindkraftwerke festgestellte wirtschaftliche Leistungsbereich spricht von vornherein für die Aufstellung solcher Anlagen in Verbrauchsnähe bzw. für den Anschluß an das Niederspannungsverteilnetz, falls ein solches vorhanden ist. Dies ist eine wirtschaftliche Voraussetzung für die praktische Anwendung der Windenergie, damit sie mit einem Minimum an Übertragungskosten belastet wird und dadurch die zu ihren Ungunsten vorhandene Differenz in den Erzeugungskosten gegenüber anderen Energiearten wieder ausgleichen kann. Für die Anwendung kommen wohl fast ausschließlich landwirtschaftliche Gebiete in Frage, die über ungenügende eigene Energiequellen verfügen. Es liegen dort insoferne günstigere Vorbedingungen vor, als einerseits ein großer Teil der in der Landwirtschaft benötigten Energie auf sogenannte Stapelarbeiten entfällt, deren Durchführung zeitlich nicht gebunden ist, anderseits die in solchen Gebieten geringere Verbrauchsdichte den Bau eines Überlandnetzes sehr verteuert, wenn nicht überhaupt untragbar macht. Die infolge der verhältnismäßig hohen spezifischen Anlagekosten der Windkraftwerke auch nicht billige Windenergie ist dort am ehesten mit der Versorgung aus anderen Energiequellen wettbewerbsfähig. *D. Stein* (16) gibt für eine Windkraftanlage mit Gleichstromgenerator für eine maximale Leistung von 8,2 kW bei einer Auslegungsgeschwindigkeit von $v_{max} = 8$ m/sek die spezifischen Anlagekosten mit rund 1250 RM/kW ohne Speicherung an. Dies würde nach Abb. 55 bedeuten, daß auf gleicher Preisbasis eine Anlage für rund 60 kW und $v_{max} = 10$ m/sek etwa um 600 RM/kW kosten dürfte, wobei allerdings die im vorherhergehenden Abschnitt betonten Einflüsse von der konstruktiven Seite her auf die Kostenrelation berücksichtigt werden müssen.

Bei Einzelgehöften ist ja die zu installierende Windkraftleistung durch die Höhe des Bedarfes gegeben. Bei geschlossenen Siedlungen sollte man aber darnach streben, mit der Leistung der Windkraftanlagen bis zum Optimum zu gehen und eine *gemeinsame* Ortsversorgung durchzuführen. Abgesehen davon, daß die Wartung und Instandhaltung solcher größerer *Ortswindkraftwerke* billiger ist, besteht hiebei auch eine bessere Möglichkeit, den Bedarf an das Dargebot anzupassen. Sollte eine Siedlung eine größere Leistung als der optimalen Leistung eines Windkraftwerkes entsprechend benötigen, so müßten dann zwei oder mehrere Anlagen aufgestellt werden, soferne die Windkraftversorgung überhaupt wirtschaftlich berechtigt ist.

Neben dem stark veränderlichen Energiedargebot besteht für die Windkraftnutzung noch ein zweites Problem, das ist die große Drehzahlabhängigkeit von der Windgeschwindigkeit. Will man einen genügend großen Bereich der Windgeschwindigkeiten erfassen, so kommt nur die Stromerzeugung in Gleichstromgeneratoren oder Drehstrom-Kommutatormaschinen in Frage. Erstere wird man anwenden, wenn es sich um die Versorgung von isoliert liegenden Verbrauchern handelt, für die ein Anschluß an ein Überlandnetz in absehbarer Zeit nicht zu erwarten ist, letztere wenn die Windkraftanlagen mit einer Überlandversorgung parallel arbeiten und zur Deckung des steigenden Verbrauches dienen sollen, bzw. wenn eine solche Kupplung mit dem Netz in naher Zukunft denkbar wäre. Für einen isoliert liegenden Verbraucherkreis hat die Gleichstromversorgung auch den Vorteil, ohne verteuernde Umformereinrichtungen die elektrochemische Speicherung (Bleiakkumulatoren oder Speicher nach Bauart Volmer) anwenden zu können. Die *Speicherung* spielt in den Bestrebungen, die Windkraft nutzbar zu machen, eine wesentliche Rolle. Es fehlt nicht an Studien und Versuchen, eine Speicherungsart zu finden, die ohne zu großen, vom Speicherinhalt abhängigen Aufwand, auch bei Kleinanlagen den Ausgleich über größere Zeitperioden gestattet, die also mindestens die Funktion eines Wochenspeichers übernehmen könnte (18). Es hat sich jedoch gezeigt, daß von den heute realisierbaren Speicherarten nur die Pumpspeicherung bei hinreichenden Fallhöhen so niedrige kapazitätsabhängige Kosten verursacht, daß sie für solche lange Entladedauern wirtschaftlich tragbar wäre. Ihre Anwendung hängt jedoch von geeigneten Geländeverhältnissen ab und diese sind dort, wo einigermaßen günstige Windverhältnisse herrschen, meistens nicht vorhanden. Man wird also beim gegenwärtigen Stand der Technik auf Speicheranlagen für die Rückwandlung in elektrische Energie mit größeren Entladedauern verzichten und sich darauf beschränken müssen, bei isolierten Anlagen durch eine kleine Akkumulatorenbatterie den Lichtstromverbrauch zu sichern.

Trotzdem sollte man die Speicherung in Verbindung mit der Windkraftnutzung nicht abtun, sie ist für eine günstige Ausnutzung des Dargebotes und für eine bessere Wirtschaftlichkeit der Anlagen sehr wesentlich. Eine Möglichkeit, die zwar nicht die Wiedergewinnung von elektrischer Energie, jedoch eine erhöhte Ausnutzung zuläßt, ist die *Wärmespeicherung*. Gerade in der Landwirtschaft tritt ein ziemlicher Bedarf an Heißwasser auf, wie die Erfahrungen in vollelektrifi-

zierten ländlichen Siedlungen zeigten. Die Wärmespeicherung für
Wärmezwecke ist die ergiebigste. Entspricht doch 1 m³ von 12 auf
90⁰ erwärmtes Wasser einer elektrischen Leistungsaufnahme von
rund 90 kWh. Geeignete elektrische Warmwasserbereiter mit genügend großem Speicherraum und verstärkter Wärmeisolierung sind
bereits entwickelt. Ihre An-
schaffungskosten erscheinen im
Rahmen des Gesamtaufwandes
für die Stromversorgung einer
landwirtschaftlichen Siedlung
tragbar und machen sich auch
durch die Vorteile in verhältnismäßig kurzem Zeitraum bezahlt. In geschlossenen Siedlungen mit ein oder mehreren
Ortswindkraftwerken dürfte
eine gemeinsame Steuerung
dieser Warmwasserspeicher
nach dem Dargebotsüberschuß
vorteilhaft sein. Eine für
Gleichstromversorgung ent-
worfene Schaltung zeigt als

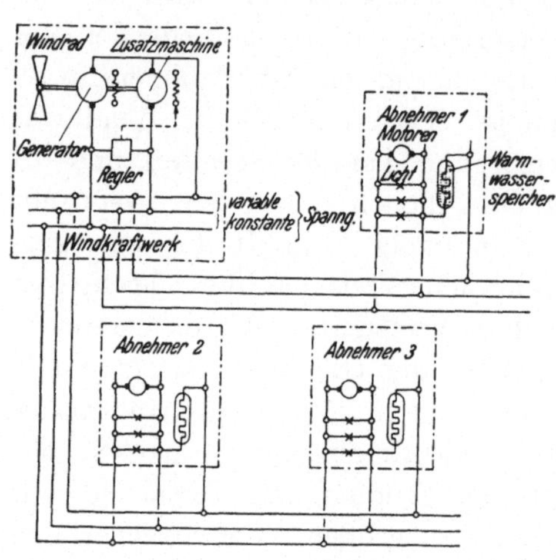

Abb. 57. Steuerung von Warmwasserspeichern
durch Zusatzmaschine.

Beispiel Abb. 57. Es wurde hier ein Dreileiternetz vorgeschlagen,
wobei die Spannung zwischen zwei Leitern für Licht- und Kraftstrom-
verbrauch konstant, zwischen den beiden anderen Leitern, an denen die
Warmwasserspeicher angeschlossen sind, variabel gehalten und durch
eine Zusatzmaschine in Abhängigkeit vom Dargebotsüberschuß geregelt
wird. Überschlägige Kostenberechnungen haben gezeigt, daß eine
solche Schaltung bei geschlossen gebauten Siedlungen mit großer
Verbrauchsdichte wirtschaftlich tragbar ist. Aber auch bei Drehstrom-
anlagen in Parallelbetrieb mit einem Überlandnetz wird man der
Anwendung der Wärmespeicherung Interesse schenken, besonders
dann, wenn die Windkraftnutzung in einem Gebiete in größerem Umfange angewendet wird, um die kurzzeitigen Schwankungen örtlich
abzufangen und eine starke Beunruhigung des Netzbetriebes zu ver-
hindern. Das Überlandnetz hätte lediglich den Ausgleich zwischen
Dargebot und Bedarf über lange Zeitperioden mit wesentlich gedämpf-
ten Leistungsschwankungen zu bewerkstelligen.

Zum Schluß seien noch einige Worte den sogenannten *Höhen-
oder Großwindkraftwerken* gewidmet. Unter diesen Begriff fallen,

wie erwähnt, Anlagen, die mit Windmaschinen von einigen 1000 kW Leistung in Höhen von 150 m und mehr über Erdboden ausgerüstet werden. Die zum größten Teil noch nicht ausführungsreifen und durch keine hinreichenden Erfahrungen fundierten Vorschläge der Verfechter solcher Anlagen lassen noch keine genügenden Aufschlüsse über die zu erwartenden Kosten zu. Jedenfalls ist nach der in den vorhergehenden Abschnitten dargelegten Eigenart der Windmaschinen nicht mit einer Kostensenkung solcher Anlagen gegenüber dem Bodenwindkraftwerk zu rechnen, auch dann nicht, wenn man den gleichmäßigeren Energieanfall berücksichtigt. Die Herstellung solcher Anlagen wird eher teurer sein als die von Bodenwindkraftwerken, da bei dem hier denkbaren größeren Absatz in geeigneten Gebieten die Aufstellung von Typenreihen mit entsprechender Normung möglich ist. Außerdem dürfte auch die Wartung und Instandhaltung von Höhenwindkraftwerken einen größeren Aufwand erfordern. Die Größenordnung der Leistungen setzt eine Einspeisung in ein Mittelspannungsnetz voraus. Bei Gleichstromerzeugung ist also die Angliederung einer Umformeranlage notwendig, die ebenfalls den Kostenaufwand ungünstig beeinflußt. Soferne nicht neuartige Erkenntnisse und Ausführungsmöglichkeiten gefunden werden, scheint, vom gesamtenergiewirtschaftlichen Standpunkt aus gesehen, das Höhenwindkraftwerk keine wirtschaftliche Lösung des Problems der Windkraftnutzung zu bringen.

V. Die wirtschaftliche Ausnutzung der Brennstoffe.

27. Grundlagen der Kohlenwirtschaft.

Eine Darstellung der wirtschaftlichen Nutzung der Brennstoffe darf sich nicht nur auf deren Anwendung und die Fragen ihrer zweckmäßigsten Verwertung beim Verbraucher beschränken, sondern muß sich auch mit den wirtschaftlichen Problemen ihrer Gewinnung und der Form ihrer Nutzbarmachung befassen. Wenn wir zunächst die in der Natur vorkommenden *festen* Brennstoffe betrachten, so wird sich unter den drei Gruppen Holz, Torf und Kohle unser Hauptinteresse der Kohle als dem für die Energiewirtschaft bedeutungsvollsten zuwenden. Holz und Torf als Brennstoffe finden im wesentlichen für den sogenannten Hausbrand Anwendung. Nur in vereinzelten Fällen wurden auch andere Einsatzmöglichkeiten versucht, so

z. B. die Ausrüstung von Dampfkesseln mit Sägespäne- oder Torf-feuerung, denen aber lediglich lokale Bedeutung zukommt. Das Holz als Brennstoff, von örtlichen Besonderheiten abgesehen, tritt, im Großen betrachtet, als kalorische Rohenergiequelle um so mehr zurück, je mehr man in einer geordneten Holzwirtschaft darauf sieht, nur minderwertiges bzw. Abfallholz für Brennzwecke freizugeben. Man macht sich daher keiner Übertreibung schuldig, wenn man sagt, daß innerhalb der festen Brennstoffe die Kohle die kalorische Roh-energie schlechtweg darstellt. Sie behauptet aber auch, wie die Energiebilanzen der stark industrialisierten Länder beweisen, gegen-über den in der Natur vorkommenden flüssigen Brennstoffen eine Vormachtstellung, trotz deren im letzten Jahrzehnt stark gestiegenen Anwendung (Schiffahrt, Flugverkehr, Schienentriebfahrzeuge), zu-mal auch die Vorkommen der Kohle viel umfangreicher und geo-graphisch besser verteilt sind als die Fundstätten des Erdöles.

Maßgebend für den Wert eines Brennstoffes, von Seite des Ver-brauchers gesehen, ist

1. sein Heizwert für die Höhe des Verbrauches,

2. sein Wärmepreis frei Verbrauchsort für seine Wirtschaftlichkeit,

3. seine Brenneigenschaften für die technische Anwendbarkeit. In Europa rechnet man im Gegensatz zu den USA mit dem so-genannten *„unteren" Heizwert* H_u [kcal/kg], d. i. die bei der Umwand-lung der kalorischen Rohenergie freiwerdende Wärmemenge nach Abzug der für die Verdampfung des Wassergehaltes erforderlichen Wärme. Wie Abb. 58, in der die Zusammensetzung einer Reihe von europäischen Kohlensorten dargestellt ist, zeigt, ist der untere Heiz-wert der Rohkohle in starkem Maße vom Wassergehalt, daneben aber auch vom Aschengehalt abhängig. Man faßt diese unverbrenn-lichen Bestandteile der Rohkohle unter dem Begriff *„Ballast"* zu-sammen und spricht von ballastreicher Kohle, wenn sie hohen Wasser-bzw. Aschengehalt aufweist. Man sieht, daß der Wassergehalt, und zwar bei der rheinischen Braunkohle, bis über 60% ansteigt. Der Aschengehalt der unsortierten Rohkohle liegt nach dem Schaubild zwischen 2,5 und 25%. Bei lufttrockenem Holz beträgt der Wasser-gehalt im Mittel etwa 16%, der Aschengehalt etwa 1,5%; für trockenen Torf lauten die entsprechenden Werte 6—25% bzw. 8—12%. Bei einem bestimmten gegebenen Wärmeverbrauch W [kcal] und einem Umwandlungswirkungsgrad η ist der Brennstoffaufwand

$$B = \frac{W}{H_u \cdot \eta} \ [\text{kg}]$$

Je niedriger der Heizwert, um so höher die erforderliche Brennstoffmenge, um so teurer die Zufuhr, um so größer die Transporteinrich-
tungen und Vorratsräume, aber auch die Umwandlungsanlage, auf

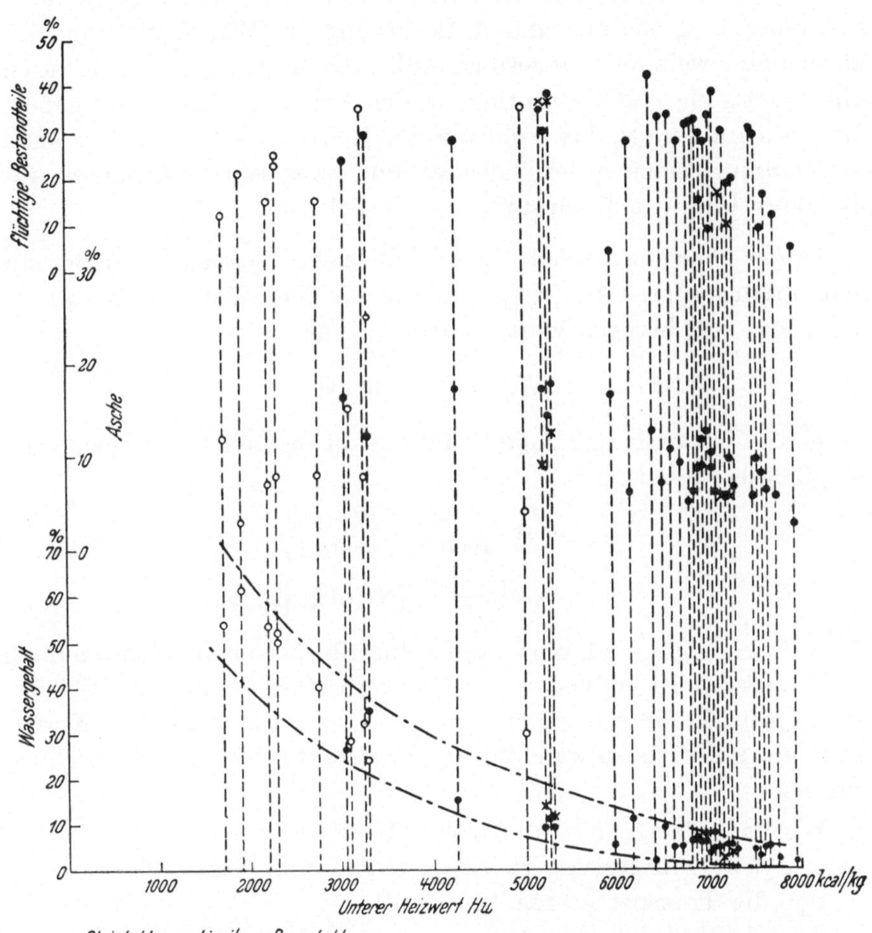

Abb. 58. Zusammensetzung von europäischen Kohlen.

gleiche Wärmeleistung bezogen. Beruht die Verschlechterung des
Heizwertes auf einem höheren Wassergehalt, so steigt z. B. der um-
baute Raum eines Dampfkessels für 100 t/h, 80 atü unter sonst gleichen
Auslegungsbedingungen bei Verwendung einer Kohle mit einem
H_u = 2000 kcal/kg gegenüber einer solchen mit 7000 kcal/kg um
etwa 60%, der Kostenaufwand um rund 22% (19). Dagegen sinkt
der Wirkungsgrad infolge des höheren Wasserdampfgehaltes in den

Abgasen und der dadurch größeren Abgasverluste um rund 3 Punkte. Hoher Aschengehalt läßt eine größere Verschmutzung der Umwandlungsanlagen erwarten (die chemische Beschaffenheit der Asche ist hier von Bedeutung) und verursacht vielfach durch die Notwendigkeit einer Vergrößerung und Auflockerung der Wärmeübertragungsflächen eine weitere Verteuerung. Außerdem ergeben sich auch durch die Beseitigung und Unterbringung der Asche zusätzliche Ausgaben. Man erkennt daraus, daß nicht nur der Heizwert selbst, sondern auch die Zusammensetzung des Ballastes, und zwar sein Aschenanteil, für die Bewertung des Brennstoffes wesentlich ist.

In der Wärmewirtschaft ist es üblich bei Vergleichen nicht mit dem Brennstoffpreis p_B [S/t], sondern mit dem Wärmepreis p_W, der auf 1 Mio kcal bezogen wird, zu rechnen. Ist

$$W_0 = \frac{W}{\eta} \quad [\text{kcal}]$$

die einer Umwandlungsanlage im Brennstoff zugeführte Wärmemenge, so gilt die Beziehung

$$\frac{W_0 \cdot p_W}{10^6} = \frac{B \cdot p_B}{1000} = \frac{W_0 \cdot p_B}{1000 \cdot H_u} \quad [S]$$

$$p_w = \frac{p_B \cdot 10^3}{H_u} \quad [S/10^6 \text{ kcal}].$$

Zwei Brennstoffe sind unter sonst für die betreffende Anwendung gleichwertigen Eigenschaften wettbewerbsfähig, wenn ihre Wärmepreise beim Verbraucher gleich sind. Sie setzen sich aus den Kosten ab Grube und dem Aufwand für den Transport zusammen. Bezeichnen wir mit

p_{wo} den Wärmepreis ab Grube [S/10^6 kcal],
x   den Transportweg zwischen Grube und Verbrauchsort [km],
p_T die Transportkosten [g/t · km],
p_v die Verladekosten [g/t],
H_u den unteren Heizwert [kcal/kg],

so stellt sich der Wärmepreis p_w im Verbrauchsort auf

$$p_w = p_{wo} + \frac{10^6 \cdot p_v}{H_u \cdot 10^3 \cdot 10^2} + \frac{10^6 \cdot p_T \cdot x}{H_u \cdot 10^3 \cdot 10^2} =$$

$$= p_{wo} + \frac{10\, p_v}{H_u} + \frac{10 \cdot p_T \cdot x}{H_u}$$

$$p_w = p_{wo} + \frac{10}{H_u} (p_v + p_T \cdot x) \quad [S/10^6 \text{ kcal}]. \qquad (20)$$

Sind zwei Kohlengebiete L km voneinander entfernt, so liegt zwischen den beiden eine Grenze, an der die Wärmepreise gleich sind. In Abb. 59 wurde versucht, diese Grenze gleicher Wärmepreise für Bahntransport mit nach der Entfernung gestaffelten Tarifen schematisch darzustellen. Es ergibt sich somit für jede Kohle ein gewisser *wirtschaftlicher Absatzbereich*, dessen Weite, abgesehen von der Differenz der Gestehungskosten ab Grube, vom Heizwert und den Transportkosten (Bahn oder Straßentransport, örtliche Unterschiede in den Frachttarifen) abhängig ist. Diese aus den Wärmepreisen ermittelte Grenze verschiebt sich dann bei abweichenden Eigenschaften der Kohle nach der einen oder anderen Seite, wenn man die dadurch entstehenden Kostendifferenzen, z. B. Aschenabtransport und ähnliches, berücksichtigt. Rohbraunkohle mit

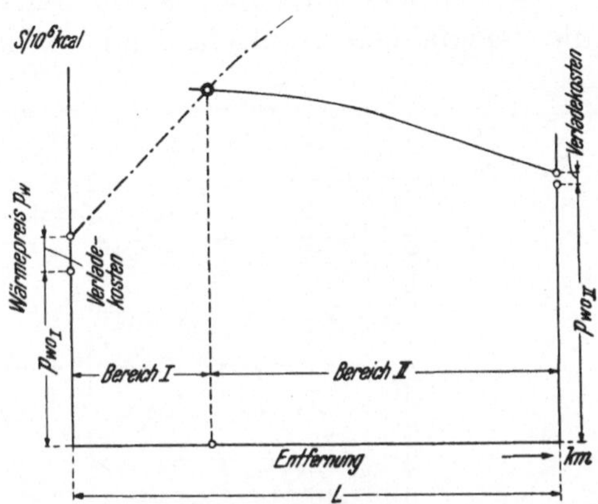

Abb. 59. Schematische Darstellung des wirtschaftlichen Absatzbereiches für zwei Kohlensorten aus L km entfernten Grubengebieten.

Heizwerten um 2000 kcal/kg ist nur in kleinerem Bereiche wirtschaftlich absatzfähig, sie wird entwederauf der Grube zur Stromerzeugung verwertet oder durch Entzug des Wassers und Brikettieren (Heizwert der Briketts 4800 bis 5000 kcal/kg) transportfähig gemacht.

Für die Brenneigenschaften ist der *Gehalt an flüchtigen Bestandteilen* von Bedeutung. Die prozentualen Anteile an flüchtigen Bestandteilen von verschiedenen europäischen Kohlensorten sind in Abb. 58 gleichfalls eingetragen, sie liegen zwischen 4 und 40%. Allerdings geben diese, auf die Rohkohle bezogenen Zahlen noch keinen Anhalt für eine Klassifizierung der Kohlensorten nach dem Gehalt an flüchtigen Bestandteilen, da der verschieden große Balast das Bild verschiebt. Es ist daher eine Umrechnung auf die Reinkohle erforderlich. Dies geschieht nach dem Ansatz:

flüchtige Bestandteile der Reinkohle =

$$= \frac{100 \cdot \text{flüchtige Bestandteile der Rohkohle}}{100 - (\text{Asche} + \text{Wasser})} \%.$$

Es ergibt sich danach die in Abb. 60 dargestellte Einteilung der festen Brennstoffe nach Gehalt an Flüchtigem. Den größten Prozentsatz enthalten die jüngeren Brennstoffe Holz, Torf und Braunkohle. Sie brennen leichter, zünden auch bei niedrigen Temperaturen im Feuerraum, neigen aber zu stärkerer Rauch- und Rußbildung. Die älteren, gasarmen Kohlen brennen langsamer, sie erfordern höher vorgewärmte Verbrennungsluft.

Neben dem Gasgehalt ist für die Eignung des Brennstoffes auch die Backfähigkeit entscheidend. Backende Kohle verhindert z. B.

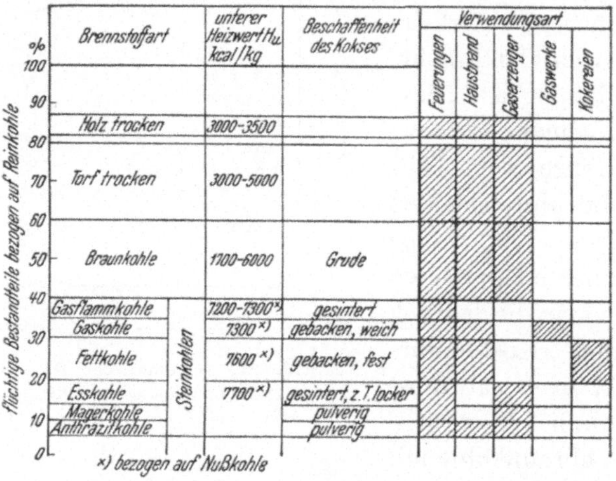

Abb. 60. Einteilung der Kohlenarten nach dem Gehalt an flüchtigen Bestandteilen.

bei Rostfeuerung den Durchfall zwischen den Roststäben, sie ist dagegen für Gasgeneratoren nicht brauchbar. Hochofenkoks muß aus gut backender Kohle erzeugt werden, um das darauf lastende Beschickungsgewicht aufnehmen zu können. Seitens der Gaswerke werden an die Backfähigkeit nicht so hohe Anforderungen gestellt wie seitens der Zechenkoks herstellenden Kokereien, man verwendet hier vornehmlich weniger backende, aber dafür gasreichere Kohle. Ein weiteres Kriterium für den Einsatz der festen Brennstoffe ist deren *Teergehalt*. Kohlen mit hohem Teergehalt werden zur Teergewinnung verwendet (teerreiche Braunkohle wird vielfach verschwelt). Die jüngeren Brennstoffe liefern bei der Vergasung teerhaltiges Gas, die älteren teerarmes, bzw. wie die Magerkohle praktisch teerfreies Gas. Auch die gewünschte Korngröße ist für die einzelnen Anwendungsfälle verschieden.

Die mannigfachen Anforderungen an die Brennstoffeigenschaften seitens der Verbraucher haben die Brennstofflieferanten dazu veranlaßt, die geförderte Kohle aufzubereiten und zu sortieren. Diese Entwicklung wurde noch durch die in den letzten zwei Jahrzehnten immer stärkeren Umfang annehmende chemische Aufschließung der Kohle beeinflußt, da für diese vorwiegend hochwertige Kohlensorten in Frage kommen. Die *Aufbereitung* umfaßt eine teilweise Entaschung und eine Sortierung nach Korngrößen, wobei die Abstufung so gewählt wird, daß innerhalb der einzelnen Klassen das Verhältnis zwischen kleinstem und größtem Korn etwa dasselbe ist. Die Körnung der deutschen Steinkohlensorten und ihre Bezeichnungen, die auch in anderen europäischen Kohlenländern übernommen wurden, seien als *Beispiel* im nachstehenden angegeben:

Förderkohle	unsortierte Rohkohle,
Stückkohle	über 120 mm,
Würfelkohle	80—120 „
Nußkohle I	50—80 „
„ II	30—50 „
„ III	18—30 „
„ IV	10—18 „
„ V	6—10 „
Feinkohle I	0—10 „
„ II	0—6 „
Staubkohle	0—1 „

Auch in England und USA. sind grundsätzlich ähnliche Sortierungen gebräuchlich. Grobkörnige Kohle wird vorwiegend für Lokomotiven und Schiffe verwendet, für letztere kommt mitunter auch Förderkohle zur Verfeuerung. Für mechanische Industrieroste eignet sich am besten Nuß IV. Für Haushaltzwecke sind die Nußsorten bevorzugt, für Gaserzeuger vor allem die kleinen Nußsorten geeignet, wobei, wie vorhin erwähnt, nichtbackende Kohlen herangezogen werden müssen. Die Fettfeinkohlen werden in den Kokereien mitverarbeitet, die Magerfeinkohlen entweder zu Briketts gepreßt oder in dafür entwickelten Kesselfeuerungen verbrannt. Es würde hier zu weit führen, auf die Verwendung der verschiedenen Kohlensorten und Kornklassen noch näher einzugehen. Wir können uns hier damit begnügen, auf die Mannigfaltigkeit der Ansprüche an die Brennstoffeigenschaften seitens des Verbrauchers und auf die Möglichkeiten, diesen Rechnung zu tragen, hinzuweisen.

Bei der Kohlenaufbereitung durch Naßwäsche steigt der verbleibende Aschengehalt mit Verkleinerung des Kornes an. Feinkohle enthält daher den größten Aschenanteil. In der Wäsche fallen neben den aschenarmen Kohlensorten die sogenannten *Waschberge* mit höchstem Aschengehalt, die auf die Halde gefahren werden und das mit Asche durchwachsene sogenannte *Mittelprodukt*, der Kohlenschlamm und die bei der weiteren Aufbereitung des Kohlenschlammes durch Flotation (Waschen nach Schlammverfahren unter Ölzusatz) zurückbleibenden Feinberge an. Die Kenngrößen dieser *Abfallkohlen* liegen in folgender Größenordnung:

	Wasser %	Asche %	unterer Heizwert kcal/kg
Mittelprodukt	4—10	20—40	3500—4500
Schlammkohle aus der Wäsche ..	25—35	10—30	3000—4500
Flotations-Schlamm...........	10—15	40—50	2500—3500

Die Bestrebungen der Kohlenwirtschaft gehen dahin, diese Abfallkohlen zu verwerten. Es kommen hiefür nur Kesselfeuerungen in Frage, und zwar von Kraftwerken, die auf oder in der Nähe der Grube errichtet werden, da der hohe Ballast dieser Brennstoffe deren Transport auf größere Entfernungen nicht zuläßt. Die Verfeuerung der Abfallkohlen stellt technische und wirtschaftliche Probleme, auf die im 32. Abschnitt noch näher eingegangen wird.

Die verschiedenen Kohlenqualitäten und Korngrößen fallen in einem Mengenverhältnis an, das im großen und ganzen gegeben ist. Aufgabe der Preispolitik ist es, auf Grundlage des durchschnittlichen Preises, der die Gestehungskosten der Kohle zuzüglich der Spanne für den Handel usw. deckt, die Preisrelation so festzulegen, daß auch der Absatz der mindergesuchten Sorten gesichert wird. Der Verbraucher wird sich zu ihrer Abnahme dann entschließen, wenn die Verkleinerung seines Brennstoffkontos die Mehrausgaben für die Maßnahmen, um ihre Verwendung zu ermöglichen, überwiegt. Aus der Notwendigkeit, einerseits den Absatz der minderwertigen Kohlensorten zu sichern, anderseits die durchschnittlichen Kosten hereinzubringen, ergeben sich ganz erhebliche Preisspannen zwischen den einzelnen Steinkohlensorten. So betrugen z. B. im Jahre 1934 die vom Rheinisch-Westfälischen Kohlensyndikat, der damals bestandenen Verkaufsorganisation für die Ruhrkohle, festgesetzten Verkaufspreise für die einzelnen Sorten bei einem Durchschnittspreis von RM 19,40

	Fettkohle	Gaskohle	Eßkohle	Mager-kohle
unaufbereitete Förderkohle	16,87	19,15	16,—	14,20
Stück- und grobe Nuß-Kohle	22,—	22,—	—	—
aufbereitete Nußkohle	—	—	bis 32,50	bis 48,60
Nuß IV/V	—	—	19,—	17,—
Feinkohle	18,10	18,10	14,25	12,70

Da der Anfall an Feinkohle bei der Eßkohle 52%, bei der Magerkohle 45% der Förderung ausmachte, sind die Preiserhöhungen bei den geringeren Mengen der hochwertigen Sorten gegenüber dem Durchschnitt erheblich. Auf die Preisabstufungen, die der Ausdehnung des Absatzgebietes und der Eroberung sogenannter „umstrittener" Gebiete im Grenzbereich dienen, die daher geschäftspolitischen und nicht energiewirtschaftlichen Gründen entspringen, sei hier nicht näher eingegangen.

Bei der *Braunkohle* ist eine Sortierung im allgemeinen nicht üblich, zumal ihr hoher Gehalt an flüchtigen Bestandteilen gute Brenneigenschaften gewährleistet. Bei den älteren Braunkohlen mit höherem Heizwert, wie z. B. der nordböhmischen, die in einem gewissen Bereich transportfähig ist und für Haus- und Industriebrand verwendet wird, ist jedoch eine gewisse Scheidung nach Korngrößen gebräuchlich. Eine qualitätsmäßige Sortierung fand in größerem Umfange in dem Maße Eingang, als die chemische Aufschließung der Braunkohle für Zwecke der Treibstoffgewinnung, Bunaerzeugung usw. angewendet wurde. Diese nötigte dazu, sich auch auf dem Braunkohlensektor mit der Verwertung von Abfallkohle aus den Separationsanlagen beschäftigen zu müssen. Es handelt sich dabei vorwiegend um Feinkohle und Kohlenschlamm, für deren Verwendung grundsätzlich dasselbe gilt wie oben für den Abfall bei der Steinkohlenaufbereitung. Um den wirtschaftlichen Absatzbereich der Braunkohle zu vergrößern, hat man ihre Trocknung (auf etwa 13—15%) und nachfolgende Brikettierung unter hohem Druck eingeführt. Diese Braunkohlenbriketts, deren Aschengehalt bei etwa 5—10%, deren Gehalt an Flüchtigem bei etwa 45—48% und deren Heizwert zwischen 4800 und 5000 kcal/kg liegt, wird vorzugsweise für den Hausbrand verwendet, aber auch Gaserzeuger arbeiten vielfach mit Briketteinsatz. Durch die Brikettierungskosten erhöht sich der Wärmepreis ab Grube etwa auf den von Steinkohlennüssen. Der Absatzbereich im Wettbewerb mit der Steinkohle wird daher durch den Aufwand für den Transport gegeben sein.

Die *Gestehungskosten* der Steinkohle hängen im wesentlichen von der Abbautiefe, der Stärke der Flöze, deren Einstreichwinkel und Faltigkeit ab. Der Steinkohlenbergbau ist, wie Abb. 61 zeigt, im wesentlichen arbeitsintensiv. Rund 77% der Gesamtkosten bei normaler Förderung hängen bei der betrachteten Anlage von der geförderten Kohlenmenge ab. Im Gegensatz dazu ist der Braunkohlentagbau wegen des dort gebräuchlichen Großgeräteeinsatzes und der starken Mechanisierung als kapitalintensiver Betriebszweig anzusehen. Für die Gestehungskosten im Tagbau ist neben den

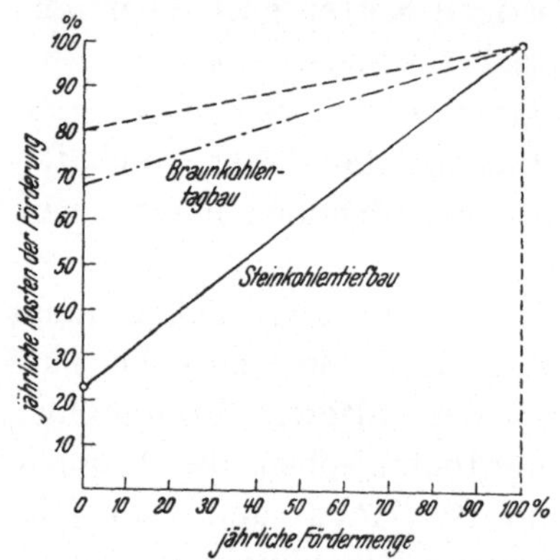

bereits oben erwähnten Einflüssen das sogenannte Deckenverhältnis, d. i. der Quotient Stärke des Deckengebirges : Flözstärke, bestimmend, der einen Maßstab dafür gibt, wieviel m³ Abraum je t Kohle zu entfernen ist. Die Möglichkeit der stärkeren Mechanisierung und die Entwicklung von leistungsfähigen Großbaggern hat zur wirtschaftlichen Beherrschung des Abbaues bei immer größeren Deckenverhältnissen geführt und auch bis zu tieferen Flözlagen den Tiefbau verdrängt.

Abb. 61. Abhängigkeit der Förderkosten von der Fördermenge.

Das Streben, mit den Kohlenvorräten hauszuhalten, hat vor allem in den Kriegsjahren dazu geführt, auch minderwertige Kohlenschichten an den Flözrändern abzubauen. Es handelt sich dabei meist um Kohlen mit großem Aschengehalt. Ein Beispiel hiefür ist die für die nordböhmische Braunkohle charakteristische Lettenschicht, die eine starke ton- und pyrithaltige Kohle führt (bis 35% Aschengehalt) und sich über dem Hauptflöz mit hochwertiger Kohle lagert. Für die Verwertung dieser Oberflözkohle gilt dasselbe wie für die Abfallkohle. Vom gesamtenergiewirtschaftlichen Standpunkte aus gesehen, ist die Erfassung solcher minderwertiger Kohlen zweifellos richtig. Bei dem soeben geschilderten Beispiel der Lettenkohle entstehen durch die Nutzbarmachung keine nennenswerten Mehrkosten, sie ist nur aus dem Abraum auszunehmen, so daß eine solche Kohle billig abgegeben werden könnte. Bei Tiefbau können jedoch verhältnismäßig hohe Förderkosten auftreten. Das Problem liegt hier darin, einen Ausgleich der Spanne zwischen diesen und den zulässigen Gestehungskosten der mit dieser Kohle zu erzeugenden elektrischen Energie herbeizuführen. Ebenso wie wir bei der Wasserkraftnutzung durch die Auslese der Anlagen nach ihrer Wirtschaftlichkeit mit einem Anstieg des Kostenniveaus rechnen müssen, so ist auch bei der kalorischen Rohenergie durch den Aufbrauch der günstigsten Kohlenvorkommen und den Neuaufschluß weniger abbauwürdiger Felder die Tendenz zu einer Kostenerhöhung gegeben, die man sich durch eine verbesserte Abbautechnik wettzumachen bemüht.

28. Die Kohlenveredlung.

Hatte die Kohlen*aufbereitung* lediglich eine Qualitätssteigerung und bessere Anpassung an die Erfordernisse der Verbraucher zum Ziele, so ist dagegen die Kohlen*veredlung* bereits als ein Umwandlungsprozeß anzusehen, durch den die naturgegebene Rohenergie auf eine höherwertige Form gebracht wird. Es würde hier zu weit führen, wenn wir die verschiedenen Verfahren in ihren technischen Einzelheiten erläutern wollten, die Fachliteratur gibt hierüber hinreichenden Aufschluß (20—23). Es kommt im Rahmen unserer Betrachtungen aber darauf an, die Bedeutung der Kohlenveredelung für die Energieversorgung und ihre wirtschaftlichen Auswirkungen darzulegen. In den Abb. 62 und 63 wurde versucht, über die verschiedenen Verfahren einen Überblick zu geben, und zwar zeigt die Abb. 62 eine schematische Zusammenstellung der Umwandlungsmöglichkeiten, die Abb. 63 bestimmten Beispielen entnommene Brennstoffbilanzen. Diese geben an, wie die mit der Kohle zugeführte Rohenergie (mit 100 angenommen) bei den einzelnen Verfahren umgesetzt wird. Die nichtschraffierten Bänder stellen jenen Teil des Eigenbedarfes und der Verluste dar, der aus den umgesetzten Energiemengen gedeckt wird. Der darüber hinausgehende Strom- oder eventuelle Dampfbedarf, wie umgekehrt die auftretenden Überschüsse in diesen Energiearten, sind nicht berücksichtigt worden. Die Verfahren zur Kohlenveredelung lassen sich an Hand der Abb. 62 und 63 wie folgt kennzeichnen:

I. **Die Entgasung.** Die unter Luftabschluß erhitzte Steinkohle gibt ihre flüchtigen Bestandteile Gas und Teer ab. Dieser zersetzt sich über etwa 550⁰ C in Gas, der verbleibende Rest wird dickflüssig. Er enthält wertvolle chemische Rohstoffe und kleinere Mengen von Leichtöl, das Gas etwas Benzol. Je nachdem, ob die Herstellung von Koks mit bestimmten qualitativen Anforderungen die Gaserzeugung oder die Teergewinnung den Hauptzweck der Umwandlung bildet, teilt man die nach dem Prinzip der Kohlenentgasung arbeitenden Umwandlungsanlagen in Kokereien, Gasereien und Schwelereien ein.

a) *Kokereien.* Die Eigenschaften des erzeugten Kokses werden durch die Erfordernisse der Hüttenwerke bestimmt, die einen druckfesten und schwer verbrennlichen Koks verlangen. Die Beheizung

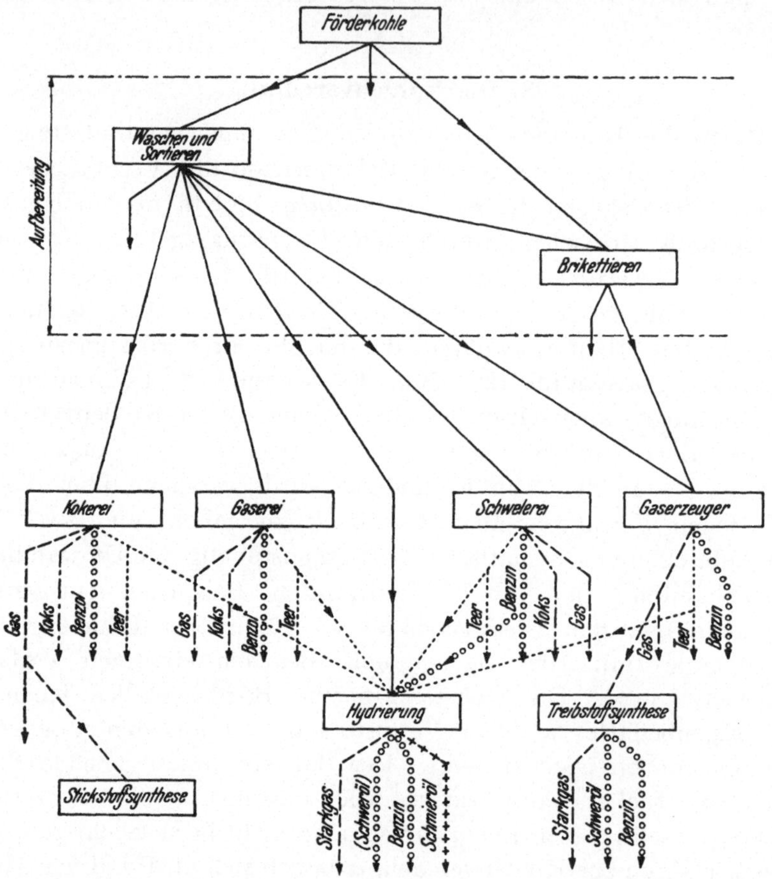

Abb. 62. Schematische Darstellung der Kohlenaufbereitung und Kohlenveredlung.

der Kammeröfen erfolgt entweder durch das erzeugte Gas — dieser Fall ist in der Energiebilanz Abb. 63 zugrunde gelegt — durch Gichtgas von benachbarten Hochöfen, der aber wegen seines geringen Heizwertes vorgewärmt werden muß oder durch vergasten Koks. In den beiden letzteren Fällen würden größere Mengen des Koksofengases, das einen unteren Heizwert von 4240 kcal/Nm³ aufweist,

für die Abgabe an Wärmeverbraucher frei werden. Man hat es
also durch die Beheizungsart der Koksöfen in der Hand, in einem
gewissen Bereich das Verhältnis der Koks- zur Gaserzeugung zu
variieren und so den Absatzmöglichkeiten etwas Rechnung zu tragen.
Von Bedeutung ist die *chemische Verwertung* des Koksofengases.
Dient es als Ausgangspunkt für die Stickstoffsynthese, so wird ihm
Stickstoff und Wasserstoff entnommen, so daß Methan mit einem

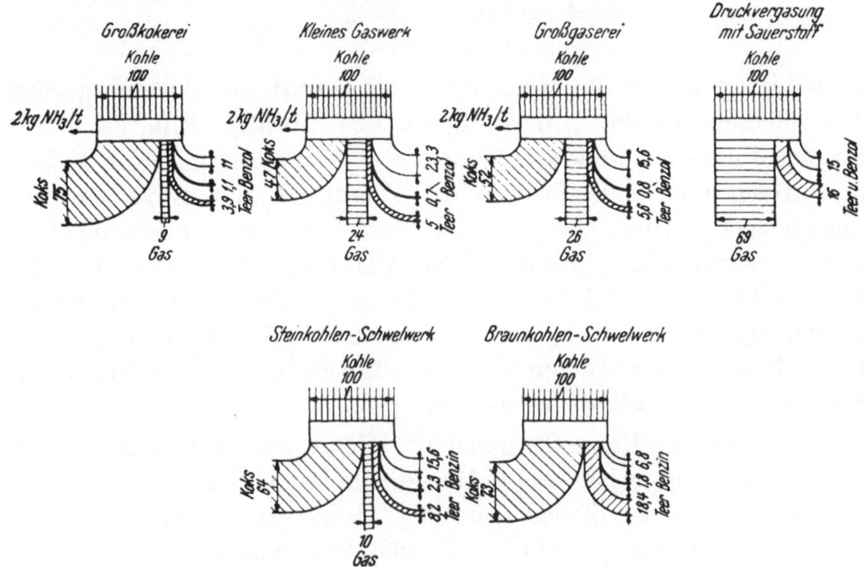

Abb. 63. Brennstoffbilanzen von Anlagen zur Kohlenveredlung bezogen auf
100 % mit der Kohle zugeführte Wärme.

Heizwert von rund 8500 kcal/Nm³ zurückbleibt, das hochverdichtet
als heizkräftiges Flaschengas Verwendung findet. Für die Erzeugung
des Hüttenkokses eignet sich am besten Fettkohle. Wie bereits
erwähnt, können die Kokereien auch Feinkohlen verwerten, diese
Möglichkeit stellt für die Zechen eine wesentliche Erleichterung
hinsichtlich des Sortenproblems dar. Die durchschnittliche Zusammensetzung des Kokses ist folgende:

$$\text{Heizwert } H_U = \text{etwa } 7250 \text{ kcal/kg,}$$
$$\text{Wassergehalt} \qquad 0{,}7\%,$$
$$\text{Aschengehalt} \qquad 8{,}2\%.$$

b) *Gaserei*. Da bei der Gaserei das Schwergewicht auf der Gaserzeugung liegt, so wird hier ein Teil des erzeugten Kokses zur
Verfeuerung benutzt, außerdem sucht man durch Dampfzusatz

einen weiteren Teil des erzeugten Kokses zu vergasen. Für Gasereibetrieb werden gasreichere Kohlensorten vorgezogen. Daß diese einen leichter verbrennlichen Koks geben als eigentliche Kokereikohle, ist im Hinblick darauf, daß Hausbrand, Zentralheizungen und Gasgeneratoren die Hauptverbraucher sind, eher ein Vorteil. Die Kennziffern des Gaskokses sind etwa folgende:

$$\begin{aligned} &\text{Heizwert} && 5400 \text{ kcal/kg,} \\ &\text{Wassergehalt} && 15\%, \\ &\text{Aschengehalt} && 14\%. \end{aligned}$$

Auch hier gestattet die Heizungsart der Koksbatterien eine gewisse Beweglichkeit in der Anpassung an den Absatz. Man kann sich darüber hinaus noch dadurch helfen, daß man aus dem Koks Wassergas erzeugt und dieses beimischt. Allerdings muß es vorher noch angereichert werden, damit der Heizwert des Mischgases nicht zu stark gedrückt wird. Sowohl im Kokerei- als auch im Gasereibetrieb fallen neben Teer und Benzol auch geringe Mengen an Ammoniak an, der aus dem Gas ausgeschieden werden muß. Das erzeugte Gas, dessen Heizwert je nach den Normen zwischen 4000 und 5000 kcal/Nm³ liegt, wird als Stadtgas verwendet.

c) *Schwelerei.* Beim Schwelen der Kohle hat man sich das Ziel gesetzt, eine möglichst große Menge qualitativ besseren Teeres zu erhalten. Zu diesem Zweck wird die Temperatur in den Kammern nach oben auf etwa 600⁰ C bei Steinkohle und auf etwa 400⁰ C bei Braunkohle begrenzt. In den Beispielen Abb. 63 verwendet das Steinkohlenschwelwerk einen Teil des Kokses für die Heizung der Öfen und stellt das hochwertige Schwelgas für andere Zwecke zur Verfügung, das Braunkohlenschwelwerk benutzt das Gas als Heizmittel. Die Daten von Gas und Koks sind folgende:

	Steinkohlenschwelung	Braunkohlenschwelung
Gas Heizwert	6600—6900	4200 kcal/Nm³
Koks „	6200—7200	4400—6300 kcal/kg
Wassergehalt	6—16%	12—22%
Aschengehalt	5— 7%	13—17%
flücht. Bestandteile ..	11—14%	12—19%

Der Steinkohlenschwelkoks, der auch als Halbkoks bezeichnet wird, findet Anwendung für Hausbrandzwecke (in England Kaminfeuerung). Schwieriger ist die Verwertung des feinkörnigen Braunkohlenschwelkokses, des sogenannten Grudekokses. Man versuchte durch Brikettieren einen stückigen Schwelkoks zu schaffen, der mit den Braunkohlenbriketts konkurrieren kann. Der andere Weg ist die Verfeuerung des Grudekokses in den Kesseln von Kraftwerken. Dieser wurde in Deutschland beschritten. Die Schwelanlagen sind überwiegend mit Braunkohlen-Großkraftwerken kombiniert worden.

2. Vergasung. Beim Vergasen der Kohle erfolgt die Umwandlung in gasförmige und flüssige Energieträger, wobei der aus dem Gas ausgeschiedene Teer von minderer Qualität ist als der bei der Entgasung gewonnene. Je nach der Durchführung des Vergasungsprozesses und der Zusammensetzung des erzeugten Gases unterscheidet man zwischen Generatorgas und Wassergas.

a) *Generatorgas.* Bei der Erzeugung des Generatorgases aus Kohle oder Koks bilden Luft und Wasserdampf das Vergasungsmittel. Der feste Brennstoff wird hiebei restlos vergast. Die Vergasung von Koks gibt teerfreies Gas, diejenige von Kohle teerhaltiges Gas. Entweder wird der Teer mitverbrannt oder durch Kondensation und Wäsche ausgeschieden, falls man nicht den Gaserzeuger zur Gewinnung des höherwertigen Urteers mit einem Schwelaufsatz ausrüstet. Der Brennstoff für die Vergasung, nichtbackende Kohle ist im allgemeinen in der Körnung beschränkt (3—30 mm), ebenso der Wassergehalt (etwa bis 35%). Bei Braunkohlen bevorzugt man daher im allgemeinen Briketts. Nachstehende Tabelle gibt eine Übersicht über die verschiedenen Vergaserbauarten (9).

Generatorentype	Vergasung bei atmosphärischem Druck	Druckvergasung (bis 30 at)
Drehrostgeneratoren	vielfach ausgeführt	ausgeführt
Abstichgeneratoren (mit flüssigem Schlackenabzug) ..	ausgeführt	in Entwicklungsansätzen
Staubgasgeneratoren	im erweiterten Versuchsstadium	noch nicht entwickelt

Die Staubgasgeneratoren wurden entwickelt, um das verwertbare Brennstoffband nach den kleinen Körnungen hin zu erweitern. Eine besondere Rolle spielt der Druckvergaser (Bauart *Lurgi*), der sowohl mit Luft als auch mit Sauerstoff betrieben werden kann. Er hat den Vorteil einer größeren spezifischen Leistung, die etwa mit der Quadratwurzel aus dem Druck steigt und bei Verwendung von Sauerstoff als Vergasungsmittel den weiteren Vorzug, daß man hiebei ein Gas erhält, das in seiner Zusammensetzung und dem

Heizwert dem Stadtgas entspricht, während der Heizwert des mit Luft erblasenen Generatorgases, je nach dem Ausgangsbrennstoff und Verfahren zwischen 1100 und 1400 kcal/Nm³ liegt. Die Sauerstoffdruckvergasung, für die in Abb. 63 eine Brennstoffbilanz wiedergegeben ist, ermöglicht also die Stadtgaserzeugung, ohne gleichzeitig Koks zu erhalten. Der hohe Druck gestattet, abgesehen von der Verdichtung der geringfügigen Sauerstoffmenge, eine Fortleitung über größere Entfernungen ohne zusätzlichen Arbeitsaufwand, erschwert allerdings die Einschaltung von Gasbehältern zu Speicherzwecken. Der Wirkungsgrad der Vergasung wird, abgesehen vom Gütegrad der Kohlenstoffumsetzung, davon beeinflußt, ob die fühlbare Wärme des Gases ausgenutzt werden kann. Dieser Umstand ist besonders beim Abstichgaserzeuger von Einfluß, bei dem die Gasaustrittstemperatur über 1000⁰ C liegt, während die Werte beim Drehrostgaserzeuger zwischen 350 und 500⁰ C angenommen werden können. Man kann wohl sagen, daß sich der Bau von Gasgeneratoren noch in den Anfängen der Entwicklung befindet und sich durch eine konsequente Weiterbildung der Apparaturen wirtschaftliche Fortschritte erzielen lassen dürften. Dies würde auch für eine Verwirklichung des Gedankens, die Kombination Gasgenerator-Gasturbine an Stelle des Dampfprozesses treten zu lassen, eine wesentliche Voraussetzung sein.

b) *Wassergas.* Für die Wassergaserzeugung wird als Vergasungsmittel lediglich Wasserdampf benutzt. Als Brennstoff kommen Kohle und Koks in Frage. Der Heizwert des Wassergases liegt bei etwa 2450—2630 kcal/Nm³. Wird es mit Teeröl karburiert, erreicht es Heizwerte in der Größenordnung des Stadtgases, so daß es, wie vorhin bereits erwähnt, zur Verschiebung des Koks-Gasverhältnisses zugunsten des letzteren bei der Stadtgaserzeugung dienen kann. Das Wassergas, dessen wesentlicher Bestandteil Wasserstoff ist, erreicht sehr hohe Verbrennungstemperaturen. Es wird daher zum Schweißen verwendet, dient aber neben dem Koksofengas auch als Ausgangsstoff für die Stickstoffsynthese.

3. Hydrieren. Die Kohlenhydrierung ermöglicht die Erzeugung von Treibstoff, falls erwünscht ausschließlich Benzin, ohne gleichzeitigen Anfall von Koks oder größeren Gasmengen. Bei der Hydrierung erhält man lediglich geringe Mengen von Starkgas mit einem Heizwert von über 10000 kcal/Nm³, das als Flaschengas für den Fahrzeugbetrieb dient.

Das von der I. G. Farbenindustrie mit *Bergius* entwickelte Verfahren beruht darauf, daß bei hohen Drücken und Temperaturen mit Hilfe von Katalisatoren Wasserstoff angelagert wird. Als Ausgangsprodukt dienen also Wasserstoff und Kohle, und zwar Braunkohle oder junge Steinkohlenarten. Das Hydrierverfahren ermöglicht außerdem

a) beim Hydrieren von Schweröl eine erheblich größere Ausbeute an Leichtöl als beim Kracken,

b) die Erzeugung von hochwertigem Schmieröl aus Schweröl,

c) die Raffination von schwefelhaltigen Braunkohlenschwelbenzinen.

4. Benzinsynthese. Auch dieses Verfahren dient der Herstellung von flüssigen Treibstoffen (überwiegend Benzin, daneben ein geringer Teil Schweröl). Außerdem fällt, wie bei der Hydrierung, ein heizwertreiches Restgas an. Ausgangspunkt für die von *Fischer*, Essen, entwickelte Benzinsynthese ist ein Gemisch von Wassergas und Koksofengas, das CO und H_2 im Verhältnis $1:2$ enthalten muß. Die Herstellung dieses Gasgemisches ist mittels der Lurgi-Sauerstoffdruckvergasung auch direkt möglich. Die Verwendung von Gas als Ausgangsprodukt gestattet auch die Verarbeitung von eventuell überschüssigen Brennstoffen, wie Koksofengas, Koks usw. Dies ist ein Vorteil gegenüber dem Hydrierverfahren, ebenso wie die Möglichkeit, ohne Druck zu arbeiten, wodurch die Anlage zweifellos billiger wird. Ihm steht als Nachteil der Anfall von Benzin *und* Schweröl gegenüber.

Nach diesem Überblick über die der Kohlenveredlung dienenden Verfahren entsteht die Frage: Welche praktischen Auswirkungen in energiewirtschaftlicher Hinsicht sind von der Kohlenveredlung her zu erwarten? Betrachtet man zunächst den Wert der erläuterten Verfahren von der rein wirtschaftlichen Seite, so gilt die einfache Forderung, daß die entstehenden Aufwendungen durch den Erlös gedeckt werden müssen. Sind

K die gesamten Jahresausgaben für die Ausgangsbrennstoffe, Kapitaldienst und Betriebskosten,

M, N, R die jährlich anfallenden Mengen an veredelter Energie,

p_m, p_n und p_r die Erlöse je Einheit, so gilt die Beziehung

$$K = M \cdot p_m + N \cdot p_n + R \cdot p_R \quad [S/Jahr].$$

In Abb. 64 wurden für einige deutsche Anlagen Aufwendungen und Erlöse einander gegenübergestellt. Beim Gas wurden sowohl auf der

Aufwands- als auch auf der Erlösseite die entsprechenden Beträge für das Verteilnetz in Abzug gebracht, so daß die Werte ab Werk gelten. Die erzielbaren Einheitspreise p hängen von den Preisen gleichwertiger Energieträger ab, soweit solche in Wettbewerb stehen. Betrachten wir zunächst die *Kokerei*. Das Koksofengas, für industrielle

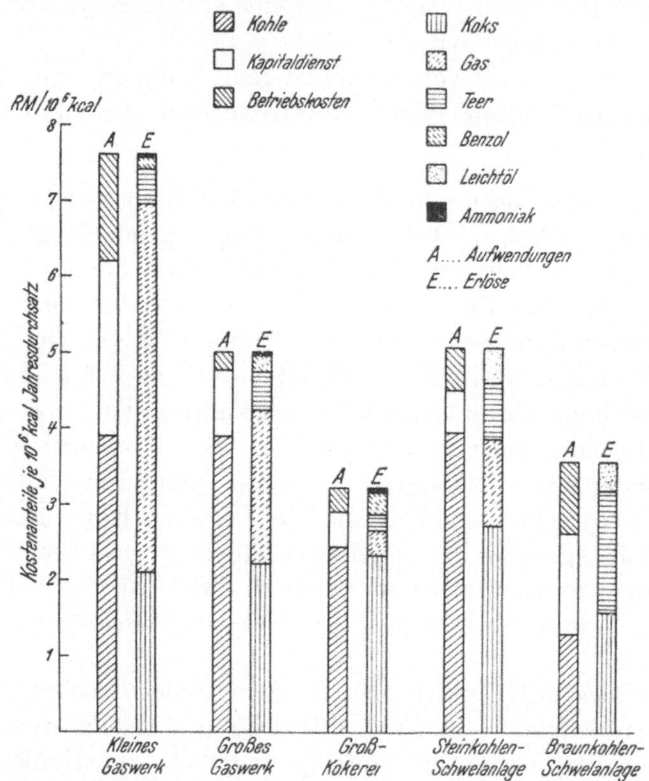

Abb. 64. Aufwendungen und Erlöse von Anlagen zur Kohlenveredlung, bezogen auf 10⁶ kcal des Jahresdurchsatzes.

Heizzwecke verwendet, konkurriert mit der Steinkohle, im Falle der Fernübertragung mit örtlich erzeugtem Stadtgas. Der Unterschied der Betriebsausgaben bei Verwendung von Gas oder Kohle (Wirkungsgrad, Bedienung, Kohlen- und Aschentransport), der Kapitaldienst für die in einem und anderen Falle zu erstellenden Anlagen beim Abnehmer und die Auswirkung auf die Qualität des erzeugten Gutes bestimmen, wie im 11. Abschnitt dargelegt, den Äquivalenzpreis. Bei Verwendung des Koksofengases für die Stickstofferzeugung spielt der Kostenvergleich mit dem nach anderen Verfahren erzeugten Stickstoff eine Rolle. Die flüssigen Energieträger stehen mit den entsprechenden Erdölprodukten, das anfallende NH_3 mit dem synthetischen Ammoniak, im Wettbewerb. Der erzeugte Hüttenkoks dagegen hat als solcher keinen Konkurrenten, er wird in dem Maße gebraucht, als die Hochöfen und Stahlwerke produzieren. Sein Preis kann sich also auf die Gestehungskosten aufbauen, so daß hiedurch die Anpassung des Gesamterlöses an die Aufwendungen möglich ist.

Im allgemeinen wird man die Kokereien in Grubengebieten errichten, und zwar als zentrale Anlagen, die von einer Anzahl Gruben mit Kohle beliefert werden. Die großen Kokereien des Ruhrgebietes sind hiefür ein Beispiel. Es ergibt sich aber die Frage, ob Länder, die Hüttenkoks benötigen, selbst aber über keine zur Verkokung geeignete Steinkohle verfügen, den Koks oder die Steinkohle einführen und letztere selbst verkoken sollen. Bedenkt man, daß das Koksofengas den Rohstoff zu der für die Landwirtschaft so notwendigen Stickstofferzeugung bildet, daß die moderne Kohlenchemie dem Steinkohlenteer, ja sogar den Abfallstoffen, wie dem im Waschwasser vorhandenen Phenolen, eine Reihe von Verwendungsmöglichkeiten geschaffen hat, die die Nachschaltung von verschiedenen Industriezweigen gestattet (Herstellung von Kunststoffen), so wird die Antwort zweifellos zugunsten der Eigenverkokung ausfallen, soferne der Koksbedarf des betreffenden Wirtschaftsgebietes so hoch ist, daß sich eine genügend große, wirtschaftlich arbeitende Anlage erstellen läßt.

Die *Gaserei* ist in der Preisgestaltung bereits eingeengter, sie besitzt die Ausgleichsmöglichkeit beim Kokspreis nicht, da der Gaskoks in seinem Verwendungsgebiet (Zentralheizung, Gewerbe) mit anderen festen Brennstoffen in Wettbewerb steht, somit ein Äquivalenzpreis vorliegt. Für die flüssigen Produkte gilt dasselbe wie oben. Der Anwendung des Gases im Haushalt, dem Hauptabsatzgebiet der städtischen Gasversorgung, hat sich in zunehmendem Maße ein ernster Konkurrent entgegengestellt, die Elektrizität. Diese Konkurrenz wird sich besonders beim Wiederaufbau der durch den Krieg zerstörten Städte bemerkbar machen, denn es spricht aus wirtschaftlichen Gründen viel dafür, in neu errichteten Siedlungen die Doppelinstallation von Elektrizitäts- *und* Gasnetzen zu vermeiden und bei der Wahl zwischen beiden Energiearten hat die Elektrizität wegen ihrer universelleren Anwendbarkeit zweifellos die besseren

Aussichten. Das Eindringen der Elektrizität in dem vorher vom Gas beherrschten Wärmesektor des Haushaltes hat die Wirtschaftlichkeit der Gaswerke beeinträchtigt, besonders, wenn sie im wesentlichen auf Haushaltsversorgung abgestellt sind und nur wenige gewerbliche oder industrielle Gasabnehmer aufweisen. Auf diese Bedarfsträger dürfte sich aber in Zukunft zwangsläufig das Schwergewicht des Gasabsatzes langsam verlagern.

Die Rentabilität von Gasereien wird durch die Höhe des Kohlenpreises und damit durch die Entfernung von der Kohlenbasis stark beeinflußt. Bezeichnen wir mit

B die zugeführte Kohlenmenge [t],

p_B den Kohlenpreis frei Verwendungsort [S/t],

K die erzeugte Koksmenge (t),

p_K den Kokspreis [S/t],

G die erzeugte Gasmenge [Nm³],

p_G den Gaspreis [S/Nm³],

C_1 die Ausgaben für Kapitaldienst und Betrieb [S/Jahr],

C_2 den Erlös für Teer, Benzin und Ammoniak [S/Jahr],

so gilt für die Deckung der Ausgaben der Gasereien die Bedingung

$$B \cdot p_B + C_1 = K \cdot p_K + G \cdot p_G + C_2 \quad [\text{S/Jahr}].$$

Daraus ist der für die Rentabilität der Anlage erforderliche Mindestgaspreis ab Werk

$$p_G = \frac{B \cdot p_B - K \cdot p_K + C_1 - C_2}{G} \quad [\text{S/Nm}^3].$$

Man darf wohl annehmen, daß man für den Koks mindestens denselben Wärmepreis wie für Kohle erzielt. Beträgt der Heizwert der Steinkohle 7100 kcal/kg, der des Kokses 7200 kcal/kg, so kann man für

$$p_K = p_B \frac{7200}{7100} = 1{,}01 \cdot p_B \quad [\text{S/t}]$$

setzen. Damit wird die vorhin angeschriebene Beziehung

$$p_G = \frac{p_B (B - 1{,}01 \cdot K) + C_1 - C_2}{G} \quad [\text{S/Nm}^3].$$

Wir wollen diese Formel für die beiden Gasereien auswerten, die in der Abb. 64 als Beispiele behandelt wurden. Die in Frage kommenden Daten sind folgende:

Beispiel	I	II	
Kohlenmenge B	1	1	t
Koksmenge K	0,55	0,5	t/t Kohle
Gasmenge G	480	455	m³/t Kohle
C_1	8	26,70	RM[1])
C_2	5,10	5,—	RM[1])

In Abb. 65 ist der Gaspreis p_G in Abhängigkeit vom Brennstoffpreis p_B aufgetragen. Außerdem wurde der Quotient $p_G/p_B \cdot 10^{-3}$ kurvenmäßig eingezeichnet, der gleichzeitig ausdrückt, wieviel kg Kohle preismäßig 1 Nm³ Gas entsprechen. Man sieht, je größer die Entfernung der Gasereien von der Kohlenbasis ist, um so günstiger liegt der Gaspreis im Verhältnis zum Kohlenpreis, um so konkurrenzfähiger wird das Gas zumindest gegenüber einer Kohlenheizung.

Für die Wirtschaftlichkeit von Gasgeneratoranlagen gilt grundsätzlich dasselbe wie vorhin für die Verwertbarkeit des Koksofengases. Jahreskosten, größere Sauberkeit des Betriebes, Auswirkung auf die Qualität des Produktes, werden für die Entscheidung Kohlen- oder Gasfeuerung ausschlaggebend sein. Betriebe mit großen Schweißereien benötigen schon für diesen Zweck Wassergas, aber auch chemische Betriebe sind vielfach zur Aufstellung von Gaserzeugern genötigt. Die Sauerstoffdruckvergasung kann, wie Wirtschaftlichkeitsuntersuchungen zeigen, mit der üblichen Herstellungsweise von Stadtgas in Wettbewerb treten. Sie hat den Vorteil der vollständigen

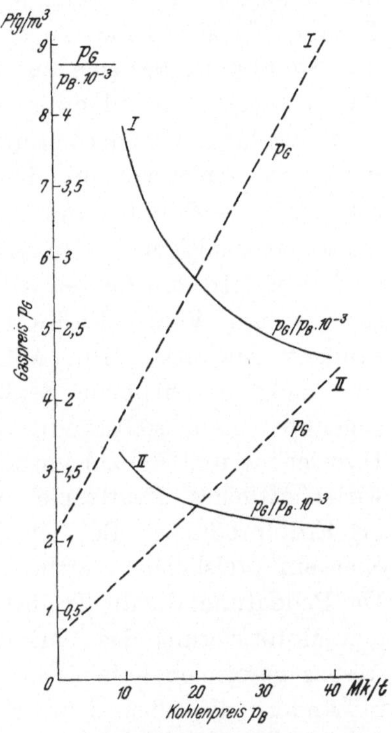

Abb. 65. Abhängigkeit des den Aufwand deckenden Gaspreises ab Werk vom Kohlenpreis und Verhältnis Gaspreis : Kohlenpreis. Unterlage: Kostenbilanz der Gaswerke, Abb. 64.

---

[1]) Da es sich um in Deutschland liegende Anlagen handelt, wurden die Kosten in Mark-Währung belassen. Auf das grundsätzliche Ergebnis ist dies ohne Einfluß.

Umwandlung der Kohle in Gas bei Gewinnung geringerer Mengen flüssiger Produkte *ohne* Koksanfall. Die Möglichkeit, mittels der Sauerstoffdruckvergasung aus heizwertarmer Braunkohle mit einem Körnungsbereich von 3 bis 30 mm Stadtgas zu erzeugen, kann die wirtschaftliche Grundlage für eine Ferngasversorgung bilden. Ihre Anwendbarkeit ist dann gegeben, wenn die Fortleitung des ohnehin unter Druck anfallenden Gases nicht teurer kommt als der Transport des heizwertarmen Brennstoffes, bzw. wenn der Wärmepreis der Braunkohle ab Grube um so viel niedriger ist als der Wärmepreis der Steinkohle, bezogen auf das Verbrauchszentrum, daß die Gasfortleitungskosten aufgewogen werden.

Schwelung, Hydrierung und Benzinsynthese stehen in wirtschaftlichem Wettbewerb mit den Erdölprodukten. Die Braunkohlenschwelung, verbunden mit dem Kraftwerksbetrieb, hat bei einigermaßen teerhaltigen Brennstoffen am ehesten Aussichten, sich dabei zu halten. In den letzten Jahren wurde auch der Entwicklung der sogenannten Vorschaltschwelung vor Kesseln stärkere Aufmerksamkeit gewidmet (19). Mit ihr zeichnet sich ein Weg ab, der eine nicht unerhebliche Senkung der Anlage- und Betriebskosten gegenüber dem selbständigen Schwelwerk erwarten läßt. Durch Hydrierung und Benzinsynthese gewonnene Treibstoffe sind, freies, wirtschaftliches Kräftespiel vorausgesetzt, im allgemeinen teurer als Erdölprodukte. Bei der Benzinsynthese ist in günstigen Fällen eher ein preislicher Wettbewerb mit den Erdölprodukten möglich. Die Bedeutung, die die Treibstoffe infolge der immer mehr zunehmenden Motorisierung des Verkehrs und durch den Ausbau des Flugwesens gewonnen haben, hat aus Gründen der Landesverteidigung in Ländern, die selbst nicht über genügend Erdölvorkommen verfügen, dazu geführt, Anlagen zur Treibstoffgewinnung aus Kohle zu errichten, wobei die Wettbewerbsfähigkeit durch entsprechende Zuschläge und Einfuhrzölle auf die Erdölprodukte oder durch staatliche Subventionen hergestellt wurde. Jedenfalls dürften auch künftighin energie- und wehr*politische* Gesichtspunkte die Entscheidung über die Errichtung von Hydrier- oder Syntheseanlagen stärker beeinflussen als rein wirtschaftliche.

29. Wirtschaftliche Fragen der Erdölgewinnung und -aufbereitung.

Das in der Natur vorkommende Erdöl besteht aus einem Gemisch von Kohlenwasserstoffen, die sich durch verschiedene Siedepunkte unterscheiden. Während die leichtesten Teile des Gemisches bereits bei etwa 40—50⁰ C sieden, liegt der Siedepunkt der schwersten über 400⁰ C. Mit steigender Siedetemperatur nimmt die Brennbarkeit bzw. das Zündvermögen ab. Seitens des Verbrauchers wird die Forderung nach einer Begrenzung von Siedepunkt und Zündvermögen in einem engeren Bereich erhoben. Würde z. B. das Autobenzin schwer siedende Bestandteile enthalten, so könnten diese nicht rechtzeitig verdampfen und mischen sich entweder unverbrannt mit dem Schmieröl oder verbrennen zu spät. Beides führt zu einer Wirkungsgradverschlechterung und zu einer Verteuerung des Unterhaltes der Maschinen. Es ist daher ebenso wie bei der Kohle gebräuchlich geworden, den Rohbrennstoff *aufzubereiten* und nach Sorten zu trennen. War bei der Kohle hiebei die Körnung maßgebend, so ist es beim Rohöl der Siedepunkt.

Die Aufbereitung des Rohöles erfolgt

1. durch Destillieren,
2. durch Kracken.

Die *Destillation* stellt eine physikalische Trennung der bei verschiedenen Temperaturen siedenden Kohlenwasserstoffe dar. Die erhitzten Öldämpfe werden in den Fraktioniertürmen, die über ihre Länge ein entsprechendes Temperaturgefälle aufweisen, stufenweise niedergeschlagen und so nach ihrem Siedepunkt getrennt. Die bei der Destillation gewonnenen Fraktionen bilden in der Reihenfolge vom niedrigsten zum höchsten Siedepunkt die Gruppen: Benzin, Petroleum, Gasöl (Dieselöl), Schweröl (Heizöl). Als Rückstand bei der Destillation bleibt Asphalt. Die natürliche Zusammensetzung ist etwa folgende:

Benzin 25%, Siedepunkt unter 200⁰ C;

Petroleum 20%, Siedepunktsgrenze 150—300⁰ C;

Gasöl 10%, Siedepunkt 200—350⁰ C;

Schweröl 45%, Siedepunkt über 250⁰ C.

Die Heizwerte der Fraktionen liegen ebenso wie die des Rohöles um 10.000 kcal/kg.

Das zweite Aufbereitungsverfahren, das *Kracken*, trennt die Kohlenwasserstoffe nicht physikalisch, sondern spaltet das Erdöl bei hoher Temperatur und mittleren Drücken *chemisch* auf. Durch diese chemische Aufspaltung ist es möglich, anstatt 25% bis etwa 65% an Benzin zu gewinnen. Der Rest ist Schweröl, Krackgas (etwa 10%, das teilweise als Flaschengas verwendet wird) und sogenannter Petrolkoks (etwa 1%), der sich in der Reaktionskammer absetzt.

Der Verbrauch an flüssigen Brennstoffen hat im Laufe der letzten Jahrzehnte tiefgreifende Wandlungen durchgemacht. Während um die Jahrhundertwende das Leichtpetroleum den wesentlichen Teil des Bedarfes darstellte, wurde dieses durch die Elektrizität als Beleuchtungsmittel immer mehr zurückgedrängt und mußte mit zunehmender Motorisierung seinen Platz dem Benzin als begehrteste Gruppe überlassen. Es tritt also auch hier durch das nachfragemäßige Übergewicht ein ganz analoges Sortenproblem auf, wie wir es bei der Kohle festgestellt haben. Auch hier muß der durchschnittliche Gestehungspreis so auf die einzelnen Qualitätsgruppen umgelegt werden, daß auch die weniger begehrten einen Absatz finden. Das Petroleum konkurriert mit dem elektrischen Licht, der durch Gasöl angetriebene Ölmotor mit der Dampfturbine bzw. Kolbendampfmaschine und mit dem Elektromotor, das Schweröl mit der Kohle. Die Äquivalenzpreise bestimmen das Preisniveau für diese Gruppen, soll ihnen ein Absatz gesichert werden. Schweröl als Kesselfeuerung z. B. bringt nicht nur einen höheren Kesselwirkungsgrad, sondern führt auch auf kleinere und damit billigere Kessel. Für Schiffsantrieb hat es noch den Vorteil eines kleineren Bunkerraumes und der einfacheren und billigeren Brennstoffübernahme. Alle diese Gesichtspunkte beeinflussen den Äquivalenzpreis. Nach einer älteren Aufstellung ergab sich z. B. für rumänisches Erdöl frei Seehafen folgende Preisrelation (24):

$$
\begin{array}{lr}
\text{Benzin} & 330\,\% \\
\text{Petroleum} & 116\,\% \\
\text{Dieselöl} & \mathbf{100}\,\% \\
\text{Heizöl} & 49\,\%
\end{array}
$$

Auch hier muß der verhältnismäßig geringe, aber begehrte Benzinanteil ähnlich wie die hochwertigen Nußkohlensorten die wesentlichen Kosten tragen, um das als größte Menge anfallende Schweröl zu einem wesentlich unter den durchschnittlichen Gestehungskosten liegenden Preis absetzen zu können.

Dieser aus der Nachfrage sich ergebende große Preisunterschied macht es verständlich, daß das Krackverfahren trotz seiner gegenüber der Destillation wesentlich höheren Kosten angewendet wird und auch wirtschaftlich ist. Eine noch größere Steigerung des Benzinanteils läßt sich durch das Hydrierverfahren erzielen, das die Gewinnung von 80 bis 90% Benzin aus Schweröl gestattet. Kracken und Hydrieren bieten also die Möglichkeit, den Benzinanteil wesentlich zu verschieben. Auf der anderen Seite erschließen die Fortschritte der Technik dem Schweröl neue Anwendungsgebiete. Ähnlich wie die Entwicklung geeigneter Feuerungen und Kesselkonstruktionen den Absatz der mageren Feinkohlensorten förderten, so daß ihre Unterbringung erleichtert und die Preisunterschiede gegenüber den hochwertigeren Sorten gemildert werden konnte, kann für die Verwendung des Schweröles eine stärkere Einführung der Gasturbine einen Wandel bringen. Die Gasturbine läßt sich für höhere Leistungen als der Dieselmotor bauen und hat den Vorteil einer viel größeren Anspruchslosigkeit hinsichtlich der Brennstoffeigenschaften als der Dieselmotor (9). Gelingt es, Werkstoffe zu entwickeln, die Anfangstemperaturen über 700° C zulassen, so ist auch wärmewirtschaftlich die Wettbewerbsfähigkeit gegeben. Eine zukünftig verbreitete Anwendung der Gasturbine würde die Preisspanne zwischen Gas- und Schweröl sicherlich beeinflussen.

Die Gestehungskosten des Erdöles werden in starkem Maße durch den Aufwand für die Bohrungen bestimmt. Nach der bereits vorhin benutzten Quelle (24) setzten sich für rumänisches Erdöl die Gestehungskosten prozentuell wie folgt zusammen:

Bohrkosten	61 %
Gewinnungskosten	13,2%
Verarbeitung	14,5%
Transport zum Seehafen	11,3%
Gesamtkosten frei Seehafen	100,0%.

Die Bohrkosten machen in diesem Fall rund 60% der durchschnittlichen Gestehungskosten aus. Die Preisgestaltung hängt also weitgehend von den Fortschritten der Bohrtechnik und dem Nutzeffekt der Bohrungen selbst ab. Für diesen sind wieder die Errungenschaften auf dem Gebiete der physikalisch-geologischen Bodenstrukturuntersuchungen maßgebend.

Bei einer allgemeinen energiewirtschaftlichen Betrachtung der Erdölfrage muß man sich folgende Tatsachen vor Augen halten:

1. Die Erdölvorräte sind nach den heutigen Lagerstätten-Mutungen wesentlich geringer als die geschätzten Kohlenvorkommen. Seit Jahren werden besorgte Stimmen laut, die von einer Erschöpfung der Öllager in immerhin absehbarer Zeit sprechen. Dagegen ist die verhältnismäßige Zunahme des Erdölbedarfes in den letzten Jahren größer als die des Kohlenverbrauches gewesen.

2. Die bisher festgestellten Erdölvorräte sind viel ungleichmäßiger verteilt als die Kohlenvorkommen und, abgesehen von einigen geringfügigen Lagerstätten in Europa und anderen Kontinenten, im wesentlichen auf einige wenige Gebiete konzentriert. Nach neuesten Schätzungen entfallen auf den sogenannten Nahen Osten 45%, auf die USA 35% und auf die übrige Welt 20% aller bisher festgestellten Vorräte.

Bei dieser Sachlage und der überragenden Bedeutung der flüssigen Treibstoffe für die Volks- und Wehrwirtschaft ist das Erdölproblem aus einer rein energiewirtschaftlichen Betrachtungsweise in die Sphäre der Machtpolitik gerückt. Die Zukunft wird erweisen, wie weit die Entwicklung der Erdölpreise und das Streben nach Sicherstellung und Unabhängigkeit in der Treibstoffversorgung zu einem stärkeren Gebrauch der von der Kohlenchemie gezeigten Möglichkeiten und einem teilweisen Ausweichen auf die Treibstoffgewinnung aus inländischer Kohle führen wird.

30. Die Wärmeerzeugung und -verwertung.

Die im 10. Abschnitt wiedergegebenen Energiebilanzen ließen den überragenden Anteil des Wärmeverbrauches am Gesamtbedarf erkennen. Der Nutzeffekt, mit dem die Wärmeerzeugung und -verwertung erfolgt, ist daher von entscheidender Bedeutung für die Wirtschaftlichkeit der gesamten Energieversorgung. Die Umwandlung von Brennstoffenergie in Nutzwärme, soferne sie in einer Umwandlungsstufe erfolgt, gliedert sich eigentlich in zwei Vorgänge, und zwar:

1. in die Freimachung der im Brennstoff enthaltenen Energie durch Verbrennen,

2. in die Übertragung dieser gewonnenen Wärme an das zu beheizende Gut.

Man wird zunächst darnach trachten müssen, einen möglichst hohen Wirkungsgrad der Wärmefreimachung zu erzielen. Richtige, an die Eigenheiten des Brennstoffes angepaßte Gestaltung des Verbrennungsraumes, Vorwärmung der Verbrennungsluft, zweckmäßige Anordnung der Wärmeübertragungsflächen, Niedrighaltung der Abgastemperaturen, ein guter Wärmeschutz, eine einwandfreie Abdichtung des Verbrennungsraumes und der den Wärmeträger führenden Teile (Rohre, Kanäle usw.) und die Bevorzugung von kontinuierlicher Betriebsweise an Stelle einer intermittierenden mit deren unvermeidlichen Abkühlungsverlusten sind die wichtigsten Voraussetzungen für die wirtschaftliche Umsetzung der Brennstoffenergie. Der wesentliche Faktor ist die Temperatur, mit der die Abgase unausgenützt ins Freie befördert werden; z. B. machen bei einem Dampferzeuger von einem Gesamtverlust von 13% bei wirtschaftlichster Belastung die Abgasverluste allein 10,5% aus. Die weitgehende Ausnutzung der Austrittstemperatur des Heizmittels (Rauchgase, Dampf, Kondensat usw.), die sogenannte „Abwärmeverwertung", ist eine wichtige Aufgabe der Wärmewirtschaft, für die besonders auf dem Gebiete der industriellen Wärmenutzung ein großes und fruchtbringendes Arbeitsfeld vorliegt.

Für die Wärmeübertragung von Heizmitteln auf das zu beheizende Gut gilt folgende Grundformel:

$$Q = k \cdot F (t_1 - t_2) \quad [\text{kcal/h}]. \tag{21}$$

Hierin bedeuten

F die Fläche, auf der die Wärmeübertragung stattfindet $[\text{m}^2]$,

t_1 die Temperatur des Heizmittels $[^0\text{C}]$,

t_2 die Temperatur des beheizten Gutes $[^0\text{C}]$,

k den Wärmedurchgangskoeffizienten für eine Heizfläche $[\text{kcal/m}^2 \cdot \text{h} \cdot {}^0\text{C}]$.

Erfolgt die Übertragung direkt, so tritt an die Stelle des Koeffizienten k die Wärmeübergangszahl α mit gleicher Dimension. Ist für die Wärmeübertragung im wesentlichen die Wärmestrahlung und nicht die Wärmeleitung maßgebend — dies ist bei sehr hohen Temperaturen der Fall — so gilt für die durch Strahlung übertragene Wärmemenge Q die Formel

$$Q = c \cdot F \cdot \left[\left(\frac{t_1 + 273}{100} \right)^4 - \left(\frac{t_2 + 273}{100} \right)^4 \right] \quad [\text{kcal/h}], \tag{22}$$

worin c die Strahlungszahl $[\text{kcal/m}^2 \cdot \text{h} \cdot {}^0\text{C}]$ darstellt. Die Intensität der Wärmeübertragung auf das zu beheizende Mittel, die Wärmemenge Q kcal/h hängt also von der Größe der Heizfläche und bei der normalerweise vorgeschriebenen Temperatur t_2 von der Temperatur t_1 ab. Je größer die Temperaturdifferenz, um so wirksamer ist die Wärmeübertragung. Die Erfahrungszahlen k bzw. α werden vornehmlich durch den Oberflächenzustand, die Strömungsverhältnisse und die Wandstärke der Übertragungsfläche beeinflußt. Die stündlich übergehende Wärmemenge, die Übertragungsfläche und die Übertemperatur des Heizmittels stehen also in enger Wechselbeziehung. Ist Q kcal/h, d. h. die Dauer des Wärmeprozesses indirekt vorgeschrieben, so ist die Wahl der Heizfläche *oder* der Temperaturdifferenz frei. Sind für die Intensität keine Bedingungen gegeben, legt man aber Wert auf eine Verkürzung der Prozeßdauer, so ist eine richtige Abstimmung zwischen den drei Größen Q, F und t_1 durchzuführen. Für einen bestimmten Fall wird daher die gegenseitige Abwägung der Auswirkung einer Änderung der Durchsetzzeit (bestimmt durch Q), der Anlagekosten (bestimmt durch F), des Wirkungsgrades der Brennstoffumsetzung und der Wahl des Brennstoffes (bestimmt durch t_1) zu einer optimalen Auslegung der Anlage führen. Zweckmäßige Konstruktion, richtige Auslegung und eine Abdämmung des beheizten Gutes oder Raumes gegen Wärmeverluste sind die Voraussetzungen für eine wirtschaftliche Wärmeübertragung.

Beim größten Teil der industriellen Wärmeprozesse wird die Wärme nicht chemisch, sondern nur physikalisch verbraucht, sie dient zur Erhitzung des Gutes oder eines Zwischenmittels. Die Wärme ist in solchen Fällen zum wesentlichen Teile im Gut enthalten und könnte theoretisch bei dessen Abkühlung wiedergewonnen werden. Grundsätzlich dasselbe gilt für das Trocknen und Verdampfen, bei welchen Prozessen die Wärme in den Brüden enthalten ist. Auch hier eröffnet sich eine Möglichkeit der Abwärmeverwertung zur Verbesserung der Wärmewirtschaft.

Die notwendige bzw. zweckmäßige Temperatur t_1 auf der Heizseite bestimmt im Bereich *hoher* Temperaturen den Brennstoff. So kann man z. B. mit Kohle bis etwa 1400^0 C in Flammöfen Metalle anwärmen und Steine brennen, im Schachtofen erreicht man mit Koks, der mit dem Schmelzgut gemischt ist, Temperaturen von 1500^0 C. Das Erschmelzen von Stahl und Glas benötigt aber höhere Temperaturen, die nur durch Gasfeuerung mit Vorwärmung von Gas und Verbrennungsluft erzielt werden können. Bei Temperaturen in der Größenordnung von 2000^0 C ist der Übergang auf elektrische Beheizung notwendig. Bei niedrigen Prozeßtemperaturen unter $200—300^0$ C dagegen nimmt der Wasserdampf als Zwischenmittel eine überlegene Stellung ein. Die hohe Wärmeübergangszahl des kondensierenden Dampfes (kleine Übertragungsflächen), seine wirtschaftliche Fortleitung bei zentraler Umwandlung der Brennstoffenergie in Dampf und die gute betriebliche Anpassungsfähigkeit (leichte Regelbarkeit), sind für die Bevorzugung des Dampfes als Zwischenmittel die ausschlaggebenden Gründe.

In Abb. 66 wurde versucht, eine schematische Darstellung der Wärmeerzeugung und Verwertung zu geben. Für die Einteilung waren die obigen Betrachtungen maßgebend. Das große Gebiet der Wärmeanwendung wurde in drei Gruppen gegliedert, und zwar:

1. die Industrieöfen, in denen die Brennstoffenergie direkt umgesetzt wird,

2. die Gruppe der Wärmeprozesse, die sich des Zwischenmittels Dampf oder Heißwasser bedienen,

3. der Haushalt.

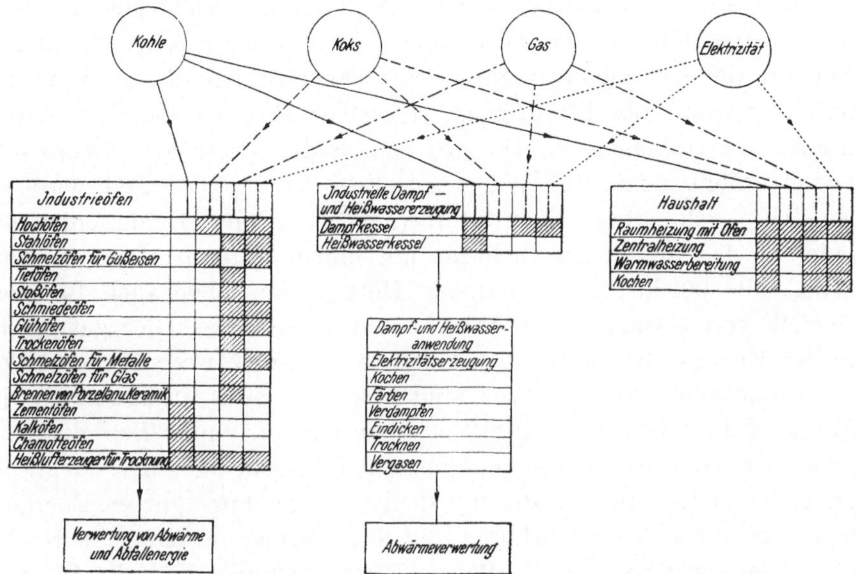

Abb. 66. Schematische Darstellung der Wärmeerzeugung und -verwertung.

Als Ausgangsenergie sind Kohle, Koks, Gas und Elektrizität verzeichnet. Öl und Holz wurden nicht besonders aufgeführt. Heizöl kann an Stelle von Kohle und Koks, teilweise auch statt Gas verwendet werden, Holz, wie bereits früher erwähnt, vornehmlich für Haushaltzwecke (Raumheizung und Kochen). Die in der Abb. 66 eingetragenen Bezugslinien und schraffierten Flächen sollen einen Überblick über die Eignung der einzelnen Energieträger für die verschiedenen Bedarfsfälle geben. Soferne für denselben Zweck die Wahl mehrerer primärer Energiearten möglich ist, ist für die Entscheidung nicht nur die energiewirtschaftliche Seite, sondern auch die Auswirkung auf die Qualität des Gutes maßgebend, wie dies z. B. bei der Stahl- und Roheisenerzeugung der Fall ist. Sie muß bei einem Wirtschaftlichkeitsvergleich mitberücksichtigt werden.

Die Wirkungsgrade der Umsetzung der zugeführten Primärenergie sind in den einzelnen Anwendungsfällen sehr verschieden. Sie liegen bei den Industrieöfen für Kohle, Koks und Gas zwischen 5 und

60%, bei elektrisch beheizten Öfen etwa zwischen 40 und 75%. Bei der Dampf- und Heißwassererzeugung wird man 70—85% bei kohle-, fast 90% bei gas- und ölgefeuerten Kesseln und etwa 95% bei Elektrokesseln einsetzen dürfen. Für Haushaltzwecke liegt die Wärmeausnutzung der festen Brennstoffe zwischen 10—60%, bei Gas zwischen 50—80% und bei Elektrizität zwischen 60·—100% (siehe auch Zahlenzusammenstellung im 11. Abschnitt). Diese Zahlen machen die hohen Verluste der Energieumwandlung für Wärmezwecke, die im Energieflußdiagramm Abb. 17 auffielen, erklärlich. Eine besondere Stellung nimmt der *Hochofen* ein. Die mit dem Koks zugeführte Brennstoffenergie dient zum Teil Wärmezwecken, der andere Teil wird in chemisch gebundene Energie übergeführt. Beim Hochofenprozeß entsteht das brennbare Gichtgas mit einem unteren Heizwert von etwa 800—900 kcal/Nm³, das für Heizzwecke, aber auch für den Betrieb von Gasmaschinen Verwendung findet. Das Gichtgas spielt in der Energiewirtschaft eines Hüttenwerkes eine wesentliche Rolle. Je Tonne erzeugtes Roheisen sind etwa 1 t Koks aufzuwenden, je Tonne Koks fallen rund 3800 Nm³ Gichtgas an. Unter Berücksichtigung der vom Eisen aufgenommenen Wärmemenge, der chemisch gebundenen Energie und der mit dem Gichtgas abgeführten Energiemenge ergibt sich ein Wirkungsgrad der Wärmeumsetzung im Hochofen von etwas über 80%. Beim Elektrohochofen wird die für das Schmelzen erforderliche Wärme durch elektrischen Strom aufgebracht, der Koksverbrauch beschränkt sich auf die für den Reduktionsprozeß notwendige Menge. Man kommt daher pro Tonne Roheisen mit 350 kg Koks aus, benötigt aber 2500 kWh an elektrischer Energie. Der Gichtgasanfall ist geringer, etwa 1000 Nm³/t Roheisen, allerdings hat das im Elektrohochofen erzeugte Gichtgas einen höheren Heizwert. Der auf gleicher Grundlage errechnete Wirkungsgrad des Elektrohochofens liegt um ungefähr 10% höher. Die Wirtschaftlichkeit des Elektrohochofenbetriebes ist eine Frage der Strom- und Kokspreise. Er wird dann Aussicht auf Verwirklichung haben, wenn billige Energie aus Laufwasserkraftwerken zur Verfügung steht und der Brennstoff eingeführt werden muß. Neuere Projekte auf elektrische Erschmelzung des Roheisens haben gezeigt, daß die Anlagekosten der Elektrohochofenanlage in der Größenordnung ungefähr ein Zehntel derjenigen eines Laufkraftwerkes ausmachen. Daraus folgert vom gesamtwirtschaftlichen Gesichtspunkte aus betrachtet, daß sich der Hochofenbetrieb dem Wasserkraftdargebot anpassen müßte. Tatsächlich beruhen diese Planungen darauf, die Elektrohochöfen nur während der Sommermonate mit billiger sommerkonstanter Energie zu betreiben (s. Abb. 50) und in der Winterzeit die vorhandenen Kokshochöfen laufen zu lassen. Energiewirtschaftlich gesehen, ergibt sich auf diese Weise eine zweckmäßige Verwertung der Sommerüberschußenergie, die einen bevorzugten Ausbau der Laufwasserkräfte und eine Verringerung der eingeführten Brennstoffmenge ermöglicht.

Es würde hier zu weit führen, im Rahmen dieser Gesamtbetrachtung der Energiewirtschaft auf Einzelfragen der Wärmeerzeugung und -verwertung einzugehen, zumal sich die Fachliteratur hiemit eingehend beschäftigt hat (25). Es erscheint aber zweckmäßig, einige Worte der *Wärmepumpe* und ihren wirtschaftlichen Grenzen zu widmen, da sie in den letzten Jahren eine steigende Verwertung gefunden hat und als wirtschaftliche Möglichkeit der Wärmeerzeugung sehr propagiert wird. Das Prinzip der Wärmepumpe besteht darin, daß Umweltwärme aus der Umgebung mit der Temperatur t_0 gewonnen, durch einen Wärmezwischenträger aufgenommen, durch Verdichtung auf eine höhere Temperatur t_h gebracht und an das zu beheizende Gut abgegeben wird. Die zugeführte mechanische Arbeit wird also in Wärme umgewandelt und der Umweltwärme hinzugefügt. Der Wärmepumpenprozeß stellt die Umkehrung des Dampfprozesses dar. Würde die Wärmepumpe verlustlos nach dem Carnot-Prozeß arbeiten, so könnte sie je 1000 kcal zugeführte mechanische Arbeit die Heizwärmemenge

$$\frac{t_h + 273}{t_h - t_0} \cdot 1000 \quad [\text{kcal}]$$

liefern. Man bezeichnet den Quotienten

$$\frac{t_h + 273}{t_h - t_0} = \lambda_0$$

als den theoretischen *Leistungswert* des Wärmepumpenprozesses. Man darf wohl annehmen, daß die Wärmepumpe nach einer gewissen Entwicklungszeit denselben Nutzeffekt erreicht wie ein Dampfkraftwerk. Für ein modernes Hochdruckkraftwerk mit 110 at vor der Turbine entsprechend einer Sattdampftemperatur von 317° C errechnet sich der Wirkungsgrad des Carnotprozesses zu

$$\eta_0 = \frac{t_h - t_0}{t_h + 273} = \frac{317 - 12}{317 + 273} = 0,52$$

wenn für $t_0 = 12^\circ$ C eingesetzt wird. Tatsächlich beträgt der Wärmeverbrauch eines solchen Höchstdruckkraftwerkes ohne Kesselwirkungsgrad, Aufspannung und Eigenbedarf etwa 2300 kcal/kWh

entsprechend einem Wirkungsgrad von rund 0,27. Der tatsächliche
Wirkungsgrad macht also nur etwa das 0,7 fache des sich aus dem
Carnot-Prozeß ergebenden theoretischen aus. Will man bei der Wärme-
pumpe dieselbe hohe Ausnutzung erreichen, so müßte man auch eine
Umkehrung der Anzapfvorwärmung und der Zwischenüberhitzung
anwenden, die die Voraussetzung für die Erreichung der obengenannten
Zahlenwerte für das Dampfkraftwerk bilden. Für kleinere und ein-
fache Wärmepumpen wird man daher nur etwa 0,5 der theoretischen
Ausbeute annehmen dürfen, will man nicht von zu günstigen Voraussetzungen ausgehen.

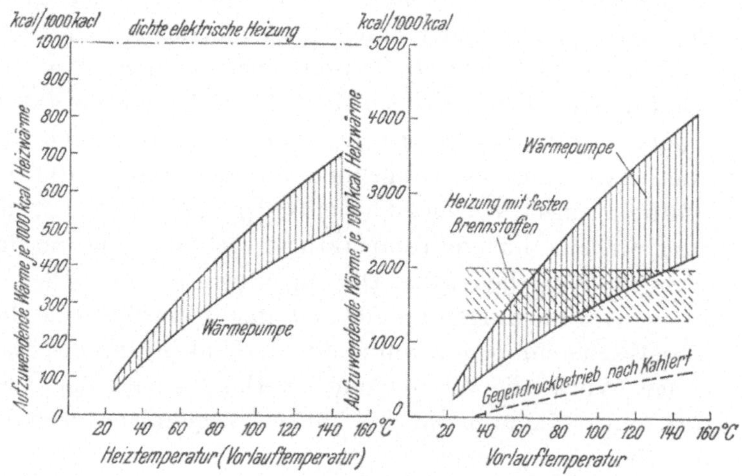

Abb. 67. Vergleich der Energieaufnahme einer Wärmepumpe mit anderen
Heizungsarten.

Im linken Diagramm der Abb. 67 ist nun für einen Bereich des
Leistungswertes $\lambda = 0{,}5 - 0{,}7 \cdot \lambda_0$ die aufzuwendende elektrische
Energie im Wärmemaß ausgedrückt, entsprechend 1000 kcal Heiz-
wärme in Abhängigkeit von der Heiztemperatur (Vorlauftemperatur)
eingetragen und mit der direkten elektrischen Heizung, deren Wirkungsgrad 1 ist, verglichen. Man sieht, daß die Wärmepumpe der
letzteren weit überlegen ist. Es interessiert nun der Vergleich zwischen
der Beheizung mit der Wärmepumpe bei Antrieb mit kalorisch erzeugtem Strom und einer direkten Beheizung mit festen Brennstoffen
bzw. mit einem Gegendruckbetrieb. Es wurde dabei ein Übertragungswirkungsgrad für die elektrische Energie von 0,85 und ein Wirkungsgrad des Dampfkraftwerkes von 0,286 bis 0,215 entsprechend Wärme-
verbrauchsziffern von 3000 bis 4000 kcal/kWh, bezogen auf die

hochspannungsseitig nutzbar abgegebene Energie, angenommen. Kombiniert man den ungünstigeren Leistungswert λ für die Wärmepumpe mit dem unwirtschaftlicher arbeitenden Kraftwerk einerseits und die beiden günstigeren Werte anderseits miteinander, so ergibt sich der im rechten Diagramm Abb. 67 dargestellte Brennstoffaufwand bei Wärmepumpenbetrieb je 1000 kcal Heizwärme. Im gleichen Schaubild sind die aufzuwendenden Energiemengen bei direkter Heizung und bei Gegendruckbetrieb eingetragen. Man sieht, daß der Gegendruckbetrieb der Wärmepumpe weit überlegen ist, bei sehr hohen Heiztemperaturen t_h sogar die direkte Brennstoffbeheizung vorteilhafter ist. Trifft letzteres zu, so wäre es falsch, mit Wasserkraftenergie Wärmepumpen zu betreiben und gleichzeitig in demselben Wirtschaftsgebiet elektrische Energie im Kondensationsbetrieb zu erzeugen.

Es wäre noch der besondere Fall des *Ausdampfens* zu untersuchen, bei dem es darauf ankommt, nur eine verhältnismäßig geringe Übertemperatur auf der Heizseite herbeizuführen. *Kahlert* (26) hat sich mit dieser Anwendungsweise der Wärmepumpe eingehend befaßt und kam zu dem in Abb. 68 dargestellten Ergebnis. Darnach ist die Wärmepumpe bis zu Heiztemperaturen

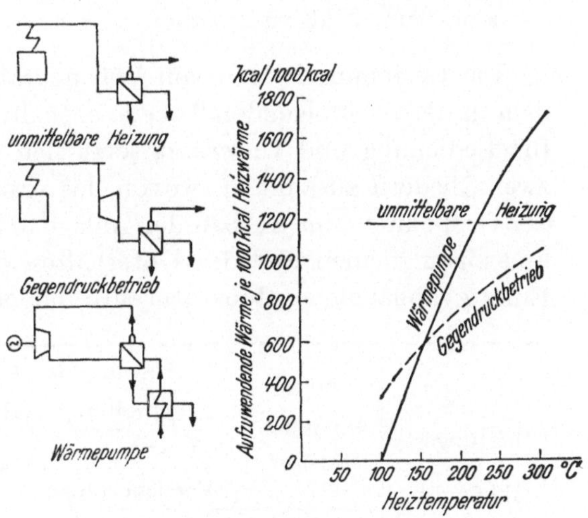

Abb. 68. Möglichkeiten des Ausdampfens (nach *Kahlert*).

von über 200⁰ C der unmittelbaren Beheizung des Verdampfers überlegen, bis etwa 150⁰ C auch dem Gegendruckbetrieb in der angedeuteten Schaltung, bei der eine Ausnützung des Wärmegefälles der Brüden nicht stattfindet.

Man kann zusammenfassend feststellen, daß die Wärmepumpe mit Gegendruckbetrieben mit Ausnahme des Ausdampfens bei niedrigeren Temperaturen nicht in Wettbewerb treten kann. Sie ist aber in Wirtschaftssystemen wertvoll, die auf hydraulische Energiebasis abgestellt sind und in denen keine Möglichkeit des Verbundbetriebes mit Gegendruckanlagen besteht.

31. Die Erzeugung elektrischer Energie.

Neben der Ausnutzung der Brennstoffe für Wärmezwecke nimmt die Erzeugung elektrischer Energie einen wichtigen Platz ein. Das Wärmekraftwerk unterscheidet sich energiewirtschaftlich betrachtet von der Wasserkraftanlage insoferne grundlegend, als der Betriebsstoff einen Kostenaufwand verursacht, der den Gestehungspreis der abgegebenen kWh wesentlich beeinflußt. Es wird also darauf ankommen, das Wärmekraftwerk so zu entwerfen, daß diese Gestehungskosten dem unter Berücksichtigung der örtlich bedingten Voraussetzungen und aller Maßnahmen zur Gewährleistung einer gesicherten Lieferung möglichen wirtschaftlichen Optimum nahekommen. Es ist daher wichtig, sich zunächst über die Zusammensetzung der Gestehungskosten und die Auswirkung der verschiedenen Kostenelemente ein Bild zu machen.

Die Gestehungskosten von Wärmekraftwerken gliedern sich nach dem in der nachfolgenden Tabelle enthaltenen Schema. Der Aufwand für Bedienung und Unterhalt setzt sich beim Wärmekraftwerk aus zwei Gliedern zusammen, wovon das erste im wesentlichen die von der Größe und dem Aufbau der Anlage abhängigen Bedienungskosten und einen kleinen Teil des Unterhaltes, das zweite den von seinem Einsatz abhängigen Reparaturaufwand erfaßt.

leistungs- abhängige Kosten	kapital- abhängige Kosten	Verzinsung des Anlagekapitals
		Abschreibung und Tilgung des Anlagekapitals
		Steuern
		Versicherungen
	betriebs- bedingte Kosten	Allgemeine Unkosten (Verwaltung, Koloniezuschüsse usw.)
		Leistungsabhängiger Anteil für Bedienung und Unterhalt
arbeitsabhängige Kosten		Brennstoffe
		Arbeitsabhängiger Kostenanteil für Bedienung und Unterhalt

Für die Wirtschaftlichkeit eines Wärmekraftwerkes sind die Erzeugungskosten, bezogen auf die *abgegebene* Energie maßgebend, und zwar gemessen an den Abspannklemmen der abgehenden Leitungen. Für die Aufstellung der Kostenformel seien folgende Bezeichnungen eingeführt:

N_i = installierte Leistung [kW],

N_{max} = zulässige Höchstbelastung des Werkes [kW],

N_i/N_{max} = r = Reservefaktor des Werkes,

ε = verhältnismäßiger Anteil des Eigenbedarfes zur Zeit der Höchstbelastung,

N_h = $N_{max} \cdot (1 - \varepsilon)$ nutzbar abgegebene Höchstleistung des Werkes [kW],

E = Jahresabgabe des Werkes [kWh/Jahr],

E/N_h = t Jahresbenutzungsdauer [h/Jahr],

a = spezifische Anlagekosten des Werkes, bezogen auf die installierte Leistung [S/kW],

$\alpha \cdot a$ = kapitalabhängige Jahreskosten, bezogen auf die installierte Leistung [S/kW · Jahr], wobei

α = der sogenannte Jahresfaktor ist.

Die jährliche Energieabgabe E ist dann

$$E = N_h \cdot t = N_{max} \cdot t \, (1 - \varepsilon) = \frac{N_i \cdot t \, (1 - \varepsilon)}{r} \quad [\text{kWh/Jahr}].$$

Für die *kapitalabhängigen* Kosten je abgegebene kWh kann folgender Ausdruck angeschrieben werden:

$$\frac{100 \, a \cdot a \cdot N_i}{E} = \frac{100 \, a \cdot a \cdot N_i \cdot r}{N_i \cdot t \, (1 - \varepsilon)} = \frac{100 \cdot a \cdot a}{t} \cdot \frac{r}{1 - \varepsilon} \quad [\text{g/kWh}] \quad (23\,\text{a})$$

Für die betriebs*bedingten leistungsabhängigen* Kosten gilt der Ansatz:

$$\frac{100 \cdot c_b \cdot N_i}{E} = \frac{100 \cdot c_b}{t} \cdot \frac{1 - \varepsilon}{r} \quad [\text{g/kWh}] \quad (23\,\text{b})$$

wenn c_b [S/kW·Jahr] die betriebsbedingten leistungsabhhängigen Jahreskosten, bezogen auf 1 kW der installierten Leistung, bedeuten.

Um die *arbeitsabhängigen* Kosten zu ermitteln, verwenden wir noch folgende Bezeichnungen:

w_0 spezifischer Wärmeverbrauch bei Auslegungslast des Werkes, bezogen auf die abgegebene Energie, wobei unter Auslegungslast die Belastung verstanden wird, bei der der beste Gesamtwirkungsgrad auftritt [kcal/kWh],

$w = \delta \cdot w_0$ spezifischer Wärmeverbrauch im Jahresmittel, bezogen auf die abgegebene kWh [kcal/kWh],

δ Verlustfaktor,

p_w Wärmepreis des Brennstoffes frei Kraftwerk [S/10^6 kcal],

b arbeitsabhängiger Kostenanteil für Bedienung und Unterhalt [g/kWh].

Damit wird der *Brennstoffkostenanteil* am Gestehungspreis

$$\frac{w \cdot p_w}{100} \cdot 10^{-6} = \delta \cdot w_0 \cdot p_w \cdot 10^{-4} \quad [\text{g/kWh}] \quad (23\,\text{c})$$

und der *arbeitsabhängige Anteil an den Bedienungs- und Unterhaltskosten*

$$b \ [g/kWh]. \tag{23d}$$

Mit den für die einzelnen Kostenglieder angegebenen Ausdrücken
erhält man für die *gesamten* Gestehungskosten je abgegebene kWh
folgende Formel:

$$k = 100 \cdot \frac{a \cdot a + c_b}{t} \cdot \frac{r}{1 - \varepsilon} + \delta \cdot w_0 \cdot p_w \cdot 10^{-4} + b \quad [g/kWh]. \tag{24}$$

Die Beziehung für die Gestehungskosten hat also die Form

$$k = 100 \cdot \frac{m}{t} + n \quad [g/kWh] \tag{24a}$$

dabei ist m für das betreffende Kraftwerk eine Konstante, n jedoch
vom Verlustfaktor δ abhängig, wenn man für den Faktor b, der von
Jahr zu Jahr je nach dem Anfall größerer Reparaturen verschieden
sein kann, einen langjährigen Durchschnitt ansetzt, ebenso für den
Kohlenpreis einen Mittelwert zugrundelegt. Nimmt man für jede
Betriebsgruppe (Maschinen und Kessel mit zugehörigen Hilfs-
maschinen) eine bestimmte Wärmeverbrauchslinie als Funktion der
Belastung an, so wird der mittlere Wärmeverbrauch des gesamten
Kraftwerkes durch den Belastungsverlauf einerseits, durch die An-
zahl der Betriebsgruppen z anderseits beeinflußt werden. Es ist aber
auch nicht gleichgültig, welcher Leistung man den besten Wirkungsgrad zuordnet. Ein Werk wird bei ungünstigem Belastungsverlauf,
also bei kleiner Benutzungsdauer einen um so wirtschaftlicheren
Brennstoffverbrauch aufweisen, je tiefer man die Bestlast legt. Der
Quotient Bestlast/max. Leistung, den wir das wirtschaftliche Lastverhältnis bezeichnen wollen, ist also für die Höhe des mittleren
Wärmeverbrauches ebenfalls von Einfluß. Allerdings sind ihm nach
unten aus Gründen der Konstruktion und wirtschaftlichen Auslegung
der einzelnen Betriebsmittel Grenzen gesetzt. Der Verlustfaktor δ
ist also eine Funktion der Benutzungsdauer, der Aggregatzahl und
des wirtschaftlichen Lastverhältnisses.

$$\delta = f \ (t, \ z, \ \nu).$$

In Abb. 69 wurden auf Grund von allgemeinen Untersuchungen (19)
die Verlustfaktoren δ für neuzeitliche Dampfkraftwerke in Abhängigkeit von der Benutzungsdauer t, der Aggregatzahl z und dem wirtschaftlichen Lastverhältnis ν kurvenmäßig dargestellt. Man erkennt
aus den Schaubildern deutlich den Einfluß der Gruppenzahl z auf
die Größe des Verlustfaktors δ, besonders bei kleinen Benutzungsdauern. Mit zunehmender Gruppenzahl wird die Verbesserung des

Verlustfaktors immer geringer, über sechs Gruppen wird eine erhebliche Verbesserung nicht mehr zu erwarten sein. Die Kurven zeigen ferner die Auswirkung des gewählten Lastverhältnisses v und seine Bedeutung für die Wirtschaftlichkeit des Kraftwerkes. Ist die Auslegungsbenutzungsdauer gegeben und eine bestimmte Gruppenzahl gewählt, so geben die Schaubilder einen Anhalt, in welcher Größenordnung das wirtschaftliche Lastverhältnis liegen soll, um den niedrig-

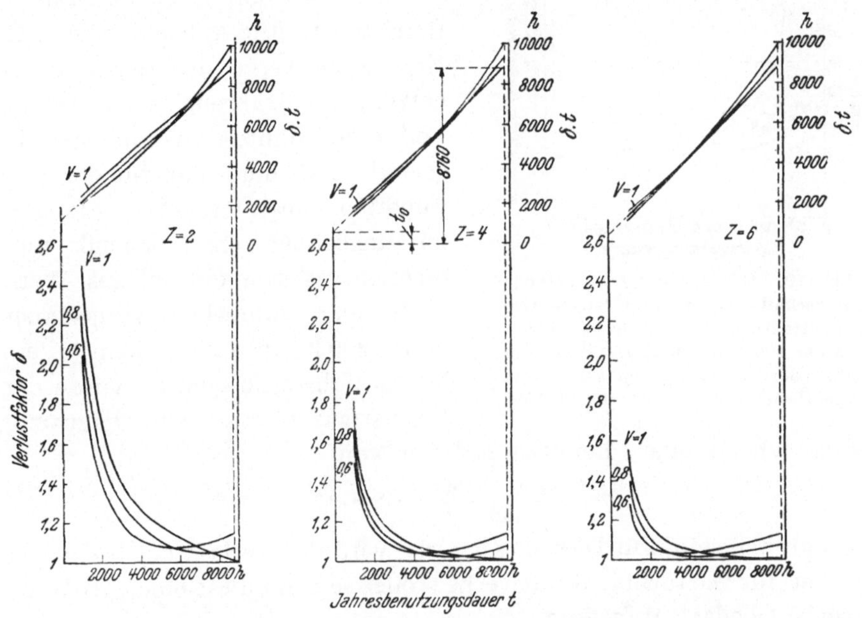

Abb. 69. Abhängigkeit des Verlustfaktors δ von der Zahl z der Betriebsgruppen und vom wirtschaftlichen Lastverhältnis v für neuzeitliche Dampfkraftwerke (nach *Musil*).

sten Verlustfaktor zu erhalten. In Abb. 70 sind diese Diagramme weiter ausgewertet und aus den Kurven der Abb. 69 für jede Auslegungsbenutzungsdauer die günstigsten erreichbaren Verlustfaktoren und die zugehörigen Lastverhältnisse eingetragen worden. Man kann aus diesen Diagrammen für jede Auslegungsbenutzungsdauer die günstigsten Werte δ und v ablesen. Dabei handelt es sich, wie betont werden muß, um *Mittelwerte*, die aber, wie die Anwendung zeigt, von den von Fall zu Fall nachgerechneten genauen Werten nur unwesentlich abweichen. Sind für die *Auslegung*sbenutzungsdauer die Werte festgelegt, so kann aus Abb. 69 festgestellt werden, welchen Wärmeverbrauch dieses so ausgelegte Kraftwerk haben dürfte, wenn man es mit anderen Benutzungsdauern betreibt. Die

Abb. 69 kann also auch als Unterlage für die ungefähre Aufzeichnung der Brennstoffkostenlinie eines Kraftwerkes und für allgemeinere Wirtschaftlichkeitsuntersuchungen und Vorausberechnungen recht gut verwendet werden. Es muß aber noch auf folgenden Umstand aufmerksam gemacht werden: Die ermittelten Verlustfaktoren in Abhängigkeit von der Benutzungsdauer gelten unter der Voraussetzung, daß das Werk *dauernd* in Betrieb ist. Für Anlagen, wie z. B. Ergänzungswerke in Wasserkraftnetzen, die während eines großen Teiles des Jahres vollkommen abgestellt sind, muß man für die Verwendung dieser Kurven die Benutzungsdauer entsprechend umrechnen. Würde ein solches Werk z. B. eine Jahresbenutzungsdauer von 1200 h aufweisen, jedoch ein halbes Jahr stilliegen, so würde der Verlustfaktor aus dem Diagramm

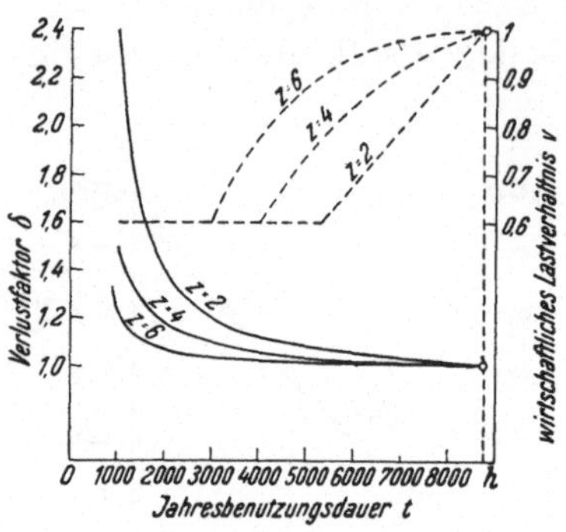

Abb. 70. Günstigste wirtschaftliche Lastverhältnisse v und zugehörige Verlustfaktoren δ in Abhängigkeit von der Benutzungsdauer t und der Zahl der Betriebsgruppen z bei Dampfkraftwerken [nach *Musil* (19)].

entsprechend einer Benutzungsdauer von

$$\frac{1200 \cdot 8760}{4380} = 2400 \text{ h}$$

abzugreifen sein. Für Dieselkraftwerke wird der Verlauf der δ-Kurven flacher, für Gasturbinenkraftwerke steiler sein, da diese einen größeren Leerlaufsbedarf aufweisen.

Um den Einfluß zu veranschaulichen, den die einzelnen Kostenglieder auf die Gesamtkosten ausüben, sei ein *Beispiel* durchgerechnet. Es soll festgestellt werden, wie sich die Gestehungskosten eines Dampfkraftwerkes bestimmter Auslegung mit der Benutzungsdauer verändern. Die Ausgangswerte für dieses Beispiel sind folgende:

Frischdampfzustand 80 at, 500° C, Rückkühlbetrieb,

N_i　= 150.000 kW,

N_{max} = 120.000 kW,

installierte Aggregatzahl z = 5,

Reservefaktor r = $\dfrac{150}{120}$ = 1,25,

spezifischer Wärmeverbrauch w_0 = 3150 kcal/kWh,

Verlustfaktor δ für ein Grundlastwerk nach Abb. 69,

Eigenbedarfsanteil ε = 0,06,

spezifische Anlagekosten a = 360 S/kW,

Verzinsung des Anlagekapitals 5% (Mittelwert für Eigen- und mittlere Abschreibung 6,8%, Fremdkapital),

Steuern 2,1%,

Versicherung 0,3%,

Jahresfaktor 14,2%,

Wärmepreis $p_w = 2{,}5$ S/10^6 kcal,

betriebsbedingte leistungsabhängige Kosten $c_b = 9$ S/kW,

arbeitsabhängiger Kostenanteil für Bedienung und Unterhalt
$$b = 0{,}23 \text{ g/kW}.$$

Mit diesen Zahlen wird

$$k = 100 \cdot \frac{0{,}142 \cdot 360 + 9}{t} \cdot \frac{1{,}25}{1 - 0{,}06} +$$
$$+ \delta \cdot 3150 \cdot 2{,}5 \cdot 10^{-4} + 0{,}23 \quad [\text{g/kWh}],$$

$$k = \frac{6800}{t} + \frac{1200}{t} + 0{,}79 \cdot \delta + 0{,}23 \quad [\text{g/kWh}].$$

In Abb. 71 sind die Kosten k über der Benutzungsdauer aufgetragen. Man erkennt, daß die kapitalabhängigen und die Brennstoffkosten den Hauptanteil ausmachen. Erstere steigen mit abnehmender Benutzungsdauer rasch an und überwiegen bei kleinen Benutzungsdauern die anderen Kostenglieder um ein mehrfaches. Es kommt daher, wie später noch erörtert wird, bei kleinen Benutzungsdauern darauf an, die kapitalabhängigen Kosten, d. h. die Anlagekosten a möglichst niedrig zu halten. Ihnen

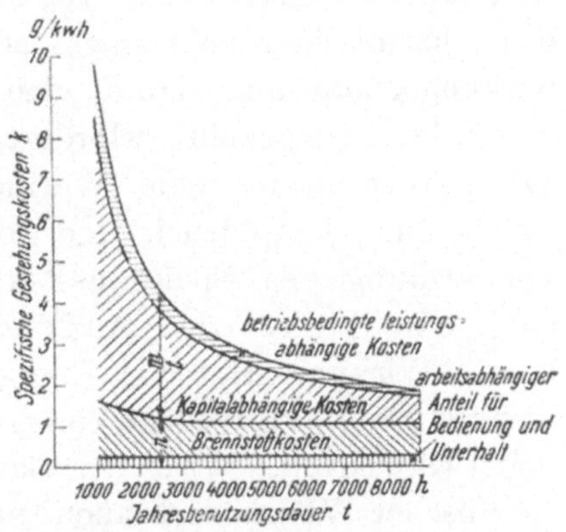

Abb. 71. Abhängigkeit der spezifischen Gestehungskosten k je *abgegebene* kWh von der Benutzungsdauer t bei einem Braunkohlenkraftwerk, ausgelegt für Grundlastbetrieb.

gegenüber treten die anderen Kostenglieder, auch die Brennstoffkosten, zurück. Bei hohen Benutzungsdauern dagegen erreichen die Brennstoffkosten bei Verfeuerung von Braunkohle etwa dieselbe Größenordnung wie die kapitalabhängigen. Bei Verwendung von Steinkohle überwiegen sie im allgemeinen die letzteren. Bei der Auslegung eines Werkes mit hoher Benutzungsdauer (Grundlastwerke) muß daher auf eine Niedrighaltung des Brennstoffverbrauches durch Erzielung eines möglichst hohen Wirkungsgrades gesehen werden. In analoger

Weise kann man auch für Diesel- oder Gasturbinenkraftwerke die Abhängigkeit der spezifischen Gestehungskosten von der Benutzungsdauer ermitteln.

Bei der Planung eines Wärmekraftwerkes ist es eine grundlegende Aufgabe, die beiden maßgeblichen Kostenglieder bzw. die sie beeinflussenden Größen Anlagekosten und Wärmeverbrauch, so aufeinander abzustimmen, daß bei der vorgesehenen Leistungsfähigkeit, den zu erwartenden Betriebsverhältnissen und Brennstoffpreisen die Gestehungskosten ein Minimum werden. Nun sind die spezifischen Anlagekosten a und der spezifische Wärmeverbrauch bei der Auslegungslast w_0 keine voneinander unabhängigen Größen. Eine wesentliche Senkung der Anlagekosten a, wie sie bei niedrigen Benutzungsdauern anzustreben ist, bedingt z. B. bei Dampfkraftwerken eine einfachere Kessel- und Turbinenkonstruktion, die Wahl eines niedrigen Dampfdruckes, eine Vereinfachung der Vorwärmung und ähnliche Maßnahmen. Sie hat zwangläufig eine Verschlechterung des thermischen Wirkungsgrades, der Maschinen- und Kesselwirkungsgrade und damit eine Erhöhung des Wärmeverbrauches zur Folge. Umgekehrt erfordert die Erreichung eines sehr niedrigen Wärmeverbrauches eine Wärmeschaltung, die die Möglichkeiten, welche eine Dampfdruck- und Temperatursteigerung und die Anzapfvorwärmung des Speisewassers bieten, weitgehend ausnützt und auch eine hochwertige Ausführung der Betriebsmittel, um einen hohen Wirkungsgrad der Energieumwandlung herauszuholen. Das hier für Dampfkraftwerke Gesagte gilt grundsätzlich auch für andere Kraftwerksarten. Wird bei Gasturbinenanlagen ein sehr niedriger spezifischer Wärmeverbrauch verlangt, so müssen hohe Anfangstemperaturen, niedrige Abgastemperaturen und Zwischenüberhitzung angestrebt werden. Diese Maßnahmen haben die Verwendung hochwertigster Werkstoffe, großer Wärmeaustauscher, mehrerer Brennkammern und eine mehrwellige Ausführung, also eine Erhöhung der Anlagekosten zur Folge. Umgekehrt wird man bei Anlagen, die im wesentlichen der Reserve oder als Zusatzwerke in Wasserkraftnetzen für Trockenjahre dienen, die also nur kurzzeitig in Betrieb sind, möglichst einfachen einwelligen Ausführungen mit kleinerem Wärmeaustauscher unter Verzicht auf einen sehr hohen Wirkungsgrad den Vorzug geben. Man kann also ganz allgemein anschreiben:

$$a = f(w_0) \ [S/kW].$$

Genau genommen ist der Aufwand für Bedienung und Unterhalt

erfaßt durch c_b und b, auch etwas von den Anlagekosten abhängig, denn eine einfache Bauart wird im allgemeinen niedrigere Unterhaltskosten erfordern als eine hochwertige Ausführung der Betriebsmittel. Diese Abhängigkeit kann jedoch wegen ihres verhältnismäßig geringfügigen Einflusses auf die Gesamtgestehungskosten (siehe auch Abb. 71) vernachlässigt werden. Die vorhin gestellte Aufgabe der wirtschaftlichen Auslegung läuft also, abstrakt gesehen, darauf hinaus, ein zueinander gehöriges Wertepaar a und w_0 so zu ermitteln, daß die Gestehungskosten k ein Minimum werden. Diese Forderung ist erfüllt, wenn

$$\frac{d\,k}{d\,w_0} = 0$$

ist. Wir differenzieren also die Formel (24) für die Gestehungskosten nach w_0 und erhalten

$$\frac{d\,k}{d\,w_0} = 100 \cdot \frac{a}{t} \cdot \frac{d\,a}{d\,w_0} \cdot \frac{r}{1-\varepsilon} + \delta \cdot p_w \cdot 10^{-4} = 0$$

daraus

$$\frac{d\,a}{d\,w_0} = -\frac{\delta \cdot t \cdot p_w \cdot 10^{-6}}{a} \cdot \frac{1-\varepsilon}{r} \tag{25}$$

Trägt man die Funktion $a = f(w_0)$ kurvenmäßig auf, so erhält man die wirtschaftlichste Auslegung für *den* Punkt der Kurve, in dem der Neigungswinkel der Tangente dem Ausdruck (25) entspricht. Dies gilt sowohl für eine den allgemeinen Zusammenhang der Gesamtanlage kennzeichnende $a-w_0$-Kurve als auch für jede $a-w_0$-Funktion, die den Einfluß der Veränderung einzelner Auslegungsgrößen unter Konstanthaltung der anderen erfaßt, wie z. B. beim Dampfkraftwerk die Abhängigkeit vom Dampfdruck, von der Zahl der Betriebsgruppen, von der höchsten Vorwärmetemperatur oder ähnlichem.

Als *Beispiel* für die praktische Anwendung dieses Verfahrens für die wirtschaftliche Auslegung von Wärmekraftwerken sei die Bestimmung des optimalen Frischdampfdruckes für ein Dampfkraftwerk behandelt. Es muß dazu erst die Abhängigkeit des Wärmeverbrauches w_0 und der Anlagekosten a vom Dampfdruck unter Beibehaltung der sonstigen Auslegung und daraus die Funktion $a = f(w_0)$ ermittelt werden. Diese ist für ein bestimmtes durchgearbeitetes Projekt in Abb. 72 eingezeichnet, und zwar in der Form, daß nur die Mehr- oder Minderanlagekosten gegenüber einem Ausgangszustand aufgetragen wurden, da ja die unveränderlichen Grundkosten für die Bestimmung des Differenzialquotienten keine Rolle

spielen. Aus dem Diagramm ist außerdem der den einzelnen Ver-
brauchszahlen zugeordnete Frischdampfdruck zu entnehmen. Beträgt beispielsweise

die Jahresbenutzungsdauer t = 4000 h,
der Wärmepreis p_w = 2,5 S/10^6 kcal,
der Verlustfaktor δ = 1,06,
der Eigenbedarfsanteil ε = 0,06,
der Reservefaktor r = 1,25,
der Jahresfaktor α = 0,142,

so wird

$$\frac{d\,a}{d\,w_0} = -\frac{1{,}06 \cdot 4000 \cdot 2{,}5 \cdot 10^{-6}}{0{,}142} \cdot \frac{0{,}94}{1{,}25} = -56 \cdot 10^{-3}.$$

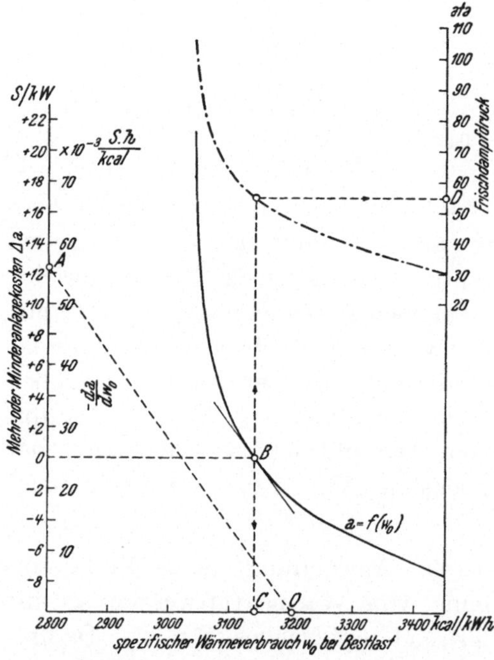

Abb. 72. Beispiel für die Bestimmung des wirtschaftlichen (Optimums): Ermittlung des günstigsten Frischdampfzustandes eines Dampfkraftwerkes
ohne Zwischenüberhitzung.

Verbindet man den be-
treffenden Punkt A auf der
Ordinatenachse für da/dw₀
mit dem Nullpunkt und
zieht zu diesem Strahl eine
parallele Tangente an die
a — w₀ - Kurve, so erhält
man im Punkt B den für
die gemachten Voraus-
setzungen wirtschaftlichsten
Wärmeverbrauch von
3140 kcal/kWh (Punkt C)
entsprechend einem Dampf-
druck von 55 ata (Punkt D).

Diese Methode, das wirt-
schaftliche Optimum zu
ermitteln, ist sehr an-
schaulich, da sie ohne umständliche zeichnerische
Auftragung auch bei einer
Abwandlung der getroffe-
nen Annahmen nur eine
Umrechnung von da/dw₀

notwendig macht und durch Ziehen der parallelen Tangente sofort
die Ablesung des günstigsten Auslegungspunktes gestattet. Sie kann
auch bei anderen Optimumsuntersuchungen angewendet werden,
wenn die Auslegung durch zwei voneinander abhängige Faktoren

beeinflußt wird. Die wirtschaftliche Bemessung von Industrieöfen kann z. B. auch auf diese Weise untersucht werden.

Die Auftragung der Erzeugungskosten über der Jahresbenutzungsdauer als spezifische Gestehungskosten hat den Nachteil, daß bei kleinen Benutzungsdauern die Kurven sehr steil verlaufen und Vergleiche von mehreren Anlagen zu sehr flachen Kurvenschnitten führen. Man kann dem dadurch abhelfen, daß man entweder einen logarithmischen Maßstab wählt oder die Jahreskosten auf 1 kW der höchsten Leistungsabgabe N_h bezieht. Die Umrechnung erfolgt nach der Formel

$$k_0 \cdot N_h = \frac{k}{100} \cdot E \quad [\text{S/Jahr}],$$

$$k_0 = \frac{k}{100} \cdot \frac{E}{N_h} = \frac{k}{100} \cdot t \quad [\text{S/kW} \cdot \text{Jahr}].$$

Unter Benutzung der Beziehung (24) wird

$$k_0 = (\alpha \cdot a + c_b) \cdot \frac{r}{1 - \varepsilon} + w_0 \cdot p_w \cdot \delta \cdot t \cdot 10^{-6} + \frac{b}{100} \cdot t \quad [\text{S/kW} \cdot \text{Jahr}]. \quad (26)$$

Das erste Glied der Formel stellt eine Konstante dar, die beiden letzteren Glieder sind proportional der Benutzungsdauer. Wäre der Verlustfaktor nicht selbst eine Funktion von t, sondern eine feste Zahlengröße, so würde k_0 sehr einfach durch eine Gerade ausgedrückt werden können. Wir wollen nun den Verlauf des Produktes $\delta \cdot t$ in Abhängigkeit von t feststellen. Diese Kurven sind in der Abb. 69 für verschiedene Aggregatzahlen z und wirtschaftliche Lastverhältnisse ν eingetragen worden. Für $\nu = 1$ liegen die $\delta \cdot t$-Werte praktisch auf einer Geraden, die, verlängert gedacht, jedoch nicht durch einen Nullpunkt geht, sondern auf der Ordinatenachse einen Betrag abschneidet, der mit abnehmender Aggregatzahl größer wird und ein Maß für den Leerlaufbedarf des Kraftwerkes darstellt. Bei kleineren Lastverhältnissen ν steigt dann die $\delta \cdot t$-Kurve im Bereich hoher Benutzungsdauern stärker an. Da man im allgemeinen für Grundlastbetrieb gebaute Anlagen nicht für Spitzendeckung oder umgekehrt einsetzt, die Abweichungen bei extremen Benutzungsdauerwerten also wenig praktische Bedeutung haben, so wird man sich für allgemeine energiewirtschaftliche Untersuchungen und Vergleiche damit begnügen können, die Kurven in der angedeuteten Weise durch Gerade zu ersetzen (strichlierte Linien in Abb. 69). Mit den im mittleren Diagramm der Abb. 69 eingetragenen Bezeichnungen läßt sich $\delta \cdot t$ angenähert wie folgt ausdrücken

$$\delta \cdot t = t_0 + \frac{8760 - t_0}{8760} \cdot t = t_0 + \left(1 - \frac{t_0}{8760}\right) \cdot t \quad [\text{h}].$$

Für Dampfkraftwerke kann man folgende Werte annehmen:

$z =$	2	4	6	
t_0	1300	600	400	h

Setzt man den Ausdruck für $\delta \cdot t$ in die Formel (26) ein, so erhält man

$$k_0 = (\alpha \cdot a + c_b) \cdot \frac{r}{1 - \varepsilon} + t_0 \cdot w_0 \cdot p_w \cdot 10^{-6} +$$

$$+ \left[\left(1 - \frac{t_0}{8760}\right) \cdot w_0 \cdot p_w \cdot 10^{-4} + b\right] \cdot \frac{t}{100} \quad [\text{S/kW} \cdot \text{Jahr}]. \quad (26a)$$

Bezeichnen wir

$$(\alpha \cdot a + c_b) \cdot \frac{1 - \varepsilon}{r} + t_0 \cdot w_0 \cdot p_w \cdot 10^{-6} = m_0 \quad [\text{S/kW-Jahr}],$$

$$\left(1 - \frac{t_0}{8760}\right) \cdot w_0 \cdot p_w \cdot 10^{-4} + b = n_0 \quad [\text{g/kWh}],$$

so gelangen wir zu einer einfachen Darstellung der Gestehungskosten, und zwar

$$k_0 = m_0 + \frac{n_0 \cdot t}{100} \quad [\text{S/kW-Jahr}] \quad (27a)$$

und

$$k = 100 \cdot \frac{m_0}{t} + n_0 \quad [\text{g/kWh}] \quad (27b)$$

m_0 und n_0 sind — letztere wenn auch nur angenähert — für eine bestimmte Anlage konstante Größen im Gegensatz zur Formel (24), in der n vom Verlustfaktor δ abhängig war. m_0 und n_0 lassen sich für ein bereits in Betrieb befindliches Werk aus den Betriebskonten, für eine geplante Anlage aus den Kostenanschlägen, den Auslegungsdaten und wärmewirtschaftlichen Berechnungen ermitteln. Die Gestehungskostenformel für Wärmekraftwerke wurde damit auf einen sehr einfachen und anschaulichen Ausdruck zurückgeführt, der, wie wir noch sehen werden, Vergleiche zwischen verschiedenen Anlagen, aber auch elektrizitätswirtschaftliche Berechnungen allgemeiner Art sehr erleichtert.

32. Das Problem der Verwertung ballastreicher Kohle für die Elektrizitätserzeugung.

Die Verwertung von ballastreicher Kohle zur Erzeugung elektrischer Energie stellt, wie bereits hervorgehoben wurde, eine wichtige energiewirtschaftliche Aufgabe dar. Es ist weniger ein hoher Wassergehalt[1] als ein großer Aschenanteil, der nicht nur Entwurf und

---

[1] Der hohe Wassergehalt hat außer einer höheren Leistung der Bekohlungsanlage wegen des niedrigeren Heizwertes lediglich eine Verschlechterung des Kesselwirkungsgrades und Vergrößerung der Kesselabmessungen zur Folge.

Auslegung eines Dampfkraftwerkes stark beeinflußt, sondern auch betriebliche Erschwernisse mit sich bringt. Man muß dabei bedenken, daß ein Aschengehalt von z. B. 30% bedeutet, daß rund ein Drittel der zugeführten Kohlenmenge als unnützer Ballast durch das Kraftwerk hindurchgeschleust, dann aus den Rauchgasen ausgeschieden und irgendwo untergebracht werden muß. Die Auswirkung eines hohen Aschengehaltes auf Entwurf und Betrieb eines Dampfkraftwerkes kann im wesentlichen wie folgt gekennzeichnet werden.

1. Einfluß auf die Anlagekosten a.

a) Größere und teurere Kessel. Die Sicherheitszuschläge auf die sich rechnerisch ergebenden Heizflächen werden reichlicher gewählt und die Rohrabstände vergrößert, auch die Anordnung der Züge und die Verteilung der Heizflächen sucht man dem hohen Aschenanfall anzupassen. Ein 80 at-Braunkohlenkessel für 80 t/h benötigte z. B. bei 6—10% Aschengehalt einen Eisenaufwand von 665 t und einen umbauten Raum von 2640 m³; bei einem sonst gleichen Kessel, jedoch für 30—35% Aschengehalt, lauten die entsprechenden Zahlen 1000 t bzw 3450 m³. Auch eine stärkere Unterteilung der Gesamtleistung ist in Erwägung zu ziehen, um die Leistungsausfälle infolge der Reinigungen zu vermindern.

b) Verteuerung des Kesselhausbaues infolge des größeren umbauten Raumes.

c) Umfangreichere Einrichtungen für die Rauchgasreinigung und für die Aschenbeseitigung

d) Schaffung einer genügend großen Fläche für eine den hygienischen Anforderungen entsprechende Ablagerung der Asche. Man muß dabei bedenken, daß die anfallenden Aschenmengen bei einem 200 MW-Kraftwerk bei 8% Asche in fünf Betriebsjahren 560.000 t, bei 30% Aschengehalt jedoch bereits rund 1,7 Mio t ausmachen. Bei Braunkohlenwerken ist man bestrebt, die Asche in ausgekohlte Tagebaue zu verkippen, bei Steinkohlenzechen sie als Versatzmaterial zu verwenden, vorausgesetzt, daß sie stückig anfällt und eine genügende Festigkeit aufweist.

2. Einfluß auf die Betriebskosten b.

a) Erhöhter Verschleiß der Feuerungen (Abnützung der Mühlenschläger und der Entaschungsanlagen).

b) Häufigere Kesselreinigungen.

c) Erhöhter Kostenanteil für den Aschenabtransport je kWh infolge der größeren Aschenmenge.

Diese Vergrößerung der Anlage- und Betriebskosten durch Verwendung aschenhaltiger Kohle muß durch eine entsprechende Senkung des Wärmepreises gegenüber aschenarmer Kohle ausgeglichen werden, will man eine Erhöhung des Strompreisniveaus vermeiden. Es ergibt sich somit ein von Fall zu Fall zu bestimmender Äquivalenzpreis für die Abfallkohle gegenüber einem hochwertigeren Brennstoff. Sind k die Gestehungskosten bei normaler Beschaffenheit der Kohle, k′ diejenigen bei ballastreicher Kohle, so gelten die Beziehungen

$$k = 100 \cdot \frac{a \cdot a + c_b}{t} \cdot \frac{r}{1 - \varepsilon} + b + \delta \cdot w_0 \cdot p_w \cdot 10^{-4} \quad [g/kWh]$$

$$k' = 100 \cdot \frac{a \cdot a' + c_b}{t} \cdot \frac{r}{1 - \varepsilon} + b' + \delta \cdot w_0' \cdot p_w' \cdot 10^{-4} \quad [g/kWh].$$

Dabei unterstellen wir, daß der leistungsabhängige Kostenanteil für Bedienung und Unterhalt und, was nur bedingt zutreffen wird, auch der Reservefaktor gleich bleiben. Soll

$$k' \lessgtr k$$

sein, so ist die Bedingung zu erfüllen

$$100 \cdot \frac{a}{t} \cdot \frac{r}{1 - \varepsilon} (\varepsilon' - a) +$$

$$+ (b' - b) \leq \delta \cdot (w_0 \cdot p_w - w_0' \cdot p_w') \cdot 10^{-4} \quad [g/kWh]$$

$$100 \cdot \frac{a}{t} \cdot \frac{r}{1 - \varepsilon} \cdot \varDelta a + \varDelta b \leq \delta \cdot \varDelta (w_0 \cdot p_w) \cdot 10^{-4} \quad [g/kWh]$$

$$\varDelta (w_0 \cdot p_w) \gtreqqless \frac{10^4}{\delta} \left(100 \frac{a}{t} \cdot \frac{r}{1 - \varepsilon} \cdot \varDelta a + \varDelta b \right) \quad [S/kWh].$$

Ein praktisches *Beispiel* möge den Zusammenhang zwischen Mehraufwand und zulässigem Wärmepreis erläutern. Es handelt sich dabei um die Ausnutzung der Oberflözkohle (sogenannter „Lettenkohle") eines großen Braunkohlentagebaues. Diese Kohle hat einen durchschnittlichen Aschengehalt von 32% bei einem Heizwert $H_u = 2600$ kcal/kg, der wegen des niedrigen Wassergehaltes verhältnismäßig günstig ist. Die Kohle hat außerdem als unangenehme Beigabe einen ziemlich starken Pyritgehalt. Es sollte festgestellt werden, um wieviel ein 80 at-Kraftwerk für 140 MW installierter Leistung bei Verfeuerung dieser Kohle teurer kommt als eine gleiche Anlage für gewöhnliche Braunkohle mit 8% Aschengehalt und $H_u = 2000$ kcal/kg. Da die Kostenberechnungen für dieses Projekt seinerzeit in Markwährung durchgeführt wurden und eine Umrechnung auf österreichische Schillinge kein richtiges Bild ergeben dürfte, sei gestattet, diese Markbeträge beizubehalten. Es wurde festgestellt, daß die Verfeuerung der aschenreichen Kohle Mehranlagekosten von $\varDelta a = 30$ RM/kW verursacht. Der Wärmeverbrauch w_0 ergab sich in beiden Fällen als etwa gleich, und zwar zu 3200 kcal/kWh. Für den Aschenabtransport wurden auf Grund der Erfahrungen mittlere Kosten von 1,5 RM/t festgestellt. Es ergibt sich nun folgende Rechnung:

Aschengehalt	8	32	%
Flugaschenanteil (Mühlenfeuerung)	80	80	%
Entstaubungsgrad	92	92	%
abzuführende Aschen- menge je t Kohle	$0,08\,(1-0,8 \cdot$ $\cdot\,0,08) = 0,075$	$0,32 \cdot (1-0,8 \cdot$ $\cdot\,0,08) = 0,3$	t Asche/ t Kohle
Kostenaufwand für den Aschenabtransport ...	0,112	0,45	RM/t Kohle
Energieausbeute je t Kohle	$\dfrac{1000 \cdot 2000}{3200 \cdot \delta} = \dfrac{630}{\delta}$	$\dfrac{1000 \cdot 2600}{3200 \cdot \delta} = \dfrac{810}{\delta}$	kWh/t Kohle
Aschenabfuhrkosten je kWh	$0,018 \cdot \delta$	$0,056 \cdot \delta$	Pf/kWh

Die Kosten für Schlägerverschleiß und Kesselreinigung wurden in derselben Größenordnung liegend angesehen, so daß für Δ b ungefähr

$$2\,(0,056 - 0,018) \cdot \delta = 0,076 \cdot \delta \quad [\text{Pf/kWh}]$$

einzusetzen sind. Legt man noch

$$\alpha = 0,142,$$
$$r = 1,25,$$
$$\varepsilon = 0,07$$

zugrunde, so wird

$$\Delta\,p_w \gtreqless \frac{10^4}{3200} \left(\frac{100 \cdot 0,142}{t \cdot \delta} \cdot \frac{1,25}{0,93} \cdot \Delta\,a + 0,076 \right)$$

$$\Delta\,p_w \gtreqless 60 \cdot \frac{\Delta\,a}{\delta \cdot t} + 0,24 \quad [\text{RM}/10^6\ \text{kcal}].$$

In Abb. 73 wurde diese Formel zeichnerisch ausgewertet. Das geplante Werk war für eine Benutzungsdauer von 6500 h vorgesehen, so daß bei Mehranlagekosten von Δ a = 30 RM/kW ein Minderwärmepreis von 0,7 RM/10^6 kcal für ballastreiche Kohle gegenüber der Kohle mit niedrigem Aschengehalt erforderlich wäre, wenn die Erzeugungskosten der elektrischen Energie nicht teurer werden sollen. Da der Wärmepreis der hochwertigeren Kohle 1,5 RM/10^6 kcal betrug, so wäre der äquivalente Wärmepreis für die aschenreiche Kohle $1,5 - 0,7 = 0,8$ RM/10^6 kcal. Man erkennt aus der kurvenmäßigen Darstellung, daß für die Verwertung der Abfallkohle nur Kraftwerke mit hoher Benutzungsdauer, also ausgesprochene Grundlastwerke, in Frage kommen, um dem Bergbau einen auskömmlichen Kohlenpreis zubilligen zu können. Trotzdem wird es schwierig sein, zwischen den verschiedenen Bestrebungen, und zwar denen der allgemeinen Energiewirtschaft, die minderwertige Kohle nutzbar zu machen, des Bergbaues, seine Gestehungskosten zu decken und die hochwertige Kohle preislich nicht noch mehr zu belasten und der Elektrizitätsversorgung, das Strompreisniveau nicht zu erhöhen, einen Ausgleich zu finden.

Es fehlte nicht an Bemühungen, die Verfeuerung von aschenreicher Kohle wirtschaftlicher zu gestalten. Sie gingen in zweierlei Richtung, und zwar wurde einerseits die Entwicklung von geeigneteren Dampferzeugern gefordert, anderseits versucht, die hinter dem Kessel anfallende Asche in der Baustoffindustrie zu verwenden. Der Schmelzkammerkessel (29) und die Schwebegasfeuerung, Bauart *Szikla-Rozinek* (30) sind beide aus dem Bestreben entstanden, die Asche flüssig abzuziehen und granuliert in stückiger Form zu erhalten. Auch die Vergasung der Kohle wurde in Erwägung gezogen, da es sich gezeigt hat, daß Gasgeneratoren auch aschenreiche Brennstoffe mit 40% Aschengehalt verarbeiten können. Die Studien über die praktische Verwendungsmöglichkeit der Kombination Gaserzeuger-Gasturbine wurden durch die Schwierigkeiten, die sich der Verfeuerung von aschenreicher Kohle entgegenstellen, gefördert (9).

Für die Verwertung der Asche in der Bauwirtschaft ist deren zeitlich stark schwankende chemische Zusammensetzung erschwerend, die auch ihre Festigkeitseigenschaften und Bindefähigkeit beeinflußt. Die Versuche gingen in der Richtung, den Flugstaub als Zementroh- und Zusatzstoff, als Streckungsmittel in der Kalk- und Zementindustrie oder zu Steinen und Platten verarbeitet, zu verwenden. Bei der Aschenverwertung ist weniger der Gedanke einer Nebenproduktengewinnung mit zusätzlicher Einnahmequelle als das Be-

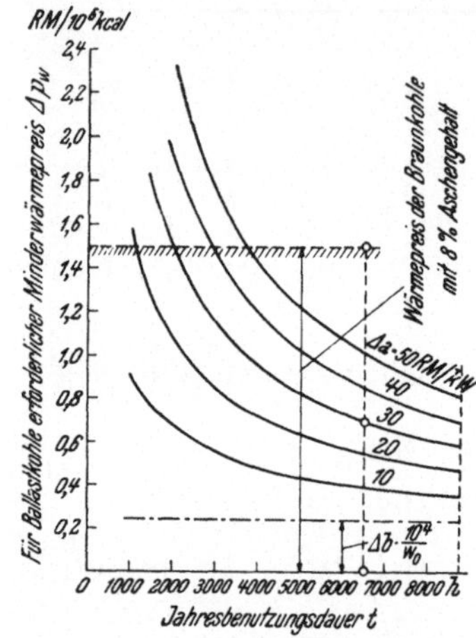

Abb. 73. Ergebnisse eines Beispieles für die Ermittlung des notwendigen Minderwärmepreises Δ p_w von Ballastkohle in Abhängigkeit von der Benutzungsdauer t und den Mehranlagekosten Δ a.

streben maßgebend, die Asche auf diese Weise loszubekommen und die Schwierigkeiten der Aschenwegschaffung und -unterbringung zu überwinden.

Das Problem der Verwertung von ballastreicher Kohle ist zweifellos weiterhin aktuell, es ist für die Entwicklung des Bergbaues und der Elektrizitätsversorgung gleichermaßen von Bedeutung. Abgesehen von der Kostenfrage, führt ein stärkerer Einsatz von ballastreicher Kohle zu einer Verlagerung der Erzeugung nach der Grube hin und zu einer Vergrößerung der standortgebundenen Stromerzeugung.

33. Die Heizkraftkupplung.

Die Hintereinanderschaltung von Krafterzeugungsanlagen und Heiznetzen in der Weise, daß der Dampf oder die Abgase der Kraftmaschinen noch für Wärmezwecke nutzbar gemacht werden, stellt eine der wirkungsvollsten Maßnahmen dar, den Brennstoff mit höchstem Wirkungsgrad auszunutzen. Wir haben dabei zwei Fälle zu unterscheiden, und zwar:

1. Den Anschluß eines größeren Fernheiznetzes an das Kraftwerk zur Wärmeabgabe an Wohnviertel, Gewerbe und kleinere Industriebetriebe. Wir bezeichnen eine solche Anlage als *Fernheizkraftwerk*.

2. Die Verwirklichung einer Heizkraftkupplung zur Versorgung eines oder mehrerer Industriebetriebe mit elektrischer und Wärmeenergie. Wir sprechen in diesem Fall schlechtweg von einem *Industriekraftwerk*.

Beide Typen weisen trotz des gleichen Grundprinzips der Energieausnutzung doch eine Reihe von abweichenden Voraussetzungen auf, die nicht nur ihre Auslegung, sondern auch die wirtschaftliche Seite stark beeinflussen. Diese sind im wesentlichen folgende:

1. Die Jahresbenutzungsdauer t_w der Heizspitze [10^6 kcal/h] ist bei Fernheizkraftwerken wegen der überwiegenden Heizungsbelastung durch die angeschlossenen Wohnviertel in den Wintermonaten niedriger als bei Industriekraftwerken, die im wesentlichen einen während des ganzen Jahres durchlaufenden Bedarf an Fabrikationsdampf haben. Während die Benutzungsdauer von Fernheizkraftwerken je nach dem Anteil von Industrie- und Gewerbeabgabe zwischen 700 und 3500 h liegt, kann man sie bei Industriekraftwerken mit etwa 4000—5000 h schätzen, abgesehen von Zuckerfabriken, die nur während der Kampagne arbeiten. Bei diesen beträgt die Benutzungsdauer etwa 1200 h.

2. Die Wärmeabgabe ist bei Industriekraftwerken auf ein viel kleineres Gebiet beschränkt als bei Fernheizkraftwerken; die sogenannte *Wärmedichte*, ausgedrückt durch den spezifischen Anschlußwert je km des Heizungsnetzes [10^6 kcal/h $\cdot$ km] ist bei Industriekraftwerken wesentlich größer als bei Fernheizkraftwerken· Die Kosten für die Verteilung spielen in letzterem Falle daher eine untergeordnete Rolle.

3. Industriekraftwerke sind als „isoliert" arbeitende Anlagen zu betrachten. Bei Kupplung der Stromerzeugungsanlagen des Industriebetriebes mit dem öffentlichen Netz gilt dies zumindest für die Dampferzeugungsanlagen. Manche Fabrikationsprozesse dulden keine Unterbrechung der Energiezufuhr, sollen größere materielle Verluste vermieden werden. An die Sicherstellung der Belieferung sind daher ganz andere Anforderungen zu stellen als bei Fernheizkraftwerken.

4. Fernheizkraftwerke geben die erzeugte elektrische Energie normalerweise in das öffentliche Versorgungsnetz ab. Eine verschiedene Zunahme des jährlichen Wärme- und Strombedarfes oder jahreszeitliche Änderungen der Bedarfsziffern gegeneinander spielen hier keine Rolle, da die Leistungsunterschiede auf der elektrischen Seite durch die parallel arbeitenden Kraftwerke ausgeglichen werden können. Bei Industriekraftwerken erfordert die Abstimmung des veränderlichen Verhältnisses Wärme-: Strombedarf gegenüber dem auf der Erzeugerseite gegebenen konstanten Wert besondere Maßnahmen.

5. Bei Fernheizkraftwerken wird normalerweise die Wärme mit *einem* bestimmten Druck bzw. Temperatur ins Netz geliefert. Bei Industrieanlagen sind gewöhnlich mehrere Heiznetze mit verschiedenen Temperaturhöhen erforderlich, bei denen die Entnahmen auch untereinander schwanken.

6. Bei Industriekraftwerken ist infolge der teilweisen Beheizung von Apparaten durch direktes Dampfeinblasen, aber auch durch Verschmutzung des Dampfes mit viel größeren Kondensatverlusten zu rechnen als bei Fernheizkraftwerken. Sie können bei Höchstdruckanlagen mit mehrstufiger Speisewasservorwärmung zwischen 3 und 70 bis 75% der Kesseldampferzeugung liegen. Die Anlagen zur Aufbereitung des Speisewassers haben daher bei Industriekraftwerken eine ganz andere Bedeutung als bei Fernheizkraftwerken und beeinflussen grundlegend Schaltung und Wirtschaftlichkeit des Werkes.

7. Industriebetriebe mit stark schwankendem Wärme- und Strombedarf (z. B. Zellstoffabriken, Hüttenwerke) stellen sehr hohe Anforderungen an die Regelfähigkeit der Dampferzeugungsanlagen. Es ist daher in solchen Fällen — vor allem bei Höchstdruckdampfanlagen mit ihrer verhältnismäßig geringen Speicherfähigkeit — vielfach die Einschaltung von Speichern notwendig.

Für die Wirtschaftlichkeit einer Heizkraftkupplung ist eine der maßgebenden Kennziffern die sogenannte *Stromkennzahl* σ [kWh/10^6 kcal], das ist das Verhältnis der vom Heizkraftwerk in einem bestimmten Zeitraum abgegebenen Energiemenge E zur gelieferten Wärmemenge W. Sie bestimmt den spezifischen Wärmeaufwand und das Verhältnis der installierten Kessel- zur Maschinenleistung, das wieder für die Höhe der Anlagekosten maßgebend ist. Die Stromkennzahl σ ist durch das Verhältnis des in der Kraftmaschine arbeitenden Wärmegefälles zu dem für die Heizung verbleibenden gegeben, sie ist also bei Dampfkraftanlagen (der überwiegenden Werks-

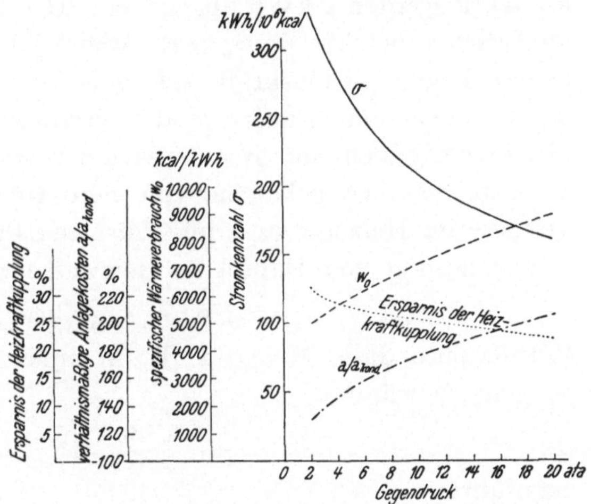

Abb. 74. Stromkennziffer σ, spezifischer Wärmeverbrauch w_0 und Anlagekosten a, verglichen mit denen eines Kondensationskraftwerkes a_{kond}, Wärmeersparnis gegenüber getrennter Strom- und Wärmeerzeugung für *Fern*heizkraftwerke in Abhängigkeit von dem Anfangsdruck der Heizung. Frischdampfzustand an der Turbine 110 at, 485⁰ C, maximale Dampfabgabe $\sim 50-60$ t/h.

type) durch die Dampfdrücke vor und hinter der Turbine bestimmt. In der Abb. 74 ist für ein Fernheizkraftwerk mit einem Frischdampfzustand von 110 at, 485⁰ C vor der Turbine die Abhängigkeit der Stromkennzahl σ vom Gegendruck dargestellt. Während sie beim Gegendruck von 3 ata 300 kWh/10^6 kcal beträgt, sinkt sie bei 20 ata Gegendruck auf rund 160 kWh/10^6 kcal ab. Dementsprechend steigt auch der spezifische Wärmeverbrauch w_0 (kcal zugeführte Brennstoffwärme/kWh abgegebener elektrischen Energie.) Die Auswirkung auf die Anlagekosten zeigt die in der Abb. 74 eingezeichnete Verhältniskurve, die die Anlagekosten eines Heizkraftwerkes als Vielfaches derjenigen eines Kondensationskraft-

werkes ausdrückt. Je kleiner σ, um so größer muß die Dampf-
erzeugungsanlage gegenüber der Maschinenanlage ausgelegt werden,
um so teurer wird das Kraftwerk, bezogen auf 1 kW installierter
elektrischer Leistung. Bei einem Gegendruck von 20 at betragen
die Anlagekosten rund das Doppelte derjenigen eines reinen Kon-
densationsbetriebes.

Es interessiert nun die Wärmeersparnis, die durch die Heizkraftkupplung gegenüber einer getrennten Erzeugung von Wärme-
und elektrischer Energie erzielt wird. Je 10^6 kcal Wärmeabgabe
ab Werk werden σ kWh abgegeben. Der Gesamtaufwand an Brennstoffwärme beträgt $\sigma \cdot w_0$ kcal. Würde die elektrische Energie aus
einem Kondensationskraftwerk geliefert, so wären $\sigma \cdot w_{0k}$ kcal für
die Stromerzeugung aufzuwenden, wenn wir mit w_{0k} den spezifischen
Wärmeverbrauch im Kondensationsbetrieb bezeichnen. Bis zum
Wärmeabnehmer gelangen von den 10^6 kcal infolge der Wärmeverluste im Heiznetz und im Wärmeaustauscher beim Verbraucher
(Umwandlung von Dampf in Heizwasserwärme)

$$10^6 \cdot \eta_L \cdot \eta_u \ [\text{kcal}].$$

Würde man diese Menge z. B. in einer Zentralheizungsanlage erzeugen, so wären

$$\frac{10^6 \cdot \eta_L \cdot \eta_u}{r_z} \ [\text{kcal}]$$

zuzuführen.

Die Ersparnis durch die Heizkraftkupplung ergibt sich daher zu

$$1 - \frac{\sigma \cdot w_0}{\sigma \cdot w_{0k} + 10^6 \cdot \dfrac{\eta_L \cdot \eta_u}{\eta_z}}.$$

Setzen wir $w_{0k} = 3000$ kcal/kWh (110 at-Kondensationskraftwerk)
$\eta_L = 0,85$, $\eta_u = 0,97$, $\eta_z = 0,6$, so lautet der obige Ausdruck

$$1 - \frac{w_0}{3000 + \dfrac{1370 \cdot 10^3}{\sigma}}$$

In Abb. 74 ist dieser Ausdruck ausgewertet. Man sieht, daß die
Ersparnis durch die Heizkraftkupplung bei einem Gegendruck von
2 ata etwa $^1/_3$, bei 12 ata noch etwa $^1/_4$ ausmacht.

Für die Wirtschaftlichkeit der Heizkraftkupplung spielt auch
die *Größe* der Anlage eine Rolle. Den Kurven der Abb. 74 war eine
Dampfabgabe von etwa 50 bis 60 t/h zugrundegelegt. In Abb. 75
sind nun die entsprechenden Kurven für Industriekraftwerke dargestellt, und zwar für eine max. Dampfabgabe von 25 und 100 t/h.
Die Untersuchung wurde hier auch auf andere Frischdampfdrücke

(56 und 71 ata vor der Turbine) ausgedehnt. Sie unterscheidet sich in ihren Voraussetzungen dadurch etwas von der vorhergehenden, daß hier mit einem 100%igen Verlust des Heizkondensates gerechnet, also eine wärmewirtschaftlich ungünstige Annahme gemacht wurde. Das Diagramm gibt ein anschauliches Bild über den Einfluß der

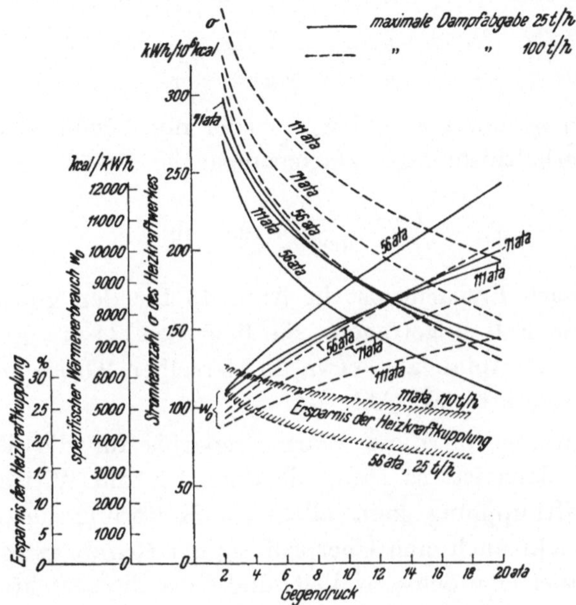

Abb. 75. Stromkennziffer σ, spezifischer Wärmeverbrauch w_0 und Wärmeersparnis gegenüber getrennter Strom- und Heizdampferzeugung für *Industrie*heizkraftwerke in Abhängigkeit vom Anfangsdruck der Heizung.

Anlagegröße und des Frischdampfdruckes auf die Stromkennzahl σ und damit auf die Wirtschaftlichkeit der Heizkraftkupplung, da ja die elektrische Energie höher zu bewerten ist als die Wärmeabgabe. Die Kurven zeigen aber auch, daß eine Steigerung des Turbineneintrittsdruckes nur bei einer hinreichenden Größe der Anlage wirtschaftlichen Sinn hat. Ist der Dampfdurchsatz durch die Turbine zu gering, so wird die Erhöhung des Druckgefälles durch die Verschlechterung des thermodynamischen Wirkungsgrades der Turbine wieder aufgewogen. Bei einer Dampfabgabe von 25 t/h z. B. ist unterhalb eines Gegendruckes von 10 ata ein Frischdampfdruck von 111 ata unwirtschaftlicher als ein solcher von 71 ata. Erst bei höheren Gegendrücken überwiegt dann die Vergrößerung des Druckgefälles gegenüber der Wirkungsgradverschlechterung der Turbine.

Wir wollen auch für den Fall des Industriekraftwerkes die Ersparnis an Brennstoffwärme durch die Heizkraftkupplung festzustellen versuchen. Der Vergleich ist hier wieder mit der Stromerzeugung im Kondensationsbetrieb, jedoch mit der Dampferzeugung in Heizkesseln durchzuführen. Ist η_k der Wirkungsgrad der Dampferzeugung, so lautet sinngemäß die Formel für die Wärmeersparnis

$$1 - \frac{\sigma \cdot w_0}{\sigma \cdot w_{0k} + \dfrac{10^6}{\eta_k}}.$$

Nimmt man η_k mit 0,8 und w_{Ck} wieder mit 3000 kcal/kWh an, so wird die verhältnismäßige Wärmeersparnis

$$1 - \frac{w_0}{3000 + \dfrac{1250 \cdot 10^3}{\sigma}}.$$

Die erreichbare Ersparnis ist in Abb. 75 für den günstigsten und ungünstigsten Fall eingetragen. Sie liegt bei 111 ata Eintrittsdruck und 100 t/h Dampfabgabe etwa in derselben Größenordnung wie beim Fernheizkraftwerk, Abb. 74.

So bedeutungsvoll diese Wärmeersparnis für die Verbesserung der Energiebilanz ist, so stellt sie doch für die Wirtschaftlichkeit der Heizkraftkupplung kein alleiniges Kriterium dar. Diese erfordert vielmehr auch eine Überprüfung der *Gestehungskosten*. Dabei ergibt sich aber eine Schwierigkeit, und zwar die gerechte Aufteilung der Erzeugungskosten auf die Strom- und Dampfabgabe. In der Literatur finden sich verschiedene Arbeiten, in denen dieses Problem behandelt und versucht wurde, auf analytischem Wege die einzelnen Kostenelemente und ihre Anteile an der Dampf- und Stromlieferung zu erfassen. Bei den Anlageteilen, die nur der Stromlieferung dienen, wie z. B. die Generatoren, Umspanner, Schaltanlage, Kühlwasserversorgung oder bei denen, die lediglich durch die Dampfabgabe bedingt sind, wie z. B. Dampfumformer u. dgl., ist diese Kostentrennung einfach. Bei anderen, durch die Strom- *und* Dampflieferung beanspruchten Einrichtungen ist eine solche Aufgliederung korrekt gar nicht durchführbar, so daß auch solche kostenanalytische Verfahren ohne gewisse Annahmen nicht auskommen. Besonders schwierig wird die Lösung dieser Aufgabe dann, wenn bei Industriekraftwerken die Wärmeabgabe bei mehreren Druckstufen erfolgt.

Dieses Problem der Kostenaufteilung zwischen Strom- und Wärmeabgabe spielt bei der Kostenumlegung innerhalb eines industriellen Betriebes auf die einzelnen Abteilungen, bei der Beurteilung der Wirtschaftlichkeit eines Fernheizkraftwerkes, aber auch bei der Bewertung der Überschußenergie, die von industriellen Eigenanlagen in das öffentliche Netz abgegeben werden, eine wichtige Rolle. Im nachstehenden seien Gedankengänge wiedergegeben, die nicht von der Kostenanalyse, sondern von Vergleichskosten ausgehen. Bezeichnen wir mit

E die vom Kraftwerk jährlich abgegebene elektrische Energie [kWh],

W die jährlich abgegebene Wärmemenge ab Werk [10^6 kcal],

k_E den Strompreis ab Werk [g/kWh],

k_W den Wärmepreis ab Kraftwerk [$S/10^6$ kcal],

K den jährlichen Gesamtaufwand für das Kraftwerk [S],

so gilt der Ansatz

$$K = \frac{k_E}{100} \cdot E + k_W \cdot W \quad [\text{S/Jahr}]$$

$$k' = 100 \cdot \frac{K}{E} = k_E + 100 \cdot k_W \cdot \frac{W}{E} \quad [\text{g/kWh}].$$

Da E/W die Stromkennziffer σ darstellt, so kann die Beziehung auch wie folgt angeschrieben werden

$$k' = k_E + 100 \cdot \frac{k_W}{\sigma} \quad [\text{g/kWh}] \tag{28}$$

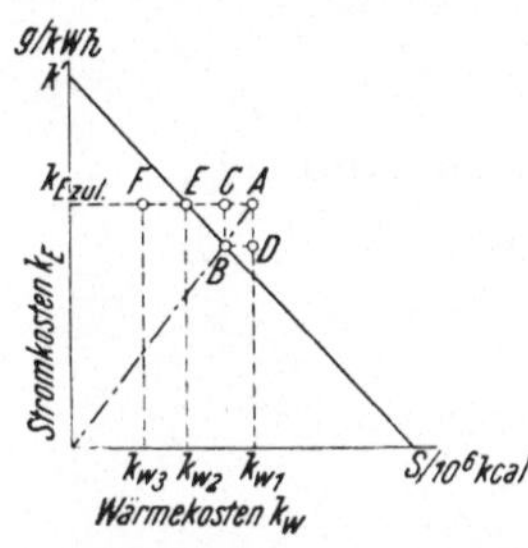

Abb. 76. Kostencharakteristik eines Heizkraftwerkes. k_0 ... Gestehungspreis einer kWh bei Umlegung sämtlicher Kosten auf die elektrische Energie.

Die Formel (28) ist die Gleichung der *Wirtschaftlichkeitskennlinie* eines Heizkraftwerkes für eine bestimmte Belastung, gegeben durch die Benutzungsdauer t. Sie ist in Abb. 76 dargestellt und gibt an, welcher Wärmepreis k_{W2} einem Strompreis $k_{E\,zul}$ zugeordnet ist, damit die Gestehungskosten gedeckt werden. k' ist der fiktive Gestehungspreis der elektrischen Energie, wenn die gesamten Erzeugungskosten lediglich der Stromerzeugung aufgebürdet würden. Für k' gilt die Formel (24); w_0 ist sinngemäß der Wärmeverbrauch je kWh unter der Voraussetzung, daß der Dampf hinter der Turbine nicht ausgenutzt werden würde.

Beträgt der zulässige Strompreis im Vergleich zur Kondensationsstromerzeugung bei der gegebenen Benutzungsdauer $k_{E\,zul}$, der zulässige Wärmepreis ab Werk mit Rücksicht auf seine Tragbarkeit für den Wärmeabnehmer k_{W1}, so stellt die Strecke $\overline{AB}$ den Gewinn dar, die Heizkraftkupplung ist also wirtschaftlich. Man kann nun diese Gewinnspanne in der angedeuteten Weise auf Strom- und Wärmepreis umlegen. Sie ist durch die Strecken $\overline{\mathrm{B\,C}}$ bzw. $\overline{\mathrm{B\,D}}$ gegeben. Wäre der zulässige Wärmepreis ab Werk k_{W3}, so liegt der Schnittpunkt F unterhalb der Kennlinie, die Gestehungskosten werden nicht gedeckt, die Heizkraftkupplung ist also unwirtschaftlich. Man kann dieses Bewertungsverfahren auch getrennt auf die leistungs- und arbeitsabhängigen Kosten anwenden.

Je größer die Stromkennziffer, um so steiler die Wirtschaftlichkeitskennlinie, um so vorteilhafter die Heizkraftkupplung. Größere Werte σ bedeuten aber auch einen günstigeren Wärmeverbrauch w_0 und niedrigere Anlagekosten je kW. Daraus ergibt sich ein kleineres k', so daß die Kostenkennlinie weiter nach links rückt. Bei gleichem zulässigen Strompreis $k_{E\,zul}$ wird der zur Deckung der Gestehungskosten erforderliche Wärmepreis k_W geringer. Man kann in einem solchen Kostendiagramm verschiedene Auslegungen eines Heizkraftwerkes, aber auch die Wirtschaftlichkeit verschiedener Heizkraftwerke miteinander vergleichen.

Wir wollen nun an einem Beispiel die praktische Anwendung dieser Kostencharakteristik einer Heizkraftkupplung erläutern.

Die Daten eines Fernheizkraftwerkes seien folgende:
Frischdampfdruck 111 ata,
Gegendruck 4 ata,
Stromkennziffer $\sigma = 275$ kWh/10^6 kcal (nach Abb. 74),
Wärmeverbrauch $w_0 = 5650$ kcal/kWh (nach Abb. 74),
spezielle Anlagekosten a $= 520$ S/kW,
Jahresfaktor $\alpha = 0{,}142$,
Reservefaktor r $= 1{,}25$,
Eigenbedarfsanteil $\varepsilon = 0{,}06$,
Wärmepreis $p_w = 4$ S/10^6 kcal,
leistungsabhängiger Kostenanteil für Bedienung und Unterhalt $c_b = 7$ S/kW,
arbeitsabhängiger Kostenanteil für Bedienung und Unterhalt b $= 0{,}44$ g/kWh.

Nach Formel (24) ist

$$k' = 100 \, \frac{\alpha \cdot a + c_b}{t} \cdot \frac{r}{1-\varepsilon} + \delta \cdot w_0 \cdot p_w \cdot 10^{-4} + b =$$

$$= 100 \cdot \frac{0{,}142 \cdot 520 + 7}{t} \cdot \frac{1{,}25}{1-0{,}06} + \delta \cdot 5650 \cdot 4 \cdot 10^{-4} + 0{,}44 =$$

$$= \frac{10750}{t} + 2{,}26 \, \delta + 0{,}44 \; [\text{g/kWh}].$$

Wir nehmen zwei Benutzungsdauern an:

t	2500	4500	h
Verlustfaktor δ	1,1	1,04	
spez. Gestehungskosten k'	7,22	5,17	g/kWh
Kostencharakteristik......	$7,22 = k_E + \dfrac{k_W}{2,75}$	$5,17 = k_E + \dfrac{k_W}{2,75}$	g/kWh

Diese Kostenkennlinien sind in Abb. 77 gezeichnet. Wir wollen nun vergleichsweise feststellen, wieviel die Stromerzeugung in einem neuzeitlichen Kondensationskraftwerk unter sonst gleichen Voraussetzungen kosten würde. Es seien

die Anlagekosten

a = 360 S/kW,

der spezifische Wärmeverbrauch w_0 =3000 kcal/kWh,

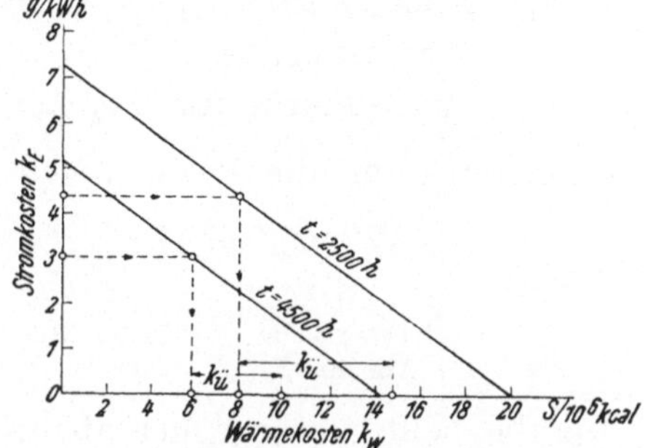

Abb. 77. Beispiel für die Auswertung der Kostencharakteristik eines Heizkraftwerkes.

die Bedienungs- und Unterhaltskosten 2,3 S/kW + 0,23 g/kWh.

Im übrigen gelten die für das Heizkraftwerk eingesetzten Faktoren. Daraus errechnen sich die Kosten $k_{E\,zul}$ zu

$$k_{E\,zul} = 100 \cdot \frac{0,142 \cdot 360 + 2,3}{t} + \frac{1,25}{1-0,06} + \delta \cdot 3000 \cdot 4 \cdot 10^{-4} + 0,23 =$$

$$= \frac{7100}{t} + 1,2 \cdot \delta + 0,23 \quad [\text{g/kWh}].$$

Für die beiden zugrundegelegten Benutzungsdauern werden die Erzeugungskosten $k_{E\,zul}$

t	2500	4500	h
$k_{E\,zul}$	4,39	3,06	g/kWh

Diese Werte sind in Abb. 77 gleichfalls eingetragen. Ihnen entsprechen Wärmekosten von 5,8 bzw. 7,9 S/10^6 kcal, damit die Gestehungskosten gedeckt werden.

Neben einer Niedrighaltung der Erzeugungskosten ist die zweite Vorbedingung für eine wirtschaftliche Heizkraftkupplung, die Spanne zwischen den Wärmepreisen ab Werk und beim Abnehmer möglichst klein zu halten. Sie ist bedingt durch die Jahresausgaben für die Rohrleitung und deren Wärmeverluste (31). Es sei im nachstehenden die Formel für die *Fortleitungskosten der Wärme* aufgestellt. Wir führen dafür folgende Bezeichnungen ein:

W' Wärmebedarf beim Abnehmer [10^6 kcal/Jahr],

W Wärmeabgabe ab Fernheizkraftwerk [10^6 kcal/Jahr],

W_0 höchste Wärmeabgabe [10^6 kcal/h],

k_w Preis der Wärme ab Heizkraftwerk [S/10^6 kcal],

k_w' Preis der Wärme beim Abnehmer [S/10^6 kcal],

a_L Anlagekosten der Rohrleitungsanlage (S/10^6 kcal höchste Wärmeabgabe),

α_L Jahresfaktor für das Leitungsnetz.

Es gelten dann die Beziehungen:

$$W' \cdot k_w' = W \cdot k_w + \alpha_L \cdot a_L \, W_0 \quad [\text{S/Jahr}] \tag{29}$$

↑   ↑   ↑
Kosten beim   Kosten ab   Kosten des
Abnehmer   Werk   Heiznetzes

Für die beim Verbraucher abgegebene Wärmemenge W' kann man anschreiben

$$W' = W \cdot \eta_L \quad [10^6 \text{ kcal/Jahr}] \tag{29a}$$

worin η_L den Wirkungsgrad des Heiznetzes bedeutet. Die höchste Wärmeabgabe W_0 läßt sich wie folgt ausdrücken:

$$W_0 = \frac{W'}{t_w} \quad [10^6 \text{ kcal/h}] \tag{29b}$$

t_w stellt die Benutzungsdauer der höchsten Wärmebelastung dar. Setzt man die Beziehungen (29a) und (29b) in die Formel (29) ein, so ergibt sich folgender Ausdruck:

$$W \cdot \eta_L \cdot k_w' = W \cdot k_w + \alpha_L \cdot a_L \cdot \frac{W \cdot \eta_L}{t_w} \quad [\text{S/Jahr}].$$

Daraus errechnet sich der Wärmepreis beim Abnehmer zu

$$k_w' = \frac{k_w}{\eta_L} + \frac{\alpha_L \cdot a_L}{t_w} \quad [\text{S/}10^6 \text{ kcal}].$$

Um über die Faktoren, die die Anlagekosten a_L hauptsächlich beeinflussen, ein Bild zu erhalten, sei noch eine kleine Betrachtung über den Zusammenhang zwischen dem Wert a_L und den Anlagekosten je km, die wir mit a_{L0} bezeichnen wollen, angestellt. Ist L [km] die Leitungslänge, so besteht die Beziehung

$$a_L \cdot W_0 = a_{L0} \cdot L \quad [\text{S}]$$

$$a_L = a_{L0} \cdot \frac{L}{w_0}.$$

Ist Ψ der sogenannte *Gleichzeitigkeitsfaktor* der Wärmebelastung, der das Verhältnis höchste Wärmeleistung [10^6 kcal/h] zum Anschlußwert der Abnehmer [10^6 kcal/h] erfaßt, so kann für den Anschlußwert W_0/Ψ angeschrieben werden. Der Ausdruck

$$\frac{W_0}{\psi \cdot L} = \lambda \quad [10^6 \text{ kcal/h} \cdot \text{km}]$$

stellt den spezifischen Anschlußwert dar. Setzt man diese Beziehung in die Formel für die Wärmegestehungskosten k_w' ein, so lautet diese

$$k_w' = \frac{k_w}{\eta_L} + \frac{a_L \cdot a_{Lo}}{t_w \cdot \psi \cdot \lambda} \quad [S/10^6 \text{ kcal}] \tag{30}$$

Von den die Übertragungskosten beeinflussenden Faktoren sind die Benutzungsdauer t_w der höchsten Wärmebelastung und der spezifische Anschlußwert λ verbrauchsbedingt, die spezifischen Anlagekosten a_{Lo} und der Fortleitungswirkungsgrad η_L von der Auslegung der Leitung abhängig. Eine wirtschaftlich tragbare Heizkraftkupplung erfordert einen genügend hohen Anschlußwert λ, d. h. eine gewisse Mindestverbrauchsdichte. Der Anschluß von Verbrauchern mit jährlich durchgehender Wärmebelastung (Industriebetriebe, Krankenhäuser, Badeanstalten, Wäschereien usw.) erhöht die Benutzungsdauer und wirkt sich günstig auf die Übertragungskosten aus. Der Fortleitungswirkungsgrad η_L ist bei einem bestimmten Rohrdurchmesser von der Güte der Wärmeisolierung, der spezifische Anlagenaufwand a_{Lo} in erster Linie vom Rohrleitungsdurchmesser abhängig. Die Verkleinerung des Rohrleitungsdurchmessers hat bei einer bestimmten Wärmebelastung eine Vergrößerung des Druckverlustes, d. h. bei einem gegebenen Druck an den Verbrauchsstellen eine Erhöhung des Anfangsdruckes und damit eine Verringerung des Wärmegefälles für die Turbine zur Folge. Einer Verbilligung der Leitungsanlage steht also eine Verteuerung der Wärmekosten ab Werk gegenüber, so daß sich ein günstigster Heizdruck ab Werk ergibt, der von Fall zu Fall ermittelt werden muß.

Wir wollen das in Abb. 77 behandelte *Beispiel* durch die Berechnung der Fortleitungskosten ergänzen. Es seien dafür folgende Annahmen gemacht:

Jahresfaktor $a_L = 0{,}12$,

Übertragungswirkungsgrad $\eta_L = 0{,}85$,

spezifische Anlagekosten des Heiznetzes $a_{Lo} = 585.000$ S/km,

Gleichzeitigkeitsfaktor $\Psi = 0{,}95$,

spezieller Anschlußwert $\lambda = 5{,}5 \cdot 10^6$ kcal/h $\cdot$ km.

Dann ist

$$k_w' = \frac{k_w}{0{,}85} + \frac{0{,}12 \cdot 585000}{0{,}95 \cdot 5{,}5 \cdot t_w} = \frac{k_w}{0{,}85} + \frac{13400}{t_w} \quad [S/10^6 \text{ kcal}].$$

Für die Werte k_w und die zugehörigen Benutzungsdauern (2500 und 4500 h) ausgerechnet, ergeben sich die in der Abb. 77 eingetragenen Kosten beim Abnehmer in Höhe von 9,5 bzw. 14,7 S/10⁶ kcal.

Für die Wirtschaftlichkeit der Heizkraftkupplung ist der Vergleich des die Selbstkosten der Heizkraftkupplung deckenden Wärmepreises k_w', bezogen auf die Abnahmestelle, mit dem Wärmepreis bei direkter Wärmeerzeugung maßgebend. Der zulässige Wärmepreis k_w'' kann in weiten Grenzen schwanken, je nachdem, ob grundsätzlich

1. kleine oder große Wärmeleistungen in Frage kommen (Abhängigkeit der Brennstoff-Einkaufspreise von der Abschlußhöhe, Einfluß der Eigenbetriebskosten, des Umwandlungswirkungsgrades und der Anlagekosten von der Größe des Werkes);

2. es sich um einen Ersatz betriebsfähiger Eigenerzeugungsanlagen oder um den Anschluß von Verbrauchern handelt, die eine Eigenanlage erst errichten oder ohnehin erneuern müssen. Im letzteren Falle erhöht sich der Äquivalenzpreis um den Kapitaldienst der Eigenanlage, während im ersteren Falle nur deren Betriebskosten einschließlich Brennstoff gespart werden.

Bei der Umstellung von Zentralheizungsbetrieben in Wohnvierteln auf Fernheizung z. B. bestehen die eingesparten Betriebskosten bei der Art der Bedienung dieser Anlagen hauptsächlich aus den Brennstoffkosten, denen gegenüber die Bedienungs- und Unterhaltskosten für die Warmwasserkessel zurücktreten. Man kann hiefür

$$k_w'' = \frac{p_w'}{\eta_Z} \quad [\text{S}/10^6 \text{ kcal}]$$

setzen, wenn mit p_w' der Brennstoffpreis für die Zentralheizungsanlage [S/10⁶ kcal] und mit η_Z deren Wirkungsgrad bezeichnet wird. Für den Fall der Fernheizung muß beim Vergleich noch der Wirkungsgrad η_U des Wärmeumformers (Warmwasserbereiter) berücksichtigt werden. Die Fernversorgung ist wirtschaftlich, wenn

$$\frac{k_w'}{\eta_U} \leq \frac{p_w'}{\eta_Z} \quad [\text{S}/10^6 \text{ kcal}]$$

ist. Setzt man $\eta_U = 0,97$, $\eta_Z = 0,6$, so muß

$$k_w' \leq \frac{0,97}{0,6} \cdot p_w'$$

$$k_w' \leq 1,62 \cdot p_w' \quad [\text{S}/10^6 \text{ kcal}]$$

sein.

In unserem Beispiel Abb. 77 wäre die Heizkraftkupplung mit Fernheizung wirtschaftlich noch tragbar, wenn der Brennstoffpreis für die Zentralheizungen

$$p_w' = \frac{14,7}{1,62} = 9 \text{ S}/10^6 \text{ kcal}$$

ist. Der Aufwand wäre dann zwar der gleiche, für die Energiebilanz des Wirtschaftsgebietes würde sich aber die Heizkraftkupplung je nach dem Umfang ihrer Anwendung in einer mehr oder weniger fühlbaren Brennstoffeinsparung auswirken. Neben dieser rein wirtschaftlichen Beurteilung sind Vorteile der Fernheizung von Wohnvierteln nicht außer acht zu lassen, die zahlenmäßig nicht zu erfassen sind, aber städtebauliche und kommunalwirtschaftliche Bedeutung haben. Es sind hier zu nennen: Der Wegfall der Kohlenlager in den Häusern und das Freiwerden der Räume für andere Zwecke, die Vermeidung der Kohlentransporte und Wagenentleerung sowie der Aschenabfuhr in den Straßen, der Fortfall der Essen mit ihrer Rauch- und Rußbelastung usw.

In analoger Weise läßt sich auch der äquivalente Wärmepreis bei Industriekraftwerken ermitteln. Bei Ersatz einer zentralen Heizkesselanlage durch die Heizkraftkupplung bleiben die Rohrleitungskosten außer acht, bei bisheriger Belieferung aus örtlich aufgestellten Kesseln muß sie mitberücksichtigt werden. Bei Industriebetrieben wird die Einführung der Heizkraftkupplung, kostenmäßig gesehen, dann gegeben sein, wenn es sich um die Neuerrichtung, Erweiterung oder Erneuerung von Anlagen handelt.

Die Wärmeversorgung von Wohnvierteln hat neben der Brennstoffeinsparung noch einen weiteren energiewirtschaftlichen Vorteil. Der Anfall der elektrischen Energie im Gegendruckbetrieb entspricht in seinem zeitlichen Verlauf ungefähr den Leistungsanforderungen, die an Winterzusatzkraftwerke gestellt werden. Durch geeignete Auslegung können solche Anlagen für die Spitzendeckung nutzbar gemacht werden. Größere Heiznetze stellen Speicher dar, die eine Ausgleichsmöglichkeit ohne Mehranlagekosten bieten. Sie rechtfertigt die zusätzliche Aufstellung von Kondensationsmaschinen zur Deckung der Morgen- und Abendspitze. Die günstige Lage zu den Verbrauchsschwerpunkten läßt daher das Heizkraftwerk als anzustrebende wirtschaftliche Lösung für Ergänzungs-, Spitzen- und Reservekraftwerke geeignet erscheinen. Wir haben bereits im 12. Abschnitt bei der Erörterung der allgemeinen energiewirtschaftlichen Gesichtspunkte für Wirtschaftsgebiete mit überwiegender hydraulischer Energiebasis auf die Bedeutung von Fernheizkraftwerken für die Deckung der Winterzuschußenergie hingewiesen. Ihr doppelter Zweck, nämlich der Brennstoffeinsparung und der Lieferung der Zuschußenergie, kommt in solchen Wirtschaftsgebieten, die über keine oder nur sehr beschränkte kalorische Rohenergiequellen verfügen, besonders zur Geltung.

Bei der Kennzeichnung der Unterschiede zwischen Fernheizkraftwerken und Industriekraftwerken wurde als vierter Punkt auf das veränderliche Verhältnis des Strom- zum Wärme*bedarf* bei letzteren gegenüber dem Verhältnis des Strom- und Wärme*dargebotes* hingewiesen. Bei diesen Anlagen, die einen oder mehrere benachbarte Industriebetriebe versorgen, kann man neben der Stromkennzahl der Heizkraftkupplung auch von einer solchen des Bedarfes sprechen. Letztere verändert sich sowohl jahreszeitlich zwischen dem Höchstwert $\sigma_{0\,max}$ und einem Mindestwert $\sigma_{0\,min}$, als auch im Laufe des Jahres durch Produktionsumstellungen in dem Industriebetriebe. Aber auch der Umstand, daß der Größe des Wärmebedarfes ein bestimmter wirtschaftlicher Druck am Turbineneintritt zugeordnet ist, führt vielfach zu einer Abweichung der Stromkennzahl σ auf der Dargebotsseite von der Ziffer σ_0, bezogen auf den Verbrauch. Ist σ kleiner als σ_0, so ist entweder der zusätzliche Bezug aus dem öffentlichen Netz oder die Aufstellung einer Kondensationsmaschine erforderlich. Ist dagegen σ größer als σ_0, so fällt Überschußenergie an, die vom Überlandnetz aufgenommen werden müßte. Dieser Fall wird bei großen Werken auftreten, deren Dampfabgabe die Wahl höchster Dampfdrücke wirtschaftlich rechtfertigt. Es wäre, gesamtwirtschaftlich gesehen, falsch, wollte man dann einen niedrigeren Dampfdruck der Ausführung zugrundelegen, um σ an σ_0 anzupassen. Verschiedene Studien haben gezeigt, daß durch Ausnutzung des Gegendruckbetriebes bis zum wirtschaftlich vertretbaren Frischdampfdruck ganz erhebliche Mengen an Gegendruckenergie gewonnen und in der öffentlichen Stromversorgung nutzbar gemacht werden können. Voraussetzung für die Verwirklichung einer solchen Zusammenarbeit ist eine Einigung über einen die Stromqualität berücksichtigenden angemessenen Strompreis, für dessen Ermittlung die vorhin erläuterte Kostencharakteristik der Heizkraftkupplung als Grundlage dienen kann. Klarere Voraussetzungen werden durch Aufstellung von zusätzlichen Kondensationsmaschinen seitens des Industriekraftwerkes geschaffen, welche die Stromabgabe von den unvermeidlichen Schwankungen des Eigenverbrauches befreien, den Überschußstrom also „veredeln". Er ist dann für das Elektrizitätsversorgungsunternehmen nicht mehr Abfallstrom, der nur mit den eingesparten Betriebskosten vergütet werden kann, sondern als Bezug mit einer gesicherten Leistung anzusehen, für die auch ein Strompreis zuzubilligen ist, der die anteiligen leistungsabhängigen Kosten deckt. Die Bereitstellung der notwendigen Ausgleichsleistung ist im Industriekraftwerk mit wesentlich geringeren Aufwendungen durchzuführen als beim öffentlichen Elektrizitätsversorgungsunternehmen (19).

Wir haben uns bisher nur mit der Heizkraftkupplung bei Dampfkraftwerken befaßt. Sie ist aber grundsätzlich ebenso bei Kraftanlagen mit Verbrennungskraftmaschinen möglich, deren Abwärme für Heizzwecke nutzbar gemacht werden kann. Allerdings besteht ein Unterschied insoferne, als hier die Stromerzeugung das Primäre ist und der Anschluß einer Heizung im Grunde genommen eine Verwertung von Abfallenergie darstellt.

VI. Die wirtschaftliche Erzeugung, Fortleitung und Verteilung der elektrischen Energie.

34. Gegenüberstellung der Kostencharakteristiken für die verschiedenen Kraftwerksarten.

Für elektrizitätswirtschaftliche Untersuchungen ist die Kenntnis der Erzeugungs- und Fortleitungskosten der elektrischen Energie Voraussetzung. Wir haben uns mit den Erzeugungskosten bereits in früheren Abschnitten befaßt, als die Erzeugung elektrischer Energie aus den Wasserkräften, der Windkraft und aus Brennstoffen behandelt wurde. Für Wärmekraftwerke ergab sich für die Gestehungskosten die Formel:

$$k = \frac{100\,m_1}{t} + n_0 \quad [g/kWh].$$

Auch bei Wasserkraftanlagen gelangten wir zu einer Kostenformel gleichen Aufbaues. Es wurde aber im 19. Abschnitt dargelegt, daß das Glied n_0 in diesem Fall nur aus einem Teil der Bedienungs- und Unterhaltskosten und eventuellen arbeitsabhängigen Abgaben besteht. Es ist daher üblich, diese Kosten mit den leistungsabhängigen zu vereinen und nicht besonders zum Ausdruck zu bringen. Für Kraftwerke, die Rohenergie verarbeiten, deren Gewinnung keinerlei Kosten verursacht, wie Wasser- und auch Windkraftwerke, vereinfacht sich daher für den üblichen Gebrauch die Gestehungskostenformel zu

$$k = \frac{100 \cdot m_0}{t} \quad [g/kWh].$$

Wie bereits früher erwähnt, ist es für die Aufzeichnung einfacher und bei Vergleichen übersichtlicher, die Gestehungskosten nicht auf die abgegebene kWh, sondern auf 1 kW der höchsten Nutzleistung N_b des Werkes zu beziehen. In dieser Darstellung lautet dann die Kostenformel für Wärmekraftwerke

$$k_0 = m_0 + \frac{n_0}{100} \cdot t \quad [\text{S/kW} \cdot \text{Jahr}],$$

für Wasser- und Windkraftwerke

$$k_0 = m_0 \quad [\text{S/kW} \cdot \text{Jahr}].$$

Trägt man die Gestehungskosten k_0 über der Benutzungsdauer t auf, so werden sie im Falle der Wärmekraftwerke durch schräge, im Falle der Wasser- und Windkraftwerke durch zur Abszissenachse parallele Gerade dargestellt.

In Abb. 78 sind nun für verschiedene Kraftwerkstypen *Beispiele* von Kostenkennlinien wiedergegeben. Die zugrundegelegten Ausgangszahlen gehen aus der darunter befindlichen Tabelle hervor. Es sei besonders betont, daß es sich nur um Zahlenbeispiele handelt, die, soweit es die reinen ziffernmäßigen Ergebnisse anbelangt, nicht

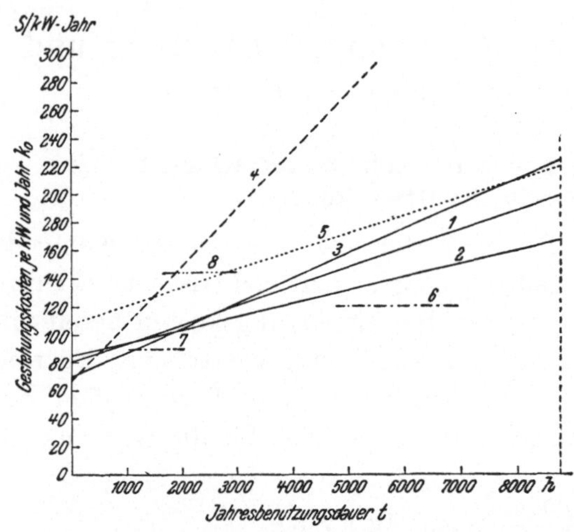

	Kraftwerksart	a S/kW	α	w_0 kcal/kWh	p_w S/10^6 kcal	c_b S/kW	b g/kWh
1	Steinkohlen-Dampfkraftwerk	330	0,142	2940	4	9	0,25
2	Braunkohlen-Dampfkraftwerk	360	0,142	3000	2,5	9	0,25
3	Spitzendampfkraftwerk	280	0,142	3450	4,5	7	0,3
4	Dieselkraftwerk	225	0,142	2500	16	7	0,3
5	Gichtgas-Kraftwerk	520	0,142	2750	3,2	9	0,4
6	Lauf-Wasserkraftwerk	1200	0,1	—	—	—	—
7	Speicher-Wasserkraftwerk	900	0,1	—	—	—	—
8	Windkraftwerk	1200	0,12	—	—	—	—

Abb. 78. Gestehungskosten k_0 je kW Nutzleistung und Jahr von verschiedenen Kraftwerken in Abhängigkeit von der Jahresbenutzungsdauer t.

verallgemeinert werden dürfen. Die einzelnen Kostensätze, die auf der Preisbasis vom Jahr 1943 aufgebaut sind, können im Einzelfalle mehr oder weniger abweichen. Es kommt hier lediglich darauf an, den Kostenverlauf bei den verschiedenen Kraftwerksarten *grund-*

sätzlich zu charakterisieren. Die Anlagekosten von Braunkohlenkraftwerken sind im allgemeinen höher als die von gleich ausgelegten Steinkohlenkraftwerken, ebenso der Wärmeverbrauch, da die in Grubennähe errichteten Braunkohlenkraftwerke in den meisten Fällen wegen des Wassermangels mit Rückkühlung arbeiten müssen. Dagegen sind aber die Wärmepreise erheblich niedriger, so daß einem größeren m_0 ein kleines n_0 gegenübersteht. Braunkohlenkraftwerke liefern bei hoher Benutzungsdauer billigeren Strom als Steinkohlenkraftwerke. Bei den behandelten Beispielen (Linien 1 und 2) beträgt die Grenzbenutzungsdauer etwa 1000 h. Braunkohlenstrom läßt daher bei hohen Benutzungsdauern auch die Fortleitung über weitere Entfernungen wirtschaftlich zu. Dampfkraftwerke für kleine Benutzungsdauern wird man nach den im 19. Abschnitt abgeleiteten Grundsätzen möglichst einfach bauen, so daß die Anlagekosten niedrig gehalten werden, demgegenüber kann ein hoher Wärmeverbrauch zugelassen werden. Das Beispiel 3 bezieht sich auf ein solches Dampfkraftwerk mit kleiner Jahresbenutzungsdauer.

Größere *Diesel*kraftwerke mit Maschinensätzen von 10 bis 15 MW Leistung können im allgemeinen mit noch etwas niedrigerem Aufwand gebaut werden als Spitzendampfkraftwerke gleicher Leistung. Trotz des kleineren Wärmeverbrauches w_0 ist der Faktor n_0 wegen des hohen Wärme*preises* erheblich größer (Beispiel 4). Die Kostencharakteristik des Dieselkraftwerkes verläuft daher sehr steil, es kommt hauptsächlich für sehr kleine Benutzungsdauern als Zusatz- und Reservewerk in Frage. Als weitere Type des Wärmekraftwerkes wurde noch ein Gichtgaskraftwerk, das mit Kolbenmaschinen ausgerüstet ist, in Abb. 78 aufgenommen. Wegen der langsam laufenden schweren Maschinen verhältnismäßig geringer Leistung ist die Erstellung solcher Werke teuer. Der Wärmepreis für das Gichtgas hängt von der Kostenverteilung auf die einzelnen Abteilungen des Hochofenwerkes ab. Im vorliegenden Falle liegt er ziemlich hoch. Mit modernen Gasturbinen, die für Eintrittstemperaturen zwischen 650 und 700° C und eine Leistung von 12 bis 15 MW ausgelegt sind, lassen sich wahrscheinlich niedrigere Gestehungskosten erzielen.

Den Wärmekraftwerken sind Wasserkraftanlagen gegenübergestellt, und zwar ein Laufkraftwerk (6), das je nach Wasserführung mit Benutzungsdauern zwischen 5000 und 7000 h betrieben wird und eine Hochdruckanlage mit Jahresspeicherung (7), deren Benutzungsdauer zwischen 1000 und 2000 h liegt. Je nach den örtlichen Bedingungen können die Kosten k_0 von Wasserkraftwerken in weiten

Grenzen streuen, so daß auch die Grenzbenutzungsdauer, bei der gegenüber Wärmekraftwerken Kostengleichheit besteht, sehr verschiedene Werte annimmt. Windkraftwerke sind nach den bisherigen Erfahrungen teurer. Der Mehraufwand für die Stromerzeugung wird dadurch zum Teil wettgemacht, daß Bodenwindkraftanlagen direkt auf das Niederspannungsverteilnetz arbeiten und daher mit geringeren Fortleitungskosten belastet sind.

Will man eine größere Anzahl von Kraftwerken miteinander vergleichen, so wird das Diagramm unübersichtlich. Man kann dann zweckmäßig eine andere Darstellungsweise wählen, und zwar derart, daß man als Abszisse die arbeitsabhängigen Kosten m_0, als Ordinate die leistungsabhängigen Kosten n_0 aufträgt. Die Kosten der einzelnen Anlagen werden hier also nicht durch Linien, sondern durch *Punkte* gekennzeichnet. Ein solches Kostenschaubild zeigt Abb. 79, das sich auf die gleichen Beispiele bezieht, die vorhin behandelt wurden. Bei Wasser- und Windkraftanlagen fallen die arbeitsabhängigen Kosten weg, die Kostenpunkte für diese Kraftwerkstypen liegen auf der Ordinatenachse. Man kann auch hier die Grenzbenutzungsdauer in einfacher Weise ermitteln.

$$k_{01} = k_{02} \quad [\text{S/kW} \cdot \text{Jahr}],$$

$$m_{01} + \frac{n_{01}}{100} \cdot t_{\text{Grenz}} = m_{02} + \frac{n_{02}}{100} \cdot t_{\text{Grenz}} \quad [\text{S/kW} \cdot \text{Jahr}],$$

$$t_{\text{Grenz}} = \frac{m_{01} - m_{02}}{n_{0:} - n_{01}} \cdot 100 = 100 \cdot \frac{\Delta m}{\Delta n} = \operatorname{tg} \vartheta.$$

Trägt man für t_{Grenz} unter Annahme eines Nullpunktes, wie in Abb. 79 dargestellt, einen Maßstab auf, so läßt sich für zwei Anlagen die Grenzbenutzungsdauer, bei der die Gestehungskosten gleich sind, in einfacher Weise wie folgt ermitteln. Man verbindet die beiden Kostenpunkte (z. B. 2 und 3) und zieht durch den Punkt 0 auf der Abszissenachse eine Parallele zu dieser Verbindungslinie; auf dem Maßstab für die Grenzbenutzungsdauer läßt sich dann der entsprechende Wert ablesen. Ebenso kann man auch die anderen Anlagen untereinander vergleichen und leicht feststellen, welche Werke in den verschiedenen Bereichen der Benutzungsdauer die niedrigsten Kosten ergeben.

35. Die Kosten für die Fortleitung der elektrischen Energie.

Die vorhin ermittelten Grenzbenutzungsdauern für die verschiedenen Kraftwerksarten haben insofern nur beschränkte Bedeutung, als sie lediglich einen Vergleich der Erzeugungskosten und damit eine Beurteilung der Wirtschaftlichkeit der einzelnen Anlagen an sich zulassen, über die Gestehungskosten, bezogen auf den Verbrauchsschwerpunkt, auf die es letzten Endes ankommt, jedoch nichts aussagen. Will man sich über die wirtschaftliche Einsatzweise von Kraftwerken ein Bild machen, so muß man auch die

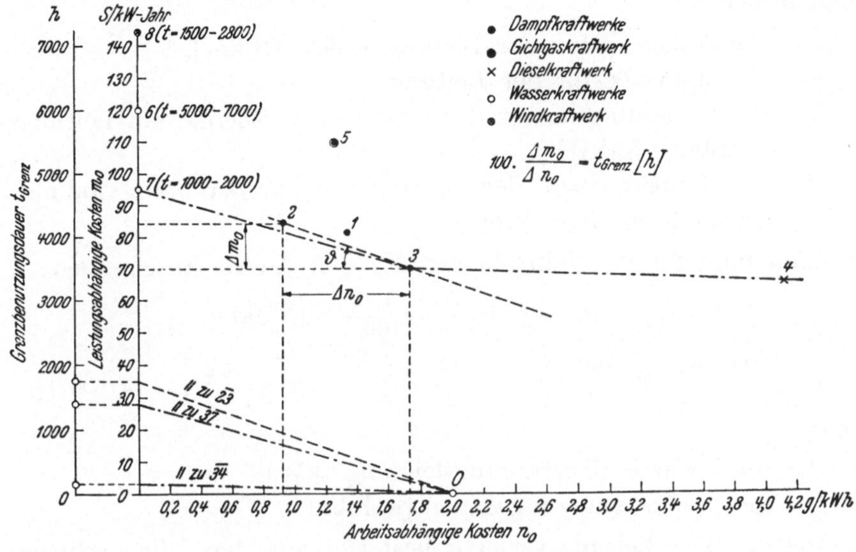

$$100 \cdot \frac{\Delta m_0}{\Delta n_0} = t_{Grenz} \, [h]$$

Abb. 79. Kostenschaubild von Kraftwerken.

Kosten für den Energietransport zwischen Kraftwerk und Verbrauchsschwerpunkt in die Betrachtung einschließen. Die Übertragungskosten setzen sich aus dem Aufwand für die Leitung selbst und für die Auf- und Abspannwerke zusammen, wenn die Kosten für die Aufspannung nicht bereits in den Erzeugungskosten eingeschlossen sind, wie dies bei Spannungen bis 110 kV normalerweise der Fall ist. Nach den Kostenarten ergibt sich sowohl für die Leitungs- als auch für die Umspannkosten folgende Gliederung:

1. Kapitaldienst, Steuern, Versicherungen,
2. Bedienung und Unterhalt,
3. Verlustkosten.

Da erfahrungsgemäß bei Übertragungsanlagen Bedienungs- und Unterhaltskosten von der übertragenen Energiemenge praktisch unabhängig sind, so ist es üblich, die unter 1 und 2 angeführten Kostenglieder als Verhältniszahlen zum Anlagekapital anzugeben und durch den Jahresfaktor α zu erfassen. Bezeichnen wir mit

$k_ü$ die Kosten der Energiefortleitung [g/kWh],
k_L die Kosten für die Leitung   „
k_U die Kosten für die Umspannung   „

so gilt die Beziehung

$$k_ü = k_L + k_U \ [\text{g/kWh}].$$

Sind ferner

a_L die Anlagekosten der Leitung je km [S/km],
α_L der Jahresfaktor der Leitung,
k_1 die Gestehungskosten der elektrischen Energie am Leitungs-
    anfang [g/kWh],
V_L die Jahresverluste der Leitung pro km [kWh/km · Jahr],
L die Leitungslänge [km],

so kann man für die Jahreskosten K_L den Ansatz anschreiben:

$$K_L = \alpha_L \cdot a_L \cdot L + \frac{V \cdot L \cdot k_1}{100} \ [\text{S/Jahr}],$$

$$k_L = \frac{100 \cdot K_L}{E} = \frac{100 \cdot K_L}{N_h \cdot t} = \left(\frac{100 \cdot \alpha_L \, a_L}{N_h} + \frac{V_h \cdot k_1}{N_h} \right) \frac{L}{t} \ [\text{g/kWh}],$$

wenn

N_h die höchste Übertragungsleistung [kW],
t die Jahresbenutzungsdauer [h/Jahr]

darstellen. Die Leitungsverluste bestehen aus den Wirkverlusten,
die von der Höhe der Belastung abhängig sind und aus den Strahlungs-
und Ableitungsverlusten, die von der Belastung unabhängig sind
und nur durch den Leitungsdurchmesser, die Güte der Isolierung
und die Witterungsverhältnisse beeinflußt werden. Die *Strahlungs-*
und *Ableitungs*verluste werden üblicherweise in kW/km angegeben.
Ihre Jahreswerte sind

$$8760 \cdot v_s \ [\text{kWh/km} \cdot \text{Jahr}],$$

wenn v_s einen Mittelwert bedeutet, der dem klimatologischen Ablauf
des Jahres Rechnung trägt. Die *Wirk*verluste lassen sich wie folgt
errechnen: Ist

U die verkettete Spannung [kV],
I die Stromstärke [Amp],
$\cos \varphi$ der Leistungsfaktor,
r_0 der Wirkwiderstand [Ω/km],

so betragen die Verluste bei Höchstbelastung für eine Doppelleitung
— und auf solche wollen wir unsere Betrachtungen beziehen —

$$\frac{6 \cdot I^2 \cdot r_0}{1000} \ [\text{kW/km}].$$

Mit

$$N_h = 2 \cdot \sqrt{3} \cdot U \cdot I \cdot \cos \varphi \quad [kW]$$

wird

$$I = \frac{N_h}{2\sqrt{3} \cdot U \cdot \cos \varphi} \quad [Amp.]$$

Die Wirkverluste bei höchster Belastung betragen somit

$$\frac{N_h^2 \cdot r_0}{2000 \cdot U^2 \cdot \cos^2 \varphi} \quad [kW/km].$$

Um eine Beziehung zwischen den Verlusten bei Höchstlast [kW] und den Jahreswirkverlusten [kWh], die sich aus dem veränderlichen Belastungsverlauf ergeben, herzustellen, führen wir wieder den Verlustfaktor δ_L ein, der hier als Quotient

$$\delta_L = \frac{\text{Jahreswirkverluste [kWh]}}{\text{Wirkverluste bei Höchstleistung [kW.]} \cdot 8760}$$

definiert wird. Die Jahreswirkverluste stellen sich somit auf

$$\frac{8760 \cdot \delta_L \cdot N_h^2 \cdot r_0}{2000 \cdot U^2 \cdot \cos^2 \varphi} = 4,38 \cdot \delta_L \cdot \frac{N_h^2 \cdot r_0}{U^2 \cdot \cos^2 \varphi} \quad [kWh/km \cdot Jahr].$$

Die Gesamtverluste der Leitung werden demnach

$$V_L = 8760 \left[v_s + \frac{\delta_L \cdot N_h^2 \cdot r_0}{2000 \cdot U^2 \cdot \cos^2 \varphi} \right] \quad [kWh/km \cdot Jahr].$$

Unter Berücksichtigung dieser Ausdrücke erhält man dann

$$k_L = \left[\frac{100 \cdot a_L \cdot a_L}{N_h} + \frac{8760}{N_h} \cdot k_1 \left(v_s + \frac{\delta_L \cdot N_h^2 \cdot r_0}{2000 \cdot U^2 \cdot \cos^2 \varphi} \right) \right] \frac{L}{t} \quad [g/kWh],$$

$$k_L = \left(\frac{100 \cdot a_L \cdot a_L + 8760 \cdot v_s \cdot k_1}{N_h} + \frac{4,38 \cdot k_1 \cdot \delta_L \cdot r_0}{U^2 \cdot \cos^2 \varphi} \cdot N_h \right) \frac{L}{t} \quad [g/kWh]. \quad (31)$$

Dies ist die Formel für die Leitungskosten je übertragene kWh. Sie besteht aus zwei Gliedern, wovon das eine der höchsten Übertragungsleistung direkt, das andere verkehrt proportional ist. Für eine bestimmte Leitung und gegebene Erzeugungskosten k_1 wird das erste Glied mit steigendem N_h kleiner, das zweite größer. Man erhält also bei einer bestimmten Leistung ein Kostenminimum (Abb. 80). Diese wirtschaftlichste Übertragungsleistung $N_{h\,opt}$ kann aus der Formel (31) in einfacher Weise ermittelt werden, wenn man

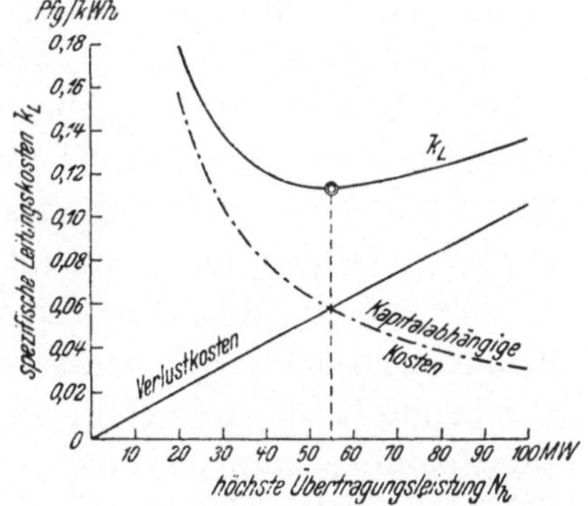

Abb. 80. Wirtschaftlichste Belastung einer 110 kV-Doppelleitung Stahl-Alu 150.
L = 100 km; t = 6000 h; Strompreis ab Werk k = 1,5; $\cos \varphi$ = 0,9.

k_L nach N_h differenziert und den Differentialquotienten = 0 setzt.

14*

$$\frac{d\,k_L}{d\,N_h} = -\frac{L}{t} \cdot \frac{100 \cdot a_L \cdot a_L + 8760 \cdot v_s \cdot k_1}{N_h{}^2} + \frac{L}{t} \cdot \frac{4,38 \cdot k_1 \cdot \delta_L\, r_0}{U^2 \cdot \cos^2 \varphi} = 0.$$

Löst man diese Gleichung auf, so wird

$$N_{h\,opt} = U \cdot \cos \varphi \sqrt{\frac{1}{\delta_L \cdot r_0} \left(22,7\,\frac{a_L \cdot a_L}{k_1} + 2000\,v_s\right)} \quad [\text{kW}]. \qquad (32)$$

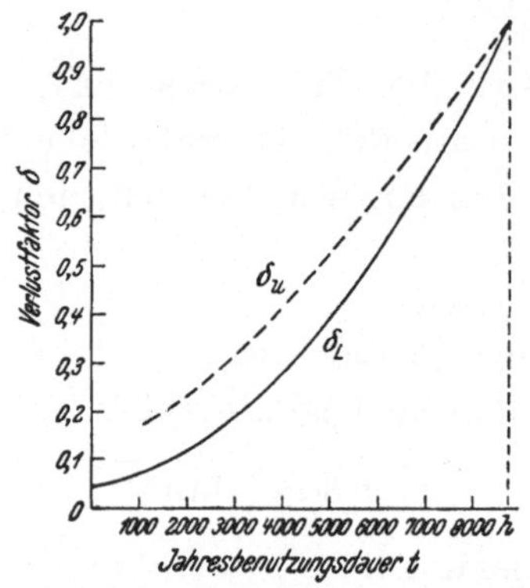

Abb. 81. Verlustfaktoren δ_L für Freileitungen und δ_u für Umspannwerke in Abhängigkeit von der Jahresbenutzungsdauer t [nach *Musil* (12)].

Die wirtschaftlichste Übertragungsleistung ist demnach proportional der Spannung und dem Leistungsfaktor; die Benutzungsdauer wirkt sich in den Erzeugungskosten k_1 und im Verlustfaktor δ_L aus. Der Verlustfaktor δ_L ist eine Funktion der Jahresbenutzungsdauer und damit vom Verlauf der Belastungskurve abhängig. In einer früheren Arbeit des Verfassers (12) wurden an Hand von durchschnittlichen Jahresdauerlinien für die verschiedenen Benutzungsdauern mittlere Verlustfaktoren ermittelt. Die Ergebnisse dieser Untersuchung sind in Abb. 81 wiedergegeben. Man sieht, daß die Jahresverluste bei kleinen Benutzungsdauern stark abnehmen, so daß die mit Verringerung der Benutzungsdauer anwachsenden Erzeugungskosten k_1 durch den Einfluß von δ_L wieder ausgeglichen werden.

Es interessiert nun, in welcher Größenordnung die wirtschaftlichsten Leistungen $N_{h\,opt}$ liegen. Um darüber einen Überblick zu erhalten, wurde die Formel (32) für verschiedene Spannungen und Querschnitte ausgewertet. Als Spannungsstufen wurden 30,60 und 110 kV, als Leitungsquerschnitte die genormten Größen zwischen 50 und 240 gewählt. Für die zugehörigen Anlagekosten a_L standen Erfahrungszahlen von deutschen Hochspannungsleitungen und vergleichende Kostenaufstellungen zur Verfügung. Da eine Umrechnung auf Schilling mangels eines einwandfreien Wertmaßstabes nur zu Fehlern Anlaß geben kann, erfolgte die Berechnung in RM. Um auch den Einfluß der Benutzungsdauer zu erfassen, wurden die Untersuchungen für t = 4000 und 6000 h durchgeführt. Dementsprechend wurden die Erzeugungskosten k_1 zu 1,5 Pf/kWh bei 6000 Benutzungsstunden und zu 2,1 Pf/kWh bei 4000 Benutzungsstunden gewählt. Weitere Festlegungen bezogen sich auf den Jahresfaktor α_L, der mit 0,09 angenommen und auf den Leistungsfaktor, der $\cos \varphi = 1$ gewählt worden ist. In Abb. 82 sind nun die so errechneten wirtschaftlichsten Übertragungsleistungen $N_{h\,opt}$ in Abhängigkeit vom Leitungsquerschnitt und von der Spannungsstufe aufgetragen. Man sieht, daß der Einfluß der Spannungserhöhung den der Querschnittsvergrößerung überwiegt. Bei kleineren Benutzungsdauern ist die wirtschaftlichste Übertragungsleistung höher, da die Verlustkosten gegenüber den kapitalabhängigen stärker zurücktreten. Wertet man die Formel (31) für k_L durch Einsetzen

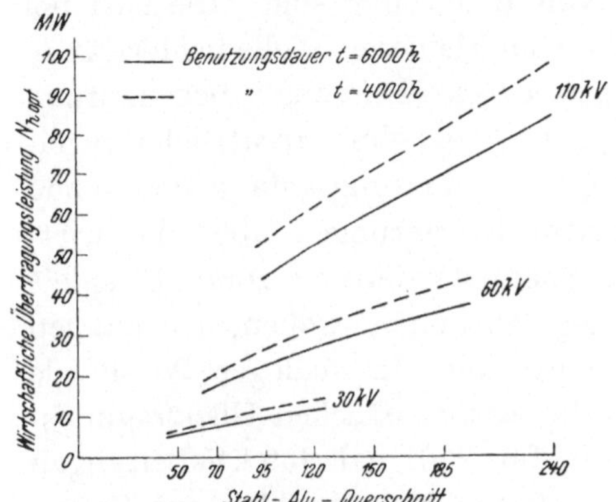

Abb. 82. Wirtschaftliche Übertragungsleistungen von Doppelleitungen: k = 1,5 bei t = 6000 h; k = 2,1 bei t = 4000 h, $\cos \varphi = 1$.

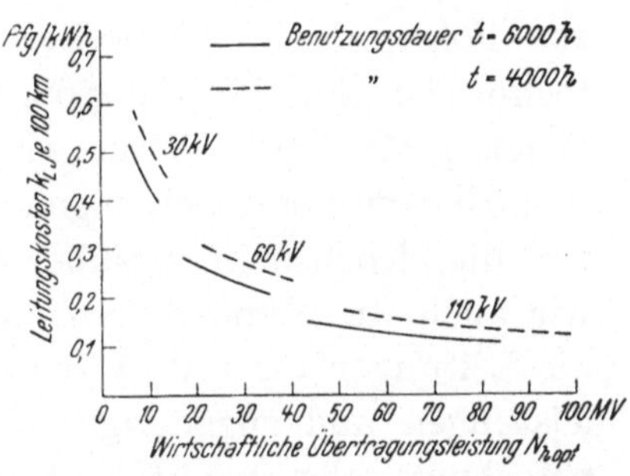

Abb. 83. Leitungskosten k_L, bezogen auf die wirtschaftliche Übertragungsleistung und 100 km Leitungslänge für Doppelleitungen, $\cos \varphi = 1$ angenommen.

von $N_h = N_{h\,opt}$ aus, so erhält man die in Abb. 83 dargestellten Leitungskosten/kWh. Dabei wurde die Übertragungslänge einheitlich mit $L = 100$ km angenommen, für größere oder kleinere Übertragungsweiten genügt eine verhältnisgleiche Umrechnung. Wäre der Leistungsfaktor von 1 abweichend, so erhält man die zugehörigen wirtschaftlichsten Übertragungsleistungen durch Multiplikation der Zahlen der Abb. 82 mit dem entsprechenden Leistungsfaktor, die Leitungskosten, indem man die Werte der Abb. 83 durch $\cos \varphi$ dividiert.

Neben den in den Abb. 82 und 83 berücksichtigten Spannungsstufen hat im letzten Jahrzehnt die Spannung von 220 kV für die Energieabfuhr aus leistungsstarken Erzeugungszentren gesteigerte Anwendung gefunden, auch 400 kV-Übertragungen sind bereits gebaut, andere ausführungsreif projektiert worden. Während man bei 220 kV Volleiter verwendet, wird bei 400 kV das Hohlseil bevorzugt, um Strahlungsverluste möglichst klein zu halten. In den letzten

Jahren wurden die in der Literatur mehrfach behandelten, sogenannten *„Bündelleitungen"* für Höchstspannungsübertragungen einer Reihe von Planungen zugrunde gelegt (32). Es handelt sich dabei um ein Übertragungssystem, bei dem die einzelnen Phasen aus mehreren Leitern bestehen, die symmetrisch um eine Achse angeordnet sind und in gleichen Abständen voneinander gehalten werden. Diese Anordnung hat den Vorteil, daß die Koronaverluste niedriger werden, die, abgesehen von ihrem Einfluß auf den Wirkungsgrad, für die Erdschlußlöschung von Bedeutung sind. Die sich bei dieser Leitungskonstruktion ergebenden kleineren Wellenwiderstände haben außerdem eine höhere *„natürliche* Leistung" der Leitung zur Folge, das ist jene Leistung, bei der ohne zusätzliche regeltechnische Eingriffe die Spannungen am Leitungsanfang und -ende gleich groß sind. Wenn wir unsere Erörterungen über die wirtschaftlichen Voraussetzungen der Energiefortleitung durch Beispiele für die Hochspannungsübertragung abrunden wollen, so müssen wir auch die Bündelleitungen einbeziehen. In analoger Weise wie die Leitungen für 110 kV wurden die wirtschaftlichen Übertragungsleistungen und zugehörigen Kosten für 220 und 400 kV-Leitungen berechnet. Für 220 kV-Leitungen wurden Kostenzahlen auf Grund bei normalen Geländeverhältnissen ausgeführter Anlagen in Deutschland, für 400 kV Drehstromübertragungen Ziffern aus Projekten eingesetzt, die allerdings an der unteren Grenze liegen dürften. Die interessierenden Zahlen sind für eine Benutzungsdauer von 6000 h in der nachstehenden Tabelle zusammengestellt:

Spannung kV	220		400	
Leitungsausführung	normal	Bündel-leitung	normal	Bündel-leitung
natürliche Leistung MW............	258	356	840	1270
wirtschaftlichste Leistung MW	276	380	1160	1460
Leitungskosten Pf/kWh · 100 km....	0,0623	0,0578	0,0378	0,0337
Leitungskosten bei natürlicher Leistung Pf/kWh · 100 km	0,0626	0,0580	0,0398	0,0340

Man sieht, daß die nach obiger Formel errechnete wirtschaftlichste Übertragungsleistung durchwegs größer ist als die natürliche Leistung. Dieses Ergebnis ist praktisch insofern nicht ganz zutreffend, als der Aufwand für die Kompensationsmittel zur Spannungshaltung nicht berücksichtigt ist. Eingehende Studien über die Wirtschaftlichkeit von Höchstspannungsübertragungen haben gezeigt, daß die Notwendigkeit einer kapazitiven Kompensation die wirtschaftlichste

Übertragungsleistung auf die natürliche zurückführt. Man wird daher bei Höchstspannungsfreileitungen die Übertragungsleistung mit der natürlichen begrenzen, eher aus Stabilitätsgründen etwas darunter bleiben. In der Tabelle wurden die Leitungskosten auch für die Übertragung der natürlichen Leistung berechnet. Es zeigt sich, daß die Bündelleitungen bei 400 kV eine Ersparnis von rund 15% bringen, bei 220 kV geht sie auf knapp die Hälfte zurück. Man wird Bündelleitungen, deren Montage etwas schwieriger ist, in erster Linie bei 400 kV-Übertragungen anwenden, um dadurch auch das Hohlseil zu ersetzen.

Nach diesen Erörterungen über die Leitungskosten k_L wollen wir uns nun dem zweiten Kostenglied, den Kosten k_U für die *Auf- und Abspannung* zuwenden. Wir bezeichnen mit

a_U die spezifischen Anlagekosten eines Umspannwerkes [S/kVA],

α_U den Jahresfaktor,

z die Anzahl der Umspannwerke,

δ_U den Verlustfaktor $= \dfrac{\text{Jahresverluste [kWh]}}{\text{Verluste bei Höchstbelastung [kW]} \cdot 8760}$,

V_U die Verluste bei höchster Belastung [kW],

η_{U0} Wirkungsgrad einer Umspannanlage bei höchster Belastung.

Wir können dann für die Jahreskosten der Umspannwerke einer Übertragungsanlage folgenden, zwar nicht ganz korrekten, aber für den praktischen Gebrauch hinreichend genauen Ansatz machen:

$$K_U = \alpha_U \cdot a_U \cdot z \cdot \frac{N_h}{\cos\varphi} + \frac{8760 \cdot \delta_U \cdot V_U \cdot k_1 \cdot z}{100}\ ^1 \quad [\text{S/Jahr}],$$

$$k_U = \frac{100\,K_U}{E} = \frac{100\,K_U}{N_h \cdot t} =$$

$$= \left(\frac{100 \cdot a_U \cdot a_U}{t \cdot \cos\varphi} + \frac{8760 \cdot \delta_U \cdot k_1}{t} \cdot \frac{V_U}{N_h} \right) z \quad [\text{g/kWh}],$$

$$\frac{V_U}{N_h} = \frac{N_{h1} - N_h}{N_h} = \frac{1}{\eta_{U0}} - 1 = \frac{1 - \eta_{U0}}{\eta_{U0}},$$

$$k_U = \left(\frac{100 \cdot a_U \cdot a_U}{\cos\varphi} + 8760 \cdot \delta_U \cdot k_1 \cdot \frac{1 - \eta_{U0}}{\eta_{U0}} \right) \cdot \frac{z}{t} \quad [\text{g/kWh}]. \quad (33)$$

Der Verlustfaktor δ_U wurde in gleicher Weise wie δ_L ermittelt. Eine Mittelkurve für δ_U in Abhängigkeit von der Benutzungsdauer t ist in Abb. 81 dargestellt. Die Gesamtkosten $k_ü$ betragen:

$$k_ü = \left(\frac{100 \cdot a_L \cdot a_L + 8760 \cdot v_s \cdot k_1}{N_h} + \frac{4{,}38 \cdot k_1 \cdot \delta_L \cdot r_0 \cdot N_h}{U^2 \cdot \cos^2\varphi} \right) \frac{L}{t} +$$

$$+ \left(\frac{100 \cdot a_U \cdot a_U}{\cos\varphi} + 8760 \cdot \delta_U \cdot k_1 \frac{1 - \eta_{U0}}{\eta_{U0}} \right) \frac{z}{t} \quad [\text{g/kWh}]. \quad (34)$$

---

¹ Dabei ist die vereinfachende Annahme zugrundegelegt worden, daß alle Umspannwerke gleich groß sind und dieselben Kosten verursachen.

Beziehen wir die Kosten auf 1 kW-Jahr, so lautet die Formel:

$$k_{\ddot{u}0} = \frac{k_{\ddot{u}} \cdot t}{100} = \left(\frac{a_L \cdot a_L + 87,6\, v_S \cdot k_1}{N_h} + \frac{4,38 \cdot k_1 \cdot \delta_L \cdot r_0}{100 \cdot U^2 \cdot \cos^2 \varphi} \right) L +$$
$$+ \left(\frac{a_U \cdot a_U}{\cos \varphi} + 87,6 \cdot \delta_U \cdot k_1 \cdot \frac{1 - \eta_{U0}}{\eta_{U0}} \right) \cdot z \quad [\text{S/kW} \cdot \text{Jahr}]. \quad (34\,a)$$

Wir wollen an Hand dieser Formel zwei Beispiele berechnen und uns ein Bild machen, wie sich die Übertragungskosten $k_{\ddot{u}}$ ändern, wenn eine für eine Höchstleistung $N_{h\,opt}$ ausgelegte Übertragungsanlage mit abweichenden Benutzungsdauern betrieben wird. Die gemachten Annahmen sind folgende:

| Spannung kV | N_h kW | Leitung $a_L = 0,09$ | | | | Umspannung $a_U = 0,11$ | | |
		L km	a_L RM/km	v_S kW/km	r_0 Ω/km	z	a_U RM/kVA	η_{U0}[1]
110	70 000	100	23 600	0,4	0,16	1	15	0,98
220	250 000	600	50 000	5	0,095	5	18	0,975

Bei 110 kV-Leitungen sind die Kosten für die Aufspannung bereits beim Kraftwerk berücksichtigt. Bei der 220 kV-Anlage ist die Umspannung zwischen 110 und 220 kV durchzuführen, als Stationsabstand wurden im Hinblick auf die Stabilität der Übertragung 250 km angenommen. Für die Bestimmung von k_1 wurde ein Braunkohlenkraftwerk mit folgender Charakteristik zugrunde gelegt:

$$k_1 = 100 \cdot \frac{60}{t} + 0,8 \quad [\text{Pfg/kWh}].$$

Die Berechnungsergebnisse sind in Abb. 84 dargestellt. Die Kosten $k_{\ddot{u}0}$ verlaufen bei höheren Benutzungsdauern als schräge Gerade und weisen bei 2000—3000 Benutzungsstunden ein Minimum auf. Darunter überwiegt der Anstieg der Erzeugungskosten k_1 gegenüber der Abnahme der Verlustfaktoren δ_L und δ_U, so daß die Übertragungskosten wieder größer werden. Die Kurven zeigen aber auch, daß die Kosten einer 220 kV-Übertragung über 600 km, welche Entfernung den Übertragungsweiten der bestehenden 220 kV-Leitungen zwischen den süddeutschen Wasserkräften und den kalorischen Anlagen Westdeutschlands entspricht, in der

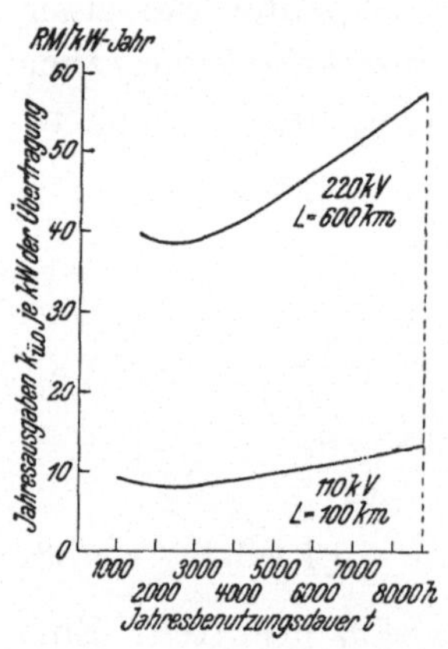

Abb. 84. Beispiele für die Abhängigkeit der jährlichen Übertragungskosten $k_{\ddot{u}0}$ von der Benutzungsdauer.

den 220 kV-Leitungen zwischen den süddeutschen Wasserkräften und den kalorischen Anlagen Westdeutschlands entspricht, in der

---

[1] Unter Berücksichtigung des Eigenbedarfes.

Größenordnung etwa die Hälfte der Erzeugungskosten von Braunkohlenstrom ausmachen.

Wie schon vorhin erwähnt, haben infolge des immer weiter um sich greifenden betrieblichen Zusammenschlusses von Versorgungsgebieten, der Vergrößerung der Leistung der Erzeugungsanlagen und eines stärkeren Anteiles der auf Rohenergiebasis stehenden Kraftwerke, die Höchstspannungsübertragungen mit Spannungen von 220 kV und mehr erhöhte Bedeutung gewonnen. Die in den letzten Jahren durchgeführten Planungen beschränkten sich nicht nur auf 220 kV- und 400 kV- Drehstromübertragungen, sondern befaßten sich auch mit der Möglichkeit, höchstgespannten *Gleichstrom* für den Transport größerer Leistungen über weite Strecken zu verwenden. Versuchsanlagen sollten die noch offenen technischen Probleme klären. Im Hinblick auf diese Entwicklung der Elektrizitätsversorgung zu immer größeren Netzgebilden erscheint es notwendig, sich im Rahmen einer Betrachtung über die Fortleitungskosten auch näher mit der wirtschaftlichen Seite von Höchstspannungsübertragungen unter Einschluß des Gleichstromsystems zu befassen. Es interessiert dabei die Frage, wie sich die Kosten in Abhängigkeit von der *Leitungslänge* verhalten. Wir wollen daher versuchen, uns an Hand eines zahlenmäßigen Vergleiches ein Bild darüber zu machen. Während für 220 kV-Drehstromübertragungen Erfahrungswerte über die die Gestehungskosten beeinflussenden Faktoren vorliegen, ist man bei 400 kV-Drehstromleitungen auf Projektsunterlagen, bei 400kV-Gleichstromübertragungen aber nur auf Schätzungen unter Zugrundelegung verschiedener Studien angewiesen. Dies gilt sowohl für die Anlagekosten als auch für die Koronaverluste. Über diese liegen nur spärliche Anhalte vor. Nach Veröffentlichungen (33) sind sie bei diesen hohen Spannungen niedriger als bei Wechselstrom. Sie wurden mit 12 kW/km Doppelleitung gegenüber 15 kW/km bei 400 kV Drehstrom angenommen. Eine weitere Festlegung ist hinsichtlich der Abstände der Umspannwerke zu treffen. Gehen wir zunächst von ihrer Funktion als Spannungsstützpunkte aus und wählen die Entfernungen so, wie sie zur Aufrechterhaltung der Stabilität der Leistungsübertragung maximal zulässig erscheinen, so ergeben sich folgende Stationsabstände:

110	220	400	kV-Drehstrom
70—100 im Mittel 85	150	300	km

Für Gleichstromübertragungen ist der Stationsabstand von der technischen Seite her keinen Einschränkungen unterworfen und könnte beliebig gewählt werden. Um die Darstellung durch zuviele veränderliche Größen nicht zu verwickelt zu machen, sei von einer Jahresbenutzungsdauer $t = 5500$ h und einem Strompreis am Leitungsanfang von $k_1 = 1{,}6$ Pf/kWh ausgegangen. Es möge wieder gestattet sein, die Berechnungen in Reichsmarkwährung durchzuführen, da die zur Verfügung stehenden Kostenunterlagen auf diese bezogen sind. In Abb. 85 sind die Ergebnisse einer vergleichenden Unter-

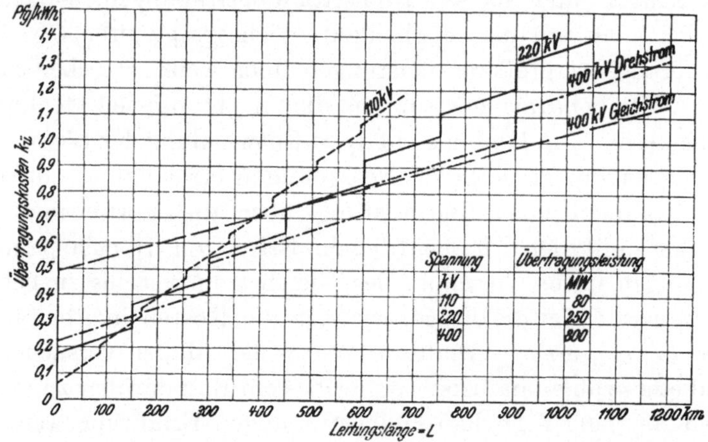

Abb. 85. Übertragungskosten in Abhängigkeit von der Übertragungslänge, Benutzungsdauer = 5500 h. Stromkosten $k_0 = 1{,}6$ Pf/kWh.

suchung dargestellt. Wenn auch in praktischen Fällen infolge der verschiedenartigen Geländeverhältnisse und Netzbedingungen die absoluten Werte nach der einen oder anderen Seite abweichen werden, so ergibt das Diagramm doch einen anschaulichen Überblick. Man sieht, daß die Übertragung mit 220 kV bei etwa 200 bis 250 km der mit 110 kV kostengleich ist, während die Übertragung mit 400 kV Drehstrom über etwa 300 km der mit 220 kV überlegen wird. Die 400 kV-Gleichstromübertragung führt offenbar erst bei großen Übertragungsentfernungen *ohne* Zwischenstationen zu Ersparnissen, wobei man bei der Beurteilung des Schaubildes allerdings die Unsicherheit in der Erfassung der Kosten der Umrichterstationen berücksichtigen muß.

Die Stationsabstände sind aber nicht nur durch die Stabilität der Leitungen, sondern auch durch die Dichte der Verbrauchsschwerpunkte bedingt. Nach der Formel (34) für die Übertragungskosten $k_\ddot{u}$ ist der Leitungsanteil im wesentlichen von der Leitungslänge L, der Stationsanteil von der Zahl z der Umspannwerke abhängig. Das Verhältnis L/z, das ist der mittlere Stationsabstand, wird also sehr starken Einfluß auf die Höhe der gesamten Übertragungskosten $k_{ü}$ ausüben, zumal mit steigender Spannung die Kosten der Umspannwerke immer mehr überwiegen. Es entsteht daher die Frage: Wie wirkt sich die Zahl der Zwischenstützpunkte auf die Kosten aus (34)? In Abb. 86 wurde unter Zugrundelegung derselben Ausgangswerte wie für Abb. 85 die Abhängigkeit der Übertragungskosten von der Anzahl der Leitungsabschnitte für eine gesamte Transportstrecke von L = = 600 km eingetragen. Nach unten ist die Stationszahl durch die Stabilität der Leitungen begrenzt (hervorgehobene Punkte). Vergleicht man die 220 kV- mit der 440 kV-Über-

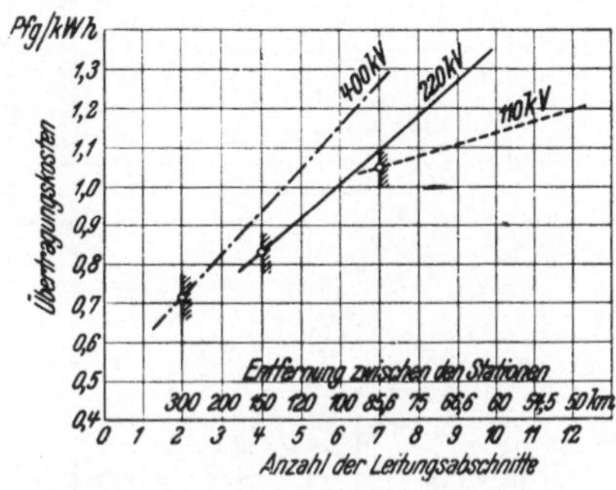

Abb. 86. Einfluß der Anzahl der Zwischenstationen auf die Übertragungskosten von Drehstromleitungen.

tragung, so sieht man, daß die 400 kV-Übertragung bei drei Leitungsabschnitten teurer als die Fortleitung mit 220 kV wird. Sind also in kleineren Abständen 110 kV-Leitungen an eine solche Übertragung anzuschließen, so ist es wirtschaftlich richtiger, mehrere 220 kV-Leitungen statt einer 400 kV-Leitung zu bauen. Dies wird in Gebieten mit hoher Verbrauchsdichte und stark vermaschten Netzen der Fall sein. Wirtschaftlich gesehen, kann sich eine 400 kV-Leitung mit ihrer großen Leistungsfähigkeit in solchen Fällen erst als Hochleistungsübertragung 220 kV-Systemen überlagern, um in deren ausgeprägte Stützpunkte einzuspeisen. Dies gilt in noch stärkerem Maße für die Fortleitung mit hochgespanntem Gleichstrom, die in diesem Diagramm nicht berücksichtigt zu werden brauchte, da ihr Anwendungsbereich bereits klar aus der Abb. 85 hervorgeht. Sie ist die typische Übertragungsform für große Leistungen auf weite Strecken *ohne* Zwischenstationen.

Die Wirtschaftlichkeit von 400 kV-Übertragungen wird nicht nur durch die Zahl der Zwischenstationen, sondern auch durch die sogenannte *„wirtschaftliche Anlaufzeit"* beeinflußt, das ist die Anzahl von Jahren, in der mit steigender Belastung die volle Übertragungsleistung erreicht wird. Die Abb. 87 ist als Versuch zu werten, die Auswirkung der Anlaufzeit auf die Kosten zu veranschaulichen. Es wurden zwei extreme Fälle als Beispiele zugrundegelegt, und zwar soll die volle Leistung einer 400 kV-Anlage von 800 MW das einemal in zwei Jahren, das anderemal erst in zehn Jahren nach ihrer Fertigstellung erreicht werden. Mit ihnen wird der Bau von drei 220 kV-Leitungen verglichen, mit denen man auf 750 MW, also auf ungefähr dieselbe Leistungsgröße käme, deren Errichtung man aber entsprechend dem Belastungszuwachs zeitlich staffeln könnte. Für die beiden Belastungsfälle sind nun sowohl für die 400 kV-Leitung als auch für die 220 kV-Systeme, die in den Jahren der wirtschaftlichen Anlaufzeit anfallenden Übertragungskosten dargestellt. Die Mehr- oder Minderanlagekosten der 400 kV-Leitung sind durch verschiedene Schraffur hervorgehoben. Man erkennt, daß bei einer Anlaufzeit von zwei Jahren die Mehrkosten während dieser durch die Minder-

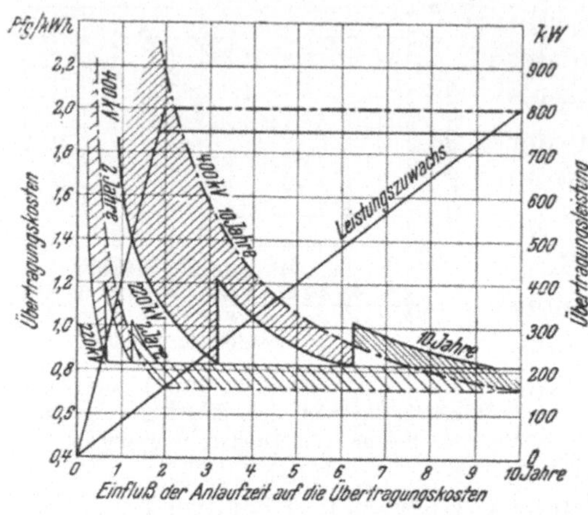

Abb. 87. Vergleich der Kosten von 220 kV- und 400 kV-Drehstrom-Übertragungen. Benutzungsdauer 5000 h. Stromkosten $k_0 = 1,6$ Pf/kWh, Leitungslänge $L = 600$ km.

kosten nach Erreichen der vollen Leistung aufgewogen werden. Bei der Anlaufzeit von zehn Jahren überwiegen die durch die länger dauernde ungünstige Belastung entstehenden Mehrkosten. Bei der Entscheidung, ob man eine Hochleistungsübertragung mit 400 kV oder an deren Stelle mehrere hintereinander auszubauende 220 kV-Systeme wählt, ist also neben dem verbrauchsbedingten Stationsabstand auch die voraussichtliche wirtschaftliche Anlaufzeit der Leitung zu berücksichtigen. Hochleistungsübertragungen mit 400 kV bedingen ein sehr rasches Hineinwachsen der Übertragungsleistung in die Leistungsfähigkeit der Leitung. Diese Erkenntnisse sind für die Gestaltung und den Entwurf von großen ausgedehnten Versorgungsnetzen von grundsätzlicher Bedeutung.

36. Die Verbundwirtschaft in der Elektrizitätsversorgung.

Wenn wir heute auf die Entwicklung der Elektrizitätsversorgung in den beiden letzten Jahrzehnten zurückblicken, so stellen wir als eines der hervorstechendsten Merkmale im Zuge einer rasch zunehmenden Elektrifizierung eine immer engere Vermaschung der Übertragungsanlagen fest. Zunächst waren isoliert arbeitende Werke mit ihren Verteilnetzen der Anfang der sich bildenden Versorgungssysteme; sie wurden mit wachsendem Bedarf, der die Leistungsfähigkeit und Ausbaumöglichkeit dieser ersten Anlagen überstieg, durch ein zweites Kraftwerk ergänzt, das in Auslegung und Aufbau bereits den inzwischen erzielten technischen Fortschritten Rechnung

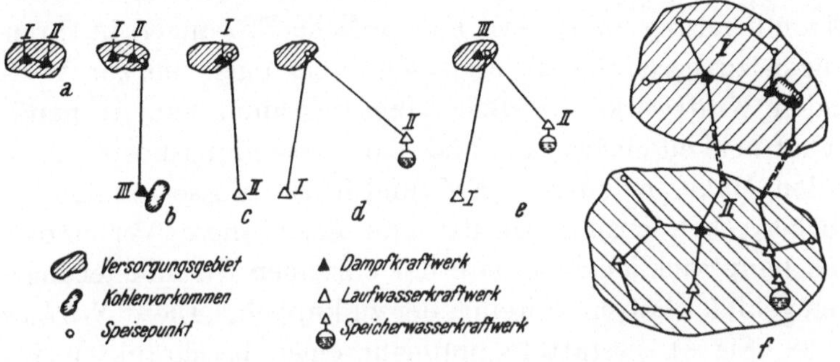

Abb. 88. Schematische Darstellung der Grundfälle des Verbundbetriebes.

trug. Die ältere, unwirtschaftlich arbeitende Anlage übernahm dann den oberen Teil des Belastungsdiagramms (*Spitzenkraftwerk*), während die neuzeitliche Anlage mit besserem Brennstoffverbrauch im unteren Teil des Belastungsdiagramms mit hoher Benutzungsdauer als sogenanntes *Grundlastwerk* eingesetzt wurde (Abb. 88, Fig. a). Wir haben hier bereits die einfachste Form des *Verbundbetriebes* vorliegen, der eine Zusammenarbeit der zwei Kraftwerke entsprechend ihrer Kostenkennlinien mit dem Ziele bezweckt, daß, auf die Hauptabgabepunkte bezogen, die resultierenden durchschnittlichen Gestehungskosten der elektrischen Energie ein Minimum werden. Die technische Vervollkommnung der Fernübertragung, die eine größere Betriebssicherheit verspricht, führte vielfach dazu, diese *örtliche* Versorgung durch eine Fernversorgung aus standortgebundenen Kraftwerken, die in wirtschaftlich tragbarer Entfernung liegen, zu ergänzen, wobei es sich sowohl um Wärmekraftwerke auf Braunkohle (Abb. 88, Fig. b), die wegen ihres schlechten Heizwertes nicht transportfähig ist, oder um Wasserkraftanlagen handelte (Fig. c). In Wasserkraftgebieten ergab sich in vielen Fällen ein Verbundbetrieb zwischen Wasserkraftwerken untereinander, wobei das eine Werk ein Laufkraftwerk, das andere eine Jahresspeicheranlage ist (Fig. d) oder eine Ausweitung eines solchen Grundsystems durch Hinzufügung eines örtlichen Wärmekraftwerkes, das als Zusatzwerk dient (Dampf- oder Dieselkraftwerk, Fig. e). Auf diese Weise entstanden die ersten Übertragungen auf dem Spannungsniveau 90 bis 120 kV, die als Grundsteine für den weiteren Ausbau der eigentlichen Hochspannungsnetze angesehen werden können. Der Errichtung dieser Netze, in denen nicht nur die Kraftwerke mit den Verbrauchsschwerpunkten sondern auch untereinander verbunden wurden (Fig. f, System I oder System II), lag die Absicht zugrunde, einerseits die Stetigkeit der Stromlieferung zu sichern und örtliche Störungen in ihren Auswirkungen zu beschränken, anderseits aber auch die zur Verfügung stehenden Kraftwerke im Belastungsdiagramm entsprechend ihrer Wirtschaftlichkeit einzusetzen und so die Gestehungskosten zu senken.

In dem Maße, in dem man Erd- und Kurzschlüsse und den Energiefluß beherrschen lernte, schritt man dazu, diese Verbundsysteme die sich hauptsächlich innerhalb der einzelnen Stromlieferungsunternehmen gebildet hatten, miteinander zu kuppeln. Diese *Netzkupplung* (Abb. 88, Fig. f), gestattete nunmehr einen beschränkten Energieaustausch zwischen benachbarten Versorgungsunternehmen, um Überschußleistungen aus Wasserkraftwerken verwerten, umgekehrt Mangelleistungen decken, sich aber auch bei Störungen gegenseitig aushelfen und die Gesamtreserve verringern zu können. Es bildeten sich zusammenhängende Hochspannungsnetze über weite Gebiete, die der Lastverteilung unter Zuhilfenahme der hochentwickelten Fernmeß-, Fernsteuer- und Nachrichtentechnik ziemliche Bewegungsfreiheit gaben.

Im ersten Abschnitt wurde bereits geschildert, wie der zunehmende Energieverbrauch zur Forderung nach sparsamster Ausnutzung der Brennstoffe und zu einer stärkeren Heranziehung der sich ständig erneuernden Energiequellen führte. Die chemische Aufschließung der Kohle, die eine viel weitgehendere Separation notwendig machte, stellte die Elektrizitätserzeugung überdies vor die Aufgabe, die anfallenden, minderwertigen ballastreichen Kohlen, die für andere Zwecke als die Kesselfeuerung nicht verwendbar sind, nutzbar zu machen. Die Abdrängung der kalorischen Stromerzeugung auf diese ballastreichen Kohlen beeinflußte wegen der wirtschaftlichen Untragbarkeit ihres Transportes auch die *Standortfrage* bei den Dampfkraftwerken. Wenn wir die Entwicklung im letzten Jahrzehnt verfolgen, so zeigt sich eine Verlagerung der Wärmestromerzeugung nach den Gewinnungsstätten der Kohle hin. Aus brennstoffwirtschaftlichen Gründen wurde ein Großteil der kalorischen Stromerzeugung standortgebunden, so daß sich für sie in dieser Hinsicht ähnliche Probleme ergeben wie bei der Ausnutzung der Wasserkräfte.

Die verstärkte Verfeuerung von minderwertigen Brennstoffen in grubennahen Kraftwerken einerseits und die Forderung, die anfallende Wasserkraftenergie möglichst weitgehend auszunutzen anderseits, führte zwangsläufig zu einer räumlichen Ausweitung der energiewirtschaftlich als Einheit anzusehenden Netzsysteme, die über den bezirklichen Rahmen hinausging und überregionalen Charakter annahm. Ihre Ausdehnung ist bedingt sowohl durch die geographische Verteilung der Energiequellen, zwischen deren Leistungsanfall ein Ausgleich geschaffen werden soll, als auch durch deren Lage gegenüber den Verbrauchszentren. Für die Aufgaben einer solchen überregionalen Verbundwirtschaft reichte allerdings das Spannungsniveau von 110 kV nicht mehr aus. Man mußte auf den Bereich zwischen 200 und 250 kV bzw. sogar auf 400 kV übergehen. Wie bereits im vorhergehenden Abschnitt erwähnt, waren bei Kriegsende 220 kV-Leitungen in verschiedenen Ländern in Betrieb, 400 kV-Übertragungen waren ausführungsreif projektiert. In einem solchen, größere Räume erfassenden Verbundsystem, das, ohne einem bestimmten Vorbild zu entsprechen, in Abb. 89 schematisch dargestellt ist, sind die einzelnen Kraftwerke über 110 kV-Leitungen miteinander gekuppelt und an das Verbundnetz angeschlossen. Der Leistungsfluß aus einzelnen Kraftwerksgruppen wird in 110/220 kV-Umspannwerken zusammengefaßt, um den Abtransport größerer, im näheren Versorgungsbereich nicht absetzbarer Energiemengen nach ferneren Verbrauchszentren zu ermöglichen. Die 220 kV-Leitungen verbinden die Wasserkraftgruppen mit den grubennahen Braunkohlen- und Steinkohlenkraftwerken und den großen Verbrauchsschwerpunkten, in denen die Energie wieder in die 110 kV-Netze eingespeist wird. Sie dienen gleichzeitig dem Ausgleich zwischen den Dampf- und Wasserkraftwerken und den Braun- und Steinkohlenkraftwerken, bzw. den Lauf- und Speicherwasserkraftwerken untereinander. In den Verbrauchsschwerpunkten errichtete Dampfkraftwerke, denen hochwertigere Kohle zugeführt wird, ergänzen die standortgebundenen Erzeugungsanlagen. Sind so große Wasserkraftleistungen über den regionalen Bedarf hinaus überschüssig, daß eine Hochleistungsübertragung berechtigt ist, so überlagern sich diesem Leitungssystem, wie angedeutet, noch 400 kV-Leitungen, die sowohl als Drehstromals auch als Gleichstromübertragungen ausgeführt sein können, je nach der erforderlichen Entfernung und der Notwendigkeit, Energie in Zwischenstationen abzugeben. Dieses rein ideenmäßig aufgezeichnete Schema soll ein zusammenfassendes Bild über die Aufgaben vermitteln, die den Spannungsstufen 110, 220 und 400 kV zufallen.

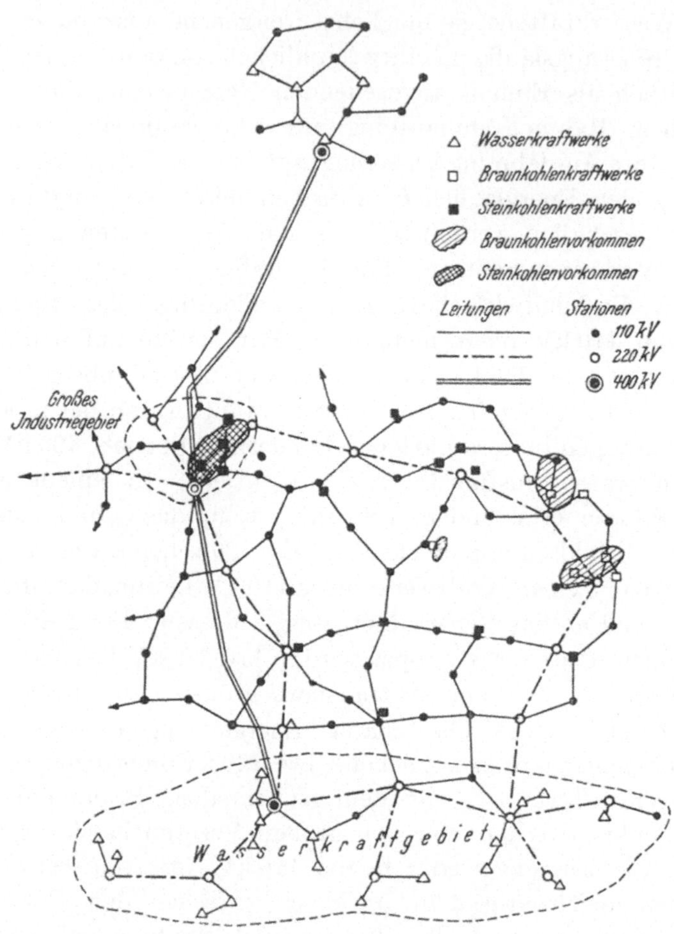

Abb. 89. Schema für den Aufbau eines großen Verbundsystems.

Es soll aber auch zeigen, wie sich aus regionalen Versorgungssystemen durch ihren Zusammenschluß, durch die Steigerung des Energiebedarfes und durch die stärkere Ausnutzung standortgebundener Energiequellen die energiewirtschaftliche Zusammenfassung großer Räume systematisch entwickeln kann. Die angestrebten Ziele einer solchen großräumigen Verbundwirtschaft können wie folgt umrissen werden:

1. Vollständige Ausnutzung der sich ständig erneuernden Energiequellen.

Abb. 90. Lage der europäischen Rohenergievorkommen.

2. Weitgehende Verwertung von minderwertigen und Abfall-
brennstoffen zwecks Freimachung der hochwertigen Kohle für andere
Zwecke.

3. Möglichkeit des Einsatzes der zusammenarbeitenden Kraftwerke entsprechend ihren Wirtschaftlichkeitskennlinien.

4. Erhöhung der Betriebssicherheit und Herabsetzung der Gesamtreservehaltung.

5. Entlastung der Transportmittel.

Wie liegen nun in Europa die geographischen Voraussetzungen für eine solche weiträumige Verbundwirtschaft? In Abb. 90 sind die wichtigsten europäischen Wasserkraft-, Stein- und Braunkohlenvorkommen angedeutet. Man sieht, daß sich diese wesentlichen Energievorkommen in ziemlich ausgeprägte Zonen eingliedern lassen:

1. Eine in Ost-Westrichtung verlaufende zentrale *Wasserkraftzone* von der Waag bis zu den Pyrenäen, welche die Alpen und das französische Massif Central einschließt.

2. Eine nördlich davon liegende *Brennstoffzone*, die im oberschlesischen Steinkohlenrevier beginnt und auf dem Festland in den belgisch-nordfranzösischen Kohlenvorkommen endet, eigentlich aber noch über den Kanal auf die englischen Kohlengebiete übergreift.

3. Im hohen Norden der Bereich der *skandinavischen Wasserkräfte*.

4. Im Süden die *Apenninen-Wasserkräfte*.

Mag die technische Entwicklung in den nächsten Jahrzehnten wie immer verlaufen, so werden doch die Wasserkräfte, energiewirtschaftlich betrachtet, eine gewisse Vorrangstellung einnehmen und sie auch behalten. Sie sind, abgesehen von der Windkraft, die einzigen sich selbst erneuernden Energiequellen, wenn man von heute und in naher Zukunft nicht zu verwirklichenden Ideen absieht. Ihre möglichst restlose Ausnutzung in wirtschaftlichem Rahmen wird auch in Zukunft richtunggebend sein. Die Abb. 90 zeigt eine Anhäufung der Energievorkommen in bestimmten Räumen; vor allem sind die Wasserkraftvorkommen in einzelnen Gebieten konzentriert, die dagegen mit Brennstoffvorkommen spärlich oder gar nicht bedacht sind. Hier einen Ausgleich zu schaffen, wäre die Aufgabe einer von höherer Warte aus gesehenen Energiewirtschaft. Wie die in der Übersichtskarte angedeuteten Leitungen erkennen lassen, sind Ansätze zu einer überregionalen Verbundwirtschaft bereits vorhanden; sie bezwecken im wesentlichen einen Energieaustausch zwischen der zentralen Wasserkraftzone und der in einem Abstand von etwa 400 bis 600 km verlaufenden Brennstoffzone. Der *zwischenstaatliche Energieaustausch*, der bereits in einzelnen Fällen verwirklicht ist, liegt ganz im Sinne des Gedankens einer überregionalen Verbundwirtschaft.

Wenn wir im vorstehenden die Vorzüge der Verbundwirtschaft hervorheben, so dürfen wir dabei aber nicht vergessen, daß der Ausbau und der Betrieb solcher Netze einen nicht unerheblichen Aufwand verursacht. Man wird eine Ausweitung und Kupplung der Netze nicht einem Gedanken zuliebe verwirklichen, sondern nur dann, wenn sie allen Beteiligten einen wirtschaftlichen Nutzen bringt. Es wäre kurzsichtig, diesen nur innerhalb des Bereiches der Versorgung mit elektrischer Energie allein zu suchen, es muß vielmehr die Auswirkung auf die gesamte Energiewirtschaft des betreffenden Gebietes geprüft werden. Nutzen und Aufwand müssen daher in einem angemessenen Verhältnis zueinander stehen. Für eine Beurteilung der wirtschaftlichen Grenzen des Verbundbetriebes ist es notwendig, sich mit der wirtschaftlichen Auswirkung der Lastverteilung auf die zusammenarbeitenden Werke und mit dem wirtschaftlichen Versorgungsbereich von Kraftwerken näher zu befassen. Die grundsätzlichen Gesichtspunkte hiefür sollen nun in den beiden folgenden Abschnitten behandelt werden.

37. Gesichtspunkte für die wirtschaftliche Lastverteilung zwischen auf ein gemeinsames Netz arbeitenden Kraftwerken.

Im 34. Abschnitt wurde gezeigt, daß die einzelnen Kraftwerke verschieden verlaufende Kostencharakteristiken aufweisen. Vergleicht man die Erzeugungskosten von mehreren Anlagen miteinander, so wird man nach Abb. 78 oder 79 die Grenzwerte der Jahresbenutzungsdauer feststellen, zwischen denen die eine oder andere der betrachteten Anlagen den übrigen wirtschaftlich überlegen ist. Läßt man diese Werke in ein gemeinsames Netz einspeisen, führt man also einen Verbundbetrieb durch, so ist damit die Voraussetzung geschaffen, die Werke entsprechend ihren Kostenkennlinien einzusetzen und durch Berücksichtigung ihrer wirtschaftlichen Eigenart eine Senkung der resultierenden Erzeugungskosten im Verbundbetrieb gegenüber getrennter Versorgung zu erreichen. Der Verbundbetrieb ist wirtschaftlich, wenn die auf diese Weise erzielten Einsparungen in Verbindung mit den im vorhergehenden Abschnitt dargelegten Vorteilen größer sind als der Mehraufwand für die Ausweitung der Übertragungsanlagen. Der Nutzen des Verbundbetriebes wird demnach weitgehend von einer richtigen Aufteilung der Belastung und der Reserve- und Bereitschaftshaltung auf die zur Verfügung stehenden Kraftwerke und von einer zweckmäßigen Auslegung von neu zu erstellenden Kraftwerken abhängen. Wir müssen uns daher etwas mit der Frage beschäftigen: Wie teilt man eine gegebene Belastung auf die einzelnen Kraftwerke auf, um ein wirtschaftliches Optimum zu erreichen? Da die Gestehungskosten in den Verbrauchsschwerpunkten maßgebend sind, so muß, wie schon erwähnt, bei den weiter abgelegenen Werken der Aufwand für den Energietransport zu diesen Verbrauchsschwerpunkten den Erzeugungskosten zugeschlagen werden. Da der Gebrauch der im 35. Abschnitt abgeleiteten Formel (34) für die Übertragungskosten etwas umständlich ist, wollen wir sie für die hier anzustellenden Überlegungen dadurch in eine einfacher handzuhabende Form bringen, daß wir an Stelle der Verluste die Wirkungsgrade der Übertragung und an Stelle der Anlagekosten a_L je km Leitungslänge die Kosten a_{L0} je km und kW einführen. Nach Formel (27) betragen die gesamten jährlichen Erzeugungskosten

$$K = m_0 \cdot N_h + \frac{n_0}{100} \cdot E \quad [\text{S/Jahr}].$$

Bei Wasserkraftanlagen kann man, wie bereits erläutert, mit hinreichender Genauigkeit auf das zweite Glied verzichten, so daß hier die Jahreskosten durch den Ausdruck

$$K = m_0 \cdot N_h \ [\text{S/Jahr}]$$

erfaßt werden. Sollen nun die Jahreskosten nicht ab Werk, sondern auf die Abgabe E und die Leistung N_h im Verbrauchsschwerpunkt bezogen werden, so erhöht sich die ab Werk zu liefernde Leistung auf

$$\frac{N_h}{\eta_U \cdot \eta_L} \ [\text{kW}]$$

und die jährliche Energiemenge auf

$$\frac{E}{\eta_{UJ} \cdot \eta_{LJ}} \ [\text{kWh/Jahr}],$$

wenn η_U und η_L die Wirkungsgrade für Umspannung und Fortleitung bei höchster Übertragungsleistung ($N_h = N_{opt}$) und η_{UJ}, bzw. η_{LJ} die entsprechenden mittleren Jahreswirkungsgrade bedeuten. Die Erzeugungskosten erhöhen sich also entsprechend den Übertragungsverlusten, dazu treten noch die Ausgaben für die Übertragungsanlagen selbst, die durch den Ausdruck

$$(\alpha_L \cdot a_{L0} \cdot L + \alpha_U \cdot a_U \cdot z) \, N_h \ [\text{S/Jahr}]$$

erfaßt werden können. Dabei ist angenommen, daß alle Umspannwerke entlang der betrachteten Leitung gleiche Transformatorenleistung besitzen. Die Gesamtkosten der Energielieferung bis Verbrauchsschwerpunkt sind dann

$$K' = \frac{m_0 \, N_h}{\eta_L \cdot \eta_U} + \frac{n_0 \cdot E}{100 \cdot \eta_{LJ} \cdot \eta_{UJ}} + (\alpha_L \cdot a_{L0} \cdot L + \alpha_U \cdot a_U \cdot z) \, N_h \ [\text{S/Jahr}]$$

und die Kosten je kW · Jahr

$$k'_0 = \frac{K'}{N_h} = \frac{m_0}{\eta_L \cdot \eta_U} + \frac{n_0}{\eta_{LJ} \cdot \eta_{UJ}} \cdot \frac{t}{100} + \alpha_L \cdot a_{L0} \cdot L + \alpha_U \cdot a_U \cdot z$$
$$[\text{S/kW-Jahr}]. \quad (35)$$

Gehen wir davon aus, über die Leitungen die optimale Leistung zu übertragen, so können die Wirkungsgrade und die spezifischen Leitungskosten nach den im 35. Abschnitt abgeleiteten Formeln hinreichend genau wie folgt bestimmt werden: Der Leitungswirkungsgrad bei Höchstlast ist

$$\eta_L = \frac{N_h}{N_h + V_{Lo}} = \frac{N_h}{N_h + \left(v_s + \frac{N_h^2 \cdot r_0}{2000\, U^2 \cos^2 \varphi} \right) \cdot L} =$$
$$= \frac{1}{1 + \left(\frac{v_s}{N_h} + \frac{N_h \cdot r_0}{2000\, U^2 \cos^2 \varphi} \right) \cdot L}, \quad (35\,a)$$

die gesamten Jahresverluste sind nach Seite 211

$$V_L = 8760 \cdot \left(v_s + \frac{\delta_L \cdot N_h^2 \cdot r_0}{2000\, U^2 \cos^2 \varphi} \right) L \quad [\text{kWh/Jahr}]$$

und der Jahreswirkungsgrad der Leitungsanlage

$$\eta_{LJ} = \frac{E}{E + V_L} = \frac{E}{E + 8760 \left(v_s + \frac{\delta_L \cdot N_h^2 \cdot r_0}{2000\, U^2 \cos^2 \varphi} \right) \cdot L} =$$
$$= \frac{1}{1 + \frac{8760}{t} \left(\frac{v_s}{N_h} + \frac{\delta_L \cdot N_h \cdot r_0}{2000\, U^2 \cos^2 \varphi} \right) \cdot L} \quad (35\,b)$$

der Umspannerwirkungsgrad bei Höchstlast

$$\eta_u = \frac{N_h}{N_h + z \cdot V_{uo}} = \frac{1}{1 + z \cdot \frac{V_{uo}}{N_h}} = \frac{1}{1 + z \cdot \frac{1 - \eta_{uo}}{\eta_{uo}}} \quad (35\,c)$$

worin η_{Uo} den Wirkungsgrad eines Umspanners bedeutet. Der mittlere Jahreswirkungsgrad der Umspannung wird

$$\eta_{UJ} = \frac{E}{E + z \cdot V_U} = \frac{E}{E + z \cdot 8760\, \delta_U \cdot V_{Uo}} = \frac{1}{1 + z \cdot \frac{8760}{t}\, \delta_U \cdot \frac{V_{U}}{N_h}} =$$
$$= \frac{1}{1 + z \cdot \frac{8760}{t} \cdot \delta_U \cdot \frac{1 - \eta_u}{\eta_{Uo}}}. \quad (35\,d)$$

Bei einer Grenzbenutzungsdauer $t = 8760$ h wird δ_U und $\delta_L = 1$ und $\eta_{LJ} = \eta_L$ bzw. $\eta_{UJ} = \eta_U$. In Abb. 91 sind beispielsweise für eine 110 und eine 220 kV-Doppelleitung mit den angegebenen Querschnitten und Höchstbelastungen die Jahreswirkungsgrade η_{LJ} in Abhängigkeit von der Benutzungsdauer t und der Leitungslänge L

aufgetragen. Die günstigeren Wirkungsgradwerte liegen bei der 220 kV-Leitung im Bereiche höherer Benutzungsdauern als bei der 110 kV-Leitung, da sich bei der ersteren die Strahlungsverluste v_s stärker fühlbar machen und diese ein früheres Abfallen der Wirkungsgradkurve bei schwachen Belastungen zur Folge haben. Die Abb. 91 zeigt außerdem noch den Verlauf der mittleren Umspannungswirkungsgrade η_{UJ} unter Annahme eines Wirkungsgrades $\eta_{U0} = 0,98$ bei Höchstlast N_h für ein Umspannwerk.

Es dürfte am anschaulichsten sein, die Gesichtspunkte für eine wirtschaftliche Lastverteilung an einem *Beispiel* zu erläutern. In Abb. 92 zeigt das obere Schaubild die Jahresleistungsdauerlinie eines Versorgungsgebietes, wobei die maximale Belastung mit 100% angesetzt wurde. Es wird angenommen, daß dieses Gebiet zurzeit von einem Dampfkraftwerk versorgt wird, das im Verbrauchsschwerpunkt selbst liegt. Für dieses Werk wurde die Kostenkennlinie zu

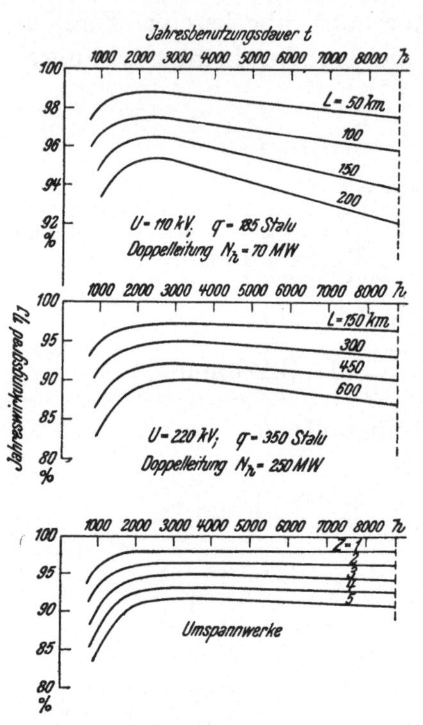

Abb. 91. Jahreswirkungsgrade von Doppelleitungen und Umspannwerken in Abhängigkeit von der Jahresbenutzungsdauer. cos·φ = 1 angenommen.

$$k_0 = 70,8 + \frac{1,74 \cdot t}{100} \ [\text{S/kW} \cdot \text{Jahr}]$$

ermittelt. Diese Kostencharakteristik ist im unteren Teil der Abb. 92 als strichpunktierte Linie 1 eingezeichnet. Der ständig steigende Bedarf macht nun die Errichtung eines zweiten Werkes notwendig. Eine Möglichkeit wäre der Bau einer Dampfkraftanlage, ebenfalls im Zentrum des Versorgungsgebietes; sie würde dem Falle a der Abb. 88 entsprechen. Dieses Werk könnte auf Grund der in der Zwischenzeit erzielten technischen Fortschritte für einen höheren Dampfdruck und damit günstigeren Wärmeverbrauch ausgelegt werden. Außerdem sollte durch Einbau von Kohlenstaubfeuerungen Kohlenstaub verwendbar sein, so daß auch ein etwas niedrigerer

Wärmepreis zu erwarten ist. Allerdings bedeuten diese Maßnahmen eine Erhöhung der leistungsabhängigen Kosten. Die wärmewirtschaftliche Durchrechnung der Schaltung und die Kostenaufstellungen lassen folgende Kostengleichung erwarten

$$k_0 = 81{,}05 + \frac{1{,}34 \cdot t}{100} \ [\text{S/kW} \cdot \text{Jahr}].$$

Diese Kostenlinie ist durch die strichlierte Gerade 2 erfaßt. Die beiden Kostengeraden schneiden sich im Punkt A′ bei einer Benutzungsdauer von 2730 h. Bei der Ermittlung der leistungsabhängigen Kosten wurde davon ausgegangen, daß jede der Anlagen mit einer Reserve von 25 % ausgestattet wird. Man hätte aber auch annehmen können, daß das neue Werk mit den höheren leistungsabhängigen Kosten, soweit nicht Einheiten in Überholung sind, voll ausgefahren und die gesamte Reservehaltung in das alte Werk verlegt wird. In diesem Falle würde die Kostenlinie 2, auch wenn sie mit den zusätzlichen Reservekosten im Werk 1 belastet würde, tiefer liegen und der Schnittpunkt A′ weiter nach links rücken. Welchen Weg der Reservehaltung man wählt, hängt vom wirtschaftlichen Lastverhältnis der Betriebsmittel, den Anfahrzeiten und ähnlichen Umständen ab.

Wie sind nun die beiden Werke im gegebenen Belastungsdiagramm einzusetzen, damit die niedrigsten mittleren Gestehungskosten erzielt werden? Das Optimum wird dann eintreten, wenn wir die Belastung nach der Linie A—A″ auf die beiden Werke aufteilen. Den Punkt A″ erhält man durch Hinaufloten des Schnittpunktes A′ der beiden Kostenkennlinien auf die Jahresdauerlinie.

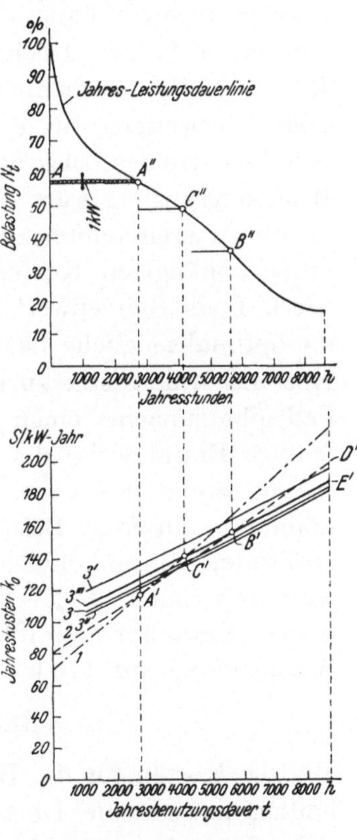

Abb. 92. Ermittlung der wirtschaftlichen Lastverteilung zwischen parallel arbeitenden Dampfkraftwerken.

Die Richtigkeit dieser Regel läßt sich durch eine einfache Überlegung nachweisen. Denken wir uns aus dem Diagramm einen Streifen von 1 kW herausgeschnitten, so ist die zugehörige Jahresstundenzahl, in der dieses 1 kW gebraucht wird, gleich der Benutzungsdauer dieses kW. Bei 2730 Benutzungsstunden sind die Kosten bei Betrieb des Werkes I oder II dieselben. Es wird also das 1 kW des Belastungsdiagrammes, das während 2730 h gebraucht wird, vom Werk I und II gleich teuer geliefert werden können. Für das darüberliegende nächste kW sind die Kosten des Werkes I bereits niedriger, umgekehrt wird die Lieferung des darunterliegenden kW durch das Werk II billiger. Die geringsten Kosten entstehen somit bei der Aufteilung in einem Leistungselement, das für die beiden Werke die gleichen Kosten ergibt. Die wirtschaftlichste Lastaufteilung wäre in unserem Falle also dann erreicht, wenn das neue Werk die unteren 57% der Höchstlast, die vorhandene Anlage die oberen 43% von N_h übernehmen würde. Man müßte also das Werk II solange erweitern, bis es 57% der Belastung deckt, vorausgesetzt, daß die Form des Belastungsdiagrammes dieselbe bleibt. Bei weiterem Belastungsanstieg wäre dann die zweckmäßigste Weise der weiteren Leistungsbereitstellung zu überlegen. Das Werk II mit den niedrigeren arbeitsabhängigen Kosten würde demnach als Grundlastwerk, das Werk I als Spitzenwerk zum Einsatz kommen. Dieses Verfahren, die optimal mögliche Lastverteilung zwischen Werken mit gegebener Kostencharakteristik zu ermitteln, ist sehr einfach und anschaulich und gibt zunächst einen grundsätzlichen Überblick über die zweckmäßige Einsatzweise der einzelnen Erzeugungsanlagen.

An Stelle des neuen Kraftwerkes im Verbrauchsgebiet selbst könnte in unserem Beispiel auch ein Kraftwerk auf einer 100 km entfernten Braunkohlengrube errichtet werden. Die Verbindung wäre mit einer 110 kV-Leitung herzustellen. Die Kostengleichung dieses Braunkohlenkraftwerkes ergab sich unter Einschluß der Aufspannung auf 110 kV zu

$$k_0 = 84,5 + \frac{0,93 \cdot t}{100} \ [\text{S/kW} \cdot \text{Jahr}].$$

Um die Kosten für die Lieferung im Verbrauchsschwerpunkt zu erhalten, müssen die Übertragungskosten nach Formel (35) berücksichtigt werden. Mit den Annahmen

$$\eta_L = 0,958 \quad \text{(Abb. 91)},$$
$$\eta_U = 0,98,$$
$$a_{L_0} = 0,52 \quad \text{S/kW} \cdot \text{km},$$
$$\alpha_L = 0,09,$$
$$\varepsilon_U = 25 \ \text{S/kW} \quad (\cos \varphi = 1 \ \text{angenommen}),$$
$$\alpha_U = 0,11$$

wird

$$k_0' = \frac{84,5}{0,958 \cdot 0,98} + 0,09 \cdot 0,52 \cdot 100 + 0,11 \cdot 25 + \frac{0,93}{\eta_{LJ} \cdot \eta_{UJ}} \cdot \frac{t}{100} =$$

$$= 97,45 + \frac{0,93}{\eta_{LJ} \cdot \eta_{UJ}} \cdot \frac{t}{100} \; [\text{S/kW} \cdot \text{Jahr}].$$

Die Zahlenwerte für η_{LJ} und η_{UJ} wurden aus Abb. 91 entnommen und mit diesen die Kosten des Braunkohlenkraftwerkes k_0' ermittelt und in Abb. 92 eingetragen (Linie 3). Auch hier wurde wieder angenommen, daß jedes Werk 25% Reserve erhält. Man muß sich aber darüber im klaren sein, daß eine solche Reservehaltung nicht derjenigen bei der vorhergehenden Variante eines neuen Nahkraftwerkes gleichwertig ist. Der Ausfall eines Stranges der Fernübertragung infolge von Gewittereinflüssen und ähnlichen Ursachen würde zumindest eine vorübergehende Störung der Versorgung nach sich ziehen, die durch die 25%ige Reserve im Werk I nicht verhindert werden kann. Sollen die beiden Varianten hinsichtlich der Sicherstellung der Stromversorgung auf gleiche Basis gebracht werden, so muß im Werk I eine Bereitschaft gehalten werden, die der Leistung eines Stranges der Fernübertragung entspricht. Dafür kann man aber in Braunkohlenkraftwerken auf eine Reservehaltung verzichten und dieses mit der maximalen Leistung ausfahren. Auch für diesen Fall wurde die Kostencharakteristik in der Abb. 92 eingetragen, und zwar gilt die Linie 3′, wenn nur eine Doppelleitung zwischen Fernkraftwerk und Verbrauchsschwerpunkt vorhanden ist, die Linie 3″, wenn zwei Doppelleitungen das Braunkohlenkraftwerk mit dem Verbrauchszentrum verbinden und die Bereitschaft entsprechend der Übertragungsfähigkeit eines Leitungsstranges bemessen wird. Die andere Möglichkeit besteht darin, eine weitere Doppelleitung zunächst mit einfachem Behang als Reserveübertragungsanlage vorzusehen (Linie 3‴). Die zweite Lösung (3″) ist, wie man sieht, die günstigste, setzt jedoch eine entsprechend große Übertragungsleistung voraus, die bereits zwei Doppelleitungen notwendig macht. Es wurde daher die dritte Variante (stark ausgezogene Linie 3‴) den weiteren Betrachtungen als Charakteristik für die Fernversorgung zugrunde gelegt. Kostengleichheit zwischen den vorhandenen Werken und der Fernstromlieferung ergibt sich in Punkt C′ und damit ein wirtschaftlichster Fernstromanteil von 49% der Gesamtbelastung.

Das Kostenlinienschaubild läßt erkennen, daß zwischen den Punkten A′ und B′ das neue Nahkraftwerk (Kennlinie 2) niedrigere

Gestehungskosten verursacht als die beiden anderen Werke (Linien 1 und 3′′′). Es wäre also mit zunehmendem Bedarf die Kombination der drei Anlagen: Vorhandenes Kraftwerk, Braunkohlenfernkraftwerk und neues Nahkraftwerk in der Weise denkbar, daß die einzelnen Anlagen von der Belastungsspitze 43 bzw. 21 bzw. 36% übernehmen.

Es interessieren nun die mittleren Gestehungskosten der elektrischen Energie, wenn man die Lastverteilung nach diesen Gesichtspunkten vornimmt. Auch diese Kostenermittlung läßt sich graphisch durchführen. Arbeiten mehrere Werke gemeinsam auf ein Netz, so können alle arbeitsunabhängigen Kosten zusammengefaßt werden, da sie ja durch die gewählte Lastverteilung nicht beeinflußt werden. Diese setzen sich zusammen:

1. Aus den kapitalabhängigen Kosten und dem leistungsabhängigen Aufwand für Bedienung und Unterhalt, die beide proportional der installierten Leistung N_i sind.

2. Den sogenannten Leerlaufskosten, die der Höchstleistungsabgabe des Werkes proportional sind.

3. Den Übertragungskosten, die von der Höchstleistung N_h der Übertragungsanlagen abhängen.

Mit den im 31. Abschnitt angegebenen Bezeichnungen kann man diese einzelnen Kostenglieder wie folgt anschreiben:

Kosten unter 1)

$$C = \sum_1^n (\alpha \cdot a + c_b)\, N_i \quad [\text{S/Jahr}],$$

worin n die Anzahl der auf das Netz arbeitenden Kraftwerke angibt.

Kosten unter 2)

$$B_o = \sum_1^n t_o \cdot w_o \cdot p_w \cdot 10^{-6} \cdot \frac{N_h}{\eta_L \cdot r_U} \quad [\text{S/Jahr}],$$

darin ist w_o der spezifische Wärmeverbrauch bei Auslegungslast (kcal/kWh),

$\quad\quad p_w$ der Wärmepreis $[\text{S}/10^6\ \text{kcal}]$,
$\quad\quad t_o$ die Leerlaufsziffer (h).

Kosten unter 3)

$$\sum_1^n (\alpha_L \cdot a_L + z \cdot \alpha_U \cdot a_U)\, N_h \quad [\text{S/Jahr}],$$

n Anzahl der Übertragungsanlagen.

Die arbeitsabhängigen Kosten werden durch folgende Formel erfaßt:

$$X = \sum_1^n \left[\left(1 - \frac{t_o}{8760} \right) \cdot w_o \cdot p_w \cdot 10^{-6} + \frac{b}{100} \right] \cdot \frac{E}{\eta_{LJ} \cdot \eta_{UJ}} \quad [S/\text{Jahr}],$$

n ist wieder die Anzahl der Werke, b wie früher der arbeitsabhängige Kostenanteil je kWh für Bedienung und Unterhalt. Wir wollen nun die Kostenermittlung an den bereits behandelten Beispielen erläutern. Die installierte Leistung des vorhandenen Werkes sei $N_i = 80\,000$ kW. Dies entspricht bei einem Reservefaktor $r = 1{,}25$ und einem Eigenbedarfsanteil von $\varepsilon = 0{,}05$ einer höchsten Nutzleistung von

$$N_{hI} = 80\,000 \cdot \frac{1 - 0{,}05}{1{,}25} = 61\,000 \text{ kW}.$$

Errichtet man ein zweites Werk im Verbrauchszentrum mit der vorhandenen angegebenen Kostencharakteristik, so würde die optimale Lastverteilung erreicht werden, wenn das vorhandene Werk 43% der Gesamtbelastung übernimmt, die Bedarfsspitze wäre dann, gleichbleibende Diagrammform und Brennstoffpreise angenommen, auf

$$\frac{61000}{0{,}43} = 142\,000 \text{ kW}$$

angestiegen. Die maximale Leistungsabgabe des Werkes II beträgt somit

$$142\,000 - 61\,000 = 81\,000 \text{ kW}$$

und seine installierte Leistung

$$\frac{81000 \cdot 1{,}25}{1 - 0{,}06} = 108\,000 \text{ kW} \quad (r = 1{,}25,\; \varepsilon = 0{,}06).$$

Bis zu dieser Leistung sollte man mit steigendem Bedarf das Werk II ausbauen. In der Figur a der Abb. 93 oben ist die Energieinhaltslinie des Versorgungsgebietes entsprechend der Jahresdauerlinie der Belastung (Abb. 92) aufgetragen. Die Leistungsanteile der beiden Werke I und II sind ebenfalls angedeutet. Ihnen entsprechen Energieabgaben von 55 und 525 Mio kWh. Diesem Energieinhaltsdiagramm ist das darunter gezeichnete Kostendiagramm zugeordnet, in dem die gesamten Jahreskosten in Abhängigkeit von der Energieabgabe aufgetragen sind. Es sei hier darauf verzichtet, die Ausrechnung der Jahreskosten selbst im Detail wiederzugeben. Die Ausgangswerte sind dieselben wie für die vorhin genannten Kostenglieder m_o und n_o. Zunächst werden nach den obengenannten Formeln die Kosten C und B_o ermittelt und aufgetragen. Sie machen 10,77 Mio S aus. Im unteren Diagramm ist, vom Nullpunkt ausgehend, der Verlauf der arbeitsabhängigen Kosten ebenfalls eingezeichnet (I und II). Man erhält durch Parallelverschiebung dieser Linien, wie dargestellt, in einfacher Weise die Gesamtkosten mit 18,7 Mio S. Daraus

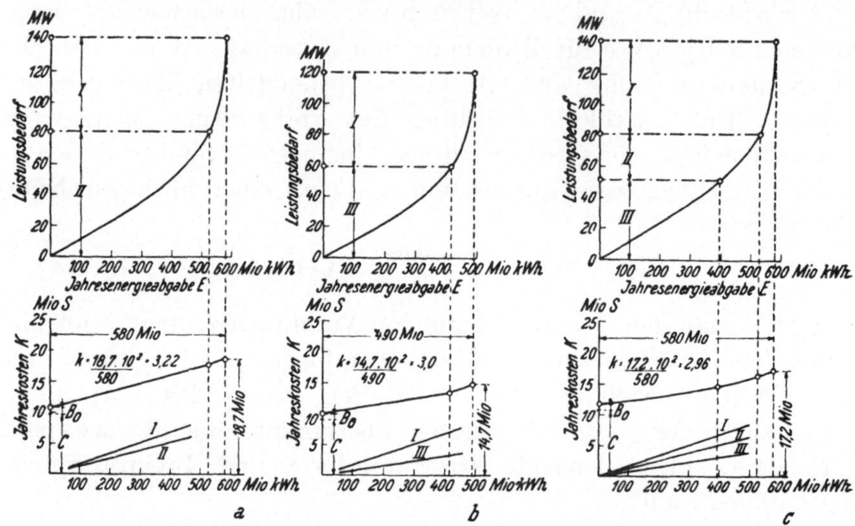

Abb. 93. Beispiele für die Ermittlung der Kosten des Verbundbetriebes zwischen Dampfkraftwerken. C Leistungsabhängige Kosten, B_0 Leerlaufkosten.

ergeben sich die mittleren spezifischen Gestehungskosten dieses Verbundbetriebes zu k = 3,22 g/kWh gegenüber 3,46 g/kWh bei Betrieb des Werkes I allein. Die Kosten werden sich also bei Anstieg des Bedarfes von rund 60 MW auf rund 140 MW auf den erstgenannten Wert senken.

Der zweite Fall wäre die Errichtung eines Fernkraftwerkes auf der Braunkohle als Ergänzung des vorhandenen Kraftwerkes. Die optimalen Verhältnisse werden nach Abb. 92 erreicht, wenn das Fernwerk 49%, das bestehende Nahwerk 51% der Belastung zu decken hat. Dies ist dann der Fall, wenn die Verbrauchsspitze auf

$$\frac{61000}{0,51} = 120000 \text{ kW}$$

gestiegen ist. Das Fernwerk hat im Verbrauchsschwerpunkt

$$120000 - 61000 = 59000 \text{ kW}$$

zu liefern. Die Leistungsabgabe des Braunkohlenkraftwerkes beträgt somit

$$\frac{59000}{0,958 \cdot 0,98} = 63000 \text{ kW}$$

und seine installierte Leistung
$$\frac{63000 \cdot 1{,}25}{1 - 0{,}06} = 83\,000 \text{ kW}.$$
In der Figur b ist wieder unter Annahme eines gleichbleibenden Belastungsverlaufes oben die Energieinhaltslinie entsprechend einer Bedarfsspitze von 120 000 kW aufgetragen. Ihr entspricht eine Gesamtabgabe von 490 Mio kWh, von der auf das Fernkraftwerk (III) rund 415 Mio kWh entfallen. Im unteren Kostendiagramm wurde in gleicher Weise der arbeitsunabhängige Jahresaufwand $C + B_0$ [S/Jahr] bestimmt und aufgetragen. Die schrägen Linien I und III geben wieder das Verhalten der arbeitsabhängigen Kosten an. Die Kostenlinien für das vorhandene Werk I entsprechen der in Figur a herangezogenen; in der Kostenlinie III des Braunkohlenkraftwerkes sind die Übertragungsverluste berücksichtigt. In gleicher Weise wie vorhin erhält man die Gesamtkosten dieses Verbundbetriebes zu $K = 14{,}7$ Mio S und die durchschnittlichen Gestehungskosten zu $k = 3{,}0$ g/kWh. Die Ergänzung der bestehenden Anlage durch das Braunkohlenkraftwerk ist also wirtschaftlich günstiger als die Errichtung eines neuen Werkes im Verbrauchszentrum. Man kann dieses Ergebnis in qualitativer Hinsicht auch bereits aus der Abb. 92 herauslesen. Im Kostenlinienschaubild ist das Dreieck $A'\,B'\,C'$, das die Ersparnis bei Betrieb der Anlage II gegenüber Anlage III versinnbildlicht, kleiner als die Fläche $B'\,D'\,E'$, die die Minderkosten bei Fernstromlieferung gegenüber der Erzeugung im neuen Nahkraftwerk kennzeichnet.

Der dritte Fall wäre eine Ergänzung der vorhandenen Anlage durch ein neues Kraftwerk im Verbrauchsschwerpunkt *und* durch das Braunkohlenkraftwerk. Der Anteil der vorhandenen Anlage an der Deckung der Gesamtspitze bleibt nach Abb. 92 mit 43% der gleiche wie im ersten Fall. Von dem für das neue Nahwerk verbleibenden Anteil von 57% entfallen auf das Fernkraftwerk 36% (Punkt B''). Bei voller Ausnutzung des vorhandenen Werkes mit 61 000 kW erreicht die Netzspitze wieder 142 000 kW. Die Leistungsabgabe des neuen Nahkraftwerkes (II) beträgt dann
$$142\,000 \,(0{,}57 - 0{,}36) = 30\,000 \text{ kW},$$
seine installierte Leistung
$$\frac{30000 \cdot 1{,}25}{1 - 0{,}06} = 40\,000 \text{ kW}.$$

Das Fernkraftwerk liefert bei Erreichen der Verbrauchsspitze von 142 000 kW im Verbrauchsschwerpunkt
$$142\,000 \cdot 0{,}36 = 51\,000 \text{ kW}$$

und gibt ab Werk

$$\frac{51000}{0,958 \cdot 0,98} = 54\,200 \text{ kW}$$

ab, entsprechend einer installierten Leistung von

$$\frac{54000 \cdot 1,25}{1 - 0,06} = 72\,500 \text{ kW.}$$

Dieser Fall des Verbundbetriebes zwischen den drei Kraftwerken ist in Figur c dargestellt. Man erhält in einfacher Weise die Gesamtjahreskosten zu K = 17,2 Mio S und die durchschnittlichen Gestehungskosten zu k = 2,96 g/kWh. Dieser dritte Fall des Verbundbetriebes ist also etwas günstiger als der zweite (Figur b). Die Größe des Dreieckes A′ B′ C′ in Abb. 92 ist für den Kostenunterschied zwischen den beiden Fällen Figur b und c maßgebend. Aus diesen Darlegungen kann der Schluß gezogen werden, daß das Minimum der durchschnittlichen Gestehungskosten dann erzielt werden kann, wenn der Einsatz der Kraftwerke entsprechend der inneren Hüllkurve der Kostenkennlinie (Abb. 92) erfolgt.

Man kann aber aus den Beispielen noch weiters folgern, daß es nicht immer wirtschaftlich richtig ist, ein neu zu errichtendes Wärmekraftwerk im untersten Teil des Diagrammes einzuschieben. Dies wäre nur dann vorteilhaft, wenn seine Kostenlinie noch flacher verläuft als die der vorhandenen Anlagen und die dadurch erzielte Ersparnis größer ist als bei Einschieben des projektierten Werkes im mittleren Bereich des Belastungsdiagrammes. Es spielen dabei auch die betrieblichen Eigenheiten der einzelnen Werke eine Rolle. Ist die bisher als Grundlastwerk arbeitende Anlage z. B. mit Turbinen ausgerüstet, die eine sehr lange An- und Abstellzeit besitzen, so wäre es aus betrieblichen Gründen sehr zu überlegen, ob man dieses Werk im Diagramm hochrückt und ihm damit eine kleinere Benutzungsdauer zuteilt.

Die Benutzungsdauer für das dem Beispiel zugrunde gelegte Belastungsdiagramm beträgt

$$t = \frac{580 \cdot 10^6}{142 \cdot 10^3} = 4080 \text{ h.}$$

Würde das Werk I allein den Bedarf decken, so wären nach Abb. 92 die Gestehungskosten 3,43 g/kWh, bei Betrieb des Werkes III allein ungefähr dieselben, bei Betrieb des Werkes II allein 3,33 g/kWh. Der Vergleich dieser Zahlen mit den für den Verbundbetrieb geltenden läßt erkennen, daß in diesem Falle der Verbundbetrieb zu einer Senkung der Gestehungskosten führt.

Das in Abb. 93 erläuterte Verfahren zur Ermittlung der durchschnittlichen Gestehungskosten ist auch dann anzuwenden, wenn es sich um die Festlegung der wirtschaftlichsten Lastverteilung zwischen vorhandenen Anlagen mit *gegebener* Ausbaugröße handelt (19). Die arbeitsunabhängigen Kosten werden wie vorhin zusammengezogen und aufgetragen und die Linien der arbeitsabhängigen Kosten, beginnend mit dem geringsten Neigungswinkel, in der beschriebenen Weise aneinandergereiht. Die von den einzelnen Werken zu liefernden Energiemengen ergeben sich aus der Energieinhaltslinie.

Mit der Festlegung der Einsatzweise des neu zu errichtenden Kraftwerkes ist, wie aus vorstehenden Ausführungen hervorgeht, auch seine Benutzungsdauer bei Erreichen der Vollast bestimmt. Die Benutzungsdauer ist aber keine zeitlich unveränderliche Größe, sondern wird sich im Laufe der Jahre infolge des steigenden Leistungsbedarfes im Verbundnetz verschieben. Ist das Werk im breitesten Teil des Diagrammes eingesetzt, so wird sich diese Verschiebung nur wenig auswirken, sie wird bei einem Spitzenwerk jedoch fühlbar werden. Entschließt man sich, das neue Werk *über* dem Grundlastwerk einzusetzen, so sind zwei Fälle zu unterscheiden: Entweder werden bei später erforderlichem Neubau weiterer Anlagen diese unter oder über dem zunächst zu errichtenden eingesetzt. Im ersteren Fall verringert, im zweiten vergrößert sich die Benutzungsdauer mit dem Leistungszuwachs, unveränderte Diagrammform vorausgesetzt. Welchen von beiden Fällen man als wahrscheinlicher ansehen kann, hängt davon ab, wie man die technische Entwicklung beurteilt, d. h. ob man es für möglich hält, bei später zu errichtenden Anlagen die arbeitsabhängigen oder leistungsabhängigen Kosten gegenüber dem zunächst geplanten Werk noch zu senken. Ist mit einer stärkeren Änderung der Benutzungsdauer im Laufe der Jahre infolge des Anstieges der Verbundleistung zu rechnen, so ist dies bei der Planung durch Annahme einer mittleren Benutzungsdauer zu berücksichtigen, bzw. ist die Auswirkung der Verschiebung auf die Gestehungskosten zu prüfen.

Im Beispiel war angenommen worden, daß die Teilungslinien zwischen den von den einzelnen Werken zu übernehmenden Belastungen waagrechte Gerade sind. Dies bedeutet, daß die Werke immer im gleichen Leistungsbereich eingesetzt werden. Man spricht dann von einem *horizontalen Einsatz*. Er würde, konsequent durchgeführt, zur Folge haben, daß man z. B. Anlagen, die im oberen

Teil des Belastungsdiagrammes arbeiten, während der Mittagsstunden abstellen und nachmittag wieder anfahren müßte. Die An- und Abstellverluste, aber auch die Funktion der Frequenzhaltung können ein Abweichen von diesem horizontalen Einsatz zweckmäßig machen. Man fährt dann die Anlage nach einem *schrägen Einsatz*. Handelt es sich um alleinige Zusammenarbeit von Wärmekraftanlagen, so wird dieser schräge Einsatz keine nennenswerte Auswirkung haben, so lange dadurch nicht eine Überlappung der Einzelleistungen zur Zeit des höchsten Leistungsbedarfes eintritt. In solchem Falle hätte der schräge Einsatz eine Vergrößerung der Summe der Werksleistungen und damit eine Erhöhung der arbeitsunabhängigen Kosten zur Folge.

Bei Zusammenarbeiten von Laufwasserkraftanlagen und Wärmekraftwerken ist jedoch der schräge Einsatz der normale. Man wird selbstverständlich das Laufkraftwerk als Grundlastwerk so einsetzen, daß ein möglichst hoher Anteil der erzeugbaren Leistung auch verwertbar ist. Das stark veränderliche Wasserkraftdargebot, dessen Höchstwerte zeitlich nicht mit der Bedarfsspitze zusammenfallen, hat zur Folge, daß die Summe aus maximaler Leistungsabgabe der Wasserkraftanlagen und der Wärmekraftwerke oft erheblich größer als die Netzspitze ist. Die wirtschaftlichen Auswirkungen dieser Überlappung der Leistungsbereiche, die wir bei der Nutzung von Laufenergie notgedrungen in Kauf nehmen müssen, möglichst klein zu halten, ist ein wesentliches Ziel des Verbundbetriebes zwischen Wasser- und Wärmekraftwerken.

Bei Speicherkraftwerken ist der Einsatzbereich im Belastungsdiagramm durch die Speicherkapazität bestimmt. Da diese normalerweise nicht vergrößert werden kann und auch die Ausbauleistung des Wasserkraftwerkes durch die Stollendimensionierung gegeben ist, so liegt das Verhältnis Speicherinhalt zur Werksleistung und damit die Speicherentladedauer bei mittlerer Wasserführung fest. Dies hat zur Folge, daß mit steigender Belastung (wieder gleiche Diagrammform vorausgesetzt) der Einsatzbereich der Speicherkraftwerke im Belastungsdiagramm immer weiter nach unten rückt, daß also Anlagen, die ursprünglich zur Deckung der eigentlichen Spitze bestimmt waren, im Laufe der Zeit ihre ursprüngliche Aufgabe an andere Anlagen abgeben müssen. Auch bei Speicheranlagen, die ja im allgemeinen mit Laufkraftwerken parallel arbeiten, wird man in den meisten Fällen einen schrägen Einsatz zu gewärtigen haben.

38. Der wirtschaftliche Versorgungsbereich von Kraftwerken.

Der Verbundbetrieb einer Anzahl von Kraftwerken wirft auch die Frage nach dem wirtschaftlichen Versorgungsbereich auf, der den einzelnen Werken zufällt. Man kann diese Frage von zweierlei Gesichtspunkten aus behandeln, und zwar:

1. Als Feststellung der wirtschaftlichen Ausbaugröße von nicht standortgebundenen und in der Rohenergiezufuhr nicht begrenzten Kraftwerken in Abhängigkeit von der Bedarfsdichte des Versorgungsgebietes. Einer bestimmten Ausbaugröße ist dann auch bei angenommener Verbrauchsdichte ein Versorgungsgebiet entsprechender

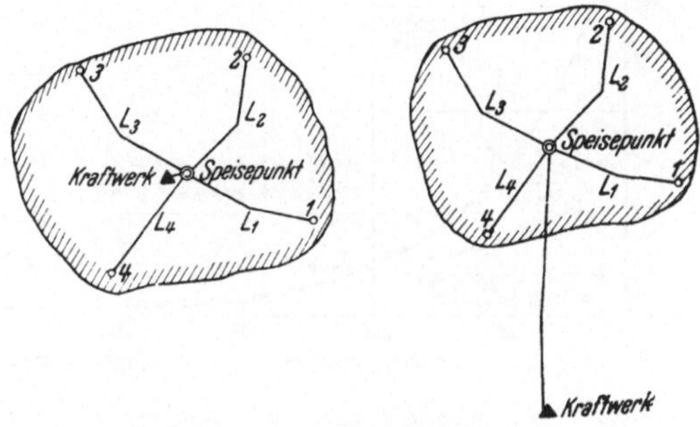

Abb. 94. Schema für eine Untersuchung über den wirtschaftlichen Versorgungsbereich eines Dampfkraftwerkes.

Fläche zugeordnet. Man erhält damit einen Anhalt für die zweckmäßig zu wählenden Kraftwerksleistungen und deren Streuung über das Versorgungsgebiet, der für die Planung von Wert ist.

2. Als Abgrenzung der wirtschaftlichen Versorgungsbereiche von Kraftwerken, die an bestimmten Orten errichtet worden sind, bzw. gebaut werden sollen. Dabei ist den Anlagen im Rahmen des Verbundbetriebes eine gewisse Einsatzweise vorgeschrieben. Es handelt sich also um den Vergleich von Werken mit einer bestimmten, sich aus den Belastungsverhältnissen und den Kosten-Charakteristiken der zusammenarbeitenden Kraftwerke ergebenden Benutzungsdauer.

Wir wollen uns zunächst mit dem ersten Fall befassen und denken uns ein Dampf-Kraftwerk (Abb. 94, linkes Schema), von dem mehrere Hochspannungsleitungen mit den Längen $L_1, L_2, L_3 \ldots \ldots$ [km] die erzeugte elektrische Energie mit einer gegebenen Benutzungsdauer zu den Speisepunkten 1, 2, 3 $\ldots$ abtransportieren. Die Erzeugungskosten von Dampfkraftwerken je kWh nehmen unter sonst gleichen Bedingungen mit steigender Ausbaugröße ab, die Fortleitungskosten bei gegebener Verbrauchsdichte zu, da die Leistung in einem größer werdenden Gebiet abgesetzt werden muß. Von einer bestimmten Leistung an wird die Zunahme der Übertragungskosten die Verringerung der Erzeugungskosten überwiegen. Diese Leistung, bei der die Summe aus Erzeugungs- und Übertragungskosten den

Mindestwert annimmt, ergibt die wirtschaftliche Ausbaugröße des Kraftwerkes in bezug auf die Verbrauchsdichte und gleichzeitig auch den wirtschaftlichen Versorgungsbereich des Werkes.

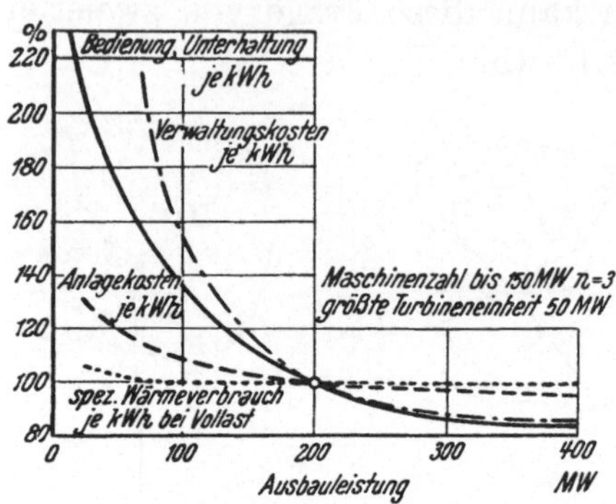

Abb. 95. Abhängigkeit der Kostenglieder und des Wärmeverbrauches von der Leistungsgröße eines Dampfkraftwerkes [*Musil* (19)].

Wie ändern sich nun die Erzeugungskosten eines Dampfkraftwerkes mit der installierten Leistung ? In Abb. 95 wurde versucht, die Abhängigkeit der die Gestehungskosten beeinflussenden Faktoren von der Kraftwerksleistung darzustellen. Der Verlauf der Anlagekosten wurde aus einer großen Zahl von Planungen und ausgeführten Anlagen ermittelt und deren Änderung, bezogen auf eine Ausbauleistung von 200 MW, aufgetragen.

Trotz des verhältnismäßig flachen Verlaufes der Anlagekostenkurven von Kesseln und Turbinen bei größeren Einheitsleistungen, wäre bei einer Steigerung der Kraftwerksleistung von 200 auf beispielsweise 400 MW eine Senkung der spezifischen Anlagekosten um rund 5% zu erwarten. Diese Verbilligung ist auf den Umstand zurückzuführen, daß die Kosten für die Baulichkeiten und Nebeneinrichtungen (Wasserversorgung, Werkstatt, Lager usw.) nicht in dem Maße wie die Leistungen anwachsen. Der spezifische Wärmeverbrauch verläuft sehr flach, eine fühlbare Senkung bei größeren Kraftwerksleistungen als 150 bis 200 MW wäre auch bei Übergang auf größere Einheiten nicht zu erwarten. Eine stärkere Abhängigkeit von der Ausbauleistung weisen die Bedienungsund Unterhaltskosten sowie der Aufwand für die Verwaltung auf. Die in Abb. 95 eingetragenen Verhältniskurven sind wieder Mittelwerte aus einer größeren Anzahl von Betriebsdaten, wobei diese nach Möglichkeit auf eine vergleichbare Basis gebracht wurden. Auf den Verlauf dieser Verhältniskurven ist die Höhe der Benutzungsdauer praktisch ohne Einfluß, sie wirkt sich nur auf die absoluten Kostenbeträge aus.

Entsprechend dem Verhalten dieser Kostenfaktoren weisen auch die Gestehungskosten selbst eine ziemlich starke Abhängigkeit von der Kraftwerksgröße auf. Ihre Berechnung zeigt, daß die Benutzungsdauer auf den Verlauf der verhältnismäßigen Gestehungskosten nur wenig Einfluß ausübt, dasselbe gilt auch für den Wärmepreis. Geht man wieder von einer Ausbauleistung von 200 MW aus, so ist ein Kraftwerk mit 100 MW etwa 10%, ein solches für 50 MW etwa 25 bis 30% und eine Anlage für 25 MW etwa 45 bis 50% teurer. Eine Vergrößerung der Kraftwerksleistung auf 300 MW würde dagegen nur eine Kostensenkung um etwa 4 bis 5% bewirken. In Abb. 96 ist nun angedeutet, wie sich die Erzeugungskosten mit der Kraftwerksgröße ändern. Für die wirtschaftlichen Kraftwerksgrößen sind jedoch nicht die Gestehungskosten ab Werk, sondern die auf die Verbrauchsschwerpunkte 1, 2, 3 ...... der Abb. 94 bezogenen maßgebend, an welche die eigentlichen Verteilnetze angeschlossen sind. Die Kosten für die Fortleitung einer bestimmten Kraftwerksleistung werden um so mehr ins Gewicht fallen, je größer das Gebiet ist, in dem sie untergebracht werden kann oder je größer das Verhältnis der notwendigen Länge der Übertragungsleitungen zur gelieferten Energiemenge bei einer bestimmten Benutzungsdauer wird. Wir wollen den reziproken Wert dieses Quotienten, den *Streckenbelag* des Leitungsnetzes als Maß für die Verbrauchsdichte des Versorgungsgebietes verwenden, da diese Größe eindeutig in die Kostenformeln einzugliedern ist. Wir bezeichnen mit

σ den spezifischen Streckenbelag [kWh/Jahr · km],

z Anzahl der an das Kraftwerk angeschlossenen Doppelleitungen

L_m die mittlere Länge der einzelnen Leitungen [km],

N_h die höchste Leistungsabgabe des Werkes [kW],

t die Jahresbenutzungsdauer [h/Jahr],

es ist dann

$$\sigma \cdot \varSigma L = N_h \cdot t \quad [\text{kWh/Jahr}]$$

$$N_h = \frac{\sigma \cdot \varSigma L}{t} = \frac{\sigma \cdot L_m \cdot z}{t} \quad [\text{kw}]. \tag{36}$$

Legt man bestimmte Werte σ, z und t zugrunde, so wird L_m proportional der Kraftwerksleistung N_h. Die Übertragungskosten steigen daher entsprechend der in Abb. 96 eingezeichneten Kurve an. Durch Summierung der Erzeugungs- und Übertragungskosten erhält man die Gesamtgestehungskosten, bezogen auf die Unterspannungsseite der Speisepunkte. Das Kostenminimum gibt die wirtschaftliche Kraftwerksgröße für dieses Versorgungsgebiet an. Wird der Streckenbelag größer, so verringert sich bei gleicher Ausbauleistung die mittlere Leitungslänge L_m, die verschiedenen Kraftwerksgrößen zugeordneten Übertragungskosten werden geringer, das Optimum rückt weiter nach rechts. In gleicher Weise wirkt sich auch eine

Vermehrung der Anzahl der Leitungsabzweige z aus. Dagegen bedeutet eine Erhöhung der Benutzungsdauer t eine entsprechende Verlängerung der Leitungsstränge und damit eine Verteuerung der Übertragungskosten, das Optimum rückt nach links. Man kann nun für verschiedene Annahmen von σ, z und t die Optimumskurven

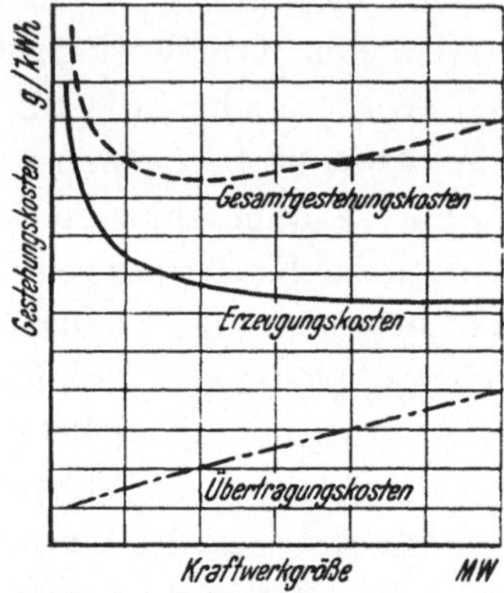

Abb. 96. Ermittlung der wirtschaftlichen Kraftwerksgröße
[*Musil* (19)].

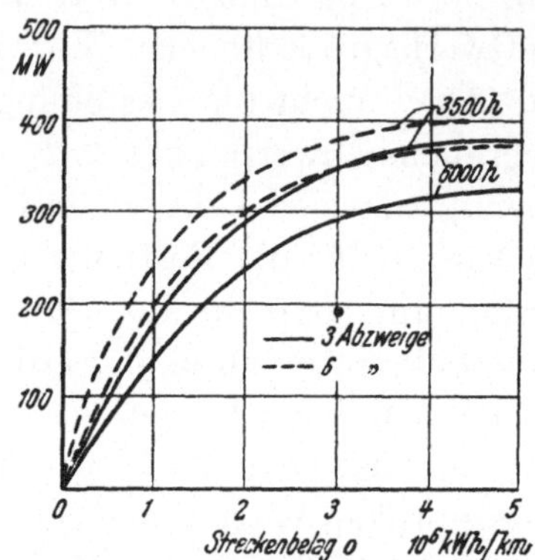

Abb. 97. Wirtschaftliche Größe von Dampfkraftwerken in Abhängigkeit vom Streckenbelag.

(Abb. 96) und die wirtschaftlichen Kraftwerksgrößen ermitteln. In Abb. 97 sind die Ergebnisse einer umfangreicheren Untersuchung dargestellt (19). Sie zeigt die wirtschaftlichen Kraftwerksleistungen in Abhängigkeit vom Streckenbelag für drei und sechs Abzweige und für Jahresbenutzungsdauern von 3500 und 6000 h. Den Kurven liegen einige vereinfachende Annahmen zugrunde, und zwar, daß die Leitungsabzweige gleiche Längen besitzen und gleich ausgelegt sind, denselben Streckenbelag, die gleiche Belastung und dieselbe Benutzungsdauer aufweisen; ferner, daß die Energieabgabe nur am Ende der Leitungen erfolgt. Die Kurven lassen erkennen, daß die wirtschaftliche Ausbauleistung von Dampfkraftwerken zunächst mit dem Streckenbelag sehr rasch ansteigt. Eine Leistung von 200 MW wird bei einer Benutzungsdauer von 6000 h und einem Streckenbelag von 1 bzw. 1,6 Mio kWh/km · Jahr erreicht. Für Streckenbelagsziffern über 4 Mio kWh/km · Jahr ist keine Zunahme der Ausbauleistung mehr zu erwarten. Um einen Begriff über die Größenordnung der praktisch vorkommenden Streckenbelagsziffern zu geben, sei darauf hingewiesen, daß für 15 große deutsche Elektrizitätsversorgungsunternehmen, die im Jahre 1937 rund 65%

der gesamten Erzeugung der öffentlichen Elektrizitätsversorgung Deutschlands deckten, der Hauptanteil zwischen 1 und 2 Mio kWh/km · Jahr lag. Dies zeigt, daß man auf wirtschaftliche Dampfkraftleistungen in der Größenordnung von 200 MW und mehr kommt. Tatsächlich wurden den Planungen der letzten Zeit, soweit es sich um Grundlastwerke handelte, Ausbauleistungen von 200 bis 300 MW zugrunde gelegt.

Nach der Formel (36) kann nun der wirtschaftliche Versorgungsbereich bestimmt werden, wenn wir in der Formel für N_h die Werte N_{opt} aus Abb. 97 einsetzen. Die so erhaltenen optimalen Leitungslängen sind in Abb. 98 dargestellt. Aus dem Diagramm lassen sich folgende Schlüsse ziehen:

1. Der wirtschaftliche Versorgungsbereich erhöht sich mit steigender Benutzungsdauer t.

2. Je größer die Zahl der Leitungsabgänge z, um so kleiner ist der wirtschaftliche Versorgungsbereich.

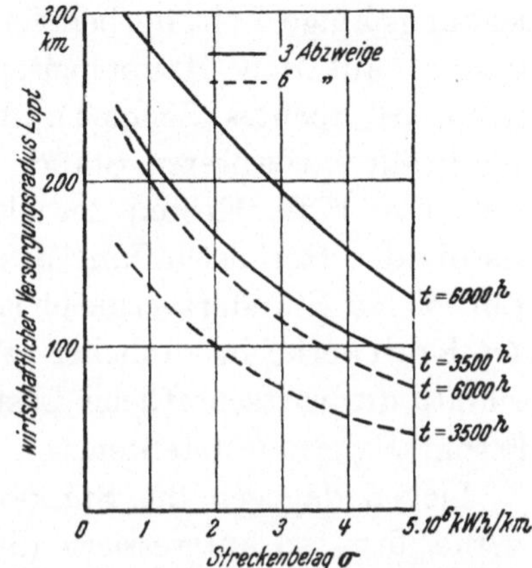

Abb. 98. Wirtschaftlicher Versorgungsradius von Dampfkraftwerken in Abhängigkeit vom Streckenbelag unter Zugrundelegung der wirtschaftlichen Kraftwerksleistungen aus Abb. 97.

3. Mit zunehmendem Streckenbelag σ verringert sich der Versorgungsradius des Werkes, d. h. daß bei hohen Verbrauchsdichten, ausgedrückt durch den Streckenbelag σ und die Zahl der Leitungen z, sowohl die optimalen Leistungen der einzelnen Werke als auch deren Anzahl in den betreffenden Versorgungsgebieten vergrößert wird. Die Einspeisepunkte der einzelnen Erzeugungsanlagen ins Netz liegen also dichter aneinander.

Diese für Dampfkraftwerke angestellten Überlegungen gelten sinngemäß auch für Verbrennungskraftwerke. Allerdings nähern sich hier die Erzeugungskosten schon bei wesentlich kleineren Leistungen einem unteren Wert, so daß der Versorgungsbereich von Diesel- oder Gaskraftwerken viel enger begrenzt ist. Auf Wasserkraftwerke, aber auch auf Dampfkraftwerke, denen z. B. nur eine beschränkte Menge von Abfallkohle zur Verfügung steht, die also wie die Wasserkraftwerke sowohl standortgebunden als auch in ihrer

Leistungsfähigkeit begrenzt sind, kann man die hier abgeleiteten Grundsätze nicht anwenden.

Bei der Ermittlung des wirtschaftlichen Versorgungsbereiches gingen wir davon aus, daß das Kraftwerk im Schwerpunkt des Gebietes liegt. An den Ergebnissen ändert sich aber grundsätzlich nichts, wenn das Kraftwerk mit einer Ausbauleistung $N_{h\,opt}$ vom Speisepunkt weg gelegt wird und diesen über eine entsprechend leistungsfähige Leitung beliefert, vorausgesetzt, daß die Gestehungskosten, auf den Hauptspeisepunkt bezogen, die gleichen bleiben (Abb. 94, rechtes Schema). Dies wird dann zutreffen, wenn dem Werk am entfernteren Standort billigere Brennstoffe zur Verfügung stehen und die Kosten der elektrischen Übertragung geringer sind als die der Heranschaffung des Brennstoffes zum Hauptspeisepunkt. Ein solcher Standortvergleich läßt sich mit Hilfe der Kostenkennlinien der Kraftwerke in ähnlicher Weise durchführen, wie wir im 37. Abschnitt die wirtschaftliche Lastverteilung zwischen einem Nah- und Fernkraftwerk feststellten.

Liegen dagegen die Standorte der zusammenarbeitenden Kraftwerke fest, so interessiert die gegenseitige Abgrenzung der Versorgungsbereiche. Sie ist durch jene Punkte des Versorgungsnetzes gegeben, in denen die spezifischen Gestehungskosten bei Lieferung aus dem einen oder anderen Werk dieselben sind. Wir wollen die Ermittlung der wirtschaftlichen Versorgungsgrenzen zwischen zwei auf ein gemeinsames Netz arbeitenden Kraftwerken an einigen Beispielen erläutern. Nach Formel (35) betragen die Gestehungskosten in einer Entfernung x [km] vom Kraftwerk

$$k_0' = \frac{m_0}{\eta_L \cdot \eta_U} + \alpha_L \cdot a_{Lo} \cdot x + z \cdot \alpha_U \cdot a_U + \frac{n_0 \cdot t}{\eta_{LJ} \cdot \eta_{UJ}} \quad [S/kW \cdot Jahr].$$

Die Zahl der Umspannwerke ist eine Funktion der Leitungslänge x. Ist ΔL der mittlere Abstand zwischen zwei Umspannwerken, so können wir für z anschreiben

$$z = \frac{x}{\Delta L} + 1,$$

wenn die Station am Leitungsanfang in die Übertragungskosten eingeschlossen wird, wie dies bei 220 kV-Übertragungen der Fall ist. Die im Zuge der Leitungen gelegenen Umspannwerke führen zu einer treppenförmigen Kostenlinie (Abb. 85). Um hier jedoch die Rechnung zu vereinfachen und eine stetige Kurve zu erhalten, seien die Kosten der Stationen in Annäherung an die Wirklichkeit über die Leitungslänge aufgeteilt gedacht. Sind die beiden Kraftwerke I und II L km voneinander entfernt, so erhält man die wirtschaftliche Versorgungsgrenze, wenn

$$k_{0}{}'_{I} = k_{0}{}'_{II} \quad [S/kW \cdot Jahr]$$

ist.

$$\left(\frac{m_0}{\eta_L \cdot \eta_U}\right)_I + \alpha_L \cdot a_{Lo} \cdot x + \left(\frac{x}{\varDelta L} + 1\right) \cdot \alpha_U \cdot a_U + \left(\frac{n_0}{n_{LJ} \cdot \eta_{UJ}}\right)_I \cdot t =$$

$$= \left(\frac{m_0}{\eta_L \cdot \eta_U}\right)_{II} + \alpha_L \cdot a_{Lo}\,(L - x) + \left(\frac{L - x}{\varDelta L} + 1\right) \cdot \alpha_U \cdot a_U +$$

$$+ \left(\frac{n_0}{n_{LJ} \cdot \eta_{UJ}}\right)_{II} \cdot t \quad [S/kW \cdot Jahr].$$

Diese Gleichung müßte man nach x auflösen. Da η_L und η_U bzw. η_{LJ} und η_{UJ} auch eine Funktion von x sind, so löst man diese Gleichung am zweckmäßigsten auf graphischem Wege. Wir wollen zunächst als *Beispiel* die Versorgungsgrenzen von zwei Dampfkraftwerken betrachten, wovon das Werk I Braunkohle, das Werk II Steinkohle verfeuert. Um den Einfluß von Wärmepreis und Wärmeverbrauch zu berücksichtigen, wollen wir das Produkt aus beiden variieren und ermitteln die Werte m_0 und n_0 in Abhängigkeit vom spezifischen Brennstoffkostenanteil. Für unser Beispiel ergaben sich folgende Kostenzahlen:

Werk I (Braunkohle)

$w_0 \cdot p_w \cdot 10^{-4}$ g/kWh	m_0 S/kW · Jahr	n_0 g/kWh
0,6	83,60	0,79
0,75	84,50	0,93
0,9	85,40	1,07

Werk II (Steinkohle)

$w_0 \cdot p_w \cdot 10^{-1}$ g/kWh	m_0 S/kW · Jahr	n_0 g/kWh
1	80,—	1,18
1,2	81,20	1,37
1,4	82,40	1,55
1,6	83,60	1,74

Für die Übertragungsanlagen seien folgende Annahmen gemacht:

U	Leitung		Umspann- werke		$\varDelta_L$
kV	a_{Lo} S/kW · km	η_L	a_u S/kW	α_u	km
110	0,52	0,09	25	0,11	100
220	0,3	0,09	30	0,11	250

Die Wirkungsgrade können der Abb. 92 entnommen werden. In Abb. 99 ist die Auswertung der Gleichung für die Versorgungsgrenze dargestellt. Nimmt man für das Steinkohlenkraftwerk einen Brennstoffanteil von 1,2 g/kWh, für das Braunkohlenkraftwerk einen solchen von 0,75 g/kWh an, so würde bei einer Übertragsspannung von 110 kV, einer Entfernung der beiden Kraftwerke von L = 300 km und einer Benutzungsdauer t = 6000 h die wirtschaftliche Versorgungsgrenze in einem Abstand von 220 km vom Werk I liegen (Punkt A). Ebenso kann man auch für andere Brennstoffanteile die Versorgungsbereiche ablesen. Das Schaubild läßt aber auch die

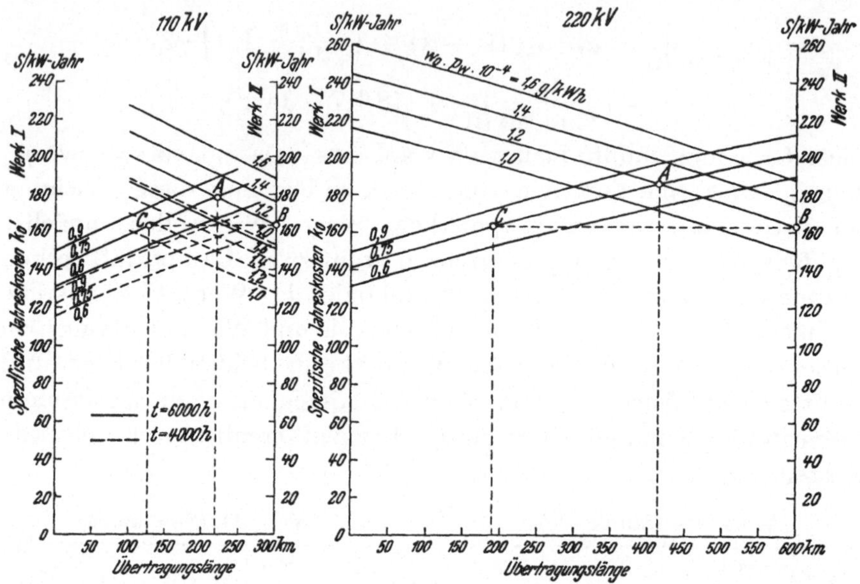

Abb. 99.   Beispiele für die Ermittlung des Versorgungsbereiches von Dampfkraftwerken.

Bestimmung jener Übertragungsweite zu, bei der das Werk I den Speisepunkt des Werkes II zu gleichen Gestehungskosten beliefern kann. Sind die Erzeugungskosten des Werkes II z. B. 163 S/kW Jahr (für Brennstoffanteil 1,2 g/kWh, Punkt B), so ist das Werk I bei einer Entfernung von 127 km (Punkt C) wettbewerbsfähig. Das rechte Diagramm der Abb. 99 gilt für einen 220 kV-Verbundbetrieb der beiden Kraftwerke. Bei einer Entfernung von 600 km zwischen den Erzeugungsstätten liegt unter sonst gleichen Voraussetzungen die Versorgungsgrenze bei x = 415 km (Punkt A). Die Einspeisung des Werkes I nach II ist bis zu einer Übertragungsweite von 190 km wirtschaftlich.[1]

---

[1] Wegen der Stationsabstände von 150 km wird bei trepppenförmigen Kostenlinien die Kostengleichheit bei einer etwas größeren Entfernung liegen, da bis 250 km die Übertragung finanziell nur durch zwei Stationen belastet ist, während bei der hier vorgenommenen Vereinfachung der Formel die dritte Station schon anteilig den ersten Abschnitt verteuert.

Als weiteres Beispiel sei der Verbundbetrieb zwischen einem Laufwasserkraftwerk und einem Steinkohlen-Dampfkraftwerk behandelt. Das Laufkraftwerk erfordert die Beistellung von Zuschußenergie in wasserarmen Zeiten, die von einer kalorischen Anlage geliefert werden muß, wenn keine Jahresspeicheranlagen in das Versorgungssystem eingegliedert sind. Diese kalorischen Zusatzwerke wird man möglichst in den Verbrauchsschwerpunkten errichten. Um also den praktisch auftretenden Verhältnissen nahezukommen, wird man bei der Untersuchung des Verbundbetriebes zwischen Wasser- und Dampfkraftwerken die Lieferung von Wasserkraftstrom in ein Versorgungszentrum mit Dampfkraftwerken zugrundelegen und feststellen, auf welche Entfernung die Wasserkraftlieferung mit der Erzeugung des kalorischen Stromes in Wettbewerb treten kann. Es wäre nun falsch, einem Wasserkraftwerk mit einer Ausnutzungsdauer von t_A Jahresstunden ein Dampfkraftwerk mit der gleichen Benutzungsdauer gegenüberzustellen. Wir müssen vielmehr einen Unterschied zwischen jahreskonstanter und inkonstanter Energie machen. Da die Lieferung der inkonstanten Energie nur eine entsprechende kWh-Zahl im Dampfkraftwerk, aber nicht die Leistungsinstallation ersetzt, so können die leistungsabhängigen Kosten für das Dampfkraftwerk nur in Höhe der jahreskonstanten Leistung eingesetzt werden. Dabei erscheint die normale Reservehaltung im Dampfkraftwerk genügend, um die Minderleistung des Laufkraftwerkes in wasserarmen Jahren zu ersetzen. Für die Lieferung der Wasserkraftenergie gilt wieder die vorhin angeschriebene Formel für k'_o. n_o ist jedoch hier O, m_o entspricht dem Produkt aus Jahresfaktor und spezifischen Anlagekosten a_W. Im linken Teil der Abb. 100 sind die spezifischen Jahreskosten k_o' für die Wasserkraftlieferung, bezogen auf den Verbrauchsschwerpunkt, in Abhängigkeit von der Übertragungsweite für das Spannungsniveau von 220 kV aufgetragen. Die spezifischen Anlagekosten des Wasserkraftwerkes wurden zwischen $a_W = 800$ und 1200 S/kW variiert, um den Einfluß der Höhe der Anlagekosten zu zeigen. Der Jahresfaktor α ist mit 0,1 eingesetzt worden. Im übrigen wurden für die Übertragungsanlage die vorhin genannten Werte übernommen. Bezeichnen wir mit

$N_h/N_{95\%} = \nu$ das Verhältnis der Höchstleistung zur $Q_{95\%}$ entsprechenden Leistung der Wasserkraftanlage, auf den Speisepunkt bezogen,

μ das Verhältnis verwertbare zu erzeugbare Wasserkraftenergie,

so betragen die durch die Wasserkraftlieferung eingesparten Kosten
bei der kalorischen Stromerzeugung

$$K_D = m_o \cdot N_{95\%} + n_o \cdot N_h \cdot t \cdot \mu \quad [\text{S/Jahr}]$$
$$k_{oD} = \frac{K_D}{N_h} = \frac{m_o}{\nu} + n_o \cdot t \cdot \mu \quad [\text{S/kW} \cdot \text{Jahr}].$$

Für die Benutzungsdauer t setzen wir 6500 h, für ν die Werte 4 und
2,5, μ wollen wir zwischen 1 und 0,8 variieren. m_o und n_o tragen wir
in Abhängigkeit vom Brennstoffkostenanteil auf, wobei für das
Steinkohlenkraftwerk Zahlen aus dem vorhergehenden Beispiel
zugrundegelegt werden sollen. Im rechten Teil der Abb. 100 ist die

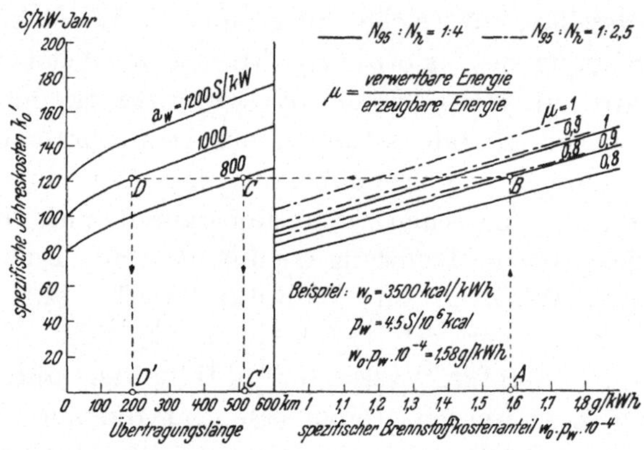

Abb. 100. Beispiele für die Ermittlung des wirtschaftlichen Versorgungsbereiches von Wasserkraftanlagen.

Formel für k_{oD} ausgewertet worden. Das eingetragene Zahlenbeispiel
zeigt die Handhabung des Diagramms. Man erkennt deutlich den
großen Einfluß der Anlagekosten a_W des Wasserkraftwerkes auf den
wirtschaftlichen Versorgungsbereich der Anlage, aber auch die Auswirkung des Brennstoffkostenanteiles und des Verhältnisses der
jahreskonstanten Leistung zur Höchstleistung der Wasserkraft.
Wesentlich ist ferner das Verhältnis der verwertbaren zur erzeugbaren
Wasserkraftenergie. Eine Erhöhung von $\mu = 0,8$ auf 1 bedeutet
eine Vergrößerung des Versorgungsbereiches in unserem Beispiel um
rund 300 km. Je größer das Verbundnetz, ein um so höherer Anteil
der erzeugbaren Wasserkraftenergie ist verwertbar, um so weiter er-
streckt sich der wirtschaftliche Versorgungsbereich des Wasserkraftwerkes.

Diese Beispiele sollten dazu dienen, ein Bild über die Gesichtspunkte zu geben, die bei der räumlichen Verteilung der Kraftwerke

in einem Verbundsystem eine Rolle spielen und die Reichweite der Wasserkraftversorgung kennzeichnen. Man ersieht daraus, daß die Wasserkraftenergie bei günstigen Ausbaubedingungen auf verhältnismäßig große Entfernungen konkurrenzfähig ist. Diese Erkenntnis wird auch durch eingehende Untersuchungen bestätigt, die der Verfasser an anderem Orte veröffentlicht hat (34).

39. Die Gestehungskosten der elektrischen Energie bis zum Verbraucher.

Die bisherigen Betrachtungen beschränkten sich auf die Erfassung der Gestehungskosten bis zu den Verbrauchsschwerpunkten. Sie sind die Grundlage für die wirtschaftliche Einsatzweise der Kraftwerke im Verbundbetrieb und für die Auslegung und den Entwurf neuer Anlagen. Diese Gestehungskosten, bezogen auf die Verbrauchsschwerpunkte, machen je nach dem Aufbau des Netzes und der Zusammensetzung des Verbrauches nur einen mehr oder weniger großen Teil der Gesamtkosten der Energieversorgung aus. Es verbleibt uns daher noch die Aufgabe, diese Gesamtkosten zu ermitteln und sie möglichst gerecht auf die Abnehmer zu verteilen. Diese Gesamtkosten K [S/Jahr] einer Energieversorgung setzen sich aus den Erzeugungskosten K_o, den Übertragungskosten $K_ü$, den sogenannten Abnehmerkosten K_A und Generalunkosten K_U zusammen. Es gilt also der Ausdruck:

$$K = K_o + K_ü + K_A + K_U \quad [S/Jahr].$$

Mit den *Erzeugungskosten* K_o haben wir uns ja bereits beschäftigt, sie können mit hinreichender Genauigkeit durch die Formel

$$K_o = m_o \cdot N_{ho} + \frac{n_o}{100} \cdot E_o \quad [S/Jahr]$$

dargestellt werden, worin N_{ho} und E_o die höchste Leistungs- und Arbeitsabgabe ab Kraftwerk, m_o und n_o die spezifischen Kostenkoeffizienten darstellen. Bei Wasser- und Windkraftanlagen kann der Faktor n_o, wie bereits erwähnt, annähernd gleich O gesetzt werden. Die Größe der *Übertragungskosten* $K_ü$ hängt, wie vorhin betont, vom Charakter des Versorgungsgebietes ab. Der Aufbau des Netzes wird grundsätzlich verschieden sein, je nachdem, ob es sich um die Versorgung von dichtbesiedelten Gebieten, wie Städten oder um die Belieferung von Gebieten mit geringerer Verbrauchsdichte (Überlandversorgung) handelt. In Abb. 101 ist beispielsweise schematisch der Aufbau der Energieverteilung in einem großen Überlandnetz angedeutet. Die in den Kraftwerken erzeugte Energie wird auf 110 kV aufgespannt und über das 110 kV-Hochspannungsnetz den Verbrauchsschwerpunkten zugeführt. Mit diesem Teil der Übertragungsanlage haben wir uns bereits beschäftigt. Elektrochemische und metallurgische Betriebe, die sehr energieintensiv sind, wird man direkt an das Hochspannungsnetz anschließen und anstreben, wenn es die Standortbedingungen zulassen, sie möglichst an das Kraftwerk heranzurücken und unter Umständen eine direkte Versorgung mit der Generatorspannung durchzuführen, um an Übertragungskosten zu sparen. Wir können solche Abnehmer als *Größtverbraucher* bezeichnen. In den Verbrauchsschwerpunkten erfolgt die Umformung auf Mittelspannung, in diesem Falle auf 15 kV, mit der das eigentliche Verteilnetz betrieben wird. *Großabnehmer*, wie Industriebetriebe, Straßen- und Kleinbahnen mit ihren Umformeranlagen, werden direkt aus diesem Verteilnetz gespeist. Die Masse der sogenannten *Kleinverbraucher*, wie Haushaltungen, Geschäfte, Büros, kleine und mittelgroße Gewerbebetriebe, werden jedoch aus örtlichen Niederspannungsnetzen versorgt, die über Umspannstationen an das Mittelspannungsnetz angeschlossen sind. Das hier gezeigte Beispiel stellt ein Netz mit drei Spannungsstufen dar; man findet jedoch vielfach auch Netzgebilde mit vier Spannungsstufen, bei denen die Mittelspannung höher liegt (30—45 kV) und zwischen dieser und der Niederspannung noch die Spannungsstufe von 6 kV eingeschoben ist. Großstadtversorgungen verwenden, abgesehen von der Zulieferung durch Fernkraftwerke, Spannungen von 30 bis 60 kV für die Speisung der Verbrauchsschwerpunkte und meist Zwischenspannungen um 6 kV.

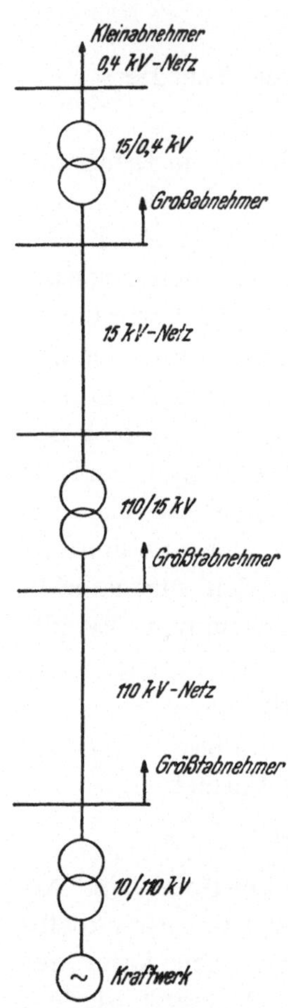

Abb. 101. Schematische Darstellung der Energieverteilung.

In Anlehnung an die im 37. Abschnitt abgeleiteten Formeln können die Übertragungskosten ohne Berücksichtigung der Verluste durch folgende Formel erfaßt werden

$$K_{\ddot{u}}' = \Sigma\, \alpha_{L} \cdot a_{L} \cdot L + \Sigma\, \alpha_{U} \cdot a_{U} \cdot N_{U} \quad [\text{S/Jahr}].$$

Darin bedeutet L die Länge der Netze bei den verschiedenen Spannungsstufen und N_U die installierte Transformatorenleistung in den einzelnen Umspannwerken. Die Übertragungsverluste sind bereits dadurch berücksichtigt, daß $N_{h\,o}$ und E_o, gemessen am Kraftwerk, entsprechend größer als die Werte N_h und E, gemessen bei den Abnehmern, sind.

Die *Abnehmerkosten* K_A setzen sich im wesentlichen aus dem Aufwand für Zählung und Verrechnung zusammen, es fallen aber auch die Kosten für die Stichleitungen oder Umspannwerke beim einzelnen Abnehmer in dieses Kostenglied, wenn der dafür entstehende Aufwand nicht vom Abnehmer getragen wird. Die Abnehmerkosten sind zum größten Teil proportional der Zahl der Meßstellen und unabhängig von der seitens der einzelnen Abnehmer verbrauchten Arbeit oder Leistung. Die *Generalunkosten* K_U umfassen den Aufwand für die Hauptverwaltung des Unternehmens, für soziale Einrichtungen des Gesamtbetriebes und die Steuern, wenn sie nicht anteilig auf die einzelnen Kostenstellen umgelegt werden, wie wir dies bei Ableitung unserer Kostenformeln getan haben. Abnehmer- und Generalunkosten sind unabhängig von der abgegebenen Energiemenge, sie sind also als feste Kosten anzusehen.

Stellen wir uns ein Versorgungsunternehmen vor, das nur Größtabnehmer hätte, so wären diese lediglich mit den Übertragungskosten und den Verlusten des 110 kV-Netzes zu belasten. Jene Größtabnehmer, die direkt am Kraftwerk liegen, wären von einem Beitrag zu den Übertragungskosten überhaupt befreit. Man kann nach verfeinerten Methoden versuchen, die Übertragungsverluste für die Abnehmer oder Abnehmergruppen abzustufen und wird dies bei einigen Größtverbrauchern vielleicht tun. Im allgemeinen wird man sich begnügen, die Übertragungsverluste gleichmäßig auf alle Verbraucher umzulegen. Beträgt die gemeinsame Spitze der Größtverbraucher, an den Abnahmestellen gemessen, N_h und die Gesamtjahresabgabe E, so wird

$$N_{h\,o} = \frac{N_h}{\eta_L \cdot \eta_U}\ [\text{kW}] \quad \text{und} \quad E_o = \frac{E}{\eta_{LJ} \cdot \eta_{UJ}}\ [\text{kWh}].$$

Die Abnehmerkosten sind für die Größtverbraucher verhältnismäßig niedrig und daher nur von geringem Einfluß. In Abb. 102 wurde im linken Diagramm versucht, an Hand von Erfahrungszahlen eines großen Stromlieferungsunternehmens die Gestehungskosten für die Größtabnehmer in Abhängigkeit von der Benutzungsdauer, auf 1 kW bezogen, darzustellen. Als Stromerzeugungsanlagen wurden moderne Hochdruckdampfkraftwerke vorausgesetzt. Das Charakteristische der Versorgung von Größtverbrauchern ist das Überwiegen der Erzeugungskosten und die Bedeutungslosigkeit der Abnehmer- und Generalunkosten gegenüber den ersteren. Würde unser

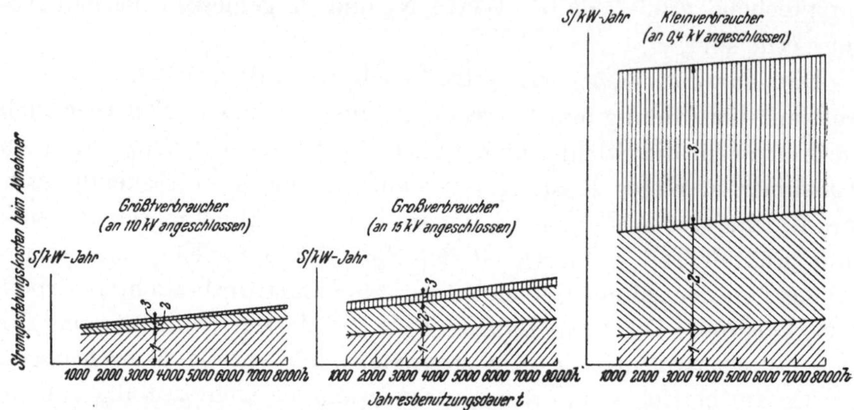

Abb. 102. Jahresgestehungskosten der elektrischen Energie je kW Höchstabnahme, bezogen auf den Abnehmer in einem großen Überlandversorgungsunternehmen mit hochwertigen Braunkohlenkraftwerken.
1 Erzeugungskosten, 2 Fortleitungskosten. 3 Abnehmer- und Generalunkosten.

Versorgungssystem dagegen nur Großabnehmer umfassen, so erhöhen sich die Gestehungskosten um den Aufwand für das Mittelspannungsnetz. Die von den Kraftwerken abzugebende Höchstleistung und Jahresarbeit ist dann

$$N_{h\,o} = \frac{N_h}{(\eta_L \cdot \eta_U)_I \cdot (\eta_L \cdot \eta_U)_{II}} \ [\text{kW}] \ \text{und}$$

$$E_o = \frac{E}{(\eta_{LJ} \cdot \eta_{UJ})_I \cdot (\eta_{LJ} \cdot \eta_{UJ})_{II}} \ [\text{kWh}],$$

wenn mit dem Index I das 110 kV-Netz und mit II das 15 kV-Netz gekennzeichnet wird. Die Kostencharakteristik für die Versorgung von Großverbrauchern zeigt das mittlere Diagramm der Abb. 102. Es tritt der wesentlich höhere Anteil der Übertragungskosten in Erscheinung, der nur wenig hinter dem der Erzeugung zurückbleibt. In ähnlicher Weise kann man sich den Fall einer alleinigen Niederspannungsabgabe behandelt denken. Das aus den Wirkungsgraden gebildete Produkt ist noch um ein Glied III für das Niederspannungsnetz zu erweitern. Ebenso vergrößert sich auch

$$\Sigma\, \alpha_L \cdot a_L \cdot L + \Sigma\, \alpha_U \cdot a_U \cdot N_U \ [\text{S/Jahr}]$$

um den Anteil der betreffenden Niederspannungsnetze. Für Kleinverbraucher ist die Kostencharakteristik im rechten Schaubild wiedergegeben. Hier betragen die Übertragungskosten bereits ein Mehrfaches der Erzeugungskosten, die Abnehmer- und Generalunkosten sind aber zum größten Posten geworden, da die Abnehmerkosten bei den kleinen Einzelabnehmern jede kW-Leistung ungleich größer belasten als bei Groß- und Größtverbrauchern. Wenn also der von Kleinabnehmern zu bezahlende Strompreis ein Mehrfaches des von industriellen Betrieben geforderten beträgt, so ist dies nach dem Diagramm der Abb. 102 ohne weiteres erklärlich. Hinzu kommt noch, daß die Benutzungsdauer der vom Kleinverbraucher beanspruchten Leistung wesentlich geringer ist als beim Großverbraucher, so daß, auf eine kWh bezogen, der zahlenmäßige Unterschied noch mehr in Erscheinung tritt.

Praktisch haben wir es nun nicht mit Versorgungssystemen zu tun, die nur Größtverbraucher oder Groß- oder Kleinabnehmer aufweisen, wie wir es oben der Anschaulichkeit halber angenommen haben, sondern mit einer Mischung dieser Verbrauchergruppen, in denen die einzelnen Abnehmer durch ähnliche Belastungsweise gekennzeichnete Untergruppen bilden. Es entsteht nun die Frage, wie teilt man die Gesamtkosten K angemessen auf die einzelnen Abnehmer auf. Für die abnehmerabhängigen Kosten K_A ist dies kein Problem, da sie ja, wie erwähnt, je Meßstelle anfallen, ebenso sind die arbeitsabhängigen Erzeugungskosten

$$\frac{n_o \cdot E_o}{100} \ [\mathrm{S/kW \cdot Jahr}]$$

verhältnismäßig einfach auf die Abnehmer umzulegen, wenn man, wie oben, die durchschnittlichen Verluste der in Anspruch genommenen Netzteile berücksichtigt und auf weitere Verfeinerungen verzichtet. Die Generalunkosten können auf verschiedene Weise umgelegt werden, am einfachsten proportional dem Anschlußwert der Verbraucher. Schwierig dagegen ist die Lösung der Aufgabe bei den leistungsabhängigen Kostengliedern. Es würde im Rahmen dieser Darlegungen zu weit führen, auf die verschiedenen vorgeschlagenen Methoden für die Kostenverteilung einzugehen, die zum Teil, wie das sogenannte Benutzungsdauerverfahren (2), recht umständlich sind. Es kommt hier nur darauf an, die Problemstellung und die grundsätzlichen Gedankengänge zur Lösung der Aufgabe zu erörtern.

Grundsätzlich ist auf jeden Abnehmer jener Anteil an den leistungsabhängigen Kosten umzulegen, der sich aus seinem Anteil an der Jahreshöchstbelastung des Kraftwerkes und der Netzteile, die von ihm in Anspruch genommen werden, ergibt. Ebensowenig, wie man die

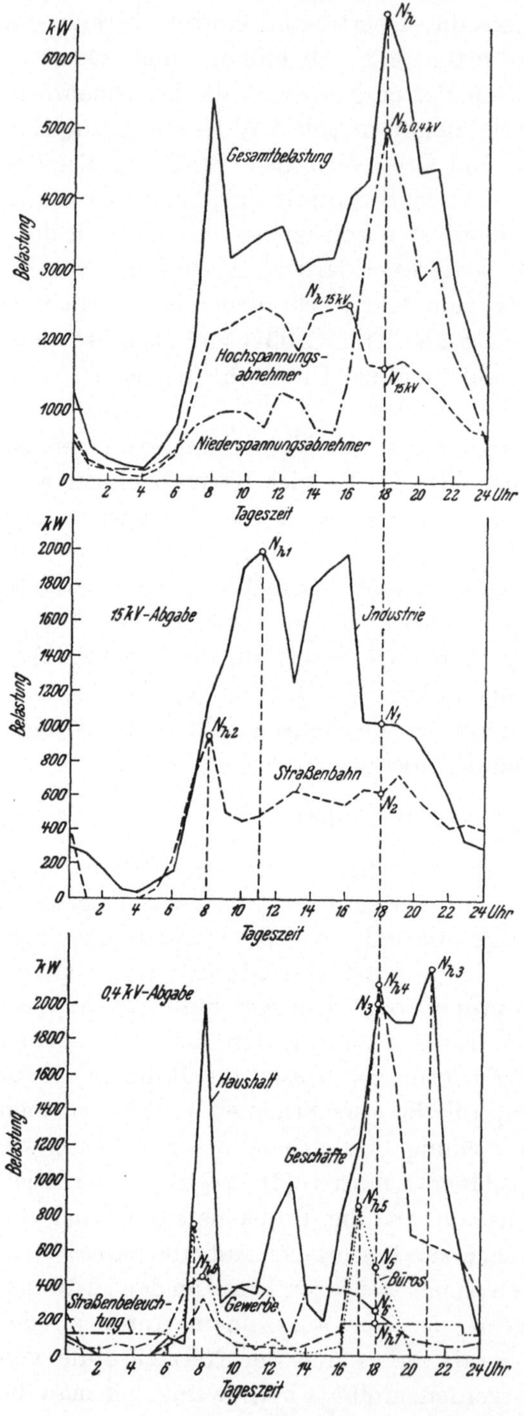

einzelnen Abnehmer nach ihrer Entfernung vom Speisepunkt verschieden behandeln kann, ist es praktisch unmöglich, jeden Abnehmer entsprechend seinem Anteil an den leistungsabhängigen Kosten individuell zu betrachten. Beides wird man praktisch nur bei Größtabnehmern tun können. Bei der großen Masse der Verbraucher aber wird man sich damit begnügen müssen, sie in Gruppen mit ähnlichen Belastungsverhältnissen einzuordnen. Greifen wir eine solche Gruppe ähnlicher Abnehmer heraus, so sei die arithmetische Summe von deren Einzelhöchstleistungen $\varSigma\,\mathrm{N_{hy}}$ kW. Da auch bei Verbrauchern mit ähnlichem Belastungscharakter die Einzelspitzen zeitlich nicht zusammenfallen, so wird die gemeinsame Höchstlast dieser Gruppe $\mathrm{N_{hx}}$ kleiner sein als $\varSigma\,\mathrm{N_{hy}}$. Man nennt das Verhältnis

$$\frac{\mathrm{N_{hx}}}{\varSigma\,\mathrm{N_{hy}}} = \psi$$

den *Gleichzeitigkeitsfaktor* der betreffenden Abneh-

Abb. 103. Analyse der Belastung eines mittleren städtischen Versorgungsgebietes an einem Wintertag.

mergruppe. Der Gleichzeitigkeitsfaktor einer Gruppe ist sehr stark
von der Höhe der Benutzungsdauer dieser ähnlichen Abnehmer abhängig. Je höher die Benutzungsdauer ist, um so mehr nähert sich
der Gleichzeitigkeitsfaktor dem Werte 1. Je kleiner sie ist, um so
größer wird die Wahrscheinlichkeit, daß die einzelnen Spitzen zeitlich nicht zusammenfallen, um so niedrigere Werte ψ sind zu erwarten.
Die *Bewag* (35) hat einzelne Messungen durchgeführt und folgende
Ziffern gefunden:

$$\begin{aligned}
&\text{für Büros} \dots \dots \dots \dots \dots \dots 0{,}593 \\
&\text{für Hotels und Pensionen} \dots \dots 0{,}91 \\
&\text{für Vergnügungsstätten} \dots \dots 0{,}665 \\
&\text{für Theater und Kinos} \dots \dots 0{,}673 \\
&\text{für Großabnehmer} \dots \dots \dots 0{,}65\text{—}0{,}8.
\end{aligned}$$

Es kommt also zunächst darauf an, die Abnehmer in richtiger Weise
zu Gruppen zusammenzufassen und ein charakteristisches Tagesdiagramm jeder Gruppe unter Berücksichtigung des Gleichzeitigkeitsfaktors für den Tag der höchsten Gesamtbelastung aufzustellen. Der
weitere Gang der Überlegungen sei wieder am besten an einem *Beispiel*, und zwar an einer mittleren städtischen Versorgung erläutert.
Im unteren Diagramm der Abb. 103 sind die Gruppen-Tages-
belastungskurven der Niederspannungsabnehmer aufgezeichnet. Es
sind folgende Gruppen gewählt worden: Haushalte, Geschäfte,
Gewerbebetriebe, Büros und Straßenbeleuchtung. Die Kurven geben
auch ein Bild über den Verlauf des Tagesverbrauches dieser Abnehmer,
wobei bei der Gruppe Haushalt der Einfluß des elektrischen Kochens
in den Mittagsstunden auffällt. Im obersten Diagramm ist in einem
verkleinerten Maßstab die Summenkurve des Niederspannungs-
verbrauches eingetragen. Man sieht, daß die Spitze der Niederspan-
nungsbelastung $N_{h\,0,4}$ bei 18 h liegt. Das Verhältnis der Anteile der
Einzelgruppen an der Gesamtspitze zur Gruppenspitze errechnet
sich wie folgt:

$$\begin{aligned}
\text{Haushalte} \dots \dots \dots & \quad \frac{N_3}{N_{h3}} = \frac{2000}{2250} = 0{,}91 \\[2mm]
\text{Büros} \dots \dots \dots & \quad \frac{N_5}{N_{h5}} = \frac{500}{850} = 0{,}59 \\[2mm]
\text{Geschäfte} \dots \dots & \quad \frac{N_4}{N_{h4}} = \frac{2110}{2110} = 1 \\[2mm]
\text{Gewerbliche Betriebe} \;. & \quad \frac{N_6}{N_{h6}} = \frac{260}{440} = 0{,}59 \\[2mm]
\text{Straßenbeleuchtung} \;. \;. & \quad \frac{N_7}{N_{h7}} = \frac{180}{180} = 1
\end{aligned}$$

Der Gleichzeitigkeitsfaktor der Niederspannungsgruppen, auf den Niederspannungsspitzenverbrauch bezogen, beträgt

$$\psi_{0,4} = \frac{N_{h\,0,4}}{\sum\limits_{3}^{7} N_h} = \frac{5000}{2200 + 850 + 2110 + 260 + 110} = 0,87.$$

In gleicher Weise kann man die Hochspannungsabnehmer behandeln. Die beiden hier gebildeten Abnehmergruppen Industrie und Straßenbahnen weisen den im mittleren Diagramm angedeuteten Belastungsverlauf auf. Die Summenkurve des Hochspannungsverbrauches finden wir im obersten Diagramm. Aus den Verbrauchskurven der Niederspannungs- und Hochspannungsabnehmer wurde dann die Gesamtbelastung mit der Spitzenleistung N_h ermittelt, die zeitlich mit der Spitze $N_{h\,0,4}$ zusammenfällt.

An Hand dieser Diagramme können wir nun den Anteil irgendeiner Verbrauchergruppe, z. B. der Büros, an den gesamten leistungsabhängigen Gestehungskosten feststellen:

1. *Kostenanteil am Niederspannungsnetz*:

$$\left(\alpha_L \cdot a_L \cdot L + \sum_1^z \alpha_U \cdot a_U \cdot N_U\right)_N \cdot \frac{N_5}{N_{h\,0,4}} =$$

$$= \left(\alpha_L \cdot a_L \cdot L + \sum_1^z \alpha_U \cdot a_U \cdot N_U\right) \cdot \frac{500}{5000} =$$

$$= \left(\alpha_L \cdot a_L \cdot L + \sum_1^z \alpha_U \cdot a_U \cdot N_U\right) \cdot 0,1 \quad [\text{S/Jahr}].$$

$\sum\limits_1^z \alpha_U \cdot a_U \cdot N_U$ stellt die Jahreskosten sämtlicher Umspannstationen dar.

2. *Kostenanteil am Mittelspannungsnetz*:

$$(\alpha_L \cdot a_L \cdot L + \Sigma \alpha_U \cdot a_U \cdot N_U)_M \cdot \frac{N_5}{(\eta_L \cdot \eta_U)_N} \cdot \frac{1}{\dfrac{N_{h\,0,4}}{(\eta_L \cdot \eta_U)_N} + N_{15}}$$

Nimmt man den Wirkungsgrad des Niederspannungsnetzes bei Höchstlast beispielsweise 0,9 an, so erhält man durch Einsetzen der Zahlen

$$(\alpha_L \cdot a_L \cdot L + \Sigma \alpha_U \cdot a_U \cdot N_U)_M \cdot \frac{500}{0,9} \cdot \frac{1}{\dfrac{5000}{0,9} + 1650} =$$

$$= (\alpha_L \cdot a_L \cdot L + \Sigma \alpha_U \cdot a_U \cdot N_U)_M \cdot 0,07 \quad [\text{S/Jahr}].$$

3. *Kostenanteil am Kraftwerk*. (Der Einfachheit halber direkte Einspeisung des Kraftwerkes in das Mittelspannungsnetz angenommen).

$$m_0 \cdot \frac{N_5}{(\eta_L \cdot \eta_U)_N \cdot (\eta_L \cdot \eta_U)_M} = m_0 \cdot \frac{500}{0,9 \cdot 0,87} = 640 \, m_0 \quad [\text{S/Jahr}].$$

Die auf die Verbrauchergruppe entfallenden leistungsabhängigen Kosten betragen somit

$$K' = (\alpha_L \cdot a_L \cdot L + \Sigma \, \alpha_U \cdot a_U \cdot N_U)_N \cdot 0,1 +$$
$$+ (\alpha_L \cdot a_L \cdot L + \Sigma \, \alpha_U \cdot a_U \cdot N_U)_M \cdot 0,07 + 640 \, m_0 \quad [\text{S/Jahr}].$$

Es interessiert aber nun: Welche Gestehungskosten erwachsen für die Leistungseinheit bei *jedem* Abnehmer? Bei Kleinverbrauchern ist es üblich, die leistungsabhängigen Kosten auf den Anschlußwert zu beziehen, da es nicht wirtschaftlich wäre, bei Kleinverbrauchern die für die Feststellung der Spitzenleistung erforderlichen umfangreicheren Zähleranlagen aufzustellen. Der Anschlußwert ist die Summe der Nennleistungen aller angeschlossenen Stromverbrauchsstellen des betreffenden Abnehmers. Die höchste Abnahme ist kleiner als der Anschlußwert, da nicht gleichzeitig alle Verbrauchsstellen eingeschaltet sind. Bezeichnen wir die Summe der Anschlußwerte aller Abnehmer der Gruppe N_{iA} und das durchschnittliche Verhältnis Anschlußwert zur Höchstlast mit ϱ, so ist die Summe der Höchstlasten der Gruppe

$$\frac{N_{iA}}{\varrho} \quad [\text{kW}].$$

Die Spitzenleistung der Gruppe N_{hx} wird dann unter Berücksichtigung des Gleichzeitigkeitsfaktors ψ_x

$$N_{hx} = \frac{N_{iA}}{\varrho} \cdot \psi_x = N_x \cdot \left(\frac{N_{hx}}{N_x} \right).$$

Der Anteil der betreffenden Gruppe an der Belastungsspitze N_x ist

$$N_x = \frac{\psi_x}{\varrho} \cdot N_{iA} \left(\frac{N_x}{N_{hx}} \right) \quad [\text{kW}].$$

In unserem Beispiel war $N_x = N_5 = 500 \, \text{kW}$, $N_5/N_{h5} = 0,59$, ψ_5 wollen wir nach den Ermittlungen der *Bewag* mit 0,593 und ϱ mit 1,15 annehmen. Mit diesen Zahlen läßt sich der Anschlußwert der Gruppe N_{iA} zurückrechnen zu

$$N_{iA} = 500 \cdot \frac{1,15}{0,593} \cdot \frac{1}{0,59} = 1640 \, \text{kW}.$$

Für die Abnehmergruppe „Büros" stellen sich somit die leistungsabhängigen Gestehungskosten der elektrischen Energie je kW Anschlußwert auf

$$\frac{(\alpha_L \cdot a_L \cdot L + \Sigma \, \alpha_U \cdot a_U \cdot N_U)_N}{16400} +$$
$$+ \frac{(\alpha_L \cdot a_L \cdot L + \Sigma \, \alpha_U \cdot a_U \cdot N_U)_M}{23300} + 0,39 \, m_0 \quad [\text{S/kW-Jahr}].$$

In gleicher Weise kann man die anteiligen Gestehungskosten für die anderen Verbrauchergruppen ermitteln. Diese Darlegungen zeigen schon, daß eine einigermaßen zutreffende Kostenverteilung nur auf Grundlage einer sorgfältigen Verbrauchsanalyse möglich ist. Da die Gestehungskosten die Basis für die Preisbildung darstellen, so ist es für die Erstellung von verbrauchsfördernden Stromtarifen von größter Bedeutung, wenn die großen Versorgungsunternehmen in neuerer Zeit der Absatzanalyse ein stärkeres Interesse widmen. Der unsicherste Faktor bei der Kostenaufteilung ist zweifellos der Anteil der einzelnen Gruppen an der Gesamtspitze. Bei dem gerade in der Spitzenzeit steilen Verlauf der Belastungskurve können Verschiebungen um eine Viertelstunde bereits das Verhältnis der Leitungsanteile merklich ändern und damit auch die Gestehungskosten für die verschiedenen Verbrauchergruppen entsprechend beeinflussen. Diese Erkenntnis hat mit dazu beigetragen, dieses hier geschilderte, theoretisch zweifellos richtige sogenannte *Spitzenanteilverfahren* der Kostenaufteilung noch zu verfeinern, bzw. durch Rechnungsmethoden zu ergänzen, die die Gruppenspitzen und den Belastungsverlauf der Gruppen berücksichtigen. Es würde hier aber, wie schon betont, zu weit führen, auf diese ziemlich umständliche Rechnungsverfahren im einzelnen einzugehen.

40. Übersicht über die gebräuchlichsten Tarifformen.

Die Stromgestehungskosten beim Abnehmer sind die Grundlage für die Erstellung der Strompreise, die im Laufe der Zeit eine Wissenschaft für sich geworden ist und zu einer Vielzahl von Tarifformen geführt hat. Bevor wir uns mit grundsätzlichen Fragen der Strompreisgestaltung befassen, sei ein Überblick über die gebräuchlichsten Tarifarten gegeben. Es wurde verschiedentlich versucht, diese mannigfaltigen Tarifformen in ein Schema einzuordnen. Die meisten dieser Vorschläge kranken daran, daß sie zwar im großen und ganzen das Kennzeichnende der Tarife herausstellen, einzelne Tarifarten aber nicht eindeutig unterbringen können. Am ehesten scheint die von *Schneider* (2) benutzte Unterteilung in

1. Tarifformen ohne Begrenzungen,
2. Tarifformen mit Begrenzungen

zu entsprechen. Wir wollen uns hier an dieses Kriterium halten und die Tarife dementsprechend zusammenfassen. Unter den Tarifen *ohne* Begrenzung ist zweifellos der einfachste der Pauschaltarif.

a) *Der Pauschaltarif.* Dieser Tarif geht von der gebrauchten Leistung als Bezugsgröße aus. Ist N_A die Abnehmerspitze [kW] und c_1 der Pauschalpreis [S/kW · Jahr], so sind die Jahresausgaben

$$P = c_1 \cdot N_A \quad [\text{S/Jahr}]$$

der Strompreis je kWh beträgt dann

$$p_A = \frac{100\,P}{E} = 100 \cdot c_1 \cdot \frac{N_A}{E} = 100 \cdot \frac{c_1}{t} \quad [\text{g/kWh}].$$

In Abb. 104 wurde versucht, die Jahresausgaben c_1 und den Strompreis p_A in Abhängigkeit von der Benutzungsdauer darzustellen.

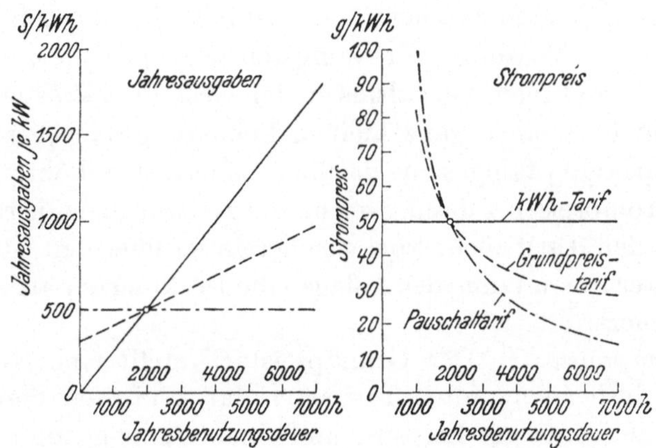

Abb. 104. Stromtarife ohne Begrenzungen.

Der Pauschaltarif fand seinerzeit in erster Linie in Netzen mit Wasserkraftversorgung mit niedrig ausgebauten Kraftwerken Anwendung. Er entspricht ja auch der Kostencharakteristik von Netzen mit Wasserkraftanlagen am ehesten. Sein Vorteil liegt in der Einfachheit der Erfassung der Abnahme und der Verrechnung. Die beanspruchte Höchstleistung ist durch einen Höchstleistungsanzeiger feststellbar, an ihrer Stelle kann auch als indirekte Meßgröße der Anschlußwert eingeführt werden. Will sich das Unternehmen versichern, daß der Abnehmer die vereinbarte, zu bezahlende Leistung nicht überschreitet, so lassen sich sogenannte Strombegrenzer verwenden, die bei Überschreiten der eingestellten Strommenge das Licht zum Flackern bringen. Werden solche Apparate eingebaut, so erspart sich das Versorgungsunternehmen jede Messung und Kontrolle beim Abnehmer.

b) *Reiner kWh-Tarif*. Das andere Extrem ist der reine kWh-Tarif. Bei diesem wird der Preis der abgegebenen kWh mit c_2 [g/kWh] festgelegt.

$$p_A = c_2 \; [\text{g/kWh}].$$

Der jährliche Aufwand beträgt hann

$$P = \frac{c_2}{100} \cdot E \; [\text{S/Jahr}].$$

Auch diese Kostenkurven sind in der Abb. 104 dargestellt, wobei die Gesamtkosten P auf 1 kW bezogen wurden, um einen Vergleich mit dem Pauschaltarif zu erhalten. Die leistungsabhängigen bzw. festen Kosten müssen hier in dem Preis der kWh mitausgedrückt werden. Bei sehr weitgehender Abweichung von der Charakteristik der Gestehungskosten erscheint der kWh-Tarif, abgesehen von der Einfachheit der Messung, am wenigsten dazu geeignet, den Strompreis in einem richtigen Verhältnis zu den Gestehungskosten zu halten. Er wird nur über einen ganz kleinen Benutzungsdauerbereich an die Kosten anpassungsfähig sein, darüber hinaus zu erhöhten, darunter aber zu Strompreisen führen, welche die Kosten nicht hereinbringen, wenn man den Tarif nicht von vornherein so überhöht, daß er auch bei geringerer Ausnutzung der Anlagen die Deckung der aufgewendeten Kosten sichert.

c) *Grundpreistarif*. Der Grundpreistarif stellt eine Kombination der beiden bisher genannten Tarifarten dar, und zwar derart, daß er aus einem die benötigte Leistung und einem die abgenommene Arbeit erfassenden Glied besteht. Durch diese Aufteilung des Strompreises in „feste“ und der kWh-Zahl proportionale Beträge kann man der Kostencharakteristik am nächsten kommen. Dieser Grundpreistarif hat die Form

$$P = c_1 \cdot N_A + \frac{c_2 \cdot E}{100} \; [\text{S/Jahr}],$$

bzw. auf den spezifischen Strompreis umgerechnet

$$p_A = 100 \cdot c_1 \cdot \frac{N_A}{E} + c_2 = 100 \cdot \frac{c_1}{t} + c_2 \; [\text{g/kWh}].$$

In Abb. 104 ist auch dieser Tarif dargestellt, im linken Diagramm sind die Jahresausgaben, auf 1 kW bezogen, aufgetragen. Man sieht, daß der Grundpreistarif zwischen Pauschal- und kWh-Tarif liegt und sich dem einen oder anderen nähert, je nachdem, in welchem Verhältnis der Grundpreis c_1 und der Arbeitspreis c_2 zueinander gewählt werden. Mit der Bedeutung dieses Verhältnisses in tarifpolitischer Beziehung werden wir uns im nächsten Abschnitt noch näher beschäftigen.

Der Grundpreistarif ist der heute am meisten angewandte, wobei vielfach noch verschiedene Verfeinerungen durch Einführung von Begrenzungen vorgenommen werden. Bei Großabnehmern wird man die Spitzenleistung neben der kWh-Zahl messen. Um Zufälligkeiten und damit ungerechte Bewertungen auszuschalten, ist es üblich, die maximal während einer Viertelstunde auftretende Leistung oder Mittelwerte von mehreren Spitzenleistungen als Bemessungsgrundlage für das Leistungsglied des Tarifes zugrundezulegen. Man spricht dann hier von einem *Leistungspreis*. Bei Kleinabnehmern wird man auf den Einbau des zusätzlichen Höchstlastmeßinstrumentes verzichten und die Höchstleistung indirekt durch die Einführung anderer geeigneter Bezugsgrößen erfassen. Neben dem Anschlußwert hat sich in neuerer Zeit bei Haushalten die Zimmerzahl, mitunter in Verbindung mit der Personenzahl eingebürgert, bei landwirtschaftlichen Betrieben finden wir als Meßgröße für den Grundpreis die landwirtschaftliche Nutzfläche.

Den bisher erläuterten Tarifen ist gemeinsam, daß sie auf feste Werte aufgebaut sind, die zwar den Eigenheiten der einzelnen Abnehmergruppen angepaßt werden können, ist dies geschehen, jedoch ihren Wert bei allen Verhältnissen beibehalten. Bei Grundpreistarifen ist eine Veränderlichkeit des Preises bei abweichender Benutzungsdauer gewahrt und kann ein Anreiz zum Mehrverbrauch durch geeignete Wahl der Konstanten c_1 und c_2 geschaffen werden; beim Pauschaltarif und beim reinen kWh-Tarif dagegen ist dies nicht der Fall. Es kam daher der Wunsch auf, diese festen Werte innerhalb von gewissen Grenzen veränderlich zu machen und so eine größere Anpassungsfähigkeit zu erreichen. Je nach den gewählten Grenzbedingungen spricht man von Tarifen mit Arbeits-, Leistungs-, Benutzungsdauer- und Zeitgrenzen.

d) *kWh-Tarif mit Arbeitsgrenzen.* Zu den kWh-Tarifen mit Arbeitsgrenzen gehören der Staffel- und der Zonentarif. Ein *Staffeltarif* ist im unteren Teil der Abb. 105 dargestellt. In diesem Beispiel beträgt der Preis der kWh bei einer monatlichen Abnahme von

0—100 kWh für *alle* kWh 50 g/kWh,

mehr als 100—300 ,, ,, ,, ,, 40 ,, ,

,, ,, 300—500 ,, ,, ,, ,, 35 ,, ,

,, ,, 500 ,, ,, ,, ,, 30 ,, .

Trägt man die monatlichen Ausgaben über der monatlichen Abnahme auf, so erhält man einen Linienzug mit unstetigen Übergängen, die den Stufen der Strompreise entsprechen. Diesen Schönheitsfehler vermeidet der *Zonentarif* (oberer Teil der Abb. 105). Für das angeführte Beispiel lautet der Tarif:

für die ersten   100 kWh im Monat   40 g/kWh,
„   „ nächsten 200   „   „   „   30   „   ,
„   „   „   200   „   „   „   20   „   ,
„ alle weiteren kWh   „   „   15   „   .

Der Unterschied zwischen den beiden Tarifarten geht klar aus dem Vergleich der Kurven hervor.

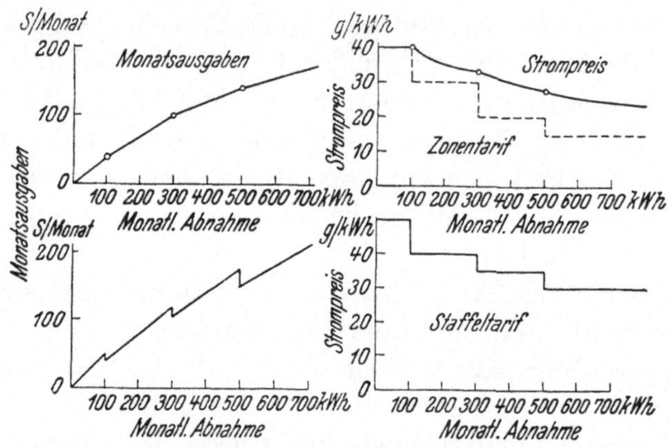

Abb. 105. Staffel- und Zonentarife.

e) *Pauschaltarif mit Leistungsgrenzen.* Dem kWh-Tarif mit Arbeitsgrenzen entspricht sinngemäß ein Pauschaltarif mit Leistungsgrenzen. Seine Berechtigung ist insoferne gegeben, als, wie wir festgestellt haben, ein Teil der Gestehungskosten sowohl von der Leistungshöhe als auch von der Arbeitsmenge unabhängig ist. Ein solcher Tarif hat folgenden Aufbau:

für einen Anschlußwert von 50 Watt sind 35 S/Jahr,
„   „   „   „ 100 „   „ 60   „ ,
„   „   „   „ 200 „   „ 105   „

zu bezahlen. Eine andere Form eines Tarifes mit Leistungsgrenzen ist der sogenannte *Überverbrauchstarif.* Dieser Tarif beruht darauf, daß die elektrische Energie, die *unter* einer bestimmten vereinbarten Leistung abgenommen wird, zu einem niedrigeren Einheitspreis als die über diese Grenze hinaus fallende berechnet wird. Diese Tarifform erfordert einen sogenannten Überverbrauchszähler, der erst bei einer bestimmten Leistung anläuft. Dieser Überverbrauchstarif wird sowohl als Pauschaltarif an Stelle des unter a) erläuterten

Tarifes mit Strombegrenzung, aber auch in Kombination mit einem Grundpreistarif verwendet, wobei im allgemeinen zusätzlich noch Zeitgrenzen eingeführt werden.

f) *kWh-Tarif mit Benutzungsdauergrenzen.* Der Nachteil der kWh-Tarife mit Arbeitsgrenzen ist darin zu sehen, daß sie die Ausnutzung der bezogenen Höchstleistung nicht erfassen. Man kann diesem Mangel dadurch begegnen, daß man statt der Arbeitsgrenzen eine Staffelung nach der Benutzungsdauer einführt. Das Beispiel eines solchen Tarifes zeigt Abb. 106, und zwar als Zonentarif. Der Ansatz lautet folgendermaßen:

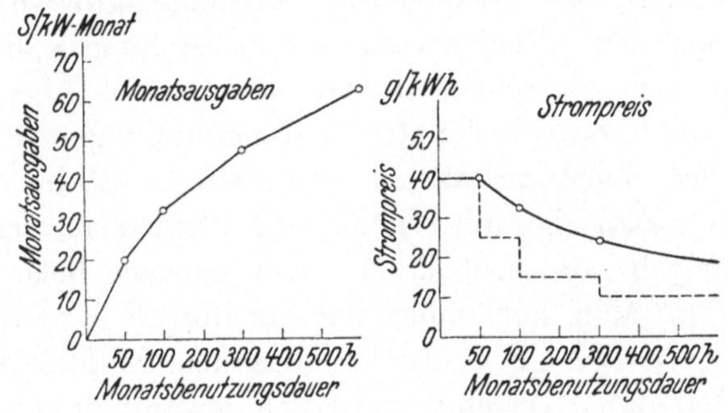

Abb. 106. Benutzungsdauer-Zonentarif.

Der Preis beträgt für

die ersten	50 kWh/kW und Monat	40 g/kWh,
„ nächsten	50 „ „ „	25 „ ,
„ „ 200 „ „ „	15 „ ,
alle weiteren	„ „ „	10 „ .

Man gelangt dann zu den in Abb. 106 dargestellten Preiskurven. An Stelle des Zonentarifes kann auch ein Staffeltarif mit Benutzungsdauergrenzen angewendet werden, doch gilt für diesen das unter d) Gesagte.

g) *Tarife mit Zeitgrenzen.* Tarife mit Zeitgrenzen haben im wesentlichen das Ziel, eine Verlegung der Abnahme aus der Zeit des Höchstleistungsbedarfes in leistungsschwache Zeiten und auf diese Weise eine Vergleichmäßigung der Belastungskurve herbeizuführen. Man spricht von Zweifach- und Dreifachtarifen, je nachdem, ob man in der Zeit der Abendspitze, der sogenannten „Sperrzeit", einen erhöhten Arbeitspreis verlangt oder ob man auch noch eine preisliche Unterscheidung zwischen Nacht- und Tagesstunden macht. Mehrfachtarife finden in Verbindung mit anderen Tarifen, wie z. B. dem

Grundpreistarif, in Netzen mit hydraulischer Energiebasis Anwendung, wobei nicht nur eine Differenzierung des Strompreises nach der Tageszeit, sondern auch noch nach Sommer. und Winter erfolgt.

h) *Scheinleistungstarife.* Der Überblick über die gebräuchlichen Tarifformen wäre unvollständig, würden nicht auch noch die sogenannten Scheinleistungstarife Erwähnung finden. Wir haben bereits im 35. Abschnitt feststellen können, welchen Einfluß der Leistungsfaktor $\cos \varphi$ auf die Fortleitungskosten der elektrischen Energie ausübt. Er wirkt sich aber nicht nur auf deren Höhe, sondern auch auf die Anschaffungspreise und Verluste der Generatoren und Umspanner aus. Schlechter Leistungsfaktor bedeutet eine nicht unwesentliche Verteuerung der Gestehungskosten, weshalb die Versorgungsunternehmen immer mehr dazu übergingen, ihre Abnehmer durch entsprechende Tarifbestimmungen zu einer Verbesserung des Leistungsfaktors anzuhalten. Hohe Blindströme werden durch Betriebe mit vielen und kleinen mechanischen Antrieben verursacht, die noch längere Zeit schwach belastet sind oder leer mitlaufen. Man hat daher die Tarifformel in Großabnehmerverträgen durch ein Glied ergänzt, das den Einfluß des $\cos \varphi$ erfaßt. Man hat dabei verschiedene Wege gewählt, und zwar begnügt man sich entweder bei den für Großverbraucher ausschließlich in Frage kommenden Grundpreistarifen damit, nur den Leistungs- bzw. Arbeitspreis zu korrigieren oder beide Preisglieder durch den Leistungsfaktor entsprechend zu beeinflussen. Über die Auswirkung des Leistungsfaktors auf die Gestehungskosten liegen verschiedene Untersuchungen vor. Tarifmäßig kann man den Leistungsfaktor grundsätzlich wie folgt berücksichtigen

$$P = \frac{c_1' \cdot N_A}{\cos \varphi} + \frac{c_2' \cdot E}{100} \quad [\text{S/Jahr}],$$

bzw.

$$p_A = \frac{100 \cdot c_1'}{t \cdot \cos \varphi} + c_2' \quad [\text{g/kWh}].$$

Man kann die leistungsabhängigen Kosten direkt auf die Scheinleistung abstellen und deren Spitze messen. Bezüglich näherer Einzelheiten sei auf die einschlägige Fachliteratur hingewiesen (36, 37).

41. Fragen der Strompreispolitik.

Nachdem wir uns im vorhergehenden Abschnitt einen Überblick über die wesentlichsten Tarifformen verschafft haben, ist nun die Frage zu beantworten, welche Tarifart kommt den praktischen

Bedürfnissen am nächsten? An einen Stromtarif werden im wesentlichen folgende Anforderungen gestellt:

1. Gewähr für die Deckung der Gestehungskosten.
2. Leichte Verständlichkeit.
3. Geringer Aufwand für Messung und Verrechnung.
4. Absatzfördernde Eigenschaften.
5. Günstige Auswirkungen auf die Ausnutzung der Versorgungsanlagen.

Die Forderung, daß die Strompreise die Gestehungskosten decken müssen, ist für eine gesunde Wirtschaft selbstverständlich und bedarf keiner näheren Erklärung. Von den einfachsten Tarifarten, dem Pauschal- und reinen kWh-Tarif, läßt sich der erstere infolge der überwiegenden arbeitsunabhängigen Kosten der Elektrizitätsversorgung, besonders bei Wasserkraftversorgung, eher an die Gestehungskosten anpassen, der kWh-Tarif dagegen erfüllt diese Voraussetzungen jedoch nur in einem ganz engen Bereich. Stellt man ihn vorsichtigerweise auf eine geringe Benutzungsdauer ab, so sind die Preise bei steigender Ausnutzung als überhöht anzusehen. Man hat daher versucht, diesem Übelstand durch von der Höhe der Energieabnahme abhängige Rabatte abzuhelfen, wobei allerdings nur die Benutzungsdauerbegrenzung dem Einfluß der Anlagenausnutzung auf die Kosten Rechnung trägt. Eine Übereinstimmung mit der Gestehungskostencharakteristik läßt sich durch den Grundpreistarif erzielen, bei dem man es jedenfalls in der Hand hat, die beiden Faktoren c_1 und c_2 an die entsprechenden Glieder der Gestehungskostenformel anzugleichen. Eine gewisse Einschränkung gilt nur hinsichtlich der Abnehmer- und Generalunkosten, die zwar leistungsunabhängig sind, jedoch auf die Leistung umgelegt gedacht werden müssen. Der Grundpreistarif ist in dieser Hinsicht allen anderen Tarifkonstruktionen zweifellos überlegen.

Die zweite Bedingung, eine für den Abnehmer klare und durchsichtige Tarifkonstruktion, wird am ehesten beim Pauschaltarif und beim reinen kWh-Tarif ohne Begrenzungen gewahrt. Die Erfahrungen haben gezeigt, daß für den Kleinabnehmer der Grundpreistarif weniger einleuchtend ist und es einer entsprechenden Aufklärungsarbeit seitens der Elektrizitätsversorgungsunternehmen bedarf, um Sinn und Vorteile des Grundpreistarifes dem Abnehmer näherzubringen. Das Verständnis fördernd ist die Einführung von leicht begreiflichen Bezugsgrößen für die Berechnung des Grundpreises, wie Zimmerzahl oder landwirtschaftliche Nutzfläche. Die

Tarife mit Begrenzung, vielleicht abgesehen von der Zeitbegrenzung, bieten hinsichtlich der leichteren Verständlichkeit keine Vorzüge gegenüber dem Grundpreistarif.

Beim hohen Anteil der Abnehmerkosten an den Gestehungskosten für die Kleinverbraucher (Abb. 102) spielt der Aufwand für die Messung und Verrechnung eine nicht unerhebliche Rolle. Die Überlegenheit des reinen Pauschaltarifes unter Verwendung von Strombegrenzern in dieser Hinsicht ist nicht zu bestreiten. Die Ablesekosten entfallen, die Verrechnung ist die denkbar einfachste. Reiner kWh-Tarif und Grundpreistarif sind in dieser Beziehung ziemlich gleichwertig, wenn man bei letzterem von festen Bezugsgrößen ausgeht, abgesehen von gelegentlichen Kontrollen der Bezugsgrößen. Tarife mit Preisstaffelung erfordern eine größere Verrechnungsarbeit.

Die beiden letzten Punkte (4 und 5) beeinflussen sich gegenseitig und sind daher zweckmäßigerweise gemeinsam zu betrachten. Stromabsatz und Ausnutzung der Erzeugungs- und Übertragungsanlagen sind Größen, die für die Gestaltung und Wirtschaftlichkeit der Gesamtenergieversorgung eines Gebietes bestimmend sind. Die Strompreise so zu erstellen, daß sie eine Aufwärtsentwicklung fördern, ist die Aufgabe einer zweckmäßigen und zielbewußten Strompreispolitik. Voraussetzung für eine Absatzförderung ist zunächst ein Tarif, der dem Abnehmer die Gewähr gibt, daß bei einem Mehrverbrauch der durchschnittliche Strompreis verringert wird, daß also auf diese Weise ein Anreiz zum Mehrverbrauch da ist. Dieser Forderung entspricht weder der Pauschaltarif noch der reine kWh-Tarif. Tarife mit mehreren Gebühren für Spitzenverbrauch sind eher als absatzhemmend anzusehen. Nur der Grundpreistarif und Tarife mit Preisabschlägen, die von der bezogenen Menge abhängig sind, können in dieser Hinsicht befriedigen. Wiegt man die Vor- und Nachteile der verschiedenen Typen Punkt für Punkt gegeneinander ab, so wird man, alles in allem genommen, dem Grundpreistarif eine Überlegenheit zusprechen müssen. Er hat auch im Laufe der Jahre eine immer steigendere Verbreitung gefunden und wird, wie bereits erwähnt, heute wohl als die beherrschende Tarifform sowohl für Groß- als auch für Kleinverbraucher betrachtet werden müssen. Wir wollen daher den weiteren Erörterungen den Grundpreistarif zugrundelegen.

Es ist eine alte Erkenntnis der Nationalökonomie, daß allgemein Preis und Konsum in einem funktionellen Zusammenhang stehen.

Sie gilt auch für die Elektrizitätsversorgung und kann uns durch folgende Überlegung nähergebracht werden. Wir gehen von einem größeren Versorgungssystem aus, das bei einem bestimmten mittleren Strompreis eine gewisse jährliche Energiemenge abgibt. Denken wir uns nun den mittleren Verkaufspreis der elektrischen Energie gesenkt, so werden neben einer Verbrauchssteigerung innerhalb des bisherigen Anwendungsbereiches der Elektrizitätsversorgung neue Absatzgebiete erschlossen werden, für die die Anwendung der Elektrizität bisher nicht wirtschaftlich tragbar war. Für das Wirksamwerden neuer Anwendungsgebiete sind die Äquivalenzpreise maßgebend, bei denen die elektrische Energie für den betreffenden Zweck gegenüber anderen Energiearten konkurrenzfähig wird, also die gleichen Jahreskosten verursacht. Wir haben bereits früher darauf hingewiesen, daß neben diesem rein wirtschaftlichen Moment die größere Sauberkeit und Einfachheit der Betriebsführung zugunsten der Verwendung von elektrischer Energie sprechen, so daß bereits bei über diesen wirtschaftlichen Grenzen liegenden Strompreisen ein gewisser Absatz für den betreffenden Zweck vorhanden sein wird. Da die meisten Versorgungsunternehmen schon seit einer längeren Reihe von Jahren bemüht waren, dem elektrischen Strom neue Anwendungsgebiete, vornehmlich auf dem Wärmesektor, zu erschließen, so dürften sich die Äquivalenzpreise und die Ansätze der einzelnen Verbrauchskurven nicht nur durch rein rechnerische Wirtschaftlichkeitsuntersuchungen, sondern auch auf Grund von praktischen Erfahrungszahlen ermitteln lassen. In der Abb. 107 wurde als Abszisse der mittlere Strompreis gewählt und eingetragen, wie für die verschiedenen Anwendungs-

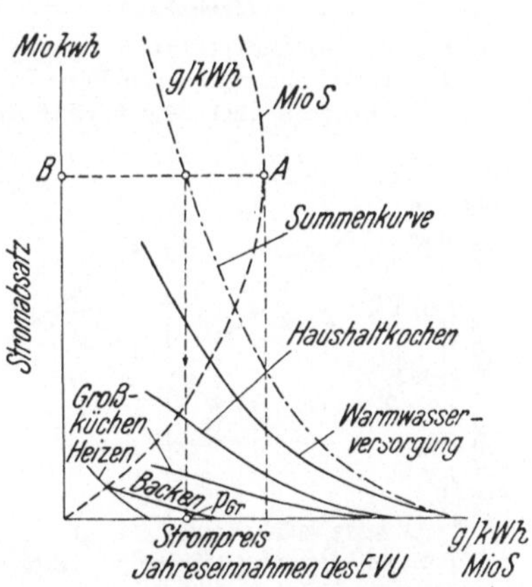

Abb. 107. Schematische Darstellung des Zusammenhanges zwischen Strompreis und Absatz.

zwecke auf dem Wärmegebiete die Äquivalenzpreise liegen. Mit abnehmendem Strompreis wird der Anreiz für eine Betriebsumstellung und damit der Absatz wachsen. Der praktisch mögliche Höchstabsatz für die einzelnen Anwendungsgebiete ließe sich durch statistische Erhebungen unschwer feststellen, eine gewisse Willkür liegt jedoch in der Aufzeichnung der Konsumanstiegskurve, deren Verlauf ja den bekannten

„Linien des natürlichen Wachstums" entspricht und etwa, wie in Abb. 107 angedeutet, zu erwarten ist. Für unsere rein überlegungsmäßigen Betrachtungen spielt der mehr oder weniger steile Verlauf dieser Kurven keine Rolle, es wurde daher auch kein Maßstab eingetragen. Addiert man die den einzelnen Strompreisen zugeordneten Energiemengen für die verschiedenen Verwendungszwecke, so erhält man die strichpunktiert gezeichnete Summenkurve, die für die betrachteten Anwendungsgebiete den Zusammenhang zwischen Strompreis und -absatz erkennen läßt.

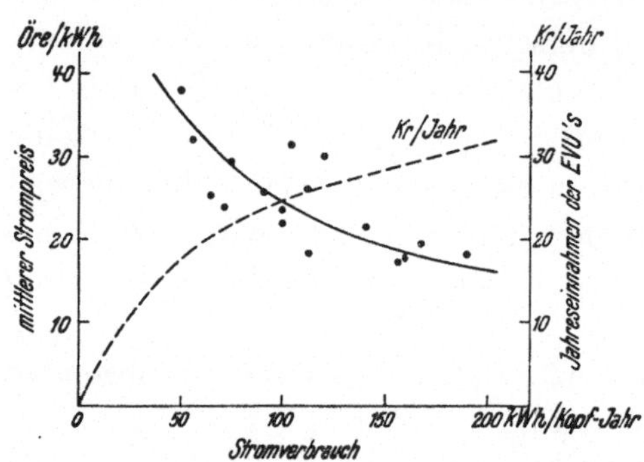

Abb. 108. Stromverbrauch der Kleinabnehmer und durchschnittlicher kWh-Preis in schwedischen Städten über 20.000 Einwohner.

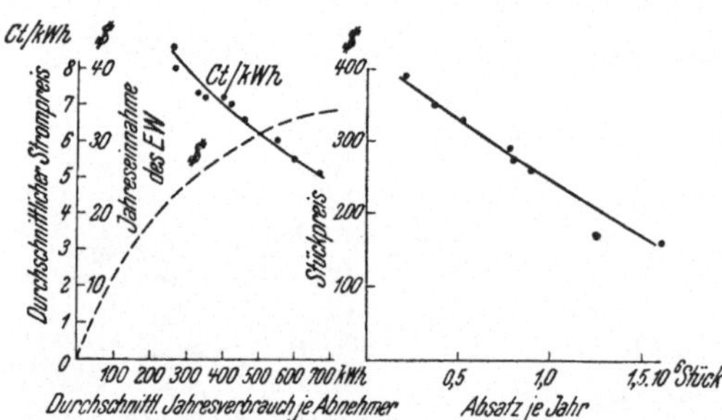

Abb. 109. Verbrauchsentwicklung in amerikanischen Haushaltungen, linkes Bild: Strompreis und Verbrauch je Haushalt, rechtes Bild: Preis und Absatz von elektrischen Kühlschränken.

Bildet man das Produkt Strompreis × Stromabsatz, so erhält man die zusätzlichen Jahreseinnahmen des Versorgungsunternehmens aus der Erschließung der neuen Anwendungsgebiete. Diese Kurve ist über dem Stromabsatz aufgetragen und zeigt im Punkt A ein Maximum, das einem durch den Punkt B bestimmten Mehrabsatz und einem durchschnittlichen Strompreis p_{Gr} entspricht. Eine weitere Senkung des durchschnittlichen Strompreises über p_{Gr} hinaus würde wohl den Absatz fördern, die Gesamteinnahmen jedoch wieder verringern, d. h. die Versorgung unwirtschaftlicher machen. In Wirklichkeit wird sich die Strompreisermäßigung auch auf den bisherigen Verbraucherkreis absatzfördernd auswirken, so daß die Absatz-Strompreiskurve steiler verläuft und das Einnahmenoptimum nach einem größeren Absatz hin rückt.

Diese theoretischen Überlegungen seien durch zwei praktische Beispiele ergänzt. Die Abb. 108 zeigt den Zusammenhang zwischen Stromverbrauch und Strompreis in den Niederspannungsnetzen von schwedischen Städten mit mehr als 20.000 Einwohnern. Man erkennt deutlich, daß, abgesehen von einer gewissen Streuung der Punkte, die durch besondere örtliche Verhältnisse bedingt ist, Strompreis und -verbrauch durch eine Kurve ziemlich eindeutig in Beziehung gebracht werden können. Die strichpunktierte Kurve gibt wieder die durchschnittlichen Jahreseinnahmen der Versorgungsunternehmen je Abnehmer an. Die Kurve entspricht dem untersten Ast der analogen Kurve in Abb. 107, der Maximalwert ist jedenfalls noch lange nicht erreicht.

Das zweite, in Abb. 109, linkes Diagramm, dargestellte Beispiel bezieht sich auf die Verbrauchsentwicklung in amerikanischen Haushalten. Wir finden hier wieder eine ähnlich verlaufende Preis-Absatzkurve bzw. Absatz-Jahreseinnahmenkurve wie vorhin. Die amerikanischen Statistiken weisen aber noch auf einen anderen wichtigen Umstand hin, und zwar auf den Einfluß der Anschaffungskosten für die Elektrogeräte auf den Stromabsatz. Sie spielen neben dem Strompreis für die Stromabsatzsteigerung eine nicht zu unterschätzende Rolle. Das rechte Diagramm der Abb. 108 zeigt den Zusammenhang zwischen dem durchschnittlichen Stückpreis von elektrischen Kühlschränken und dem jährlichen Absatz, wobei wir es mit einer Wechselwirkung zu tun haben, denn einerseits geben niedrige Verkaufspreise einen Anreiz zur Beschaffung des Gerätes, anderseits wirkt wieder der größere Umsatz verbilligend auf die Herstellungskosten. Die elektrische Versorgung hat vom Gesichtspunkte der Absatzsteigerung das allergrößte Interesse an der Entwicklung preiswerter, betriebssicherer und auch praktischer Elektrogeräte und sollte diese mit allen Kräften in Zusammenarbeit mit den einschlägigen Herstellerfirmen fördern.

Von grundsätzlicher Bedeutung ist auch die Frage, wie sich die Erschließung neuer Anwendungsgebiete auf die Ausnutzung der Erzeugungs- und Übertragungsanlagen auswirkt. Es ist dabei ein Unterschied zu machen zwischen Anwendungsgebieten, die keine Erweiterung der bestehenden Anlagen erfordern und solchen, die eine fühlbare Erhöhung der Gesamtspitze verursachen. Das Versorgungsunternehmen wird sein Interesse hauptsächlich auf die erstgenannte Gruppe richten, bringt sie doch bei hinreichend bemessenen Niederspannungsnetzen nur eine Vergrößerung der arbeitsabhängigen Gestehungskosten. Ein Beispiel für diesen Verbrauchertyp ist die Warmwasserbereitung mit Speicherung, die auf die Verwertung von Nachtstrom abgestellt ist. In Versorgungssystemen mit überwiegender Wasserkraftbasis gilt grundsätzlich dasselbe für Anwendungsgebiete, welche das inkonstante Jahresdargebot auszunutzen ermöglichen.

Welche Bedeutung der Charakter des Belastungszuwachses für die Wirtschaftlichkeit des Versorgungssystems hat, zeigt anschaulich Abb. 110. In dem Schaubild wurde, in Abhängigkeit von der jährlichen Energieabgabe, die Einnahmenkurve aufgezeichnet, für deren Verlauf die Kurven aus den Abb. 108 und 109 als Vorbild dienten. Außerdem enthält das Diagramm auch die Gestehungskosten-charakteristik, und zwar gilt die Linie I für den Fall, daß der Jahresverbrauch ohne Erweiterung der bestehenden Anlagen, also nur durch erhöhte Ausnutzung gedeckt werden kann, die Linie II als Mittellinie einer treppenförmig ansteigenden, durch den Ausbau neuer Anlagen bedingten Kostencharakteristik. Das Diagramm ist nur als schematische Darstellung gedacht und stützt sich nicht auf irgend ein zahlenmäßiges Beispiel.

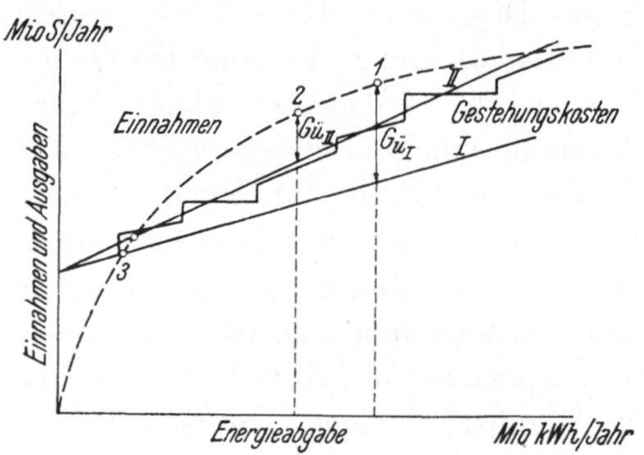

Abb. 110. Einnahmen- und Gestehungskostenentwicklung eines großen Versorgungssystems.

Man sieht, daß unter einer gewissen Energieabgabe (Punkt 3) die Gestehungskosten nicht mehr gedeckt werden. Von diesem Punkt an übersteigen die Einnahmen immer mehr die Gestehungskosten, die Differenz erreicht in Punkt 1 bzw. 2 einen Höchstwert und nimmt dann mit steigender Energieabgabe wieder auf 0 ab. Da wir eine normale Verzinsung nicht nur des Fremd-, sondern auch des Eigenkapitals bereits bei den Gestehungskosten eingerechnet haben, so handelt es sich bei dieser Differenz um einen darüber hinausgehenden Gewinn. Man sieht, daß er im Falle I erheblich größer als im Falle II ist und daß im ersten Falle sein Höchstwert bei einer größeren Energieabgabe, also bei niedrigeren durchschnittlichen Strompreisen, auftritt. Die Punkte 1 und 2 stellen die optimalen Energieproduktionen für das betreffende Versorgungsgebiet dar. Der Einnahmenüberschuß ist insofern bedeutungsvoll, als er im wesentlichen, als Rückstellung verwendet, der Selbstfinanzierung neuer Werke zugute kommt, bzw., was auf dasselbe hinausläuft, erhöhte Abschreibungen zuläßt.

Alle diese Punkte müssen bei der Strompreisgestaltung berücksichtigt werden. Eine statistische Erfassung der Zusammenhänge zwischen Absatz und Preis in der Vergangenheit, ein Austausch mit entsprechenden Erhebungen anderer Unternehmen, eingehende marktanalytische Studien über die Verwendungsmöglichkeiten der Elektrizität im betreffenden Versorgungsgebiet und über den zu erwartenden Verbrauchszuwachs unter Berücksichtigung der Äquivalenzpreise sind wertvolle Hilfsmittel für den Tariffachmann. Die dafür aufzuwendenden Unkosten machen sich auf der Einnahmenseite hinreichend bezahlt, abgesehen davon, daß sie von erheblicher

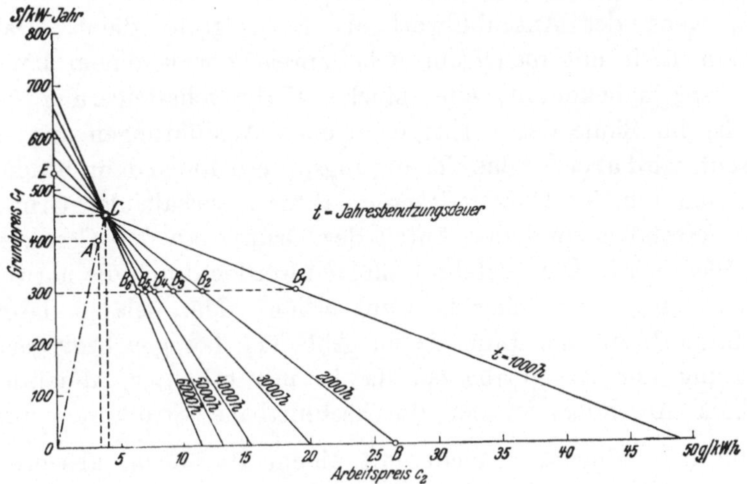

Abb. 111. Kennlinien von Grundpreistarifen.

Bedeutung für die gesamte Energieplanung eines Wirtschaftsgebietes sind. Große, fortschrittlich eingestellte Versorgungsunternehmen haben daher in ihren Tarif- oder energiewirtschaftlichen Abteilungen neben den Untersuchungen über die Auswirkung auf die Gestehungskosten das Studium dieser Fragen aufgenommen und so manche Tarifmaßnahmen daraus abgeleitet, die für den Erfolg dieser Arbeiten zeugen.

Nach diesen allgemeinen Betrachtungen wollen wir uns dem Grundpreistarif selbst zuwenden. Man gelangt zu einem recht anschaulichen Bild, wenn man mit sogenannten *Tarifkennlinien* arbeitet, für die ein Beispiel in Abb. 111 dargestellt ist. Als Abszisse sind die Arbeitspreise bzw. arbeitsabhängigen Gestehungskosten, als Ordinate der Grundpreis bzw. die arbeitsunabhängigen Gestehungskosten aufgetragen. Für eine bestimmte Abnehmergruppe seien die Gestehungskosten durch den Punkt A gekennzeichnet. Der diesem mit einer gewissen Sicherheitsspanne zugeordnete Strompreis wäre dann durch den Punkt C gegeben. Er entspricht in der Aufteilung auf Arbeits- und Grundpreis dem Aufbau der Gestehungskosten und ist daher als *kostenechter* Preis anzusehen. Der sich so ergebende Strompreis ist durch einen sehr hohen Leistungspreis c_1 und einen verhältnismäßig niedrigen Arbeitspreis c_2 gekennzeichnet. Im allgemeinen stößt sich der Abnehmer daran, wenn er sehr hohe Bereitstellungskosten bezahlen soll. Ein zu hoher Leistungspreis wirkt sich auch hemmend auf die *Anschluß*bewegung aus, vor allem dann, wenn der Anschlußwert als Bezugsgröße dient. Dagegen ruft ein Tarif mit niedrigem Arbeitspreis, der ja einem Pauschaltarif sehr nahekommt, eine starke Verbrauchssteigerung hervor. Dies ist im Sinne der vorhergegangenen Ausführungen an sich erwünscht, wird aber für das Versorgungsunternehmen dann bedenklich, wenn dadurch der Gleichzeitigkeitsfaktor innerhalb der Gruppe zu stark verschoben und der Anteil der Gruppe an der Gesamtspitze vergrößert wird. Die Gestehungskosten werden durch die notwendige Bereitstellung zusätzlicher Leistung erhöht. Man gelangt dann von der Linie I auf die Linie II in Abb. 111 bei gleichzeitiger Vergrößerung der Arbeitsabgabe, da ja mit erhöhter Abnahme bei gleichem Anschlußwert der durchschnittliche Strompreis absinkt.

Um den Abnehmer nicht mit einem zu hohen, abschreckend wirkenden Grundpreis zu belasten und zu starke Auswirkungen auf den Anteil der Gruppe an der Gesamtspitze zu vermeiden, ging man vom kostenechten Strompreis ab und strebte einen Tarif an, der einen niedrigeren Grundpreis, zum Ausgleich dafür aber einen höheren Arbeitspreis vorsieht. Die Konstanten c_1 und c_2 eines solchen Tarifes lassen sich aus dem kostenechten Strompreis, gegeben durch c_{10} und c_{20} wie folgt ableiten. Der Strompreis p ist

$$ p = 100 \cdot \frac{c_{10}}{t} + c_{20} = 100 \cdot \frac{c_1}{t} + c_2 \quad [\text{g/kWh}], $$

daraus ist

$$ c_1 = c_{10} - \frac{t}{100}(c_2 - c_{20}) \quad [\text{S/kW} \cdot \text{Jahr}]. $$

Für eine bestimmte Benutzungsdauer t erhalten wir die Gleichung einer Geraden, die durch den Punkt C verläuft. Jeder Benutzungsdauer entspricht eine solche den Punkt C berührende Gerade, so daß man die in Abb. 111 gezeichnete Linienschar erhält. Die einzelnen Punkte dieser Geraden geben an, welcher Arbeitspreis c_2 einem gewählten Grundpreis c_1 zuzuordnen ist, damit der Strompreis p dem kostenechten Strompreis gleich wird. Greifen wir eine solche Tarifkennlinie, z. B. für $t = 2000\,h$ heraus, so kann man theoretisch die Werte c_1 und c_2 zwischen $c_1 = 0$ und $c_2 = 0$ variieren. Bei $c_1 = 0$ erhalten wir im Punkt D den Strompreis eines reinen kWh-Tarifes, bei $c_2 = 0$ im Punkt E denjenigen eines reinen Pauschaltarifs. Verfälscht man die echte Preisrelation, so erhält man eine starke Benutzungsdauerabhängigkeit. Einem Grundpreis von $c_1 = 300\ S/kW \cdot Jahr$ entsprechen die durch die Punkte $B_1 - B_6$ bezeichneten Arbeitspreise. Die Kenntnis der für die einzelnen Abnehmergruppen zu erwartenden Benutzungsdauer, bezogen auf die von diesen abgenommenen Höchstleistungen, ist daher für eine richtige Festsetzung der Tarifkonstanten eine wesentliche Voraussetzung. Das Kennliniendiagramm zeigt aber noch, daß höhere Grundpreise als den kostenechten Preisen entsprechend, nicht nur aus psychologischen Gründen ausscheiden, sondern daß bei einer Verbrauchssteigerung ohne Vergrößerung des Anschlußwertes die Deckung der Gestehungskosten gefährdet wird. Wächst die Benutzungsdauer bei einem Abnehmer an, so müßte im Bereich oberhalb des echten Preises (c_1 größer als $450\ S/kW \cdot Jahr$) die Arbeitsgebühr ansteigen, um einen, dem echten Preis entsprechenden Betrag hereinzubringen. Liegt der Grundpreis jedoch darunter, so läßt eine höhere Benutzungsdauer beim Abnehmer eine Senkung des Arbeitspreises zu. Diese Überlegung zeigt, daß reine Pauschaltarife, sofern sie, wie bei niedrig ausgebauten Wasserkraftanlagen (Ausnutzungsdauer größer als $7000\,h$) nicht kostenecht sind, die Deckung der Gestehungskosten nicht gewährleisten, daher die eingangs dieses Abschnittes angeführte erste Forderung nicht erfüllen.

Die höheren Arbeitspreise solcher von den kostenechten Preisen abweichenden Grundpreistarife haben zur Folge, daß sie über den Äquivalenzpreisen für bestimmte Anwendungszwecke der Elektrizität liegen können, an deren Einbeziehung das Versorgungsunternehmen mit Rücksicht auf eine bessere Ausnutzung der Anlagen Interesse hat. Dies gilt vor allem von der Warmwasserbereitung mit Speicherung. Die Belieferung dieser Warmwasserspeicher verursacht dem Versorgungsunternehmen lediglich arbeitsabhängige Kosten. Es könnte also hiefür ohne Änderung des Grundpreises noch mit dem Arbeitspreis c_{10} (Punkt C) auskommen. Man ging daher zur Anwendung von Grundpreistarifen mit zwei Arbeitspreisen über, von denen der eine für die Tagesstunden, der andere für die Nachtstunden (meist ab 22 h) gilt. Die etwas kompliziertere Zählung tritt gegenüber dem Nutzen einer solchen Maßnahme zurück.

Grundpreistarife mit Mehrfachzählung sind vor allem bei Wasserkraftanlagen die geeignete Verrechnungsform, um eine weitgehende Ausnutzung des Energiedargebotes zu erreichen. Wir wollen nochmals die Abb. 50 vornehmen, in der für zwei Beispiele eine qualitative Aufgliederung des Dargebotes versucht wurde. Die Grundlage war eine Unterteilung des Dargebotes in jahreskonstante und inkonstante Energie, für die sich auch bei Laufkraftwerken eine eindeutige Umlegung der Gestehungskosten durchführen läßt. Ein Teil der jahreskonstanten Energie ist zumindest sommerkonstant. Es wird also darauf ankommen, für diese Energiequalität einen Abnehmer zu finden. Neben Export käme die chemische und metallurgische Industrie in Frage, soweit sie einen Halbjahresbetrieb wirtschaftlich verträgt. Letzteres wird wieder vom Strompreis abhängen. Man wird also für das jahreskonstante Dargebot die Verrechnung eines auf Jahresbezüge abgestellten Grundpreises anstreben, für das zusätzliche, sommerkonstante Dargebot während der in Frage kommenden Monate — es handelt sich ja nur um Großabnehmer — einen monatlichen Grundpreis zu erhalten trachten, der auch dem Abnehmer die Sicherheit gibt, daß ihm die Leistung jederzeit zur Verfügung steht. Es ist vielfach üblich, die Strompreise nicht nur nach konstanter und inkonstanter Energie, sondern auch noch nach Sommer- und Winterabnahme zu staffeln. Die Gliederung wäre dann folgende:

Winterspitzenenergie   (Abnahme in der Spitzenzeit),
Wintertagesenergie   „   „   „   „
Winternachtenergie

Sommerspitzenenergie   „   „   „   „
Sommertagesenergie
Sommernachtenergie

Es wird von der Struktur des Abnehmerkreises und von der Art des Energieanfalles abhängen, wie weit man mit der Unterteilung geht. Die Preisbasis bilden die Gestehungskosten für die jahreskonstante und inkonstante Energie. Auch wird man im Sinne des Vorgesagten von den auf diesen aufgebauten echten Preisen abgehen und sie entsprechend den Absatzmöglichkeiten verschieben.

Auch die weitere Abstufung nach Tages- und Jahreszeiten ergibt sich zwangsläufig aus dieser grundlegenden Festsetzung. Sind E_K das jahreskonstante Dargebot, E_I das inkonstante Dargebot und p_K und p_I die zugehörigen echten Strompreise, E_1, E_2 ...... die weiter abgestuften Dargebotsmengen und p_1, p_2 ...... die dazugehörigen Strompreise, so gilt

$$E_K \cdot p_K + E_I \cdot p_I = E_1 \cdot p_1 + E_2 \cdot p_2 + E_3 \cdot p_3 + \cdots$$
$$\cdots + E_n \cdot p_n \quad [S/Jahr].$$

In Wirtschaftsgebieten mit überwiegender hydraulischer Energiebasis ist eine richtige Strompreispolitik noch von viel weitgehenderer Bedeutung als in Versorgungssystemen mit kalorischer Energiegrundlage. Es hängt von ihr nicht nur die Wirtschaftlichkeit des Wasserkraftausbaues ab, sie bestimmt auch seine Zielsetzung. Die Frage, ob in erster Linie Laufkraftwerke oder Speicherkraftwerke gebaut werden sollen oder ob man in größerem Umfange kalorische Zusatzenergie in den Wintermonaten heranzieht, kann nur entschieden werden, wenn die Zielsetzung der Strompreispolitik klar und diese auf ein gewissenhaftes Studium der Absatzverhältnisse aufgebaut ist. Eine zweckentsprechende Tarifbildung übt aber in solchen Wirtschaftsgebieten über die Elektrizitätsversorgung hinaus einen starken Einfluß aus, sie greift in die Wertung der einzelnen Energiearten von Seite des Verbrauchers ein und wirkt sich dadurch auch auf die Gesamtenergiebilanz aus. Absatzforschung, Strompreispolitik und Ausbauplanung sind drei eng zusammenhängende Faktoren, die den wirtschaftlichen Erfolg der Elektrizitätsversorgung bestimmen.

Literaturverzeichnis

1 *Mellerowicz*, Allgemeine Betriebswirtschaftslehre der Unternehmung, Walter de Gruyter & Co, Berlin-Leipzig, 1929.

2 *Schneider-Schnaus*, Elektrische Energiewirtschaft, Springer-Verlag, Berlin 1936.

3 *Ascher*, Elektrotechnische Zeitschrift 1931, S. 12.

4 *Attlmayr*, Elektrotechnik und Maschinenbau 1929, S. 1025.

5 *Ludin*, Bedarf und Dargebot, Springer-Verlag, Berlin 1932.

6 *Musil*, Elektrotechnische Zeitschrift 1931, S. 1416.

7 *Bermann*, Betrachtungen zur Energiewirtschaft Österreichs, Schriftenreihe des Österreichischen Wasserwirtschaftsverbandes, Heft 6, Springer-Verlag, Wien 1946.

8 *Bauer*, Probleme der Schweizerischen Energiewirtschaft, Berichtsheft über die Tagung für Elektrizitäts- und Gaswirtschaft in Graz, 1937.

9 *Musil*, Gasturbinenkraftwerke. Ihre Aussichten für die Elektrizitätsversorgung, Springer-Verlag, Wien 1947.

10 *Lilienthal D.*, Die Tennessee-Stromtal-Verwaltung, Oversea Edition 1946.

11 *Ludin*, Wasserkraftanlagen, Erster Teil, Springer-Verlag, Berlin 1934.

12 *Musil*, Die Wirtschaftlichkeit der Energiespeicherung für Elektrizitätswerke, Springer-Verlag, Wien 1930.

13 *Öhler*, Zur Frage des Kriteriums für die Ausbauwürdigkeit von Wasserkraftnutzungen, Schweizer Bauzeitung 1947, Nr. 30.

14 *Musil*, Die Bewertung der Wirtschaftlichkeit von Wasserkraftanlagen, Bulletin 1949, Heft Nr. 6.

15 *Lössl*, Vereinfachte Windenergiegewinnung, Denkschrift 8 der Reichsarbeitsgemeinschaft „Windkraft", Berlin 1944.

16 *Rogge-Stein D.*, Neuartige mechanisch-elektrische Windkraftanlage, Elektrizitätswirtschaft 1943, S. 358.

17 *Kleinhenz*, Das Großwindkraftwerk MAN-Kleinhenz, Denkschrift 6 der Reichsarbeitsgemeinschaft „Windkraft", 1943.

18 *Meyer*, Winddargebot und Energienachfrage und -speicherung, Denkschrift 8 der Reichsarbeitsgemeinschaft „Windkraft", Berlin 1944.

19 *Musil*, Gesamtplanung von Dampfkraftwerken, II. Auflage, Springer-Verlag, Berlin 1948.

20 *Fischer*, Brennstoffchemie, 1935, S. 1.

21 *Thau*, Die Schwelung von Braun- und Steinkohle, Wilhelm Knapp, Halle 1927.

22 *Winter*, Taschenbuch für Gaswerke, Kokereien, Schwelereien und Teerdestillationen, Wilhelm Knapp, Halle 1930.

23 *Bosch*, Petroleum 1933, S. 6.

24 *Stein Th.*, Energiewirtschaft, Springer-Verlag, Berlin 1935.

25 *Gerbel-Reutlinger*, Kraft- und Wärmewirtschaft in der Industrie, Springer-Verlag, Berlin 1930.

26 *Kahlert*, Brennstoffsparen durch Wärmepumpen? Archiv für Wärmewirtschaft, 1943, S. 185.

27 *Melan*, Über den kalorischen Antrieb von Wärmepumpen, Maschinenbau und Wärmewirtschaft, 1947, S. 17.

28 *Melan*, Neuere Heizverfahren, Zeitschrift des Österr. Ingenieur- und Architektenvereines, 1947, S. 129.

29 *Rammler*, Entwicklungsstand und Aussichten der Schmelzkammerfeuerung, Archiv für Wärmewirtschaft, 1943, S. 151.

30 *Gumz*, Der Schwebevergaser, Bauart Szickla-Rozinek, als Feuerung und als Gaserzeuger, Archiv für bergbauliche Forschung, 1942, S. 127.

31 *Schulz*, Öffentliche Heizkraftwerke, Springer-Verlag, Berlin 1933.

32 *Markt* u. *Mengele*, Drehstromfernübertragung mit Bündelleitungen, E. u. M., 1932, Heft 20.

33 *Striegl*, ETZ, 1936, S. 977.

34 *Musil*, Wirtschaftliche Gesichtspunkte für die Großraum-Verbundwirtschaft in der Elektrizitätsversorgung, Schriftenreihe des Österreichischen Wasserwirtschaftsverbandes, Heft 9, Springer-Verlag, Wien 1947.

35 Berliner Kraft- und Licht A.G., Jahrbuch der Verkehrsdirektion, Berlin 1930.

36 *Brock*, Gestehungskosten und Verkaufspreise elektrischer Arbeit, Springer-Verlag, Wien 1930.

37 *Siegel-Nissel*, Die Elektrizitätstarife, Springer-Verlag, Berlin 1935.

38 *Pirrung*, Elektrizitätstarife, Verlag der VdEW, Berlin 1932.